教育部高等学校材料类专业教学指导委员会规划教材

土木工程材料系列教材

功能建筑材料

王冲 陈伟 主编

FUNCTIONAL BUILDING MATERIALS

化学工业出版社

·北京·

内 容 简 介

《功能建筑材料》根据教育部高等学校材料类专业教学指导委员会规划教材2022年度建设项目任务要求编写。全书除绪论外，根据材料的功能与作用分为12章，主要包括饰面材料、防水材料、热工材料、防火与阻燃材料、吸声与隔声材料、采光与调光材料、电性材料、加固与修复材料、防护材料、环境净化材料、智能材料及其他功能建筑材料，如电磁屏蔽材料、防辐射材料和抗侵彻材料。教材内容涵盖各种功能建筑材料的作用机理、材料分类、主要组成、性能及应用等，材料的相关性能尽力反映现行技术标准的技术要求。本书编写过程中力求体现教材内容符合前沿性与时代性要求，及时融入材料领域科研的最新成果，充分体现本学科的最新学术理论和技术发展水平，反映行业新知识和新成果。

本书既可作为材料科学与工程、土木工程、水利工程等专业的本科生和研究生教材，也可作为工程技术人员的参考用书。

图书在版编目（CIP）数据

功能建筑材料/王冲，陈伟主编. —北京：化学工业出版社，2023.11

ISBN 978-7-122-44130-0

Ⅰ.①功…　Ⅱ.①王…②陈…　Ⅲ.①建筑材料-功能材料-高等学校-教材　Ⅳ.①TU5

中国国家版本馆CIP数据核字（2023）第167945号

责任编辑：陶艳玲　　　　装帧设计：史利平

责任校对：田睿涵

出版发行：化学工业出版社（北京市东城区青年湖南街13号　邮政编码100011）

印　　装：三河市双峰印刷装订有限公司

787mm×1092mm　1/16　印张20½　字数471千字　　2024年3月北京第1版第1次印刷

购书咨询：010-64518888　　　　售后服务：010-64518899

网　　址：http://www.cip.com.cn

凡购买本书，如有缺损质量问题，本社销售中心负责调换。

定　　价：69.00元

土木工程材料系列教材清单

序号	教材名称	主编	单位
1	《无机材料科学基础》	史才军　王晴	湖南大学　沈阳建筑大学
2	《土木工程材料》（英文版）	史才军　魏亚	湖南大学　清华大学
3	《现代胶凝材料学》	王发洲	武汉理工大学
4	《混凝土材料学》	刘加平　杨长辉	东南大学　重庆大学
5	《水泥与混凝土制品工艺学》	孙振平　崔素萍	同济大学　北京工业大学
6	《水泥基材料测试分析方法》	史才军　元强	湖南大学　中南大学
7	《功能建筑材料》	王冲　陈伟	重庆大学　武汉理工大学
8	《无机材料计算与模拟》	张云升	东南大学/兰州理工大学
9	《混凝土材料和结构的劣化与修复》	蒋正武　邢锋	同济大学　广州大学
10	《混凝土外加剂》	冉千平　孔祥明	东南大学　清华大学
11	《先进土木工程材料新进展》	史才军	湖南大学
12	《水泥混凝土化学》	沈晓冬	南京工业大学
13	《废弃物资源化与生态建筑材料》	王栋民　李辉	中国矿业大学（北京）　西安建筑科技大学

丛书序

土木工程材料是当前使用最为广泛的大宗材料，在国民经济中占据重要地位。随着科学技术的飞速发展，对土木工程材料微观结构与宏观性能的认识不断深入，许多新的方法和理论不断涌现，现有教材的内容已不能反映过去二、三十年里土木工程材料的进展和成果，无法满足现在教学和学习的需求。

在此背景下，湖南大学史才军教授发起并组织了土木工程材料系列教材的编写工作，得到了包括清华大学、东南大学、同济大学、重庆大学、武汉理工大学、中南大学、南京工业大学、中国矿业大学（北京）等高校的积极响应和大力支持。系列教材共13种，全面覆盖了土木工程材料的知识体系，采用多校联合编写的形式，以充分发挥各高校自身的学科优势和各参编人员的专长，将土木工程材料领域的最新研究成果融入教材之中，编写出反映当前技术发展和应用水平并符合现阶段教学要求的高质量教材。教材在知识结构和逻辑上自成体系，很好地结合了基础知识和学科前沿成果，除了介绍传统材料外，对当今热门的纳米材料、功能材料、计算机模拟、混凝土外加剂、固废资源化利用等前沿知识以及相关工程实例均有涉及，很好地体现了知识的前沿性、全面性和实用性。系列教材包括《无机材料科学基础》《土木工程材料（英文版）》《现代胶凝材料学》《混凝土材料学》《水泥与混凝土制品工艺学》《水泥基材料分析测试方法》《功能建筑材料》《无机材料计算与模拟》《混凝土外加剂》《先进土木工程材料新进展》《水泥与混凝土化学》《混凝土材料和结构的劣化与修复》和《废弃物资源化与生态建筑材料》。

系列教材内容丰富、立意高远，帮助学生了解国家重大战略需求与前沿研究进展，激发学生学习积极性和主观能动性，提升自主学习效果，具有较高的学术价值与实用意义，对于土木工程材料领域的研究与工程应用技术人员也具有重要的参考价值。

中国工程院院士

2023年9月

前言

土木工程材料是工程建设的物质基础。近年来，我国基础设施和城市建设发展迅速，土木工程材料的作用至关重要。土木工程材料除满足结构承载性能要求外，也需要满足保温隔热、防水排水、耐腐蚀等功能性要求。随着技术进步和社会需求的发展，具有特定功能的各种建筑材料层出不穷，建筑的功能从以前的保温、防水、防火及隔声等，已经发展到智能化、环境净化、电磁屏蔽等；同时很多具有特定功能的材料已不仅适用于房屋建筑领域，在隧道与地下工程、道路与桥梁工程、市政工程、铁路工程、军事工程等领域都有研究和应用。

在此背景下，重庆大学和武汉理工大学等 23 所高校的 43 位教师共同合作编写了这本教材。《功能建筑材料》从名称上突出了“功能”二字，本书讲授的功能建筑材料适用于土木工程多个领域，而非仅仅是“建筑工程”领域。

《功能建筑材料》汇集了近年来土木工程领域发展较为成熟的各种功能材料研究和应用的最新成果，内容包括各种功能材料的基本原理、分类、性能和应用等，既可作为高等院校材料科学与工程、土木工程、水利工程等专业的本科生和研究生教材，也可作为工程技术人员的参考用书。

本书由重庆大学王冲、武汉理工大学陈伟主编。第 1 章由重庆大学王冲编写；第 2 章由武汉理工大学蹇守卫、吕阳和洛阳理工学院郅真真编写；第 3 章由湖北工业大学贺行洋、陈顺编写；第 4 章由西安建筑科技大学宋学锋、陈畅，同济大学徐玲琳，山东建筑大学隋玉武，安徽建筑大学丁益、任启芳编写；第 5 章由湖南大学张祖华编写；第 6 章由重庆大学杨宏宇和哈尔滨工业大学王臣编写；第 7 章由武汉理工大学田守勤、刘秋芬编写；第 8 章由重庆大学王冲、周帅，武汉理工大学田守勤编写；第 9 章由东南大学冯攀，内蒙古科技大学杭美艳、李京军和董伟，北京建筑大学王琴，河海大学宋子健，天津城建大学张磊和荣辉，扬州大学李炜和罗勉，郑州大学张普，山东建筑大学刘巧玲编写；第 10 章由河海大学储洪强、宋子健和徐怡，深圳大学汪峻峰、鲁刘磊，南京理工大学崔冬，贵州大学杨睿编写；第 11 章由中国矿业大学（北京）孙志明、李春全，山东科技大学张广心编写；第 12 章由武汉理工大学陈伟、李秋，同济大学余倩倩编写；第 13 章由重庆交通大学田松编写；全书由王冲统稿，陈伟校核。

功能建筑材料类型多样、成分复杂，且很多材料的介绍是第一次出现在正式教材中，故编写难度较大；同时由于编者水平有限，书中不妥之处在所难免，敬请广大读者提出宝贵意见。

编者

2023 年 6 月

目录

第3章 防水材料

第4章 热工材料

第6章 吸声与隔声材料

第7章 采光与调光材料

第8章 电性材料

第9章 加固与修复材料

第13章 其他功能建筑材料

第1章 绪论

1.1 功能材料在土木工程中的作用

土木工程中用到的所有材料和制品称为土木工程材料，既包括构成土木工程实体本身所用各种材料，还包括工程建造过程中所用到的各种辅助材料。土木工程材料的性能、品种、质量及经济性直接影响或决定着土木工程结构的构造形式、功能与成本、坚固性与耐久性等。土木工程中许多技术的突破，往往依赖于土木工程新材料的出现及材料性能的改进与提高，而新材料的出现又促进了结构类型、结构设计和施工技术的发展。如钢材和钢筋混凝土的出现产生了钢结构和钢筋混凝土结构，使得高层建筑和大跨度构筑物成为可能，预应力混凝土进一步提升了结构承载能力；轻质材料减轻了结构自重；保温材料的出现推动了节能建筑的发展；防水和防护材料提高了建筑物的使用寿命。

土木工程材料包括结构材料和功能材料两大类型。结构材料的作用是满足工程基本的结构承载能力，提供工程结构必要的外在形式和稳定安全的结构框架。功能材料是具有特定物理化学性能，或在工程结构中主要担负某一功能（一般情况下非承重）的材料，它们赋予结构工程防水抗渗、防火、保温隔热、吸声与隔声、采光与调光、防腐蚀等功能，决定着建筑物的使用功能。

功能材料在土木工程中的作用如下。

（1）防水抗渗

防水抗渗是功能材料在土木工程中发挥作用最显著的功能之一。隧道和地下工程，房屋建筑的地下、外墙、楼顶及各楼层之间，水利工程中的大坝等，都具有很高的防水抗渗要求。防水材料使工程结构免受雨水、地下水及其他水分的渗透、侵蚀，其质量的优劣直接影响房屋建筑的居住环境、卫生条件，以及工程的服役性能和使用寿命。

（2）防火与阻燃

建筑、桥梁及隧道工程中都会用到防火与阻燃材料。建筑防火与人民的生命和财产安全息息相关，涉及建筑物的安全性问题。现代建筑物的发展趋势是高层化、大型化，居住形式趋于密集化，加上城市生活能源设施逐步燃气化、电气化，以及建筑物室内各种可燃的内装饰材料的大量引入，使火灾发生的概率增大。现代建筑，特别是高层建筑，应特别重视防火问题。为确保运营中行车和人员免受火灾的危害，隧道工程也需要使用防火与阻燃材料。

（3）保温隔热

现代社会，人类对居住环境的要求越来越高，为了能保持舒适的温度，人们在屋内设置采暖设备和空调设备，这就需要消耗大量能源。在建筑中合理采用保温隔热材料，一方面能提高建筑物的保温隔热效能，更好地满足人们对建筑物的舒适性与健康性要求，保证正常的生产和生活；另一方面，在采暖建筑、空调建筑以及冷藏库、热工设备等处，采用必要的保温隔热材料能减少外墙厚度，减轻屋面体系的自重，减少基本建筑材料用量，从而达到节能降耗、降低建筑造价及使用成本的目的。

（4）吸声与隔声

很多建筑设施，例如音乐厅、影剧院、歌舞厅、体育馆、大会堂、播音室、学校教室、图书馆等，特别需要关注声学效果，因此在室内的墙面、顶棚、地面等部位，适当安装吸声和隔声材料，能改善声波在室内传播的质量，控制和降低噪声干扰，可以起到改善音质、消除回声和颤动回声等目的，从而保持良好的音效，或者减少邻里噪声干扰，有利于人们的身心健康。高速铁路或者高速公路沿线也需要声屏障材料，以尽量减轻高速行车的噪声危害。

（5）采光与调光

采光与透光是人们对建筑的基本要求，近年来调光、反光等需求也逐渐增大。无机材料中具有透光性的材料主要是玻璃。玻璃是一种既古老又新兴的建筑光学材料，其最大的特点就是透明，因此过去主要用作建筑物采光和装饰材料。随着现代建筑技术不断发展，玻璃制品正在向多品种、多功能的方向发展，已从单纯的窗用采光材料发展成为控制光线、调节热量、节约能源、降低噪声及减轻结构自重、美化建筑环境、提高建筑艺术功能的多功能建筑光学材料。

（6）防腐蚀

受环境中各种物理、化学和生物作用的影响，土木工程结构在服役过程中，经常会遇到各种物质的腐蚀，空气中的二氧化碳与氧气、水蒸气，紫外线，地下水中的各种化学物质都可能与土木工程材料中的组分发生物理或化学反应，从而使工程结构受到破坏。材料腐蚀问题遍及国民经济和社会的各个领域，从日常生活到交通运输、机械、化工、冶金，从尖端科学技术到国防工业，凡是使用材料的地方，都不同程度地存在着腐蚀问题。合理使用防腐蚀与耐腐蚀材料，可更好地提高土木工程的使用寿命。

1.2 功能建筑材料的含义与分类

1.2.1 功能建筑材料的含义

功能建筑材料是用于非承重结构目的，具有特定功能的土木工程材料。

功能建筑材料具有特定功能，一般是基于以下几种目的。

① 赋予材料特定的物理性能从而满足工程的特殊需要。例如，利用物质的导电或电阻特性制造的电性材料，对表面或内部组成成分进行修饰和改性调控玻璃对光的吸收、透过和反射率等，利用材料的吸附、催化等作用净化环境污染物。

② 使工程结构免受来自环境中的水分、高温等物理化学作用的影响。包括使用防水材料确保结构不渗水漏水，采用防火材料保证发生火灾时结构不受影响，利用防腐材料保护结构不受环境侵蚀性物质的破坏等。

1.2.2 功能建筑材料的分类

（1）根据材料的化学成分进行分类

① 金属材料　是指具有光泽、延展性、容易导电、传热等性质的材料。一般分为黑色金属和有色金属两种。黑色金属主要指钢铁等，广义的黑色金属还包括铬、锰及其合金；有色金属是指除铁、铬、锰以外的所有金属及其合金。

② 无机非金属材料　是以某些元素的氧化物、碳化物、氮化物、卤素化合物、硼化物以及硅酸盐、铝酸盐、磷酸盐、硼酸盐等物质组成的材料。

③ 高分子材料　以高分子化合物为基础的材料，是由相对分子质量较高（10^4～10^6）的化合物构成的材料。包括橡胶、塑料、纤维、涂料、胶黏剂和高分子基复合材料。

④ 复合材料　运用先进的制备技术将不同性质的材料组分优化组合而成的材料。

（2）根据材料的功能性进行分类

① 饰面材料　用于各类土木建筑结构表面装饰以提高其美观度，并在装饰的基础上实现部分使用功能的材料与制品。

② 热工材料　对热量的传递，包括传导、对流和辐射等具有显著阻抗作用，能防止内部热量损失或隔绝外界热量传入的材料或材料复合体。

③ 采光与调光材料　利用光的透射或反射等作用，调控室内照明、空间亮度和光、色的分布，改善视觉工作条件的材料，用于建筑采光、照明和装饰。

④ 吸声与隔声材料　为改善听闻效果所采用的材料，通过对声波的吸收、反射、透射等进行调节和控制，达到改善声音接受者的听闻感受的目的。

⑤ 防水材料　在建筑物或构筑物的围护结构中采用，具有防潮、防渗或防漏功能的材料。

⑥ 防火与阻燃材料　具有防止或阻滞火焰蔓延性能的材料。

⑦ 电性材料　利用物质的导电或电阻特性制造的具有特殊功能的材料。

⑧ 环境净化材料　利用材料的吸附、催化等特性，对室内环境污染物进行去除或者分解的材料。

⑨ 加固与修复材料　为了改善工程材料的结构或出于安全考虑，对工程原结构进行加固或者修复所使用的材料。

⑩ 防护材料　通过表面涂覆或者内掺，用以提高材料抵抗环境腐蚀能力的材料。

（3）根据材料的使用部位分类

按照功能建筑材料使用部位或领域进行分类，包括外墙饰面材料、内墙饰面材料、外墙保温材料、钢结构防火涂料、钢筋混凝土防火涂料、抗静电地面材料、隧道防火涂料、桥梁防腐涂料等。

1.3 功能建筑材料的发展趋势

（1）绿色化

随着我国提出“碳达峰”“碳中和”发展目标，功能建筑材料的绿色化和低碳化发展是未来的必然趋势。在材料生产中采用清洁生产技术，不用或少用天然资源和能源，使用废弃物生产无毒害、无污染、无放射性的功能建筑材料，达到使用寿命后可回收利用，发展具有主动净化环境的材料。

（2）智能化

智能材料是指能感知环境条件并做出相应“反应”的材料。目前研究和发展较为迅速的功能建筑材料包括电磁防护材料、记忆合金材料、压电材料、热敏材料等。智能材料并不是一种单一的材料，而是多种材料通过紧密复合或严格的科学组装而构成的材料系统，是一种智能化的材料体系。

（3）多功能化

功能建筑材料是具有优良的电学、光学、热学、声学、力学、化学等性能及其相互转化功能的土木工程材料，一般情况下一种材料可以发挥单一功能。近年来，随着科学技术的迅速发展，一种材料兼具多种功能的多功能建筑材料开始出现并用于工程。例如，同时具有透光与保温隔热作用的低辐射玻璃（low-E 玻璃）和镀膜玻璃等；兼具信息展示和装饰功能的透光混凝土；既具有装饰功能且具有防护功能，甚至还能净化室内空气的建筑涂料等。

1.4 “功能建筑材料”课程的特点与学习方法

（1）课程特点

本课程是高等院校工科类土木工程类、材料类等专业或方向本科高年级学生及研究生学习的一门专业课程，对于建筑材料（土木工程材料）方向学生则是一门必修课程。课程具有以下特点。

① 材料种类多，知识点丰富　土木工程结构材料往往品种较少，主要是钢铁、混凝土、木材、砌体材料等，但是功能建筑材料的分类复杂、种类繁多。从分类上来讲，既有无机非金属材料，又有金属、有机材料及复合材料等各种功能建筑材料，每一种无机材料或有机材

料涉及的成分和结构均不同；每一种材料的结构与机理、性能及其应用等也都有所不同，要求学生掌握的知识点非常多。

② 内容跨度广　区别于纯粹的理论基础课和专业课，本课程内容既要讲授不同材料所具备特定功能的理论机理，也包括不同材料的性能和技术指标，还要阐述不同材料的应用范围或领域，并向学生展示材料研究技术发展。

（2）课程学习方法

① 掌握材料的共性知识　不同类型的功能建筑材料在原材料与生产工艺、结构和构造、性能及应用、施工及检验等方面具有各自的特点，但不同材料也有共性之处。建议以材料共性知识为主导，全面掌握各类功能建筑材料的性能特点，以便在种类繁多的功能建筑材料中选择最合适的品种加以应用。

② 注重功能机理的理解　功能建筑材料的知识涉及材料学、热学、光学、电学等基础理论，应在理解机理基础上全面掌握材料知识，例如：学习建筑防火材料时，首先需要学习掌握物质的燃烧原理，还需要了解燃烧链反应以及阻断链反应的阻燃机理；而在学习建筑声学材料时，则需要对建筑声学基本理论有一定的了解。因此，注重对功能建筑材料相关功能机理的学习掌握，有助于对不同功能建筑材料的性能、应用以及相关检测方法等知识内容进行深入了解。

③ 熟悉相关的技术标准　大部分常用功能建筑材料，均由专门的机构制定并发布相应的技术标准，对其质量规格、验收方法和应用技术规程等做详尽而明确的规定。技术标准是生产、流通和使用单位检验、确定产品质量是否合格的技术文件。为了保证材料的质量，进行现代化生产和科学管理，必须对材料产品的技术要求制定统一的执行标准。其内容一般包括产品规格、分类、技术要求、检验方法、验收规则、包装及标志、运输和储存注意事项等。

包括我国在内，世界各国对材料及其产品均制定了各自的标准。我国常用的标准主要有国家标准、行业（或部）标准、地方标准、团体标准等，分别由相应的标准化管理部门批准并颁布，企业还可以根据自身需要制定企业标准。国家标准是由国家市场监督管理总局发布的全国性指导技术文件，其代号为 GB；行业标准也是全国性的指导技术文件，由主管生产部（或总局）发布，其代号按部名而定；地方标准是由地方主管部门制定和发布的地方性技术文件，其代号为 DB，适用于本地区使用；团体标准往往是由全国学术性学会或生产性行业协会制定；企业标准仅适用于本企业，其代号为 QB。

第 2 章

饰面材料

本章学习目标：

1. 了解建筑饰面材料的分类、应用场景及优缺点，未来建筑饰面材料的发展趋势。
2. 熟悉建筑饰面材料的主要功能、用途，以及标准体系。
3. 掌握涂料、板材等各类建筑饰面材料的定义以及组成、性能、技术参数等。

2.1 概述

（1）行业背景

建筑装饰是为保护建筑物主体结构，完善其物理性能、使用功能和美化外观，采用装饰装修材料或饰物对建筑物内外表面及空间进行各种处理的过程。

中国传统建筑装饰材料种类繁多，装饰图案造型生动，主要有石雕、砖雕、木雕、泥灰塑、琉璃、油漆彩绘等。不论是具象的花卉、风景、人物、动物的造型，还是抽象的纹样图形、几何图形，都是人们表达信仰、心愿、崇拜的装饰内容和审美情趣的载体，不仅起到了很好的装饰和美化作用，而且成为民族传统艺术和技术文明的重要组成部分。例如，早在公元前 770 年至公元前 221 年，我们的祖先就发明了熬炼桐油制油漆技术，长沙马王堆出土的汉墓漆棺、漆器佐证了油漆制造工艺的出现和成熟。

随着现代科技的不断发展和人类生活水平的不断提高，建筑装饰向着环保、多功能、高强轻质、成品化、安装标准化、控制智能化等方向发展。

（2）饰面材料的类型

① 按材质分类　有建筑装饰涂料、饰面石材、石膏类装饰板材、新型功能复合型饰面材料等。

建筑装饰涂料可分为保护功能型涂料、装饰功能型涂料和特殊功能型涂料。保护功能型涂料包括金属、木材、石材、混凝土及墙面的表层保护用涂料。装饰功能型涂料包括质感装饰涂料、硅藻泥、饰面砂浆等。特殊功能型涂料包括防火、防霉、防水、热反射、电磁吸收/屏蔽、光催化净化等涂料。

饰面石材可分为天然石材和人造石材。天然石材包括大理石、花岗岩、闪长石、石英石、石灰石等。人造石材包括水泥人造石材、聚酯人造石材、复合型人造石材、烧结型人造石材（如微晶玻璃、陶瓷）等。

石膏类装饰板材包括装饰石膏板、防火石膏板、耐水石膏板、石膏线条、3D打印饰面石膏板等。

新型功能复合型饰面材料包括保温装饰一体化复合板、装配式墙板等。

② 按主要用途分类　有墙体装饰材料、地面装饰材料、装饰线、顶部装饰材料等。

墙体装饰材料分为内墙和外墙材料，内墙装饰材料包括涂料、壁纸、墙布、石膏板、钙塑板、大理石板材、花岗岩石板材等；外墙装饰材料包括陶瓷砖、聚合物水泥砂浆、玻璃幕墙等。

地面装饰材料包括水泥砂浆地面、大理石地面、水磨石地面、木纤维地板、陶瓷锦砖等。

顶部装饰材料包括铝扣板、纸面石膏板、艺术玻璃等。

③ 按功能分类　有防火装饰材料、防霉装饰材料、热反射装饰材料、电磁吸收/屏蔽装饰材料、光催化净化装饰材料等。

2.2 建筑装饰涂料

涂料，指涂刷于物体表面，在一定的条件下能形成薄膜而起保护、装饰或其他特殊功能（绝缘、防锈、防霉、耐热等）的一类液体或固体材料。早期的涂料大多以天然动物油脂（牛油、鱼油等）、植物油脂（桐油、亚麻籽油等）和天然树脂（松香、生漆）为主要原料，又称作油漆。如今合成树脂已大部分或全部取代了上述天然动植物材料。

合成树脂涂料一般由主要成膜物质、颜料、溶剂和催干剂等组成（见图2.1），主要成膜物质为树脂类材料，着色颜料包括无机和有机两大类（常用着色颜料见表2.1）。

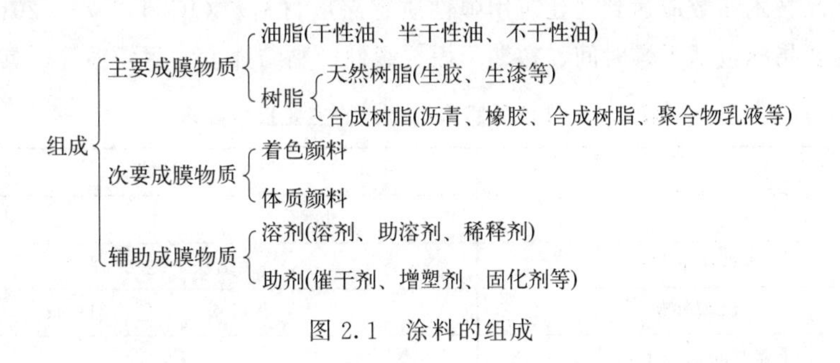

图2.1　涂料的组成

表2.1　常用的着色颜料

颜料颜色	颜料种类	颜料名称
黄色颜料	无机颜料	铅铬黄（$PbCrO_4$）、铁黄［$FeO(OH) \cdot nH_2O$］
	有机颜料	耐晒黄、联苯胺黄等

续表

颜料颜色	颜料种类	颜料名称
红色颜料	无机颜料	铁红（Fe_2O_3）、银朱（HgS）
	有机颜料	甲苯胺红、立索尔红等
蓝色颜料	无机颜料	铁蓝、钴蓝（$CoO \cdot Al_2O_3$）、群青
	有机颜料	酞菁蓝［$Fe(NH_4)Fe(CN)_5$］等
黑色颜料	无机颜料	炭黑（C）、石墨（C）、铁黑（Fe_3O_4）等
	有机颜料	苯胺黑
绿色颜料	无机颜料	铬绿、锌绿等
	有机颜料	酞菁绿等
白色颜料	无机颜料	钛白粉（TiO_2）、氧化锌（ZnO）、立德粉（$ZnO+BaSO_4$）
金属颜料	无机颜料	铝粉、铜粉等

涂料喷涂于材料表面后能结成坚硬的涂膜，不仅色泽美观，而且可以保护构配件表面，防止其受自然界各种介质的侵蚀，延长其使用寿命。

2.2.1 装饰功能型涂料

装饰功能型涂料可以装饰建筑墙面，使建筑物外表美观整洁，从而达到美化城市环境和给人清爽空间的目的，同时也能起到保护建筑墙面、延长其使用寿命的作用。装饰功能型涂料种类繁多，但按照材质分，主要包括无机装饰涂料和有机装饰涂料两类。本节重点介绍弹性质感涂层材料、硅藻涂料和饰面砂浆。

(1) 弹性质感涂层材料

弹性质感涂层材料简称弹性质感涂料，是以合成树脂乳液为基料，由颜料、不同粒径彩砂等填料及助剂配制而成，通过刮涂、喷涂或刷涂等施工方法，在建筑物表面形成具有艺术质感效果的弹性抗裂饰面涂层。质感涂料主要包括弹性质感涂料、干粉质感涂料、湿浆质感涂料等。

目前的产品技术参数应达到《建筑用弹性质感涂层材料》（JC/T 2079—2011）的相关指标要求，其主要指标包括干燥时间、初期干燥抗裂性、黏结强度、耐候性等，具体见表 2.2。

表 2.2　弹性质感涂层材料的主要技术要求

序号	项目		技术指标	
			Ⅰ型	Ⅱ型
1	容器中的状态		无结块，是均匀状态	
2	涂膜外观		无开裂，颜色均匀一致	
3	干燥时间（表干）/h		≤3	
4	低温贮存稳定性		无结块、无凝聚、无组成物分离	
5	初期干燥抗裂性（6h）		无裂纹	
6	黏结强度/MPa	标准状态	≥0.60	
		耐水处理	≥0.40	
		冻融循环处理	≥0.25	

续表

序号	项目		技术指标	
			Ⅰ型	Ⅱ型
7	耐水性（7d）		涂层无起胶、开裂、剥落，允许轻微变色	
8	耐碱性（7d）		涂层无起胶、开裂、剥落，允许轻微变色	
9	耐冲击性		无裂纹、剥落以及明显变形	
10	耐玷污性（白色或浅色）/%		≤20	≤30
11	耐候性	老化时间/h	600	400
		外观	不起泡，不剥落，无裂纹	
		粉化/级	≤1	
		变色（白色或浅色）/级	≤2	
12	柔韧性	热处理（5h）	直径50mm，无裂纹	
		低温处理（2h）	直径100mm，无裂纹	

注：浅色是指以白色涂料为主要成分，添加适量色素后配制成的浅色涂料形成的涂膜所呈现的浅颜色，按GB/T 15608—2006《中国颜色体系》中规定明度值为6～9（三刺激值$Y \geqslant 31.26$）；其他颜色的耐玷污性和耐候性的变色要求由供需双方商定。

质感涂料以其变化无穷的立体化纹理、多选择的个性搭配，把墙身由涂料的平滑型时代带进了天然环保型凹凸涂料的全新时代。这种新型艺术涂料可以替代墙纸，更加环保、经济、个性化，通过不同的施工工艺、手法和技巧，可以创造千变万化且逼真的装饰效果，被广泛应用于别墅、酒店宾馆、办公室、高级住宅区等，也被人们广泛应用于室内的田园风格装修等。

与普通薄型涂料相比，质感涂料具有以下优势：a.装饰效果好。质感涂料充分利用砂粒堆积凹凸不平的质感效果，实现立体的质感装饰功能。b.黏结力强。质感涂料使用大量乳液为基材，拥有较大的变形能力和渗透性，能够与底层基材较好地附着在一起。c.抗裂性好。由于质感涂料的涂层有一定的厚度和柔韧性，当基层出现微小裂缝时，可以很好地遮盖裂缝。d.防水耐候。普通乳胶漆在水和酸碱的作用下易发生起鼓、开裂、剥落现象，而质感涂料涂层中含有大量石英砂，具有一定的漆膜厚度，保证了其防水性能。e.功能化前景广。由于质感涂料组成设计调控简单，在其中添加功能组分，可以实现更多的功能升级，例如通过添加隔热功能组分制备出隔热质感涂料等。

（2）硅藻涂料

硅藻涂料包括硅藻漆和硅藻泥。

硅藻是由硅藻生物遗骸或由其变质形成的多孔二氧化硅材料。硅藻漆是在常规乳胶漆或油性漆中加入一定比例的硅藻土，以赋予其调节湿度、吸附有害气体、提高附着力和耐磨性等更多的功能。硅藻泥涂料是一种以硅藻材料为主要功能性填料，以无机胶凝物质为主要黏结剂配制而成的干粉状内墙装饰涂覆材料。

硅藻涂料的技术参数包括一般技术要求和功能性技术要求两类，相关材料所参照的标准是《硅藻泥装饰壁材》（JC/T 2177—2013），具体要求分别见表2.3和表2.4。

表 2.3　硅藻涂料的一般技术要求

<table>
<tr><th>序号</th><th colspan="2">项目</th><th>技术指标</th></tr>
<tr><td>1</td><td colspan="2">容器中状态</td><td>粉状、无结块</td></tr>
<tr><td>2</td><td colspan="2">施工性</td><td>易混合均匀，施工无障碍</td></tr>
<tr><td>3</td><td colspan="2">初期干燥抗裂性（6h）</td><td>无裂纹</td></tr>
<tr><td>4</td><td colspan="2">表干时间/h</td><td>≤2</td></tr>
<tr><td>5</td><td colspan="2">耐碱性（48h）</td><td>无气泡、裂纹、剥落，无明显变色</td></tr>
<tr><td rowspan="2">6</td><td rowspan="2">黏结强度/MPa</td><td>标准状态</td><td>≥0.50</td></tr>
<tr><td>浸水后</td><td>≥0.30</td></tr>
<tr><td>7</td><td colspan="2">耐温湿性能</td><td>无气泡、裂纹、剥落，无明显变色</td></tr>
<tr><td>8</td><td colspan="2">硅藻成分</td><td>可检出</td></tr>
</table>

表 2.4　硅藻涂料的功能性技术要求

<table>
<tr><th>序号</th><th colspan="2">项目</th><th>指标</th></tr>
<tr><td rowspan="4">1</td><td rowspan="4">调湿性能</td><td>吸湿量 w_a/(10^{-3}kg/m^2)</td><td>3h 吸湿量 w_a≥20；6h 吸湿量 w_a≥27
12h 吸湿量 w_a≥35；24h 吸湿量 w_a≥40</td></tr>
<tr><td>放湿量 w_b/(10^{-3} kg/m^2)</td><td>24h 放湿量 $w_b \geq w_a \times 70\%$</td></tr>
<tr><td>体积含湿比率 Δw/[(kg/m^3)/%]</td><td>≥0.19</td></tr>
<tr><td>平均体积含湿量/(kg/m^3)</td><td>≥8</td></tr>
<tr><td>2</td><td colspan="2">甲醛净化性能</td><td>≥80%</td></tr>
<tr><td>3</td><td colspan="2">甲醛净化效果持久性</td><td>≥60%</td></tr>
<tr><td>4</td><td colspan="2">防霉菌性能</td><td>0 级</td></tr>
<tr><td>5</td><td colspan="2">防霉菌耐久性能</td><td>1 级</td></tr>
</table>

硅藻涂料具有消除甲醛、净化空气、杀菌除臭、释放负氧离子、防火阻燃等功能，是一种新型环保涂料，被称为“会呼吸的环保功能性壁材”。硅藻涂料被人们用来替代墙纸和乳胶漆，广泛用于别墅、公寓、酒店、医院等内墙装饰。

（3）饰面砂浆

饰面砂浆，也称水泥基多彩装饰粉或装饰砂浆，是由无机胶凝材料、骨料、填料、添加剂和颜料组成的用于建筑墙体表面及顶棚装饰的材料，使用厚度不大于 6mm。饰面砂浆所用胶凝材料与普通抹面砂浆基本相同，只是灰浆类饰面更多地采用白水泥和添加各种颜料。

饰面砂浆按照材质和用途可分为三类：水泥基外墙饰面砂浆、水泥基内墙饰面砂浆和石膏基内墙饰面砂浆，分类及用途见表 2.5。

表 2.5　墙体饰面砂浆的类型及用途

类型	代号	用途
水泥基外墙饰面砂浆	CE	用于外墙面装饰
水泥基内墙饰面砂浆	CI	用于内墙面装饰
石膏基内墙饰面砂浆	GI	用于非潮湿环境的内墙面装饰

按照《墙体饰面砂浆》（JC/T 1024—2019）的要求，饰面砂浆的物理力学性能应符合表 2.6 的要求。

表 2.6 饰面砂浆的物理力学性能

<table>
<tr><th rowspan="2">序号</th><th rowspan="2" colspan="2">项目</th><th colspan="3">技术指标</th></tr>
<tr><th>CE</th><th>CI</th><th>GI</th></tr>
<tr><td>1</td><td>可操作时间</td><td>60min</td><td colspan="3">刮涂无障碍</td></tr>
<tr><td>2</td><td colspan="2">初期干燥抗裂性</td><td colspan="3">无裂纹</td></tr>
<tr><td rowspan="2">3</td><td rowspan="2">吸水量/g</td><td>30min</td><td>≤2.0</td><td colspan="2">—</td></tr>
<tr><td>240min</td><td>≤5.0</td><td colspan="2">—</td></tr>
<tr><td rowspan="4">4</td><td rowspan="4">强度/MPa</td><td>抗折强度</td><td>≥2.5</td><td>≥2.0</td><td>≥1.0</td></tr>
<tr><td>抗压强度</td><td>≥4.5</td><td>≥4.0</td><td>≥2.5</td></tr>
<tr><td>拉伸黏结原强度</td><td>≥0.5</td><td colspan="2">≥0.4</td></tr>
<tr><td>老化循环拉伸黏结强度</td><td>≥0.4</td><td colspan="2">—</td></tr>
<tr><td>5</td><td colspan="2">抗泛碱性</td><td>无可见泛碱痕迹，不掉粉</td><td colspan="2">—</td></tr>
<tr><td>6</td><td colspan="2">耐沾污性</td><td>2</td><td colspan="2">—</td></tr>
<tr><td>7</td><td colspan="2">耐候性</td><td>1 级</td><td colspan="2">—</td></tr>
</table>

作为面层装饰材料，饰面砂浆的装饰效果自然独特，可以加工成各种风格的纹理表面，具有色彩质感自然、视觉柔和、成本低及易施工等特点。与涂料等有机材料制备的装饰面层相比，彩色饰面砂浆仅以水作为分散介质，对身体无害，且无毒无味、绿色环保，降低了对环境的污染，符合“安全、环保、节能”的发展趋势要求。

泛碱是饰面砂浆应用过程中的常见质量通病。泛碱是由于砂浆中的水溶性组分随孔隙水迁移到表面，干燥沉淀后在材料表面形成的盐堆积物。泛碱的形成与环境有关，很难完全消除，一些处理方法只能暂时解决问题，在经过一段时间后常常再次出现。目前常用的解决泛碱的措施主要有以下几种：a. 添加细填料，如活性二氧化硅、偏高岭土、石灰石粉等，即通过采用微米尺寸的颗粒堵塞毛细孔；b. 在饰面砂浆表面做一层保护漆，防止水分迁移，进而防止或减少可溶性物质的迁移。

2.2.2 装饰保护功能一体化涂料

装饰保护功能一体化涂料一般用于钢铁、木材或石材表面，不仅具有一定的装饰作用，还兼具防水、耐污、防火、保温、防霉等不同功能（见图 2.2），从而延长材料的使用寿命。

(1) 木材防护涂料

木材具有密度小、韧性强、加工性好等特点，且木结构建筑具有保温、节能、环保、舒适、结构灵活等优点。木材暴露于室外时，化学、机械和光能因素的综合作用和持续影响，会引发木材表面的各种化学变化，严重影响其使用寿命。室外木材用涂料是以装饰和保护为目的涂饰于室外木材表面的涂料，该涂料中可含有防止漆膜或者漆膜与木材界面霉菌或变色菌生长的生物灭杀剂。

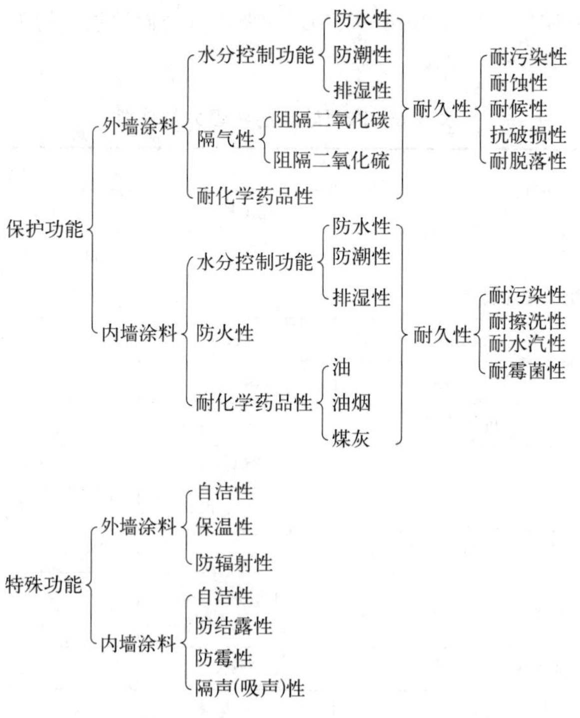

图 2.2　装饰保护功能一体化涂料的功能性类型

木材常用的保护型涂料主要包括清漆和半透明涂料、防腐剂（如五氯苯酚、苯基苯酚、环烷酸铜、酮铬酸、铜铬硼、硼化物）浸泡，煤焦油或煤杂酚油的涂敷。但是太阳光辐射中的紫外线波段会引起清漆的降解导致其早期破坏；防腐剂浸泡所用的防腐剂通常含有剧毒，影响再加工或对人体造成危害；煤基酚油的涂敷，保护效果一般，溶剂挥发大，并且一定程度上影响表面涂覆层的附着。

木材防护涂料的技术指标包括老化、柔韧性、遮盖能力、水渗透性、吸水量、粉化、附着力等。根据《室外木材用涂料（清漆和色漆）分类及耐候性能要求》（LY/T 3147—2019），关键技术指标要求见表 2.7。

表 2.7　木材防护涂料分类与技术指标

涂料等级	吸水量/(g/m^2)	木构件尺寸稳定性及适用涂料要求	用途典型示例
稳定	30～175	木构件尺寸允许有微小变化，涂料有良好的防水能力	木质门和窗
比较稳定	175～250	木构件尺寸允许有一些变化，涂料具有一定的防水能力	木构件墙板、木结构房屋、室外家具
不稳定	＞250	木构件尺寸变化不受限定，涂料的防水能力不受限定	搭接墙板、篱笆、棚屋

（2）金属防护涂料

金属的主要缺点之一是在空气中，特别是在有氯离子的环境中非常容易生锈。金属防护涂料，也称防锈漆。在金属表面涂上防锈涂料能够有效地避免大气中各种腐蚀性物质的直接入侵，最大化地延长金属使用期限。金属防护涂料可分为物理性防锈漆和化学性防锈漆两大类。前者靠颜料和漆料的适当配合，形成致密的漆膜以阻止腐蚀性物质的侵入，如铁红、铝粉、石墨防锈漆等；后者靠防锈颜料的化学抑锈作用，如红丹、锌黄防锈漆等，用于桥梁、船舶、管道等金属的防锈。

根据干燥和固化方式不同，可以分为可逆性涂料和不可逆涂料。可逆性涂料依靠溶剂挥发干燥成膜，除此之外没有其他变化，涂膜随时可以在原来的溶剂中溶解，此过程是可逆的。不可逆涂料最初依靠溶剂挥发（如果涂料中有溶剂），随后依靠化学反应或聚结固化成膜，这个过程是不可逆的，即固化后的涂膜不能再溶解在原有溶剂中。

根据固化条件，不可逆涂料又分为气干性涂料、水性涂料和化学固化性涂料。根据溶剂种类可以分为溶剂型涂料、水性涂料和无溶剂涂料。

（3）石材防护涂料

石材是历史悠久的建筑材料之一，但在长期使用过程中易出现白华、锈斑、污斑、水斑等病变，影响石材装饰材料的观感，缩短其使用寿命。石材防护剂就是一种防止上述病变，有效降低石材吸水率，提高石材耐污性和耐蚀性的溶液。

石材防护剂的类型较多，可按照溶剂类型、功能和使用部位进行分类（见图 2.3）。

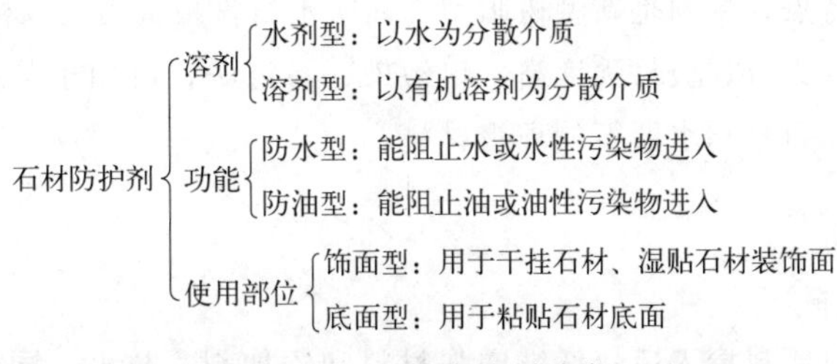

图 2.3　石材防护剂种类

防护剂的发展已有 30 多年历史，通过人们不断的优化改善，已逐渐从溶剂型产品过渡到水性产品（即环保型产品）。第一代保护剂——石蜡：石蜡能在石材表面形成一层石蜡膜，防止水或者污渍浸入，但会将石材的孔隙堵死，使石材内部的湿气不能排出，最终导致石材发生病变。同时石蜡膜易污染，容易形成蜡垢，不易清洗；石蜡膜也非常脆弱，需要经常进行补修，因此石蜡被称作“暂时性”的保护剂。第二代保护剂——非渗透性涂料：在石材表面形成保护膜，虽然耐污性更优，防水性能更好，使用寿命也更长，但同石蜡层有相似的缺点，即透气性差，也会导致湿气无法排出到石材外部致使石材病变。第三代保护剂——渗透性涂料：由于对石材有渗透作用，因此既可以在石材表面形成保护膜，也能够在石材内部形成保护膜，既能防止污染物进入石材，又能保持石材良好的气密性。但是这种保护剂的缺点是形成的膜透明度不好，可能会遮住石材原来的色彩。第四代保护剂——浸润型保护剂：这种保护剂渗透力强，能完全渗透石材内部并在石材内部形成保护膜，在石材表面不形成保护膜而是形成洁净保护层，这样灰尘和污染只能够存在石材表面，不能渗透石材内部。这种保护剂具有优良的抗紫外线能力、持久性和耐老化性，且不会遮蔽石材表面原有的色彩和纹理。

2.3 饰面板材

建筑饰面板材可分为装饰石膏板、饰面石材以及烧结型人造装饰板材。装饰石膏板包括净醛石膏板、防火石膏板、耐水石膏板、石膏线条、3D打印饰面石膏板等。饰面石材根据石材的来源可分为天然饰面石材和人造饰面石材。烧结型人造装饰板材主要包括利用玻璃陶瓷混合技术制备的微晶玻璃装饰板，以及利用陶瓷技术制备的陶瓷砖。

2.3.1 装饰石膏板

作为常用的气硬性胶凝材料，石膏具有很多优点：a.生产能耗比水泥低78%；b.单位基建投资比水泥低一半；c.硬化后产品微膨胀；d.防火性能好，耐火时间可达2～3h；e.装饰功能好，可形成平整建筑构件；f.凝结硬化快，制品易于实现大规模生产。

装饰石膏板是以建筑石膏为主要原料，掺加少量纤维增强材料和外加剂，与水一起搅拌均匀，经浇注成型、干燥而成的不带护面纸的板材。

装饰石膏板是一种新型的室内装饰材料，适用于中高档装饰，具有轻质、防火、防潮、易加工、安装简单等特点，特别是新型树脂型饰面防水石膏板板面覆以树脂，饰面仿型花纹，其调色图案逼真、新颖大方，板材强度高、耐污染、易清洗，可用于装饰墙面，做护墙板及踢脚板等，是代替天然石材和水磨石的理想材料。

（1）装饰石膏板分类

1）一般装饰石膏板

以建筑石膏为主要原料掺入适量纤维增强材料和添加剂，与水一同搅拌成均匀浆料，经浇注成型和干燥制成。生产的品种有平板、孔板、浅浮雕板等。装饰石膏板表面细腻，色彩、花纹图案丰富，浮雕板和穿孔板具有较强的立体感，质感亲切，给人以清新柔和之感，并且具有质轻、强度较高、保温、吸声、防火、不燃、调节室内湿度等特点。

2）防潮装饰石膏板

通过在配方中加入乳化沥青、石蜡、松香-石蜡乳液和有机硅乳液等石膏板防水剂，大大降低装饰石膏板的吸水率和受潮挠度值，在提高防潮性能的同时也保证了其装饰效果。

3）嵌装式装饰石膏板

嵌装式装饰石膏板是一种周边带有企口的厚棱装饰石膏板，板材背面四边加厚，并带有嵌装企口。根据板材正面形状分为平板、孔板和浮雕板三种。嵌装式装饰石膏板为正方形，根据棱角断面形状分为直角形和倒角型两种。整个板材具有十分良好的刚度，版面的浮雕图案可做得十分突出，即使在潮湿环境下使用，也不会产生较大翘曲变形。因为棱边有企口，采用T形暗装龙骨吊装，不仅吊装龙骨不外露，也加强了装饰板材的整体性。安装采用插接和粘贴形式，既便于板材安装又便于替换。嵌装式装饰石膏板可用于音乐厅、礼堂、影剧院、演播室、录音室等吸声要求较高的建筑物装饰。

4）吸声装饰石膏板

吸声装饰石膏板通常有两类，一类是在纸面石膏板上进行冲孔、刻槽、粘贴衬垫材料而成；另一类则是在普通装饰石膏板平板中钻穿透孔，或者直接浇注成带穿孔的板，然后再粘贴或不粘贴衬垫材料。因其背面贴覆具有优良吸声性能的材料，故被广泛应用于有特殊吸声要求的室内吊顶工程，如电影院、礼堂、剧院、医院等。常见的吸声装饰石膏板如图 2.4 所示。

图 2.4　吸声装饰石膏板

5）纸面装饰石膏板

以纸面石膏板为基础，经加工使其表面有各种图案的装饰石膏板；或经丝网印刷术制成具有各种图案的装饰石膏板；或在其表面喷涂各种花色彩图，粘贴装饰壁纸的纸面石膏板。纸面石膏板具有质轻、隔声、保温、隔热、加工性强（可刨、可钉、可锯）、施工方便、可拆装性能好、增大使用面积等优点。广泛应用于各种工业建筑、民用建筑，尤其可在高层建筑中作为内墙材料和饰面装修材料，如用于框架结构中的非承重墙、室内贴面板、吊顶等。

6）复合型装饰石膏板

以石膏板为基础和其他材料复合的复合型石膏板，如将高强石膏和泡沫聚苯乙烯自熄板材复合制成的既有保温、隔热，又有装饰作用的石膏复合轻质装饰板。复合型装饰石膏板除具有普通石膏板防火、防震、美观等特点外，还具有优异的抗水性能，适用于一般建筑的吊顶板、豪华建筑的室外和卫生间。

(2) 装饰石膏板技术指标

根据《装饰石膏板》（JC/T 799—2016）的规定，其分类及代号见表 2.8，物理力学性能应符合表 2.9 的规定。

表 2.8　装饰石膏板的分类及代号

分类	普通板			防潮板		
	平板	孔板	浮雕板	平板	孔板	浮雕板
代号	P	K	D	FP	FK	FD

表 2.9　装饰石膏板的物理力学性能

序号	项目			指标					
				P，K，FP，FK			D，FD		
				平均值	最大值	最小值	平均值	最大值	最小值
1	含水率/%		≤	2.5	3.0	—	2.5	3.0	—
2	单位面积质量/（kg/m^2）		≤	11.0	12.0	—	13.0	14.0	—
3	断裂荷载/N		≥	147	—	132	167	—	150
4	防潮性能	吸水率/%	≤	8.0	9.0	—	8.0	9.0	—
		受潮挠度/mm	≤	5	6	—	5	6	—
5	燃烧性能			应符合 A1 级要求					

2.3.2 饰面石材

可用作建筑材料的石材称为建筑石材，而经加工后具有装饰性能的建筑石材称为建筑装饰石材。常用的建筑装饰石材包括天然饰面石材和人造饰面石材。

2.3.2.1 天然饰面石材

天然饰面石材是指从天然岩体中开采并经加工成板状或块状材料石材的统称。天然饰面石材根据岩石类型、成因及石材硬度高低不同，可分为花岗岩、大理石、砂岩、板岩和青石五类。其中，砂岩、板岩和青石因其独特的肌理和质地，能够增强空间界面的装饰效果，又可被统一归类为天然文化石。

（1）花岗岩

花岗石为典型的火成岩（深成岩），其矿物组成主要为长石、石英及少量暗黑色矿物和云母、微量矿物质（如锆石、磷灰石、磁铁矿、钛铁矿和榍石等），其中长石含量为40%～60%，石英含量为20%～40%。暗色矿物以黑云母为主，含少量角闪石。花岗岩构造紧密、强度高、密度大、吸水率低、材质坚硬、耐磨，属硬石材。

花岗石为全晶质结构的岩石，常呈均匀粒状结构，具有深浅不同的斑点或呈纯色，无彩色条纹，这也是从外观上区别花岗岩和大理石的主要特征。按结晶颗粒的大小，通常分为细粒、中粒和斑粒等。花岗石的化学成分主要是SiO_2，质量含量为65%～85%，故花岗石属酸性岩石。花岗石的主要化学成分见表2.10。

表2.10　花岗石的主要化学成分

化学成分	SiO_2	Al_2O_3	CaO	MgO	Fe_2O_3
质量含量/%	67～75	12～17	1～2	1～2	0.5～1.5

天然花岗石板材由天然花岗石荒料经锯切、研磨、抛光及切割而成，其特性包括：石质坚硬致密，组织结构排列均匀规整，孔隙率小，吸水率小，力学性能与抗冻性能优异；化学性质稳定，不易风化，耐酸耐腐；硬度大，具有优异的耐磨性；质脆，但受损后只是局部脱落，不影响整体的平直性；装饰性好，经磨光处理的花岗石板，质感坚实，晶格花纹细致，色彩斑斓，有华丽高贵的装饰效果；耐久性好，细粒花岗石的使用年限可达500～1000年之久，粗粒花岗石可达100～200年，有“石烂千年”之称；耐火性差，由于花岗岩中含有石英类矿物成分，当温度达到573～870℃时，石英发生晶型转变，导致石材爆裂，强度下降。

表2.11列举了国内部分花岗石的物理力学性能。

表2.11　国内部分花岗石的物理力学性能

序号	岩石名称	颜色	物理力学性能				
			密度/(g/cm^3)	抗压强度/MPa	抗折强度/MPa	肖氏硬度	磨损量/cm^3
1	白虎涧	粉红色	2.58	137.3	9.2	86.5	2.62
2	花岗石	浅灰条纹	2.67	202.1	15.7	90.0	8.02
3	花岗石	红灰色	2.61	212.4	18.4	99.7	2.36
4	花岗石	灰白色	2.67	140.2	14.4	94.6	7.41

续表

序号	岩石名称	颜色	物理力学性能				
			密度/(g/cm³)	抗压强度/MPa	抗折强度/MPa	肖氏硬度	磨损量/cm³
5	花岗石	粉红色	2.58	119.2	8.9	89.5	6.38
6	笔山石	浅灰色	2.73	180.4	21.6	97.3	12.18
7	日中石	灰白色	2.62	171.3	17.1	97.8	4.80
8	峰百石	灰色	2.62	195.6	23.3	103.0	7.89
9	泉州白	灰白色	2.61	193.1	18.5	97.5	1.62
10	安溪红	浅灰色	2.63	194.7	13.4	97.4	2.15

根据《天然花岗石建筑板材》(GB/T 18601—2009)规定,天然花岗石板材应满足表2.12~表2.14的技术质量要求。

表2.12　天然花岗石板材的规格尺寸允许偏差/mm

分类		镜面和细面板材			粗面板材		
等级		优等品	一等品	合格品	优等品	一等品	合格品
长		0		0	0		0
宽度		−1.0		−1.5	−1.0		−1.5
度厚	≤12	±0.5	±1.0	+1.0 −1.5	—		
	>12	±1.0	±1.5	±2.0	+1.0 −2.0	±2.0	+2.0 −3.0

表2.13　天然花岗石主要技术性能要求

项目		指标	
		一般用途	功能用途
体积密度/(g/cm³)	≥	2.56	2.56
吸水率/%	≤	0.60	0.40
干燥/水饱和压缩强度/MPa	≥	100	131
干燥/水饱和弯曲强度/MPa	≥	8.0	8.3

表2.14　天然花岗石板材的外观质量要求

缺陷名称	规定内容	优等品	一等品	合格品
缺棱	长度小于或等于10mm,宽度小于或等于1.2mm(长度小于5mm,宽度小于1.0mm不计),周边每米长允许个数(个)			
缺角	沿板材边长,长度小于或等于3mm,宽度小于或等于3mm(长度小于或等于2mm,宽度小于或等于2mm不计),每块板允许个数(个)		1	2
裂纹	长度不超过两端顺延至板边总长度的1/10(长度小于20mm的不计),每块板允许条数(条)	0		
色斑	面积小于或等于15mm×30mm(面积小于10mm×10mm不计),每块板允许个数(个)		2	3
色线	长度不超过两端顺延至板边总长度的1/10(长度小于40mm的不计),每块板允许条数(条)			

注:干挂板材不允许有裂纹存在。

(2) 大理石

大理石是石灰岩或白云岩在高温、高压的地质作用下重新结晶变质而成的一种变质岩，主要矿物成分是方解石和白云石。常呈层状结构，属于中硬石材。

大理石是石灰岩在高温重压下重结晶的产物，所以呈粒状变品结构，粒度粗细不一致，致密、耐压硬度中等。它有各种色彩和花纹，易于加工，是室内高级的饰面材料。大理石的化学成分以 $CaCO_3$ 为主，此外还有少量 Fe_2O_3、MgO、SiO_2 等。国内部分大理石的主要化学成分见表 2.15。

表 2.15 国内部分大理石的主要化学成分

编号	品种	主要化学成分质量含量/%					产地
		CaO	MgO	SiO_2	Al_2O_3	Fe_2O_3	
M4222	雪浪	54.52	1.75	0.60	0.05	0.03	湖北黄石
M4223	秋景	48.34	3.11	7.22	1.66	0.79	湖北黄石
M4228	晶白	53.53	2.37	0.73	0.10	0.07	湖北黄石
M4242	虎皮	53.28	1.57	2.40	0.45	0.33	湖北黄石
M3301	杭灰	53.28	0.47	1.10	0.48	0.67	浙江杭州
M3258	红奶油	54.92	0.93	—	0.14	0.08	江苏宜兴
M1101	汉白玉	30.80	21.73	0.17	0.13	0.19	北京房山
M2117	丹东绿	0.84	47.54	31.72	0.34	2.20	辽宁丹东
M3711	雪花白	33.35	18.53	3.36	—	0.09	山东莱州
M5304	苍白玉	32.15	20.13	0.19	0.15	0.04	云南大理

天然大理石板材是由矿山开采的天然大理石经过整形、磨切、抛光、打蜡等过程加工而成的。天然大理石一般含有多种矿物，常呈现多种色彩与花纹；加工后，表面可呈现云彩状或枝条状或圆圈状的多彩花纹图案，色彩绚丽，具有无数种纹理与颜色组合。纯净大理石为白色，称汉白玉。天然大理石板材的特性主要表现为：质地致密而硬度不大，较易进行锯解、磨光等加工；力学性能高；装饰性好；吸水率小；耐磨性好，但耐磨性不如花岗石；耐久性好，一般使用年限为 40～100 年；抗风化性较差，易被酸性介质侵蚀。

国内常见天然大理石的主要性能见表 2.16。

表 2.16 国内常见天然大理石的主要性能

试验项目		技能指标
体积密度/(g/cm^3)		2.5～2.7
强度/MPa	抗压	70.0～110.0
	抗折	6.0～16.0
	抗剪	7.0～12.0
平均韧性/cm		10
平均质量磨耗率/%		12
吸水率/%		<1
膨胀系数/(10^{-6}/℃)		6.5～10.1
耐用年限/年		40～100

根据《天然大理石建筑板材》（GB/T 19766—2016）的规定，天然大理石建筑板材应满足表 2.17～表 2.19 的技术质量要求。

表 2.17　大理石普型板规格尺寸允许偏差/mm

<table>
<tr><th colspan="2" rowspan="2">项目</th><th colspan="3">等级</th></tr>
<tr><th>优等品</th><th>一等品</th><th>合格品</th></tr>
<tr><td colspan="2">长度、宽度</td><td colspan="2">0
−1.0</td><td>0
−1.5</td></tr>
<tr><td rowspan="2">厚度</td><td>≤12</td><td>±0.5</td><td>±0.8</td><td>±1.0</td></tr>
<tr><td>>12</td><td>±1.0</td><td>±1.5</td><td>±2.0</td></tr>
</table>

表 2.18　大理石板材正面的外观缺陷规定

<table>
<tr><th>名称</th><th>规定内容</th><th>优等品</th><th>一等品</th><th>合格品</th></tr>
<tr><td>裂纹</td><td>长度大于或等于 10mm 的允许条数/条</td><td colspan="3">0</td></tr>
<tr><td>缺棱</td><td>长度小于或等于 8mm，宽度小于或等于 1.5mm（长度小于或等于 4mm，宽度小于或等于 1mm 不计），每米长允许个数/个</td><td rowspan="4">0</td><td rowspan="3">1</td><td rowspan="3">2</td></tr>
<tr><td>缺角</td><td>沿板材边长顺延方向，长度小于或等于 3mm，宽度小于或等于 3mm（长度小于或等于 2mm，宽度小于或等于 2mm 不计），每块板允许个数/个</td></tr>
<tr><td>色斑</td><td>面积小于或等于 6cm²（面积<2cm² 不计），每块板允许个数/个</td></tr>
<tr><td>砂眼</td><td>直径小于 2mm</td><td>不明显</td><td>有，但不应影响装饰效果</td></tr>
</table>

表 2.19　天然大理石技术指标要求

<table>
<tr><th colspan="2" rowspan="2">项目</th><th colspan="3">技术指标</th></tr>
<tr><th>方解石大理石</th><th>白云石大理石</th><th>蛇纹石大理石</th></tr>
<tr><td>体积密度/(g/cm³)</td><td>≥</td><td>2.60</td><td>2.80</td><td>2.56</td></tr>
<tr><td>吸水率/%</td><td>≤</td><td>0.50</td><td>0.50</td><td>0.60</td></tr>
<tr><td>干燥/水饱和压缩强度/MPa</td><td>≥</td><td>52</td><td>52</td><td>70</td></tr>
<tr><td>干燥/水饱和弯曲强度/MPa</td><td>≥</td><td>7.0</td><td>7.0</td><td>7.0</td></tr>
<tr><td>耐磨性①/(1/cm²)</td><td>≥</td><td>10</td><td>10</td><td>10</td></tr>
</table>

① 仅适用于地面、楼梯踏步、台面等易磨损部位的大理石石材。

(3) 天然文化石

天然文化石根据材质不同，主要可分为砂岩、板岩和青石板。

① 砂岩　砂岩是种碎屑成分占 50%以上的机械沉积岩，由碎屑和填充物两部分组成。按其沉积环境分为石英砂岩、长石砂岩和岩屑砂岩。砂岩的主要化学成分是 SiO_2 和 Al_2O_3，其化学成分变化很大，主要取决于碎屑和填充物的成分。砂岩的主要矿物成分以石英为主，其次是长石、岩屑、白云母、绿泥石、重矿物等。主要表现为结构致密、质地细腻，是一种亚光饰面石材，具有天然的漫反射性和防滑性，有的则具有原始的沉积纹理，天然装饰效果理想，常呈白色、灰色、淡红色和黄色等。砂岩的主要技术特性包括：表观密度为 2200～

$2500kg/m^3$，抗压强度为45～140MPa；吸湿性能良好，不易风化，不长青苔，易清理；但脆性较大，孔隙率和吸水率大，耐久性差。

② 板岩　板岩是一种变质岩，由黏土岩、粉砂岩或中酸性凝灰岩变质而成，其主要化学成分是SiO_2、Al_2O_3、Fe_2O_3，主要矿物成分为矿物颗粒极细的石英、长石、云母和黏土等。其外观特征主要表现为结构致密，具有变余结构和板理构造，易于劈成薄片，获得板材。常呈黑、蓝黑、灰、蓝灰、红及杂色斑点等不同色调。板岩的主要技术特性包括硬度较大，耐火、耐水、耐久、耐寒；但脆性大，不易磨光。

③ 青石板　青石板是沉积岩中分布最广的一种岩石，其主要化学成分是$CaCO_3$、SiO_2、MgO等，主要矿物成分是方解石，可直接应用于建筑。表面一般不经打磨，纹理清晰，用于室内可获得天然粗犷的质感，用于地面不但能够起到防滑的作用，还能有硬中带“软”的装饰效果。常成灰色，新鲜面为深灰色。青石板的技术特性包括：表观密度为1000～$2600kg/m^3$，抗压强度为22～140MPa，材质软，吸水率较大，易风化，耐久性差。

天然石材因造岩矿物成分和结构不同，其物理学性质和外观彩色均有很大的差异。作为建筑装饰石材，需要根据以下性质进行选用。

① 表观密度　对于同一种石材，表观密度越大，孔隙率越小，力学性能越高。表观密度在石材术语中称为体积密度。

② 强度　石材抗压强度大，抗拉强度小，其比值为1/10～1/15，因此是典型的脆性材料。抗压强度除了取决于岩石特性（矿物成分、结构与构造微裂隙分布），还和试件形状与尺寸、加荷速度、含水量及试件的端部条件有关。

③ 吸水率　岩石的吸水性与孔隙率及结构特征有密切关系。吸水率的大小影响石材表面装饰持久性，影响石材的抗冻性、耐风化性和耐久性。

④ 硬度　岩石的硬度指岩石抵抗刻划的能力，常由莫氏硬度或肖氏硬度表示。石材的硬度大，加工难度大，成本高。但硬度大，又可使光泽度高，抗磨能力强。花岗石和安山岩等火成岩的硬度大，沉积岩和变质岩的硬度较小。

⑤ 光泽度　光泽是物体表面的一种物理现象，物体表面受到光线照射时，会产生反光，物体表面越平滑光亮，反射光量越大；反之，若表面粗糙不平，入射光产生漫射，反射光量就小。

⑥ 放射性　建筑石材同其他建筑材料一样，也可能存在影响人体健康的成分，主要是放射性核素镭-226、钍-23、钾-40等。放射线对人体构成危害的途径主要有两种：一种是从外部照射人体，即外照射；另一种是放射性物质进入人体并从人体内部照射人体，即内照射。对于装修材料（包括花岗石、建筑陶瓷、石膏制品、吊顶材料、粉刷材料及其他新型饰面材料），根据外照射指数I_r和内照射指数I_{Ra}可分成以下三类：

A类：$I_r \leqslant 1.3$和$I_{Ra} \leqslant 1.0$，产销与使用范围不受限制。

B类：$I_r \leqslant 1.9$和$I_{Ra} \leqslant 1.3$，不可用于Ⅰ类民用建筑（如住宅、老年公寓托小所医院和学校等）的内饰面，可用于Ⅰ类民用建筑的外饰面及其他一切建筑物的内、外饰面。

C类：满足$I_r \leqslant 2.8$但不满足A类、B类要求的装修材料，只可用于建筑物的外饰面及室外其他用途。$I_r > 2.8$的花岗石只可用于碑石、海堤、桥墩等人类很少涉及的地方。

2.3.2.2 人造饰面石材

人造饰面石材是采用胶凝材料作为胶结材料，以天然砂、碎石、石粉或工业渣等为填充料，经成型、固化、表面处理等工艺而制成的一种材料，能够模仿天然饰面石材的花纹和质感，是人造大理石和人造花岗石的总称。生产人造石的填料主要是碳酸钙与氧化硅，此外还有氢氧化铝、玻璃、陶瓷粉等。

人造饰面石材具有质量轻、强度大、厚度薄、色泽艳、花色多、装饰性好、耐污染、耐腐蚀、价格低廉、便于施工等优点，是现代建筑的理想装饰材料。人造饰面石材的色彩和花纹均可根据设计意图制作，如仿花岗岩、仿大理石或仿玉石等，所达到的效果可以假乱真。人造饰面石材还可以被加工成各种曲面、弧形等天然石材难以加工成的形状，表面光泽度高，某些产品的光泽度指标可大于100，甚至超过天然石材。人造饰面石材质量轻、厚度小，厚度一般小于10mm，最薄的可达8mm。通常不需要专用锯切设备锯割，可一次成型为板材。

人造饰面石材按材质可分为水泥型人造石材、聚酯型人造石材、复合型人造石材等。

(1) 水泥型人造石材

水泥型人造石材是以各种水泥（硅酸盐水泥、氯氧镁水泥、白色或彩色硅酸盐水泥、铝酸盐水泥等）为胶凝材料，天然砂为细集料，碎大理石、碎花岗石、工业废渣等为粗集料，经配料、搅拌、成型、加压蒸养、磨光、抛光而制成。水泥型人造石材主要有水磨石、花阶砖、人造艺术石等，在我国应用已非常广泛。

水泥型人造石材饰面耐候性好、不燃，花色、纹理耐久性好，抗风化，防潮、耐冻和耐火的性能优良。原材料来源广泛、价廉、制作容易，因而受到普遍欢迎。但光泽度不高，装饰效果较一般，耐腐蚀能力较差，不好养护，易产生龟裂。

水泥型人造石材中水磨石的应用最为广泛。按生产方式分为现浇水磨石（XJ）和预制水磨石（YZ）；按抗折强度和吸水率分为普通水磨石（P）和水泥人造石（R）；按其装饰部位不同分为墙面柱面水磨石（Q）、地面水磨石（D）、踢脚板、立板和三角板类水磨石（T），隔断板、窗台板、台面板类水磨石（C）；按制品表面加工程度分为磨面水磨石（M）和抛光水磨石（P）；按照功能分为常规水磨石、不发火水磨石、防静电水磨石等。

按照《建筑装饰用水磨石》（JC/T 507—2012）的规定，预制水磨石外观缺陷规定等技术质量要求分别见表2.20和表2.21。

表2.20 水磨石装饰面的外观缺陷及技术质量要求

缺陷名称	技术要求	
	普通水磨石	水泥人造石
裂缝	不允许	不允许
返浆、杂质	不允许	不允许
色差、划痕、杂石、气孔	不明显	不允许
边角缺损	不允许	不允许

表 2.21 有图案水磨石磨光面缺陷及技术质量要求

缺陷名称	技术要求	
	普通水磨石	水泥人造石
图案偏差	≤3mm	≤2mm
越线	越线距离≤2mm，长度≤10mm，允许2处	不允许

(2) 聚酯型人造石材

聚酯型人造石材是以有机树脂为胶结剂，与天然碎石、石粉、颜料及少量助剂等原料配制搅拌成混合料，经固化、脱模、烘干、抛光等主要工艺制成的材料，俗称聚酯合成石。聚酯人造石材的生产方式有两种，一种是直接浇筑制成装饰板，另一种是浇筑成块后再锯切磨光。聚酯型人造石材的颜色、花纹和光泽都可以仿制天然大理石的装饰效果，故近年来在高级室内装饰工程中得到广泛应用。

聚酯型人造石材的综合力学性能较好，特别是抗折强度和抗冲击强度优于天然石材，其特性是质量轻、强度大，表观密度比天然石材小，但抗压强度高（可达110MPa）；不易碎，可制成大幅面薄板；耐磨、耐酸碱腐蚀，具有较强的耐污力；可钻、可锯、可黏结，加工性能好，可制成各种颜色花纹或特殊形状的装饰品；耐热、耐候性差，易发生翘曲，其硬度较高，耐磨性较好。聚酯型人造大理石的物理性能见表2.22。

表 2.22 聚酯型人造大理石的物理性能

抗压强度/MPa	抗折强度/MPa	抗冲击强度/(J/cm^3)	体积密度/(g/cm^3)	布氏硬度/HB	光泽度/光泽单位	吸水率/%	线膨胀系数/(1/℃)
80～120	25～40	>0.1	2.1～2.3	32～45	60～90	<0.1	$(2\sim3)\times10^{-5}$

(3) 复合型人造石材

复合型人造石材是指同时采用水泥与有机树脂作为胶结材料而制成的人造石材。若为板材，底层用低廉而性能稳定的无机材料，面层用树脂和大理石粉制作。无机胶结材料可用快硬水泥、超快硬水泥、白水泥、普通硅酸盐水泥、铝酸盐水泥、矿渣水泥、粉煤灰水泥及熟石膏等。有机单体可用苯乙烯、甲基丙烯酸甲酯、醋酸乙烯、丙烯腈、二氯乙烯、丁二烯、异戊二烯等。这些单体可以单独使用，也可与聚合物混合使用。用水泥将填料胶结成型后，再将胚体浸渍在有机单体中，使其产生聚合反应而成。也可用水泥型人造石材作基材，然后在表面覆上树脂和天然石粉颜料，添加要求的色彩或图案制作罩光层。

复合型人造石材的特性是表面光泽度高，花纹美丽，抗污染和耐候性都较好。该人造石材综合了两类材料的优点，而且成本较低。

2.3.3 烧结型人造装饰板材

烧结型人造装饰板材主要包括陶瓷砖和微晶玻璃。

(1) 陶瓷砖

1) 陶瓷砖分类

根据材质，陶瓷砖可以分为内墙陶瓷砖（釉面砖）、外墙陶瓷砖（墙地砖）、陶瓷锦砖及玻璃锦砖。

根据坯体的成型方法，一般可以分为干压砖和挤压砖。挤压砖是将可塑性坯体以挤压成型方式生产的陶瓷砖；干压砖是将混合好的粉料经压制成型生产的陶瓷砖。

根据烧成后的陶瓷砖吸水率，又分为瓷质砖（吸水率不超过0.5%）、炻瓷砖（吸水率大于0.5%，不超过3%）、细炻砖（吸水率大于3%，不超过6%）、炻质砖（吸水率大于6%，不超过10%）和陶质砖（吸水率大于10%）。

2）陶瓷砖技术质量要求

根据《陶瓷砖》（GB/T 4100—2015）的规定，陶瓷砖的主要性能指标范围见表2.23。

表2.23 陶瓷砖技术指标

项目		指标
破坏强度/N	厚度≥7.5mm	≥600～1300
	厚度<7.5mm	≥350～700
断裂模数(平均值)/MPa		≥15～28
耐磨性/mm^3		≤275～540
内照射指数		≤1.0
外照射指数		≤1.3
耐污染性		不低于3级

随着陶瓷企业生产成本控制和国家环保压力的不断增大，陶瓷面板向薄型化和大型化发展。因此作为饰面材料，薄型陶瓷砖的发展越来越迅速。根据《薄型陶瓷砖》（JC/T 2195—2013）的规定，薄型陶瓷砖为厚度不大于5.5mm的陶瓷砖，其主要技术指标见表2.24。

表2.24 薄型陶瓷砖主要性能指标

项目		指标	
		平均值	单个值
吸水率 E/%	瓷质薄型陶瓷砖	≤0.5	≤0.6
	炻瓷薄型陶瓷砖	0.5<E≤3	E≤3.3
破坏强度/N	墙砖	≥390	—
	地砖	≥650	—
断裂模数/MPa	墙砖	≥38	≥35
	地砖	≥38	≥35

3）陶瓷砖的性能特点

陶瓷砖与其他饰面材料理化性能对比见表2.25。

表2.25 陶瓷砖与其他饰面材料理化性能对比

性能	材料				
	陶瓷砖	涂料	石材	铝扣板	钢化玻璃
吸水率	较低	—	低	低	低，接近0
耐污性	强，有自洁功能	表面粗糙、耐污性差	差	较差	—

续表

性能	材料				
	陶瓷砖	涂料	石材	铝扣板	钢化玻璃
色差	4个色号/10000m^2	较小	天然性导致本身色差大	较小	—
变色	1200℃高温烧制不变色	紫外线照射会发黄，通常2年涂一次	较小	质量好的可以20年左右不褪色，差的几年就褪色	不褪色
老化	无	含有机成分，存在老化剥落问题	无	外表的薄膜容易被腐蚀	结构较易老化，15～20年寿命
建筑承载	7.1kg/m^2	几乎无质量	60～90kg/m^2（含铝蜂窝板）	5.5～7.5kg/m^2（含铝蜂窝板）	25kg/m^2
色彩纹理	丰富（纯色和石纹、木纹、布纹、金属釉效果等）	较丰富（纯色）	较丰富（天然石纹）	色彩丰富，但质感单一	单一
耐冻性	强	强	差（－20℃时易破裂）	强	强
热膨胀	几乎不受影响	几乎不受影响	较小	大（需留缝）	较小
抗变形	强	—	较强	差	强
通风隔热效果	幕墙有通风隔热效果，又可以结合保暖材料	无	无	幕墙有通风隔热效果，又可以结合保暖材料	差，无法使用保温材料，能耗大

陶瓷砖具有色彩丰富、吸水率较低的特点，与其他装饰材料相比具有较高的耐污染性和耐水性，表面清洁难度低，可以迅速便捷地进行擦洗，而且在清洗过程中不会脱色。另外，陶瓷砖还具有强度高、表面耐磨、不变形和防火耐冻等特点。

（2）微晶玻璃

微晶玻璃又称微晶板或微晶石，是指适当组成的玻璃颗粒经焙烧和晶化，制成由玻璃相和结晶组成的复相材料。微晶玻璃兼有玻璃和陶瓷的优点而又克服了玻璃陶瓷的缺点，具有常规材料难以达到的物理性能。生产微晶玻璃原材料主要是含硅铝的矿物原料，通常用普通玻璃原料或废玻璃或金矿尾砂等，加入芒硝作澄清剂，硒作脱色剂。建筑微晶玻璃组成基本上属于$CaO\text{-}MgO\text{-}Al_2O_3\text{-}SiO_2$系统，主晶相一般有硅灰石、钙长石、钙黄长石、透辉石等，而具有天然大理石外观特征的建筑微晶玻璃的主晶相为硅灰石。微晶玻璃生产可利用工业废渣为主要原料，且生产过程无再次污染，产品无放射性污染。

1）微晶玻璃的性能特点

相对花岗岩和大理石板材而言，微晶玻璃型装饰板材具有更高的机械强度及耐风化性、耐磨性和抗腐蚀性；独特的抗冻性、抗渗透性和耐污染性；更优的尺寸可设计性，结构致密、纹理清晰；组织均匀、无层理性和片理性。此外，可利用玻璃的可逆性，加热软化制得各种弧面或曲面板材，具有较高的破碎安全性。由于其内部微晶玻璃结构类似花岗石颗粒状，受到强力冲击破碎后，只形成三岔裂纹，裂口迟钝不伤手，装饰效果好，晶体界面的花纹色彩通过透明玻璃体表现出强烈的质感，其装饰效果高雅庄重。

2）微晶玻璃的生产方式

微晶玻璃的制备方法主要包括熔融法、烧结法、直接冷却一步法和溶胶-凝胶法等，其中较为常用的是熔融法和烧结法。

① 熔融法　熔融法是最早使用的微晶玻璃制备方法，现仍广泛使用，其工艺流程：配料混匀—高温熔制—成型—热处理—切割加工—成品。熔融法制备微晶玻璃的特点：制品组成均匀，无气孔，致密度高；玻璃组成范围宽；成型方法可沿用任何一种玻璃的成型方法，如压延、压制、浇注、吹制、拉制和浮法等，适合连续流水生产和制备形状复杂、尺寸精确的制品。

② 烧结法　烧结法是先将生料熔融成玻璃液，然后投入水中冷淬，它会碎成粒径为 3～10mm 的玻璃颗粒。将消泡剂和着色剂按比例混入干燥好的玻璃料中，使其均匀包裹于玻璃颗粒表面，然后将玻璃料均匀地铺摊在涂有防粘涂料的耐火板上。耐火板组装在窑板上，一般拼装 5～8 层，送入隧道窑加热使之晶化。将烧结晶化好的板材毛坯进行研磨抛光，其装饰效果非常独特。烧结法花纹色彩较好，品种多样，具有自然光泽和清晰的纹理，结构致密，工艺较复杂，对模具要求较高，能耗大。

3）微晶玻璃技术质量要求

按照《建筑装饰用微晶玻璃》（JC/T 872—2019）的规定，微晶玻璃装饰板材技术指标要求见表 2.26。

表 2.26　装饰用微晶玻璃的技术指标要求

项目	指标要求
莫氏硬度/级	≥5
耐划痕性	1.5N 无划痕
耐急冷急热性	无裂纹
线膨胀系数	$\leqslant 8\times10^{-6}$
吸水率/%	≤0.05
耐化学腐蚀性	无明显变化
弯曲强度/MPa	≥30
弹性模量/MPa	$\geqslant 8.0\times10^{4}$
泊松比	≥0.20
压缩强度/MPa	≥100
冲击韧性/(kJ/m²)	≥1.2

2.4 柔性饰面材料

2.4.1 装饰壁纸

家居装饰壁纸品种繁多，施工方便，易更换，是装饰墙面的较佳装饰材料，可起到美化室内空间的作用。

（1）壁纸的分类

壁纸主要可分为仿纸壁纸、织物壁纸、天然材料壁纸、玻纤壁纸、塑料壁纸等。

1）纺纸壁纸

以纯无纺纸为基材，表面采用水性油墨印刷后涂上特殊材料，经特殊加工而成，具有吸声、透气、散潮湿、不变形等优点。这种墙纸具有自然、古朴、粗犷的大自然之美，富有浓厚的田园气息，给人以置身自然原野中的感受。这种直接印刷无纺纸产品，不含 PVC，透气性好，无助于霉菌生长，易于张贴，易于剥离，没有缝隙，天然品质，别具一格。基纸和表面涂层有像羽毛一样的网状结构，具有防水及高度的呼吸力，亲切自然，休闲舒适，绿色环保。

2）塑料壁纸

塑料壁纸是目前市面上常见的壁纸，塑料壁纸所用塑料绝大部分为聚氯乙烯（PVC），它具有花色品种丰富、耐擦洗、防霉变、抗老化、不易褪色等优点，通常分为普通壁纸、发泡壁纸。塑料壁纸通常有各式各样的花色。

塑料壁纸比普通壁纸厚实、松软。其中高发泡壁纸表面呈富有弹性的凹凸状；低发泡壁纸是在发泡平面上印有花纹图案材料作主材表层，基层用不同的网底布、无纺布，它在网面上加入 PVC 进行高压调匀，再利用花滚调色平压制成不同图案。

（2）壁纸胶黏剂

壁纸在使用过程中主要使用的辅助材料是胶黏剂，一般包括壁纸胶和基膜。基膜是一种涂布于底材的水性材料，用以防止底材多孔而导致壁纸胶被吸收得过多，以及底层浸出物对壁纸或壁纸胶造成不利影响。壁纸胶根据其物理形态一般分为液状胶、粉状胶和糊状胶，根据基本性能可以分为常用于纸基类壁纸的普通型，和用于具有高湿、高强度要求壁纸的增强型。

壁纸胶和基膜的主要性能应达到《壁纸胶粘剂》（JC/T 548—2016）的要求，具体可见表 2.27 和表 2.28。

表 2.27　壁纸胶性能要求

试验项目		技术指标	
		Ⅰ型	Ⅱ型
外观		搅拌后均匀、无结块	
pH 值		5～8	
不挥发物质量含量/%	糊状胶	≥16	
	液状胶	≥10	
试用期/7d		不腐败、不变稀、不长霉	
晾置时间		30min 后易于分离	
湿黏性		剥离长度 200mm 时，移动距离＜5mm	剥离长度 300mm 时，移动距离＜5mm
滑动性/N		≤8	≤10
180°剥离强度/(N/25mm)		≥5	≥8
冻结融解稳定性①/(N/25mm)		≥5	≥8
防霉性②/级		0	

① 仅针对液状胶和糊状胶（当用户提出要求时）。

② 仅针对具有防霉功能的产品。

表 2.28 基膜性能要求

试验项目	技术指标
容器中状态	无硬块、搅拌后呈均匀状态
施工性	刷涂无障碍
不挥发物/%	≥18
低温稳定性（3 次循环）	不变质
涂膜外观	正常
干燥时间（表干）/h	≤2
耐碱性（24h）	无异常
抗泛碱性（48h）	无异常
透水性/mL	≤0.5

2.4.2 装饰壁布

装饰壁布是一种墙布，是裱糊墙面的织物。用棉布作底布，并在底布上施以印花或轧纹浮雕，也有以大提花织成。目前装饰壁布主要包括的类型见表 2.29。

表 2.29 壁布的类型

序号	类型	特征
1	纱线壁布	用不同式样的纱或线构成图案和色彩
2	织布类壁纸	包括平织布面、提花布面和无纺布面
3	植绒壁布	将短纤维植入底纸，产生质感极佳的绒布效果
4	功能类壁布	具有阻燃、隔热、保温、吸声、隔声、抗菌、防霉、防水、防油、防污、防尘、防静电等功能

虽然墙布材料近些年才刚刚兴起，但发展非常迅速。随着人们对健康功能的需求不断提升，本领域的研究学者开始密切关注功能类壁布的研发。例如，纺织纤维材料与加工技术国家地方联合工程实验室将桑蚕丝和蜂窝光触媒纤维、竹炭纤维及黏胶混纺纱线作为原料，研发生产具有除甲醛功能的壁布。

思考题

1. 简述建筑饰面材料的应用场景及其分类。
2. 饰面材料的类型有哪些？试举例说明。
3. 油漆是什么？有哪些功能？建筑装饰涂料的组成主要包括哪些材料？
4. 与普通薄型涂料相比，质感涂料有哪些优势？质感涂料的发展趋势如何？
5. “会呼吸的环保功能性壁材”是什么？请简要介绍其组成、性能和用途。
6. 泛碱是饰面砂浆应用过程中最易出现的问题，请简要介绍饰面砂浆出现泛碱以后该如何处理。

7. 简述装饰石膏板的分类及其主要特点与区别。

8. 按照来源不同，天然石材可分为哪几类？并试论述天然石材放射性规定分级及原因。

9. 人造饰面石材主要分为哪几类？

10. 与天然石材相比，简述人造石材的优缺点。

11. 简述微晶玻璃人造装饰板材的制备原理以及关键技术难点。

12. 试论述微晶玻璃人造板材与人造石材的异同点及优缺点。

参考文献

[1] 曹文达. 建筑装饰材料 [M]. 北京：北京工业大学出版社，1999.

[2] 严捍东. 新型建筑材料教程 [M]. 北京：中国建材工业出版社，2005.

[3] 葛新亚. 建筑装饰材料 [M]. 武汉：武汉理工大学出版社，2004.

[4] 吴智勇. 建筑装饰材料 [M]. 北京：北京理工大学出版社，2015.

[5] 安素琴. 建筑装饰材料 [M]. 北京：中国建筑工业出版社，2000.

[6] 葛勇. 建筑装饰材料 [M]. 北京：中国建材工业出版社，1998.

[7] 郝书魁. 建筑装饰材料基础 [M]. 上海：同济大学出版社，1996.

[8] 蓝治平. 建筑装饰材料与施工工艺 [M]. 北京：高等教育出版社，1999.

[9] 向才旺. 建筑装饰材料 [M]. 北京：中国建筑工业出版社 1999.

[10] 符芳. 建筑装饰材料 [M]. 南京：东南大学出版社，1994.

[11] 李继业. 建筑装饰材料 [M]. 北京：科学出版社，2002.

[12] 高琼英. 建筑材料 [M]. 武汉：武汉理工大学出版社，2002.

[13] 赵斌. 建筑装饰材料 [M]. 天津：天津科学技术出版社，2000.

[14] 赵方冉. 装饰装修材料 [M]. 北京：中国建材工业出版社，2001.

[15] 廖向阳，陈宝玉. 建筑装饰材料 [M]. 武汉：武汉工业大学出版社，1991.

[16] 顾国芳. 新型装修材料及应用 [M]. 北京：中国建筑工业出版社，2000.

[17] 高水静. 建筑装饰材料 [M]. 北京：中国轻工业出版社，2016.

[18] 李湘洲. 装饰石膏板的现状及发展 [J]. 上海建材，1995，(5)：3.

[19] 张志新. 现代建筑室内吊顶 [M]. 北京：中国建材工业出版社，2006.

[20] 程金树，李宏，汤李缨，等. 微晶玻璃 [M]. 北京：化学工业出版社，2005.

[21] Holand W，Beall G H. Glass-ceramic Technology-2nd edition [M]. New Jersey：John Wiley & Sons Incorporation Publication，2012.

[22] 王艺慈. 包钢高炉渣制备微晶玻璃的析晶行为 [M]. 北京：冶金工业出版社，2014.

[23] Rawlings R D，Wu J P，Boccaccini A R. Glass-ceramics：Their production from wastes-A Review [J]. Journal of Materials Science，2006，41(3)：733-761.

[24] Edgar D. Glass crystallization research A 36-year retrospective，part Ⅱ，fundamental studies [J]. International Journal of Applied Glass Science，2013，4(2)：105-116.

[25] 王浩，张秋梅. 浅谈建筑装饰涂料及其发展趋势 [J]. 科技创新导报，2010(18)：52-53.

[26] 马旭，张竞，陈凯骏，等. 金属热加工保护涂料的制备与性能 [J]. 江苏科技大学学报（自然科学版），2021，35(01)：23-29.

[27] 张朝亮. 钢结构防腐施工措施及评论研究 [J]. 中国金属通报，2020(09)：180-181.
[28] 康芦笙，胡中源，肖劲. 一种水性多功能木材保护剂 [J]. 上海涂料，2011，49(09)：51-52.
[29] 付延. 石材防护涂料介绍 [J]. 化工新型材料，2001(02)：40.
[30] 仇鸿胜. 石材防护剂的发展概况及趋势 [J]. 石材，2002(5)：35-36. DOI：10. 3969/j. issn. 1005-3352.
[31] 魏勇，李瑞玲. 质感涂料的制备、应用及施工 [J]. 涂料技术与文摘，2012，33(8)：8-10. DOI：10. 3969/j. issn. 1672-2418.
[32] 康勇，张大利，吴丽娜. 彩色饰面砂浆配比优化 [J]. 墙材革新与建筑节能，2015(02)：60-62.
[33] 陈伟. 水泥基饰面砂浆的组成与性能研究 [J]. 建筑科技，2017，1(01)：52-54.
[34] 魏小赟，王艳艳，王小瑞. 防火涂料研究新进展 [J]. 山东化工，2019，48(20)：83-84.
[35] 陆荣. 防霉涂料 [C]. 中国化工学会环保型涂料及涂装技术研讨会论文集. 常州：中国化工学会涂料涂装专业委员会，2000：45-51.
[36] 林杰赐，陈炳耀，陈明毅. 抗菌防霉涂料的研究进展 [J]. 山东化工，2021，50(5)：72-73.
[37] 沈春林，褚建军. 中国建筑防水涂料现状与发展前景 [J]. 中国建筑防水，2016(20)：1-5+9.
[38] 王德永，黄小珂. 建筑用热反射隔热涂料的研究进展 [J]. 建筑技术开发，2018，45(04)：65-66.
[39] 武宏让，杜继红. 电磁波屏蔽涂料 [J]. 中国有色金属学报，1998(s2)：238-239.
[40] 陈旭. 电磁波屏蔽涂料的制备及性能的研究 [D]. 杭州：浙江大学，2006.
[41] 林杰赐，陈炳耀，陈明毅. 空气净化涂料的研究进展 [J]. 山东化工，2021，50(03)：93+98.
[42] JC/T 2079—2011. 建筑用弹性质感涂层材料.
[43] JC/T 2177—2013. 硅藻泥装饰壁材.
[44] JC/T 1024—2019. 墙体饰面砂浆.
[45] LY/T 3147—2019. 室外木材用涂料（清漆和色漆）的分类及耐候性能要求.
[46] JC/T 799—2016. 装饰石膏板.
[47] GB/T 18601—2009. 天然花岗石建筑板材.
[48] GB/T 19766—2016. 天然大理石建筑板材.
[49] JC/T 507—2012. 建筑装饰用水磨石.
[50] GB/T 4100—2015. 陶瓷砖.
[51] JC/T 2195—2013. 薄型陶瓷砖.
[52] JC/T 872—2019. 建筑装饰用微晶玻璃.
[53] JC/T 548—2016. 壁纸胶黏剂.

第3章

防水材料

本章学习目标：

1. 掌握各类防水材料的性能和特点。
2. 重点掌握不同类型防水材料的防水原理。
3. 熟悉防水混凝土的配制方法和混凝土渗漏的内在原因。
4. 了解各类防水材料的施工方式和适用条件。

3.1 概述

防水材料是在建筑物或构筑物的围护结构中，采用的具有防潮、防渗或防漏功能的材料。防水材料能够防止水分侵入建筑物，包括雨水、地下水、工业和民用的给排水、腐蚀性液体以及空气中的湿气、蒸气等。建筑物需要进行防水处理的部位，主要包括屋面、墙面、地面、地下室、隧道、污水管道和污水池以及其他水体储存或输送建筑设施。防水材料是建筑防水工程的基础，防水工程的质量取决于防水材料的性能和质量。随着防水性能要求的提高，部分重大工程甚至还要求防水材料具备高耐候、抗腐蚀以及抗霉变等性能。

防水材料的分类很多，按照材料特性可分为刚性防水材料、柔性防水材料和粉状防水材料。刚性防水材料强度高，但脆性大，抗裂性较差，耐高低温性能好，通过改性后可以具有韧性，主要为防水混凝土和防水砂浆等。柔性防水材料的弹塑性好，延伸率大，抗裂性好，质量轻，但耐低温有限，耐穿刺差，耐久性有限，主要为防水卷材、防水涂料和密封胶等。粉状防水材料，为憎水性的粉体，一般需要与其他材料复合成防水材料使用。

工程中最常用的是柔性防水材料。柔性防水材料按照形态主要分为防水卷材和防水涂料。常用的防水卷材有合成高分子卷材和沥青卷材等，是经过压延或涂布成卷等工艺生产的材料。防水卷材生产质量稳定性好，适用于大面积防水，且施工效率高，多层使用效果更好。但是，在使用后期，卷材老化收缩大，容易产生搭接缝脱开等缺陷。防水涂料是指经过液态涂刷后成膜的材料，包括高分子涂料和改性沥青涂料等。防水涂料是无定形材料，通过现场刷、刮、抹和喷等施工，可在结构物表面固化，形成具有防水功能的膜层材料。

防水工程中也常用刚性防水材料，包括防水混凝土和防水砂浆。混凝土中水的渗透，是毛细孔吸水饱和与压力水透过的连续过程。水在混凝土内渗透的快慢，与混凝土孔隙率及组分比表面积有关。混凝土抗渗性与孔隙的尺寸、分布及连通性有关。孔隙很小或含闭口孔隙抗渗性较高，大孔且连通孔将使抗渗性降低。因此，防水混凝土的抗渗防水机理，是控制混凝土的孔隙率及孔结构，抑制和减少混凝土内部孔隙生成，改变孔隙形状和大小，堵塞漏水通路，提高密实性，达到抗渗防水目的。

聚合物基防水材料或者掺聚合物的混凝土材料，其防水原理不仅在于混凝土内部毛细孔的调节，减少微裂纹，实现防水抗渗，多数情况下，还利用聚合物自身的憎水性、高密度和低孔隙，达到物理阻隔防水的效果，这在聚合物卷材和聚合物砂浆等材料中，尤为明显。并且，这类材料的物理阻隔作用，相较于内部毛细孔的调控更为重要。

目前，随着土木工程的发展和防水要求的逐步提升，新的防水材料发展迅速，包括 TPO 防水卷材、自粘防水卷材、非固化橡胶沥青防水涂料、水性防水涂料和水泥基渗透结晶型防水材料等品类。这些材料在生产和使用方面，具有重要的经济和环保价值，同时防水材料的生产和施工也正向智能化发展。

3.2 沥青基防水材料

沥青及其制品在防水领域有着广泛应用。沥青是一种黑色或黑褐色的有机胶凝材料，其不溶于水，可溶于二硫化碳、四氯化碳等有机溶剂。加热时沥青会熔化，具有良好的黏性、塑性、憎水性、绝缘性及耐腐蚀性等。沥青主要作为防水、防潮及防腐材料，广泛用于屋面、地下防水防腐工程、水利、道路和桥梁等工程。目前，主要采用石油沥青制备沥青基防水材料。而另一种煤沥青是炼焦厂或煤气厂的副产品。烟煤在干馏过程中，挥发物质经冷凝而成的黑色黏性流体，称为煤焦油。将煤焦油进行分馏加工，提取轻油、中油、重油及蒽油后所得的残渣，即为煤沥青。

石油沥青的基本性能包括黏滞性、塑性、温度敏感性、大气稳定性、溶解度、闪点和燃点等。按照石油加工方法的不同，石油沥青可分为残留沥青、蒸馏沥青、氧化沥青、裂化沥青和酸洗沥青等，其中防水行业常用氧化沥青作为基材。

石油沥青具有优良的黏结性、防水抗渗性和耐腐蚀性，是生产沥青基防水材料的重要原材料。但其也存在一些致命弱点，如对温度十分敏感，通常在 80℃以上就会流淌，在－10℃以下就会龟裂。其低温柔性差，延伸率小，很难适应建筑防水工程基层开裂或伸缩变形的需要。因此，石油沥青作为防水材料通常要进行改性，常采用沥青的氧化、外掺矿物填料和外掺高分子聚合物等方法进行改性。

固体填料改性沥青，主要是利用固废颗粒与沥青之间的相互作用，优化沥青的凝胶体系。为了进一步促进改性固体颗粒与沥青基体之间的相容性，也常采用颗粒表面改性的方式，并将改性后的固体颗粒与沥青混合，实现沥青的性能优化。主要包括超细无机颗粒的改性，如纳米碳酸钙改性沥青、磷渣粉改性沥青、硅粉改性沥青、石墨及石墨烯改性沥青等。近年来，随着先进粉体技术的发展，对于颗粒的改性工艺也得到发展，新的改性技术也逐步应用到沥青改性中，包括超细化固废颗粒改性沥青、先进表面改性技术以及复合改性等。

3.2.1 高聚物改性沥青

高聚物改性沥青是一种常用的改性沥青材料，在防水领域有着较大的市场占有率。高聚物改性沥青的原材料通常选择基质沥青、高聚物改性剂、稳定剂和相容剂。高聚物改性沥青常分为弹性体改性沥青和塑性体改性沥青。

弹性体改性沥青（简称“SBS改性沥青”），是以石油沥青为基料，加入一定比例的热塑性弹性体SBS为改性剂而制成的改性沥青，其技术性能应满足标准《防水用弹性体（SBS）改性沥青》（GB/T 26528—2011）的要求，见表3.1。

表3.1 弹性体改性沥青的技术指标

试验项目			技术指标	
			Ⅰ型	Ⅱ型
软化点/℃		≥	105	115
低温柔度（无裂纹）/℃			−20，通过	−25，通过
弹性回复/%		≥	85	90
渗油性	渗出张数	≤	2	
离析	软化点变化率/%	≤	20	
可溶物含量/%		≥	97	
闪点/℃		≥	230	

与石油沥青比，SBS改性沥青弹性好、延伸率大，其延度可达2000%。改性后沥青的温度稳定性大大改善，脆点降至−40℃，耐热温度可达90～100℃，并且耐候性和耐疲劳性能好。在众多沥青改性剂中，SBS能同时改善沥青的高低温性能及温度敏感性。因此，SBS改性沥青已成为国际上应用最成功和应用品种最多的沥青。目前，SBS改性沥青占全球沥青总需求量的61%。在防水行业，SBS改性沥青可制作防水卷材、防水涂料及防水密封材料等，其SBS掺量一般为8%～14%。

塑性体改性沥青（APP改性沥青），是以石油沥青为基料，加入一定比例无规聚丙烯（APP）或非晶态聚α-烯烃（如APAO和APO等）类塑性体改性材料，而得到的改性沥青，分为Ⅰ型和Ⅱ型两类，其技术性能应满足标准《防水用塑性体改性沥青》(GB/T 26510—2011）的要求，见表3.2。

表3.2 塑性体改性沥青的技术指标

序号	项目			技术指标	
				Ⅰ型	Ⅱ型
1	软化点/℃		≥	125	145
2	低温柔度（无裂纹）/℃			−7，通过	−15，通过
3	渗油性	渗出张数	≤	2	
4	可溶物含量/%		≥	97	
5	闪点/℃		≥	230	

在现今防水材料市场中，沥青基防水材料占有巨大的市场份额。其主要组成沥青，在防水卷材和道路沥青方面均发挥着巨大作用。而沥青作为防水材料的基体，其性能的优化对沥青基防水材料有着重要作用。无论是从工程角度，还是从科学研究角度，对于沥青的改性都是极其重要。目前，关于沥青基防水材料的研究热点，主要集中在改性沥青方面，用以优化沥青材料的高低温性能和耐老化性能。已有报道主要表现为固体填料改性沥青、聚合物改性沥青以及改性沥青的相关应用。随着绿色建筑概念的普及，绿色种植屋面得到大力推广，也促进了具有阻根作用的沥青材料的研究。

聚合物改性沥青是沥青改性的主要研究方向，用来优化改性沥青的高低温性能。近年来各种聚合物回收用于沥青改性发展较快，包括聚氨酯、环氧树脂、脱硫聚对苯二甲酸乙二醇酯、轮胎废胶粉和回收塑料等。

随着种植屋面等功能建筑的推广，沥青防水材料还需要加强阻根性能，以便于植物种植和低碳绿色建筑的进一步推广，最终促进近零能耗建筑的发展。常用的阻根沥青材料包括有机阻根剂改性沥青、无机阻根剂改性沥青和复合改性剂改性沥青等。

3.2.2 沥青基防水卷材

沥青基防水卷材是以沥青材料、胎基和覆面材料等制成的成卷材料（见图 3.1），常用于张贴式防水层。胎基材料主要起骨架作用，决定卷材的机械性能，如抗拉强度、断裂伸长率等，对卷材的化学性能，如耐化学腐蚀和耐久性等起重要作用。适用于沥青基防水卷材的胎基材料包括聚酯毡、玻纤毡、聚乙烯膜、玻纤与聚酯复合毡等，相对而言，聚酯毡的性能要好于玻纤毡，二者复合后的效果更好。覆面材料又称隔离材料，覆盖在沥青卷材的上表面和下表面，防止卷材在生产和贮运过程中黏结。

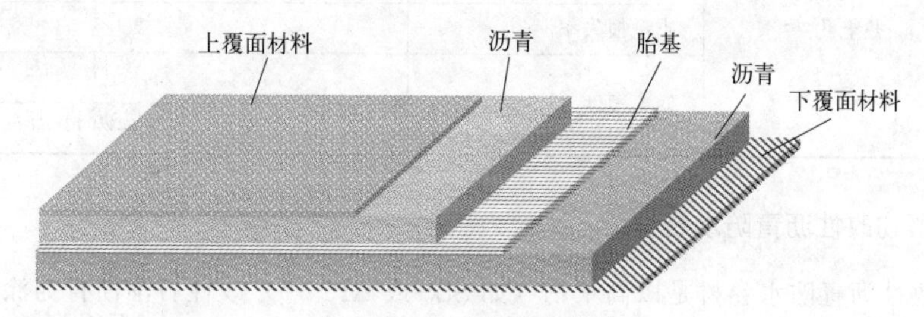

图 3.1 沥青基防水卷材

(1) 石油沥青玻璃纤维胎防水卷材

石油沥青玻璃纤维胎防水卷材（简称“沥青玻纤胎卷材”），是由玻纤毡为胎基，以氧化石油沥青为浸涂材料，两面覆盖隔离材料而制成的防水卷材。该卷材主要由氧化石油沥青、填充材料、胎基材料和覆面材料等组成。氧化石油沥青主要采用吹空气氧化或催化氧化工艺等方法，制备得到改性沥青。填充材料主要改善其耐高温性能和降低成本，常用滑石粉、石灰石粉和石棉粉等。

沥青玻纤胎卷材按照卷材单位面积质量可分为 15 号和 25 号，按照上表面覆盖材料可分聚乙烯膜和砂面，而按照力学性质可分为Ⅰ型和Ⅱ型。该卷材的公称宽度为 1m，公称面积为 $10m^2$ 或 $20m^2$。沥青玻纤胎卷材的物理力学性能应满足标准《石油沥青玻璃纤维胎防水卷材》

（GB/T 14686—2008）的要求，见表3.3。

与传统的纸胎和油毡相比，沥青玻纤胎卷材具有较高软化点，85℃不流淌，但低温脆裂性能没有改变。对酸碱介质有更好的耐腐蚀性，有良好的耐微生物腐蚀性，延伸率、耐水性和柔韧性都有大幅度提高。目前，沥青玻纤胎卷材主要用于防水要求较低和一般临时性的工程防水。

表3.3 沥青玻璃纤维胎防水卷材力学性能

<table>
<tr><th rowspan="2">序号</th><th rowspan="2" colspan="2">项目</th><th colspan="2">技术指标</th></tr>
<tr><th>Ⅰ型</th><th>Ⅱ型</th></tr>
<tr><td rowspan="3">1</td><td rowspan="3">可溶物单位质量/(g/m^2) ≥</td><td>15号</td><td colspan="2">700</td></tr>
<tr><td>25号</td><td colspan="2">1200</td></tr>
<tr><td>试验现象</td><td colspan="2">胎基不燃</td></tr>
<tr><td rowspan="2">2</td><td rowspan="2">拉力/(N/50mm) ≥</td><td>纵向</td><td>350</td><td>500</td></tr>
<tr><td>横向</td><td>250</td><td>400</td></tr>
<tr><td rowspan="2">3</td><td rowspan="2" colspan="2">耐热性</td><td colspan="2">85℃</td></tr>
<tr><td colspan="2">无滑动、流淌、滴落</td></tr>
<tr><td rowspan="2">4</td><td rowspan="2" colspan="2">低温柔性</td><td>10℃</td><td>5℃</td></tr>
<tr><td colspan="2">无裂纹</td></tr>
<tr><td>5</td><td colspan="2">不透水性</td><td colspan="2">0.1MPa，30min不透水</td></tr>
<tr><td>6</td><td colspan="2">钉杆撕裂强度/N ≥</td><td>40</td><td>50</td></tr>
<tr><td rowspan="5">7</td><td rowspan="5">热老化</td><td>外观</td><td colspan="2">无裂纹、无起泡</td></tr>
<tr><td>拉力保持率/% ≥</td><td colspan="2">85</td></tr>
<tr><td>质量损失率/% ≤</td><td colspan="2">2.0</td></tr>
<tr><td rowspan="2">低温柔性</td><td>15℃</td><td>10℃</td></tr>
<tr><td colspan="2">无裂纹</td></tr>
</table>

（2）高聚物改性沥青防水卷材

高聚物改性沥青防水卷材是以高聚物（如SBS或APP等）改性石油沥青为涂盖层，以聚酯毡、玻纤毡和玻纤增强聚酯毡为胎体，以砂粒、页岩片或聚乙烯膜等为覆面材料制成的防水卷材。

常用的高聚物改性沥青防水卷材，主要是利用石油沥青的憎水性，高聚物改性后沥青优异的耐高低温以及耐久性等，在使用中形成优异的防水层。高聚物改性沥青防水卷材一年四季均能正常使用，并附带耐穿刺和耐疲劳等特性，具有优良的延伸性和较强的基层变形适应能力。高聚物改性沥青防水卷材主要包括弹性体改性沥青防水卷材和塑性体改性沥青防水卷材两大类。

① 弹性体改性沥青防水卷材　弹性体改性沥青防水卷材（简称“SBS防水卷材”）的力学性能应符合标准《弹性体改性沥青防水卷材》（GB/T 18242—2008）的要求。SBS防水卷材具有优良的耐高低温性能，适用温度范围为－25～105℃。SBS防水卷材的低温柔性好，同时具有耐穿刺、耐撕裂和耐疲劳的性能，具有优良的延伸性和较好的抗基层变形适应能力。

SBS防水卷材允许基层裂缝宽度的最大值为6mm，且后期收缩比高分子卷材小。SBS防水卷材的原材料来源广泛，价格便宜。与基层黏结采用热熔或冷粘施工，其热熔搭接密封可靠。

② 塑性体改性沥青防水卷材　塑性体改性沥青防水卷材（简称“APP防水卷材”）产品的类型、规格、胎基、覆面材料及生产工艺流程均与SBS防水卷材相同。APP防水卷材的物理力学性能应满足标准《塑性体改性沥青防水卷材》(GB/T 18243— 2008）的要求。APP改性沥青防水卷材的耐高温性能优异，其耐热度最高可以达到160℃，使用温度范围为－15～130℃。APP改性沥青防水卷材的强度较高，具有较好的耐穿刺、耐撕裂和耐疲劳性能；APP改性沥青防水卷材的耐紫外线老化、耐热老化以及耐久性良好；APP改性沥青防水卷材施工简便，无污染，热熔接缝搭接可靠性高，在较低气温（－5℃）或有湿气的基层也能够进行正常施工。APP防水卷材适于多种工业与民用建筑的屋面和地下防水工程，还适用于道路工程和桥梁工程等防水工程，尤其适宜对高温和有强烈太阳辐射的南方地区的建筑物进行防水施工。但是APP改性沥青防水卷材的自重较大，对于大坡度斜屋面的防水不宜采用。

③ 自粘聚合物改性沥青防水卷材　SBS沥青卷材和APP卷材因施工中需要热熔接缝不太方便且易引发火灾，自粘聚合物改性沥青防水卷材（自粘卷材）的发展越来越迅速。自粘卷材是一种以自粘聚合物改性沥青为基料，中间采用无胎基或聚酯胎基作为增强层，面层采用聚乙烯膜、聚酯膜或细砂，底面或两面采用硅油防粘隔离膜或涂硅隔离纸作为覆面材料，是一类非外露使用的本体自粘防水卷材。一般地，乙烯膜自粘卷材适于非外露的防水工程；无膜双面自粘卷材适于辅助防水工程；对于外露防水工程，可采用以铝箔为表面材料的自粘卷材。自粘聚合物改性沥青防水卷材的性能应满足标准《自粘聚合物改性沥青防水卷材》(GB/T 23441—2009）的要求。自粘聚合物改性沥青防水卷材施工方便快捷，工期短，安全环保，并且具有橡胶弹性，延伸率高，适应基层变形能力良好。自粘聚合物改性沥青防水卷材黏结力强，有自愈功能，防水效果可靠。

自粘聚合物改性沥青防水卷材制备时，先将沥青进厂后储存于用导热油保温的沥青储罐中。使用时升温到140～150℃，后送至自粘胶制备车间的配料罐。在加工温度下，依次向配料罐中加入增塑剂、增黏剂和橡胶改性剂等，再经过充分搅拌后，进入胶体磨进行研磨，达到预定技术指标后送入快速搅拌机，然后加入填料搅拌均匀后，用泵送至自粘胶储罐备用。

3.2.3 沥青基防水涂料

(1) 乳化沥青类防水涂料

乳化沥青是在一定工艺条件下，熔融的石油沥青经机械剪切分散作用，使沥青呈现直径为1～6μm的微小颗粒状态，均匀分散于含有乳化剂和助剂的水溶液中而形成的沥青乳液。乳化沥青类防水涂料是以水为介质，采用化学乳化剂和/或矿物乳化剂，制备得到的水乳型沥青防水涂料。该涂料外观为棕褐色稠厚状液体，搅拌均匀后，不会产生色差、凝胶、结块或明显沥青丝的现象。按照产品性能，乳化沥青类防水涂料可分为H型和L型，其技术性能要满足标准《水乳型沥青防水涂料》(JC/T 408—2005）的要求，见表3.4。

表 3.4 乳化沥青类防水涂料物理力学性能

<table>
<tr><th colspan="2" rowspan="2">项目</th><th colspan="2">技术指标</th></tr>
<tr><th>L</th><th>H</th></tr>
<tr><td colspan="2">固体含量/% ≥</td><td colspan="2">45</td></tr>
<tr><td colspan="2" rowspan="2">耐热温度/℃</td><td>80±2</td><td>110±2</td></tr>
<tr><td colspan="2">无流淌、滑动、滴落</td></tr>
<tr><td colspan="2">不透水性</td><td colspan="2">0.10MPa，30min 无渗水</td></tr>
<tr><td colspan="2">黏结强度/MPa ≥</td><td colspan="2">0.30</td></tr>
<tr><td colspan="2">表干时间/h ≤</td><td colspan="2">8</td></tr>
<tr><td colspan="2">实干时间/h ≤</td><td colspan="2">24</td></tr>
<tr><td rowspan="4">低温柔度/℃</td><td>标准条件</td><td>−15</td><td>0</td></tr>
<tr><td>酸处理</td><td rowspan="3">−10</td><td rowspan="3">5</td></tr>
<tr><td>碱处理</td></tr>
<tr><td>紫外处理</td></tr>
<tr><td rowspan="4">断裂伸长率/% ≥</td><td>标准条件</td><td colspan="2" rowspan="4">600</td></tr>
<tr><td>酸处理</td></tr>
<tr><td>碱处理</td></tr>
<tr><td>紫外处理</td></tr>
</table>

乳化沥青类防水涂料主要包括石灰乳化沥青防水涂料、石棉乳化沥青防水涂料和膨润土乳化沥青防水涂料。

石灰乳化沥青防水涂料，是将熔化的沥青加到石灰膏与水组成的悬浮液中，经过强烈的机械搅拌制成的一种水性厚质防水涂料，是一种膏状冷沥青悬浮液。

石棉乳化沥青防水涂料，是将熔化沥青加到石棉与水组成的悬浮液中，经过强烈的机械搅拌，制成的一种水性厚质防水涂料。由于涂料中含有石棉纤维，涂料的稳定性、耐水性、抗裂性和耐候性比一般的乳化沥青好，且能形成较厚的涂膜，防水效果好。

膨润土乳化沥青防水涂料，是将热熔沥青加入以膨润土为分散剂的乳化水中，经机械搅拌而成的一种水乳型厚质沥青防水涂料。因膨润土具有吸附性，制备过程减少了沥青中有机挥发物等有害气体的排放。

(2) 高聚物改性沥青防水涂料

高聚物改性沥青防水涂料，是以高聚物改性沥青为主成膜物质的一类防水涂料。根据成膜原理，该类涂料分为水乳型、溶剂型和热熔型三类。水乳型高聚物改性沥青防水涂料，是以乳化沥青为基料，掺一定质量的高分子聚合物改性剂，再加入表面活性剂以及各种化学助剂等，最后制成的水性防水涂料。溶剂型高聚物改性沥青防水涂料，是将橡胶改性沥青再次在溶剂中进行溶解制成的一种防水涂料。热熔型改性沥青防水涂料，是通过在橡胶沥青中加入辅料制备的改性沥青小块，在现场施工时通过热熔成液滴状，然后喷涂或刮涂。

氯丁橡胶改性沥青防水涂料，是以氯丁橡胶为改性剂的沥青基防水涂料。氯丁橡胶又称氯丁二烯橡胶，是以氯丁二烯（即 2-氯-1,3-丁二烯）为主要原料，经乳液聚合而制得的一种均聚物弹性体，其抗张强度高，耐热、耐臭氧、耐光和耐老化等性能优良，耐油性能均优于天然橡胶、丁苯橡胶和顺丁橡胶，具有较高的阻燃性；其化学稳定性较高，耐水性良好，但是耐寒性和储存稳定性较差。

再生橡胶改性沥青防水涂料，是以再生橡胶对石油沥青进行改性而制备的一种防水涂料。

水乳型再生橡胶改性沥青防水涂料，是以乳化沥青为基料，以再生胶乳为改性材料而制成的水性防水涂料。水乳型再生橡胶改性沥青防水涂料具有无毒、无味和不易燃烧的特点。其材料来源广泛，价格低廉，具有良好的防水性、黏结性、耐热性、耐裂性、低温柔性和耐久性。水乳型再生橡胶改性沥青防水涂料可在常温下冷施工作业，并可在潮湿无积水的表面进行施工。

（3） SBS改性沥青防水涂料

SBS改性沥青防水涂料，是以石油沥青为基料，SBS为改性剂，掺入适量助剂制成的防水涂料。SBS改性沥青防水涂料，按成型机理分为溶剂型、水乳型和热熔型三种。水乳型SBS改性沥青防水涂料，是将SBS溶入石油沥青中后再进行乳化而成的水乳性改性沥青防水涂料。热熔型SBS改性沥青防水涂料，是以SBS橡胶为沥青改性剂，再添加上其他辅助材料，冷却后制成改性沥青小块，运至施工现场，通过专用环保型熔化炉加热熔化成液体状，然后刮涂或喷涂于结构基层表面。

（4）非固化橡胶沥青防水涂料

非固化橡胶沥青防水涂料，是以橡胶粉、沥青和特殊添加剂为主要原料而制成的防水涂料。非固化橡胶沥青防水涂料是一种在使用状态下可长期保持黏性膏状体形态，具有一定蠕变性的新型防水材料。非固化橡胶沥青防水涂料，是以橡胶粉、高分子改性剂、沥青、特殊添加剂、液体溶剂以及粉填料等制成的一种单组分、非固化和不成膜的蠕变型防水涂料。非固化橡胶沥青防水涂料为均匀的黏稠膏状体，外观无结块，其物理力学性能应满足标准《非固化橡胶沥青防水涂料》(JC/T 2428—2017）的要求。非固化橡胶沥青防水涂料具有安全、节能和环保的优点。该涂料施工方法多样、方便快捷，不受环境影响，且工期短；施工后不固化也不成膜，蠕变性及自愈性好；黏结性好、延伸率高，能适应基层变形，防水效果可靠。非固化橡胶沥青防水涂料还用于注浆堵漏、快速止水，与各种防水卷材的相容性好，并且复合防水效果最佳。

（5）喷涂速凝橡胶沥青防水涂料

喷涂速凝橡胶沥青防水涂料，是以橡胶沥青为主要成分，采用机械喷涂的方式进行施工，依靠化学破乳后瞬间固化成膜的新型水乳型沥青防水涂料。喷涂速凝橡胶沥青防水涂料，是由A组分橡胶沥青乳液和B组分破乳剂（或称特种成膜剂）构成的双组分防水涂料。其中，A组分是由阴离子高固含量乳化沥青和高聚物乳液（阴离子氯丁胶乳、丁苯胶乳等）共混改性形成的高聚物和乳化沥青的水溶性混合物。B组分破乳剂通常为固体包装，使用时，溶于水后能形成无结块的均匀液体。喷涂速凝橡胶沥青防水涂料的物理力学性能，应满足标准《喷涂速凝橡胶沥青防水涂料》(JC/T 2317—2015）的要求，见表3.5。

表 3.5 喷涂速凝橡胶沥青防水涂料物理力学性能

<table>
<tr><th colspan="3">项目</th><th>技术指标</th></tr>
<tr><td colspan="3">固体含量/% ≥</td><td>55</td></tr>
<tr><td colspan="3">凝胶时间/s ≤</td><td>5</td></tr>
<tr><td colspan="3">实干时间/h ≤</td><td>24</td></tr>
<tr><td colspan="3">耐热温度(120±2)℃</td><td>无流淌、滑动、滴落</td></tr>
<tr><td colspan="3">不透水性 (0.3MPa，30min)</td><td>无渗水</td></tr>
<tr><td colspan="2" rowspan="2">黏结强度/MPa ≥</td><td>干燥基面</td><td rowspan="2">0.40</td></tr>
<tr><td>潮湿基面</td></tr>
<tr><td colspan="3">弹性回复率/% ≥</td><td>85</td></tr>
<tr><td colspan="3">钉杆自愈性</td><td>无渗水</td></tr>
<tr><td colspan="3">24h吸水率/% ≤</td><td>2.0</td></tr>
<tr><td colspan="2" rowspan="6">低温柔性</td><td>无处理</td><td>−20℃无裂纹、断裂</td></tr>
<tr><td>碱处理</td><td rowspan="5">−15℃无裂纹、断裂</td></tr>
<tr><td>酸处理</td></tr>
<tr><td>盐处理</td></tr>
<tr><td>热处理</td></tr>
<tr><td>紫外线处理</td></tr>
<tr><td rowspan="7">拉伸性能</td><td>拉伸强度/MPa ≥</td><td>无处理</td><td>0.8</td></tr>
<tr><td rowspan="6">断裂伸长率/% ≥</td><td>无处理</td><td>1000</td></tr>
<tr><td>碱处理</td><td rowspan="5">800</td></tr>
<tr><td>酸处理</td></tr>
<tr><td>盐处理</td></tr>
<tr><td>热处理</td></tr>
<tr><td>紫外线处理</td></tr>
</table>

3.3 合成高分子防水材料

高分子材料是指以高分子化合物为基本组成，加入适当助剂，经一定工艺加工制成的材料。在实际应用中，为获得各种性能，大多数高分子材料除了以高分子化合物为基本组分外，还需加入各种添加剂，如增塑剂、增韧剂和颜填料等。高分子材料按照材料特性分为橡胶、纤维、塑料、高分子胶黏剂、高分子涂料和高分子复合材料等。高分子化合物的结构和相对分子量及分布，决定了高分子材料的性能，通过对其结构的控制和改性，可获得不同特性的高分子材料，多用于制备合成高分子材料。合成高分子防水材料是建材中的一大类，目前主要有合成高分子防水卷材、合成高分子防水涂料、合成高分子防水密封材料和合成高分子灌浆堵漏材料。

3.3.1 合成高分子防水卷材

合成高分子防水卷材（亦称片材），是以合成橡胶、合成树脂或二者的共混体为基料，加入适量的化学助剂和填充剂等，采用挤出或压延等橡胶或塑料的加工工艺，制成的可卷曲的片状防水材料。合成高分子卷材按基料属性可以分为合成橡胶类、合成树脂类和橡塑共混类三类。根据加工工艺，合成橡胶类防水卷材又分为硫化型和非硫化型；按卷材是否经过增强和复合等，又可分为均质片、复合片、自粘片、异形片和点（条）粘片（见图 3.2）。

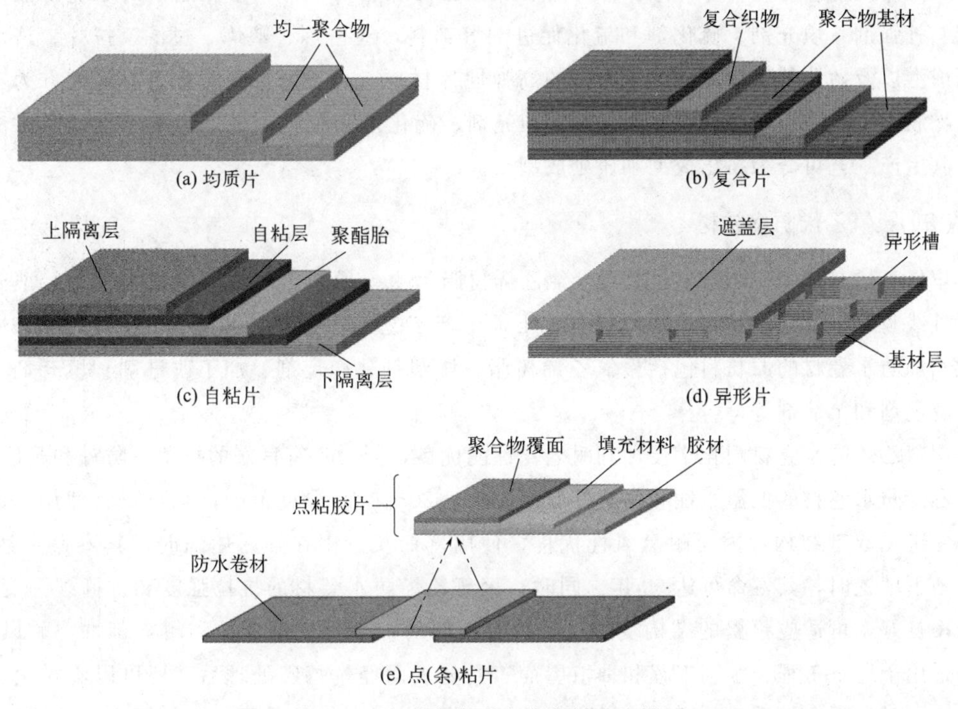

图 3.2 合成高分子防水卷材（片材）

均质片是以同一种或一组高分子材料为主要材料，各部位截面材质均匀一致的防水片材。

复合片是以高分子合成材料为主要材料，复合织物等为保护或增强层，以改变其尺寸稳定性和力学特性，各部位截面结构一致的防水片材。

自粘片是在高分子片材表面复合一层自粘材料和隔离保护层，以改善或提高其与基层的黏结性能，各部位截面结构一致的防水片材。

异形片是以高分子合成材料为主要材料，经特殊工艺加工成表面为连续凹凸壳体或特定几何形状的防（排）水材料。

点（条）粘片是将均质片材与织物等保护层多点（条）黏结在一起，黏结点（条）在规定区域内均匀分布，利用黏结点（条）的间距，使其具有切向排水功能的防水片材。

合成高分子防水卷材的特性包括：弹性好，拉伸强度高，抗裂性能优异，耐热性及低温柔性好。合成高分子防水卷材的抗腐蚀、耐老化和防水性能优异，使用寿命长，维修工作量小；可以冷粘施工，既环保又安全。合成高分子防水卷材的产品匀质性好，色泽艳丽，可用作单层防水，其材料施工快捷，应用范围广。但是合成高分子防水卷材的黏结性能差，容易产生接缝不良的问题，进而导致渗漏。同时，其热收缩和后期收缩均较大，价格相对较贵。

目前，国内合成高分子防水卷材的主要品种包括三元乙丙橡胶（EPDM）防水卷材、聚氯乙烯（PVC）防水卷材、CPE与橡胶共混防水卷材、热塑性聚烯烃（TPO）防水卷材以及丙纶或涤纶复合聚乙烯防水卷材等。其中EPDM防水卷材、PVC防水卷材和TPO防水卷材的生产及应用量最大。

（1）三元乙丙橡胶防水卷材

三元乙丙橡胶（EPDM）防水卷材是以三元乙丙橡胶为主体，掺入适量的丁基橡胶、软化剂、补强剂、填充剂、硫化剂和硫化促进剂等辅料，经密炼、塑炼、过滤、拉片、挤出或压延成型以及硫化等工序制成的可卷曲的高弹性片材。三元乙丙橡胶防水卷材的配方为三元乙丙橡胶、丁基橡胶、增塑剂、补强剂、填充剂、硫化剂和硫化促进剂。按卷材成型方法不同，其生产工艺可分为挤出成型和压延成型。

（2）聚氯乙烯防水卷材

聚氯乙烯（PVC）防水卷材是以聚氯乙烯树脂为主要原料，添加一定量增塑剂、填充剂和紫外线吸收剂等辅助材料，采用挤出或压延生产工艺加工制成的可卷曲的片状防水材料。聚氯乙烯防水卷材的原材料包括聚氯乙烯树脂、增塑剂、稳定剂、加工改进剂、填充剂、颜料、着色剂和抗氧剂等。

聚氯乙烯防水卷材耐化学侵蚀和耐老化性能优良，同时具有良好的抗菌、防霉和耐磨性。聚氯乙烯防水卷材的低温柔性和耐热性较好，在－20～90℃温度范围内均可正常使用。PVC分子主链无双键结构，因而耐臭氧性优良，使用寿命长。用在暴露屋面时，其寿命可达30年；地下埋置时，其寿命可达50年。同时，聚氯乙烯防水卷材的抗拉强度和抗撕裂强度高，伸长率良好，可适应频繁的结构变形。其具有良好的抗水蒸气渗透性和耐穿刺性，耐风化，特别适用于地下工程、水利工程和种植屋面。卷材表面经过特殊处理后，还可以不吸尘、易清洗，同时具有金属质感。聚氯乙烯防水卷材可以空铺冷施工，也可以机械固定，施工快捷，无污染。卷材接缝除了可以采用冷胶粘外，还可采用焊接技术，接缝强度高，牢固可靠，焊缝耐久性与母材相同，提高了接缝防渗漏的可靠性，长期可焊性好。即使经过多年风化，卷材仍方便焊接，利于对建筑物的改造或维修。聚氯乙烯防水卷材的抗冲击、抗静电和耐火性好，具有离火自熄性，且体积收缩率小。聚酯织物增强的聚氯乙烯卷材抗撕裂能力好，特别适用于机械固定屋面系统，但施工技术要求高，焊接温度需严格控制。另外，卷材柔软不足，热收缩和后期收缩均较大，不宜在复杂、异型基层上使用；耐紫外线老化能力较差，随着增塑剂的迁移，卷材会逐步变硬变脆。

（3）热塑性聚烯烃防水卷材

热塑性聚烯烃（TPO）防水卷材，是以聚烯烃（乙烯和α-烯烃的聚合物）为主要原料，加入抗氧剂、防老剂、软化剂等制成的可卷曲的高分子防水卷材。TPO防水卷材采用普通热塑性塑料加工设备进行挤压成型加工，具有加工简便、成本低、可连续生产及边角余料可回收利用等优点。

TPO防水卷材还具有耐老化、耐紫外线和耐臭氧的优点。加聚酯纤维增强后的卷材具有高断裂强度和抗穿刺强度。TPO防水卷材偏重于亮色特别是白色，卷材表面光滑且耐污染，具有很好的抵抗霉菌和藻类生长的能力。白色卷材对日光的反射率高，可降低夏季屋面下的室内温度，具有显著的建筑节能效益。比EPDM防水卷材的防穿刺性更好，可用于种植屋面。TPO防水卷材具有良好的耐高温和耐冲击性能，低温柔性好，在－30℃条件下仍有一定柔韧性。卷材可焊性良好，可冷粘和热焊，也可机械固定施工，能在各类气候条件下进行施工。与PVC卷材比，TPO防水卷材的配料中不含有增塑剂，不存在因增塑剂迁移而变脆的缺点，因而绿色环保，可完全回收。但TPO防水卷材价格较高，施工焊接技术要求高，后期收缩较大，与复杂平面基层粘贴困难。

（4）其他高分子卷材

聚乙烯丙纶防水卷材是以聚乙烯树脂为主防水层，同时在双表面复合丙纶长丝纤维无纺布作为增强层，采用热融直压工艺一次复合成型的高分子防水卷材。聚乙烯丙纶防水卷材常与聚合物水泥胶粘材料构成复合防水体系，如图3.3所示。

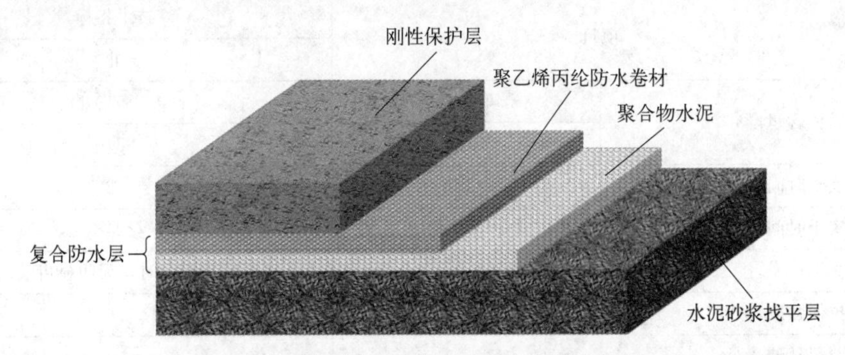

图3.3　聚乙烯丙纶防水卷材复合防水体系

预铺防水卷材是在自粘防水卷材的基础上，将高分子防水卷材和自粘卷材复合形成的具有自粘功能的防水卷材。该卷材由高分子片材、高分子自粘胶、紫外保护层和表面隔离膜或隔离纸组成。

3.3.2　合成高分子防水涂料

合成高分子防水涂料是以合成橡胶或合成树脂为主要成膜物质，加入其他材料配制而成的防水涂膜材料。按涂料成膜机理，合成高分子防水涂料可分为溶剂挥发型、水分挥发型和反应型三种类型。溶剂挥发型，是将主要成膜物质的高分子材料溶解于有机溶剂中，形成溶液。施工后通过溶剂挥发，高分子聚合物分子链间距不断缩小而链接成膜。水分挥发型，是指主要成膜物质以极其细小的颗粒稳定悬浮在水中，形成乳液。施工后水分蒸发，高分子颗粒接近相连而成膜。反应型则是成膜前是线性结构的高分子预聚体，以液态或黏液态存放。施工时预聚体发生反应，线性结构交联成为三维网络结构而成膜。

3.3.2.1　聚氨酯防水涂料

聚氨酯防水涂料是由聚氨酯预聚体、多元醇、颜料、溶剂以及其他助剂等制成的一种以聚氨酯为主要成膜物质的反应型防水涂料。聚氨酯（PU）是聚氨基甲酸酯的简称，是分子结构中含有许多重复的氨基甲酸酯基团（—NHCOO—）的一类聚合物，是由含异氰酸酯基（—NCO）的多异氰酸酯与含活泼氢的多元醇、水等羟基化合物经逐步聚合反应制成的高分子化合物。聚氨酯具有高硬度和高弹性，其耐磨性优异，断裂伸长率高，挥发性很低，电绝缘性优良，反应活性高，与其他树脂的相容性好。此外，其具有黏结性好、产品性能可按需调节、可耐低温、也可耐高温等优点。聚氨酯耐水解、耐油、耐溶剂、耐臭氧、耐海水和耐化学药品性好，但耐候性稍差，长时间日光照射会变色发暗，物理性能会下降。聚酯型聚氨酯的抗霉菌性差，易老化，在高温下耐水性不好。

我国的聚氨酯防水涂料，按组分可分为单组分（S）和多组分（M）两种。按基本性能分为Ⅰ型、Ⅱ型和Ⅲ型。按是否暴露使用分为外露（E）和非外露（N）。按有害物质限量分为A类和B类。常用聚氨酯防水涂料可分为双组分聚氨酯防水涂料、单组分聚氨酯防水涂料和水固化聚氨酯防水涂料。按照《聚氨酯防水涂料》(GB/T 19250—2013）的规定，其性能指标见表3.6。

表3.6 聚氨酯防水涂料基本性能

<table>
<tr><th rowspan="2">序号</th><th colspan="3" rowspan="2">项目</th><th colspan="3">技术指标</th></tr>
<tr><th>Ⅰ</th><th>Ⅱ</th><th>Ⅲ</th></tr>
<tr><td rowspan="2">1</td><td rowspan="2">固体含量/%</td><td rowspan="2">≥</td><td>单组分</td><td colspan="3">85.0</td></tr>
<tr><td>多组分</td><td colspan="3">92.0</td></tr>
<tr><td>2</td><td colspan="2">表干时间/h</td><td>≤</td><td colspan="3">12</td></tr>
<tr><td>3</td><td colspan="2">实干时间/h</td><td>≤</td><td colspan="3">24</td></tr>
<tr><td>4</td><td colspan="3">流平性</td><td colspan="3">20min时，无明显齿痕</td></tr>
<tr><td>5</td><td colspan="2">拉伸强度/MPa</td><td>≥</td><td>2.00</td><td>6.00</td><td>12.0</td></tr>
<tr><td>6</td><td colspan="2">断裂延伸率/%</td><td>≥</td><td>500</td><td>450</td><td>250</td></tr>
<tr><td>7</td><td colspan="3">撕裂强度/(N/mm)</td><td>15</td><td>30</td><td>40</td></tr>
<tr><td>8</td><td colspan="3">低温弯折性</td><td colspan="3">−35℃，无裂纹</td></tr>
<tr><td>9</td><td colspan="3">不透水性</td><td colspan="3">0.3MPa，120min，不透水</td></tr>
<tr><td>10</td><td colspan="3">加热伸缩率/%</td><td colspan="3">−4.0～+1.0</td></tr>
<tr><td>11</td><td colspan="2">黏结强度/MPa</td><td>≥</td><td colspan="3">1.0</td></tr>
<tr><td>12</td><td colspan="2">吸水率/%</td><td>≤</td><td colspan="3">5.0</td></tr>
<tr><td rowspan="2">13</td><td rowspan="2">定伸时老化</td><td colspan="2">加热老化</td><td colspan="3">无裂纹及变形</td></tr>
<tr><td colspan="2">人工气候老化</td><td colspan="3">无裂纹及变形</td></tr>
<tr><td rowspan="3">14</td><td rowspan="3">热处理
(80℃，168h)</td><td colspan="2">拉伸强度保持率/%</td><td colspan="3">80～150</td></tr>
<tr><td>断裂伸长率/%</td><td>≥</td><td>450</td><td>400</td><td>200</td></tr>
<tr><td colspan="2">低温弯折性</td><td colspan="3">−30℃，无裂纹</td></tr>
<tr><td rowspan="3">15</td><td rowspan="3">碱处理
[0.1%NaOH + 饱和 $Ca(OH)_2$ 溶液，168h]</td><td colspan="2">拉伸强度保持率/%</td><td colspan="3">80～150</td></tr>
<tr><td>断裂伸长率/%</td><td>≥</td><td>450</td><td>400</td><td>200</td></tr>
<tr><td colspan="2">低温弯折性</td><td colspan="3">−30℃，无裂纹</td></tr>
<tr><td rowspan="3">16</td><td rowspan="3">酸处理
(2% H_2SO_4 溶液，168h)</td><td colspan="2">拉伸强度保持率/%</td><td colspan="3">80～150</td></tr>
<tr><td>断裂伸长率/%</td><td>≥</td><td>450</td><td>400</td><td>200</td></tr>
<tr><td colspan="2">低温弯折性</td><td colspan="3">−30℃，无裂纹</td></tr>
</table>

3.3.2.2 喷涂聚脲防水涂料

喷涂聚脲防水涂料是指以异氰酸酯类化合物为甲组分，胺类化合物为乙组分，采用喷涂施工工艺，使两组分混合和反应，生成弹性体膜层的防水涂料。聚脲化学式以异氰酸酯的化学反应为基础，包括异氰酸酯与氨基化合物的反应，生成脲键等化合物。

聚脲涂料的原液一般采用双组分包装，甲组分是端氨基或端羟基化合物与异氰酸酯反应制得的预聚体或半预聚体，乙组分是由端氨基聚醚及其他助剂的混合物组成的树脂成分。喷涂聚脲防水涂料所用主要原料为多异氰酸酯和有机多元氨化合物，为改善涂料性能还可添加其他助剂。

聚脲涂料具有施工效率高、对环境友好和无毒环保的特点，具有优异的耐高低温性能，对水分、湿度不敏感。在极寒冷和极炎热地方、风雨季节均可正常施工和长期应用。涂膜致密、美观，对金属和非金属底材具有极强的附着力，甚至超过自身强度。聚脲涂料对环境气候和基层适应性强，应用范围广。同时，具有耐老化、耐稀酸和盐等腐蚀、抗冻、耐磨以及不透水性好的优点。其拉伸强度达 8～22MPa，断裂伸长率高达 1000%。聚脲涂料耐久性好，广泛用于建筑、能源、交通、化工、电子和环保等方面的防水和防腐，在表面装饰方面也有广泛应用，按照《喷涂聚脲防水涂料》(GB/T 23446—2009)，其耐久性能见表 3.7。

表 3.7 喷涂聚脲防水涂料的耐久性能

序号	项目			技术指标	
				Ⅰ	Ⅱ
1	定伸时老化	加热老化		无裂纹及变形	
		人工气候老化		无裂纹及变形	
2	热处理	拉伸强度保持率/%		80～150	
		断裂伸长率/%	≥	250	400
		低温弯折性/℃	≤	−30	−35
3	碱处理	拉伸强度保持率/%		80～150	
		断裂伸长率/%	≥	250	400
		低温弯折性/℃	≤	−30	−35
4	酸处理	拉伸强度保持率/%		80～150	
		断裂伸长率/%	≥	250	400
		低温弯折性/℃	≤	−30	−35
5	盐处理	拉伸强度保持率/%		80～150	
		断裂伸长率/%	≥	250	400
		低温弯折性/℃	≤	−30	−35
6	人工气候老化	拉伸强度保持率/%		80～150	
		断裂伸长率/%	≥	250	400
		低温弯折性/℃	≤	−30	−35

聚脲涂料主要用于高档建筑屋面、地下及外墙防水、渗漏治理及裂缝修补的建筑防水工

程；也用于运动场、海洋结构防腐等工业防腐和防水；最适合水中及海工防水、高档建筑、隧道、涵洞、游泳池及工期要求紧的防水工程。

3.3.2.3 聚合物乳液防水涂料

聚合物乳液防水涂料是以各类聚合物乳液为主要原料，加入各种助剂，以水为分散介质，经混合研磨而成的单组分水乳型防水涂料。生产聚合物乳液防水涂料的主要设备包括混合分散设备、研磨分散设备、液体输送泵、过滤设备以及包装设备。在《聚合物乳液防水涂料》（JC/T 864—2008）中，聚合物乳液建筑防水涂料按物理性能，可分为Ⅰ型和Ⅱ型，见表3.8。

表3.8 聚合物乳液防水涂料的物理力学性能

<table>
<tr><th rowspan="2">序号</th><th colspan="3" rowspan="2">项目</th><th colspan="2">技术指标</th></tr>
<tr><th>Ⅰ型</th><th>Ⅱ型</th></tr>
<tr><td>1</td><td colspan="2">固含量/%</td><td>≥</td><td colspan="2">65</td></tr>
<tr><td>2</td><td colspan="2">断裂延伸率</td><td>≥</td><td colspan="2">300</td></tr>
<tr><td>3</td><td colspan="2">拉伸强度/MPa</td><td>≥</td><td>1.0</td><td>1.5</td></tr>
<tr><td>4</td><td colspan="3">低温柔性（ϕ10棒）</td><td>−10℃无裂纹</td><td>−20℃无裂纹</td></tr>
<tr><td>5</td><td colspan="3">不透水性（0.3MPa，30min）</td><td colspan="2">不透水</td></tr>
<tr><td rowspan="2">6</td><td rowspan="2">干燥时间</td><td>表干时间/h</td><td>≤</td><td colspan="2">4</td></tr>
<tr><td>实干时间/h</td><td>≤</td><td colspan="2">8</td></tr>
<tr><td rowspan="4">7</td><td rowspan="4">处理后的断裂伸长率/%</td><td>加热处理</td><td>≥</td><td colspan="2" rowspan="3">200</td></tr>
<tr><td>碱处理</td><td>≥</td></tr>
<tr><td>酸处理</td><td>≥</td></tr>
<tr><td>人工气候老化处理</td><td>≥</td><td>—</td><td>200</td></tr>
<tr><td rowspan="4">8</td><td rowspan="4">处理后的拉伸强度保持率/%</td><td>加热处理</td><td>≥</td><td colspan="2">80</td></tr>
<tr><td>碱处理</td><td>≥</td><td colspan="2">60</td></tr>
<tr><td>酸处理</td><td>≥</td><td colspan="2">40</td></tr>
<tr><td>人工气候老化处理</td><td>≥</td><td>—</td><td>80～150</td></tr>
<tr><td rowspan="2">9</td><td rowspan="2">加热伸缩率/%</td><td>伸长</td><td>≤</td><td colspan="2">1.0</td></tr>
<tr><td>缩短</td><td>≤</td><td colspan="2">1.0</td></tr>
</table>

聚合物乳液建筑防水涂料的涂膜抗拉强度、弹性及延伸性好，还具有断裂伸长率高以及抗裂性好的特点。聚合物乳液建筑防水涂料的耐酸碱性良好，耐高低温性能好，耐老化性能优良。常用聚合物乳液涂料包括聚丙烯酸酯乳液防水涂料、乙烯-醋酸乙烯酸酯共聚乳液防水涂料等。

（1）聚丙烯酸酯乳液防水涂料

聚丙烯酸酯乳液防水涂料是以纯丙烯酸酯、苯乙烯与丙烯酸酯共聚物、硅橡胶与丙烯酸酯共聚物的高分子乳液为基料，加入适量的助剂和无机填料等配制而成，以丙烯酸酯树脂为主成膜物质的一种单组分水乳型防水涂料。聚丙烯酸酯乳液防水涂料防水性能良好，耐候性优于聚氨酯，化学稳定性优良。其还具有耐热、耐腐蚀、保色、涂膜丰满以及环保安全的特点。固化后，涂膜具有一定的透气性，耐高低温性好，可在$-30\sim80$℃使用；不透水性强，延伸性可达250%；黏结性好；具有较优异的耐热老化、紫外老化和酸碱老化性能，使用寿命为10～15年；经过刮涂2～3遍，膜厚可达2mm；可在各种复杂基层及潮湿基面施工，施工简便，维修方便；可制成多种颜色，兼具防水装饰效果；可做橡胶沥青类黑色防水层的保护层；施工中对基层平整度要求较高；气温低于5℃不宜施工。

（2）乙烯-醋酸乙烯酸酯共聚乳液防水涂料

乙烯-醋酸乙烯酸酯共聚乳液（VAE乳液）防水涂料，是以醋酸乙烯和乙烯单体为基本原料，与其他辅助材料经高压乳液聚合而成的防水涂料，呈乳白色或微黄色乳液状态的，是一类醋酸乙烯含量为70%～95%的共聚物水分散体系的合成高分子材料。对氧、臭氧和紫外线都很稳定，具有耐酸碱性、耐冻融性和贮存稳定性。同时，耐候性强、成膜性好、成膜温度低，涂膜质软、强度高且耐磨，但是断裂延伸率较小，低温柔韧性能差，常用于异型屋面的防水处理、旧屋面的修补以及彩色屋面的施工。有时，也用于修补混凝土，以及进行蓄水池的防渗处理。

（3）硅丙乳液防水涂料

硅丙乳液防水涂料是将含有不饱和键的有机硅单体与丙烯酸类单体混合，在合适的助剂辅助下，通过工艺聚合而成的具有核壳包覆结构的乳液。硅丙乳液防水涂料具有耐高温性、耐候性和耐化学品的特性，其表面具有疏水、表面能低和不易污染的特点。固化后的涂膜具有高保色性、柔韧性和附着性，还具备高耐候性、高耐水性和抗污染性。涂膜长期使用不泛黄，且具备耐紫外线和抗老化的特点。由于其涂膜致密、坚韧、硬度高，且抗水白化性极好，故广泛应用于高级硅丙外墙乳胶漆、高级硅丙真石漆及真石漆保洁面油等。

（4）苯丙乳液防水涂料

苯丙乳液防水涂料是由苯乙烯和丙烯酸酯单体经过乳液共聚，并混合各类助剂制备而成的，可分为有机硅改性苯丙乳液、有机氟改性苯丙乳液、环氧树脂改性苯丙乳液、功能性单体改性苯丙乳液和阳离子苯丙乳液。涂膜具有耐水、耐候、耐擦洗、耐碱、抗污性、附着力好和耐老化性好等特点，可用作建筑涂料、金属表面乳胶涂料、地面涂料、纸张胶黏剂等。

3.3.2.4 硅橡胶防水涂料

硅橡胶防水涂料是以硅橡胶胶乳等复合物为主要基料，掺入无机填料和各种助剂配制而成的一种单组分水乳型防水涂料。该涂料吸取了涂膜防水和渗透性防水材料的优点，具有优良的防水性、渗透性、成膜性、弹性、黏结性、耐水性、耐湿热和耐低温性。常用于非封闭式屋面、厕卫间、地下室、游泳池、人防工程、贮水池、仓库、桥梁等工程的防水、防渗、防潮和隔气设计。特别适合涂刷后，外表面进行镶贴或抹灰面的工程，对地下室、洗浴室、厕所渗漏修补具有独到之处。

3.3.3 合成高分子防水密封材料

建筑密封材料，是指能承受接缝位移以达到气密或水密目的，而嵌入建筑接缝中的材料。

合成高分子防水密封材料是以合成高分子为基料，加入适量助剂、填料和着色剂等，经特定的生产工艺加工制成的密封材料。合成高分子防水密封材料按照材料外观形状，可分为定形密封材料和不定形密封材料。不定形密封材料按照其组分可分为单组分型、双组分型和多组分型，主要介绍以下几种类型。

（1）聚氨酯密封胶

聚氨酯密封胶是以含有异氰酸酯基的基料和含有活性氢化合物的硫化剂、催化剂和填料等组成，具有常温硫化型不定形弹性的密封材料。聚氨酯密封胶按照包装形式可以分为单组分和多组分两个品种，按产品流动性分为非下垂型和自流平型两类型，按产品位移能力分为20和25两个级别，按产品拉伸模量分为高模量和低模量两个次级别。聚氨酯密封胶在室温下，可以通过空气中的湿气或交联剂进行固化，有高低各种模量、耐磨和抗撕裂的优点，而且价格适中。聚氨酯密封胶具有良好的弹性、黏结性和延伸性，接缝位移能力可达±25%，还具有耐水、透气率低的特性，耐候性较好，耐溶剂、耐油、耐生物老化，其使用年限可达15～20年，可用于除结构黏结外的所有场合。但聚氨酯密封胶不能长期受热，其浅色配方耐紫外线能力较差，不宜长期曝晒。根据《聚氨酯建筑密封胶》(JC/T 482—2003）的要求，聚氨酯密封胶的相关技术指标要求见表3.9。

表3.9　聚氨酯密封胶的物理力学性能

<table>
<tr><td colspan="3" rowspan="2">项目</td><td colspan="4">技术指标</td></tr>
<tr><td>20HM</td><td colspan="2">25LM</td><td>20LM</td></tr>
<tr><td colspan="3">密度/(g/cm³)</td><td colspan="4">规定值±0.1</td></tr>
<tr><td rowspan="2">流动性</td><td>下垂度（N型）</td><td>≤</td><td colspan="4">3</td></tr>
<tr><td>流平性（L型）</td><td></td><td colspan="4">光滑平整</td></tr>
<tr><td colspan="2">表干时间/h</td><td>≤</td><td colspan="4">24</td></tr>
<tr><td colspan="2">挤出性/(mL/min)</td><td>≥</td><td colspan="4">80</td></tr>
<tr><td colspan="2">适用期/h</td><td>≥</td><td colspan="4">1</td></tr>
<tr><td colspan="2">弹性恢复率/%</td><td>≥</td><td colspan="4">70</td></tr>
<tr><td colspan="3">定伸黏结性</td><td colspan="4">无破坏</td></tr>
<tr><td colspan="3">浸水后定伸黏结性</td><td colspan="4">无破坏</td></tr>
<tr><td colspan="3">冷拉—热压后的黏结性</td><td colspan="4">无破坏</td></tr>
<tr><td colspan="2">质量损失率/%</td><td>≤</td><td colspan="4">7</td></tr>
<tr><td rowspan="2">拉伸模量/MPa</td><td colspan="2">23℃</td><td colspan="2" rowspan="2">>0.4或>0.6</td><td colspan="2" rowspan="2">≤0.4或≤0.6</td></tr>
<tr><td colspan="2">−20℃</td></tr>
</table>

（2）聚硫密封胶

聚硫密封胶是以液态聚硫橡胶为基料，配以增黏树脂、硫化剂、促进剂、补强剂等制成的一种常温不定形弹性密封材料。聚硫橡胶是脂肪烃、醚类等二卤衍生物或混合物和碱金属或碱土金属等多硫化物的缩聚物。聚硫密封胶按照组分不同，可以分为单组分湿气固化型和多组分反应固化型两种；按照产品流动性，可分为下垂型和自流平型两类；按产品位移能力，可分为 20、25 两个级别；按产品拉伸模量，可分为低模量和高模量两类。液态聚硫密封胶中的活泼硫醇端基，通过与活性氧化物等固化剂发生化学反应，转变成为固态弹性体。聚硫密封胶适用于建筑工程和交通水利等。

(3) 硅橡胶密封胶

硅橡胶密封胶是以聚硅氧烷为基料的室温硫化型非定形密封材料。硅橡胶是由线性聚硅氧烷通过加入过氧化物或采用催化剂在室温硫化生成的网状硅橡胶分子。硅橡胶密封胶具有耐热、耐寒、耐臭氧和耐紫外线等优异性能，广泛应用在飞机窗户密封、电线包覆和仪器表具密封等领域。

(4) 丙烯酸酯密封胶

丙烯酸酯密封胶是以丙烯酸酯类聚合物为主要成分的非定型密封材料。聚丙烯酸酯可以是丙烯酸酯、甲基丙烯酸甲酯以及在分子结构上包含丙烯酸酯类的化合物。用于建筑领域的丙烯酸酯密封胶，按照原料聚合形态，可以分为溶剂型和乳液型两大类。丙烯酸酯密封胶突出的特点，是具有良好的密封性能和黏结性能，但是其柔韧性较差。

(5) 丁基密封胶

丁基密封胶是以丁基橡胶为主要成分，聚丁烯等为增黏剂，碳酸钙等为填充剂制成的一种单组分非定形密封材料。丁基橡胶是异戊二烯与异丁烯的共聚物。异丁烯类聚合物具有多种特性，如高饱和度和耐环境腐蚀性。此外，其还具有长卷曲分子链、低透气性、高吸振性、低温柔软性，以及非极性、低吸水性和高电绝缘性。低分子量异丁烯类聚合物具有优良永久黏性。

(6) 合成高分子定形止水密封材料

合成高分子定形止水密封材料，按照形状主要可分为止水条、止水环、止水带和密封圈条等。止水带按照用途可以分为变形缝用止水带、施工缝用止水带和有特殊老化要求接缝用止水带三类。按照结构形式，可以分为普通止水带和复合止水带两类。按照其断面形状可以分为哑铃形和肋形。按照其材质不同可以分为橡胶型、塑料型、金属型、橡胶金属组合型和遇水膨胀橡胶条等。

橡胶止水带是以天然橡胶或合成橡胶为主要原料，掺入助剂和填充剂制成的定形密封材料。止水带具有足够的强度、硬度和延伸，以及高弹性和收缩变形，以适应结构的反复变形；同时还需要有较好的耐腐蚀和耐霉菌侵蚀能力。橡胶止水带按照形状可分为简型、P 型或桥型等。

遇水膨胀橡胶是以水溶性聚氨酯预聚体、丙烯酸钠高分子吸水性树脂等吸水性材料与天然、氯丁等橡胶混合制备的遇水膨胀的防水橡胶。当结构变形量超过材料的弹性恢复能力时，遇水膨胀橡胶中的吸水性树脂遇水体积逐渐增大，并充满接缝的所有不规则表面、空穴及间隙，同时产生巨大的接触压力，彻底防止渗漏。

3.4 防水混凝土

防水混凝土主要是以最小空隙率和最大密实度的骨料连续级配为理论根据，同时控制水灰比、适当增加砂率和水泥用量的方法来达到防水目的。近三十年来，随着混凝土外加剂技术的不断创新和发展，高效减水剂的大范围使用，现代混凝土的抗渗性已然不再是防水混凝土的薄弱环节。在大体积、超长结构和高强度等级的混凝土工程项目中，尽管人们在混凝土配合比设计时，详细地考虑了混凝土抗渗性的保证措施，但是在工程竣工使用后，仍然会出现渗漏现象。通过大量的工程调研发现，这些工程渗漏并不是混凝土本身的抗渗性不足，而是混凝土结构开裂所致，这些裂缝的出现都将使防水混凝土的防水功能丧失，进而影响防水混凝土的耐久性，甚至危害结构安全。因此，在保证抗渗性的同时，需要更加关注防水混凝土的抗裂性。

在混凝土抗裂抗渗方面，当前主要采用膨胀剂对混凝土进行补偿收缩、内养护，或掺加纤维等方法。另外，科研工作者也通过添加特种细菌等手段实现了混凝土的自修复功能，并在抗渗性方面取得巨大提升。

3.4.1 防水混凝土技术要求

防水混凝土不仅需要满足普通混凝土所具有的强度和耐久性能相关要求，同时应兼具防水和抗裂功能，具体规定如下：

① 防水混凝土抗渗等级不应小于 P6；

② 防水混凝土应符合混凝土结构耐久性设计相关要求，其防水设计使用年限不应低于工程结构设计使用年限；

③ 防水混凝土结构底板、侧墙和顶板厚度均不应小于 250mm，变形缝处防水混凝土结构的厚度不应小于 300mm；

④ 防水混凝土 56 天收缩率不应大于 400×10^{-6}；

⑤ 防水混凝土结构裂缝宽度不得大于 0.2mm，并不得出现贯穿裂缝。

3.4.2 原材料和配合比

（1）水泥

防水混凝土的水泥宜选用符合《通用硅酸盐水泥》(GB 175—2007）的硅酸盐水泥和普通硅酸盐水泥；大体积混凝土宜选用中、低热硅酸盐水泥；在受侵蚀性介质作用时，可按侵蚀介质的性质选用相应的水泥品种；水泥的比表面积不宜大于 $380m^2/kg$。

（2）骨料

防水混凝土骨料宜选用坚固耐久、粒形良好的洁净石子，不得使用碱活性骨料，宜采用粒径连续级配石子，石子质量要求应符合《建设用卵石、碎石》(GB/T 14685—2022）的有关规定；普通混凝土的粗骨料粒径不宜大于 31.5mm，纤维混凝土的粗骨料粒径不宜大于 25mm，骨料粒径不得超过构件截面最小尺寸的 1/4，且不得超过钢筋最小净间距的 3/4；宜选用线膨胀系数较小岩石加工的骨料，常用岩石的线膨胀系数见表 3.10。

表 3.10 常用岩石的线膨胀系数

岩石种类	石英岩	砂岩	玄武岩	花岗岩	石灰岩
线膨胀系数/($\times10^{-6}$/℃)	10.2～13.4	6.1～11.7	6.1～7.5	6.5～8.5	4.6～6.0

宜选用坚硬、抗风化性强、洁净的中粗砂，不得使用未经处理的海砂；砂的质量应符合《建设用砂》(GB/T 14684—2022) 的有关规定。

（3）功能外加剂

防水混凝土在配制的过程中，除了合理控制水灰比、水泥用量、砂率和粗细骨料级配及含泥量等混凝土配合比参数外，还可以根据工程实际情况掺入防水剂、减水剂、引气剂、膨胀剂、抗裂防渗材料、减缩剂、水化热调控材料等抗渗抗裂外加剂，从不同机理上讲，有不同的技术特点和指标要求。

1）抗渗型外加剂

用以提高混凝土抗渗性能的外加剂较多，这些外加剂的原理各不相同，但最后都是通过改善混凝土内部结构、增加混凝土密实性，来达到提高混凝土抗渗性能的目标。这方面的外加剂主要包括减水剂、引气剂、密实剂、防水剂、憎水剂等。对于抗渗型外加剂的选择除防水剂应满足《砂浆、混凝土防水剂》(JC 474—2018) 的规定外，其他外加剂应符合《混凝土外加剂应用技术规范》(GB/T 50119—2013) 的有关规定。

2）抗裂型外加剂

目前用于提高混凝土抗裂性能的外加剂主要包括膨胀剂、水化热调控材料、纤维抗裂复合材料、减缩剂等，不同类型的抗裂外加剂，其防水混凝土应用技术指标也有一定的区别。

① 膨胀剂　按照膨胀源划分，膨胀剂可分为硫铝酸钙类、氧化钙类、硫铝酸钙-氧化钙类、氧化镁类、钙镁复合类膨胀剂，不同类型的膨胀剂，其对应的技术要求也存在一定差异。

硫铝酸钙类、氧化钙类及硫铝酸钙-氧化钙类膨胀剂性能指标及检测应符合《混凝土膨胀剂》(GB/T 23439—2017) 的规定，氧化镁膨胀剂应符合《混凝土用氧化镁膨胀剂应用技术规程》(T/CECS 540—2018) 的规定，钙镁复合膨胀剂应符合《混凝土用钙镁复合膨胀剂》(T/CECS 10082—2020) 的规定。

硫铝酸钙类膨胀剂配制的防水混凝土不得应用于长期环境为80℃以上的工程结构中，氧化钙类及硫铝酸钙-氧化钙类膨胀剂不宜用于防水混凝土结构内部最大温峰值为40℃以上的工程结构中。氧化镁膨胀剂不宜用于混凝土中心温峰值小于20℃的混凝土构件或冬期施工的最小尺寸小于150mm的防水混凝土构件中。

② 水化热调控材料　在大体积混凝土或预计因水化温升易导致开裂的防水混凝土结构中，可掺加水化热调控材料，掺水化热调控材料的混凝土拌合物及硬化后的性能指标应符合表3.11的规定。

表3.11　掺水化热调控材料的混凝土性能指标

项目		指标值
凝结时间差/min		≤300
泌水率比/%		≤100
抗压强度比/%	7d	≥90
	28d	≥100
混凝土绝热温升降低率/%	1d	≥15

③ 纤维抗裂复合材料　掺纤维抗裂复合材料的混凝土拌合物及硬化后的性能指标应符合

表 3.12 的规定。

表 3.12　掺纤维抗裂复合材料的混凝土性能指标

<table>
<tr><th colspan="2" rowspan="2">项目</th><th colspan="2">技术指标</th></tr>
<tr><th>Ⅰ级</th><th>Ⅱ级</th></tr>
<tr><td colspan="2">裂缝降低系数/%</td><td>≥80</td><td>≥55</td></tr>
<tr><td rowspan="2">混凝土抗压强度比/%</td><td>7d</td><td colspan="2" rowspan="2">≥90</td></tr>
<tr><td>28d</td></tr>
<tr><td colspan="2">混凝土劈裂抗拉强度比/%</td><td colspan="2">>100</td></tr>
<tr><td colspan="2">渗透高度比/%</td><td colspan="2">≤85</td></tr>
<tr><td colspan="2">相对耐久性/%</td><td colspan="2">≥80</td></tr>
</table>

④ 其他抗裂外加剂　当防水混凝土中使用减缩剂时，其性能指标应符合《砂浆、混凝土减缩剂》(JC/T 2361—2016) 的规定。防水混凝土掺入的合成纤维，可以采用聚丙烯纤维、聚丙烯腈纤维、聚酰胺纤维或聚乙烯醇纤维等，其质量要求、检验规则及质量检验方法应符合《水泥混凝土和砂浆用合成纤维》(GB/T 21120—2018) 的规定。钢纤维的质量要求、检验规则及质量检验方法应符合《混凝土用钢纤维》(GB/T 39147—2020) 的规定，纤维的品种及掺量应通过试验确定。

(4) 防水混凝土配合比

防水混凝土配合比设计方法与普通混凝土相同，但应符合下列规定：

防水混凝土设计强度等级不应低于 C30；防水混凝土胶凝材料用量应根据混凝土抗渗等级和强度等级确定，其总用量不宜小于 $320kg/m^3$；防水混凝土水胶比不应大于 0.50，有侵蚀介质时水胶比不宜大于 0.45；防水混凝土砂率宜为 35%～40%，泵送时可增至 45%；防水混凝土配合比设计宜按绝对密实体积法进行拌合物配合比设计。

3.4.3　防水混凝土评价

防水混凝土评价主要从抗渗性和抗裂性两个方向进行。混凝土的抗裂性与混凝土工程的防水性能密切相关，是影响混凝土工程防水性能的重要因素之一。由于混凝土裂缝的形成原因非常多，不同的外加剂和措施的抗裂机理不尽相同，其抗裂性测试方法也不尽相同。

① 防水混凝土中添加膨胀剂时，由于膨胀剂的作用机理，是在水化硬化过程中形成的水化产物使混凝土发生体积膨胀，从而减轻或抵消混凝土的体积收缩。其发挥作用的前提，是提供充分的水分，并保证一定的水化时间。所以对该类混凝土抗裂性能评价，宜采用限制膨胀率进行，不宜采用早期抗裂试验方法。

② 抑制温升类材料或大掺量矿物掺合料的混凝土的抗裂作用机理，主要是抑制或减少混凝土水化放热，降低混凝土水化温升，从而降低混凝土结构的温度开裂风险。因此，对于此类材料应选用绝热温升或半绝热温升试验，进行抗温度裂缝性能评价。

③ 掺加纤维类材料的混凝土，对早期塑性收缩开裂具有抑制作用，其主要机理是，混凝土在早期塑形阶段，强度很低或基本没有强度，而具备一定抗拉强度，并在混凝土中呈三维乱相分布的纤维，承担了导致混凝土开裂的拉应力，从而抑制了混凝土早期裂缝的发生。一

般情况下，低模量合成纤维，主要抑制混凝土早期裂缝的发生，对硬化后混凝土的抗开裂作用有限。高模量的合成纤维和钢纤维对硬化后混凝土具有较好的抗裂性能，能够提高混凝土的抗折强度。因此，对于纤维类材料的混凝土，宜采用早期抗裂试验方法进行抗裂性能评价。掺加高模量的钢纤维或增韧合成纤维的混凝土，可通过弯曲韧性指数进行混凝土的抗裂性能评价。

④ 减缩剂可以降低混凝土的收缩，其原理是降低混凝土内部孔溶液的表面张力，降低水分散失引起的毛细孔收缩应力，进而达到减小混凝土收缩的目的。因此，对于添加此类材料的混凝土，可以采用早期抗裂试验方法或收缩试验方法进行评价。

3.5 其他防水材料

3.5.1 灌浆材料

灌浆材料是由一定的无机材料或有机高分子材料配制而成的具有特定性能的浆液。灌浆材料渗入基体裂隙后，与基体结合在一起。

灌浆材料按照灌浆目的和用途分类，分为防渗堵漏灌浆材料和加固修补灌浆材料（相关内容见第9章）。按灌浆材料化学组成分类，分为无机灌浆材料、有机灌浆材料和有机无机复合灌浆材料。常见的有化学灌浆材料和水泥基灌浆材料。

（1）化学灌浆材料

化学灌浆的可灌性好，渗透力强，充填密实，防水性较好。固化后强度高，耐久性良好，受气温、湿度和酸碱及某些微生物的侵蚀影响较小。且浆液配制方便，原材料来源广，灌浆施工操作简单。化学灌浆材料主要分为水玻璃和高分子材料两大类，主要类型及部分性能见表3.13。

表3.13 化学灌浆材料的主要类型及部分性能

类型	分类	初始黏度/(mPa·s)	凝胶时间	单轴抗压强度/MPa	灌注方式
水玻璃类	碱性水玻璃浆液	1～100	瞬时～数小时	0.2～4	单液或双液
	非碱性水玻璃浆液				
丙烯酰胺类	丙烯酰胺浆液	1.2	数秒～数小时	0.3～0.8	单液或双液
	水泥—丙烯酰胺				
丙烯酸酯盐类	甲基丙烯酸酯类	<10	几分～几小时	75～85	单液或双液
	丙烯酸盐类				
聚氨酯类	聚氨酯预聚体类	12～161	几分～几十分	0.1～20	单液或双液
	异氰酸酯类				
糖酮树脂类	环氧糖酮浆液	6～100	几分～几十分	40～100	单液或双液
	低黏度糠酮				
脲醛树脂类	脲醛树脂	1.3～6.0	几分～几十分	3～10	单液或双液
	改性脲醛树脂				
木质素类	含铬木素、硫木素、木铵	2～5	几秒～几小时	0.2～12	单液或双液

水玻璃灌浆材料，是指水玻璃在胶凝剂或固化剂作用下，产生凝胶的一种化学灌浆材料。按水玻璃浆材凝胶化区域范围，可以分为碱性浆材和非碱性浆材。水玻璃化学灌浆材料黏度低，可灌性好，材料来源广，造价低，环保安全。浆材的凝固时间和固结体强度可调，防水性良好。可与水泥浆材配合使用，能结合两者的优点。但有时其胶凝时间调节不够稳定，可控范围小，凝胶强度低，凝胶体稳定性差。

聚氨酯灌浆材料，是以多异氰酸酯与多羟基化合物聚合反应制备的聚氨酯预聚体为主剂，通过灌浆注入基础或结构，与水或固化剂反应生成不溶于水、具有一定弹性固结体的浆液材料。浆材固结体因组成不同，可以是硬性橡胶体，也可以是弹性橡胶体。浆液黏合力大，膨胀率大；形成的弹性固结体，适应变形能力强，能充分适应裂缝和地基的变形弹性好；可带水施工，固结区域大，防渗堵漏效果好；固化过程中产生的气体有助于浆液填充；浆液黏度低，固化速度调节方便；同时施工设备简单，投资费用少，应用范围广，但是其环保性及耐久性稍差。

环氧树脂类灌浆材料是以环氧树脂为主剂，加入固化剂、稀释剂和增韧剂等组分，所形成的 A、B 双组分的灌浆材料。A 组分以环氧树脂为主，B 组分为固化体系。环氧树脂类灌浆材料力学性能高，固化收缩率小，耐久性好。黏结性能优异，兼具补强加固和防渗双重作用，但亲水性较差。固化配方设计灵活多样，凝结时间可调。

丙烯酰胺灌浆材料是以丙烯酰胺为主剂，甲撑双丙烯酰胺为交联剂，配以水溶性氧化还原引发体系而制成。丙烯酰胺浆材的浆液是一种无色透明的真溶液，水溶性很好，亲水性能好；黏度极低，可灌性好；渗透系数小，抗渗性好；抗压强度较低，但固结后可大大提高原有地层结构强度，与水泥、脲醛树脂等混合使用可提高强度。固结体能承受较大静水压力。浆液性质稳定，不溶于水、煤油和汽油等溶剂，不被稀酸、气体和菌类侵蚀，两组分单独存放可长期保存。浆液凝胶时间可在几秒钟至数小时内调整，凝胶前浆液黏度几乎不变，灌浆时操作容易。凝胶发生瞬间，能堵住大量和大流速的涌水，适用于有水环境，如大坝、隧道、矿井和地下建筑等防渗堵漏以及软弱地基固结工程等。丙烯酰胺单体有较大毒性。

丙烯酸盐灌浆材料以丙烯酸盐为主剂，加入适量交联促进剂、引发剂、缓凝剂及溶剂等组成，是一种双组分或多组分均质浆液。采用氧化还原引发体系，通过自由基聚合反应形成不溶于水的高分子聚合物。丙烯酸盐灌浆材料可灌性好，渗透能力很强；同时具有硬化快速、强度增长快和抗挤出能力较强的特点。固结体亲水性好，遇水膨胀，能堵住大量和大流速涌水。丙烯酸盐灌浆材料施工工艺简单，灌浆效果好；但是，丙烯酸盐灌浆材料中部分化合物具有中等毒性，凝胶强度较低，稳定性较差，且固化物收缩大，在有水情况下甚至不能固化。

(2) 水泥基灌浆材料

水泥基灌浆材料所用胶凝材料包括水泥-水玻璃复合、硅酸盐水泥、硫铝酸盐水泥、超细水泥等。其中水泥-水玻璃灌浆材料应用最为广泛。

水泥-水玻璃灌浆材料是将水玻璃溶液与水泥浆液按一定比例配制的灌浆材料，按照《水泥-水玻璃灌浆材料》(JC/T 2536—2019) 要求可以分别有防渗堵漏型和加固补强型（分别为表 3.14 中的 S 型和 P 型)。与水泥灌浆材料比，水泥-水玻璃灌浆材料胶凝时间可根据需要在数秒至数十分钟之间调节，凝结硬化率可达 100%，且硬化体强度高于纯水泥灌浆材料的强度，克服了水泥灌浆材料凝结时间长、凝结硬化率低的缺点。水泥-水玻璃灌浆材料既具有颗粒灌浆材料的优点，又兼有化学灌浆材料的特色，可灌性提高，使用效果良好。

表 3.14 水泥-水玻璃固结体物理力学性能

项目		固结体性能	
		P	S
密度/(g/cm³)		≥1.30	
24h体积变化率/%		≥95	
抗压强度/MPa	3d	≥5.0	≥8.0
	28d	≥10.0	≥15.0
抗折强度/MPa	3d	≥0.7	≥1.0
	28d	≥1.0	≥2.0
抗渗压力/MPa		≥0.4	≥0.8

硅酸盐水泥基灌浆料主要采用强度等级为42.5及以上的硅酸盐水泥或普通硅酸盐水泥制备，必要时也可以掺入粉煤灰等掺合料，及减水剂、速凝剂等化学外加剂，具有凝结较快、早强较高、抗冻性好和水化热高等特性，但抗水性和耐化学腐蚀性较差。可用于一般地上工程、重要结构的高强混凝土和预应力混凝土工程、冬期施工及严寒地区遭受反复冰冻工程、不受侵蚀水作用的地下和水中工程及不受高水压作用的工程等。不得用于小时强度高及工期时间短的工程。

超细水泥灌浆料是为克服普通水泥灌浆料对微小裂缝处理效果不良的缺点而产生的。水泥颗粒粒径一般为3～6um，最大粒径小于12um，比表面积大于600m²/kg。超细水泥灌浆材料具有良好的可灌性、价格相对低廉、经久耐用、结石强度高、对环境无污染等优点。超细水泥灌浆材料适于建造地下建筑的防水帷幕、抗渗堵漏、截断渗水源和整体抗渗堵漏等。

硫铝酸盐水泥基灌浆料具有快硬早强、水泥石结构密实、微膨胀、低收缩、低碱、抗硫酸盐腐蚀和适于低温施工等特点。其凝结时间可在数分钟至数十分钟范围内调节，且结石强度高，耐久性好。考虑到成本和施工性，硫铝酸盐水泥主要配制快凝高触变特种浆材，一般优先用于抢修抢建、喷锚支护、浆锚节点、固井堵漏和严寒地区的冬期施工以及要求抗渗或耐硫酸盐侵蚀的工程。

（3）灌浆材料的选择原则

从安全环保角度考虑，能用水泥浆材解决问题时不选用化学浆材；在满足工程质量要求的前提下，如必须选用化学浆材时，应首选无毒、无环境污染的浆材。化学浆材应严格控制用在别无选择的关键部位，尽量不要扩大使用范围。对毒性和污染较大的化学浆材，建议寻求代用品或停用。

3.5.2 金属屋面

金属屋面是由彩色涂层钢板和镀锌钢板等薄钢板经辊压冷弯成V形、O形或其他形状的轻质高强屋面板材。屋面和墙面常用的压型钢板厚度为0.4～1.6mm。用于承重楼板或筒仓时，厚度达2～3mm或以上，波高一般为10～200mm不等。非保温压型钢板只具有承重和防水功能，但无保温隔热作用。保温压型钢板是指除满足承重防水外，还具有良好的保温隔热性能的压型钢板，主要有夹芯式和组合式。

金属屋面绝热夹芯板是由两层压型后的彩色涂层钢板做表层，中间夹有绝热芯材。夹芯板中的金属面材可采用彩色涂层钢板及压型钢板，两层压型板在弯曲时承受拉和压应力，可提高夹芯板的弯曲强度，是一种高效结构材料。

3.5.3 嵌缝油膏

嵌缝油膏是以石油沥青为基料，加入改性材料、软化剂、成膜助剂、填料等混合制成，具有塑性或弹塑性的膏状嵌缝密封材料。所采用的改性材料主要为橡胶或树脂，常用SBS、橡胶、废胶粉、再生胶、PVC等，也可采用丁基橡胶或丙烯酸树脂等。为了提高沥青塑性、柔性和延伸性，还需要在沥青嵌缝油膏中加入软化剂、成膜剂或增塑剂。沥青嵌缝油膏为一种黑色均匀膏状的，无结块或未浸透的填料。沥青嵌缝油膏按耐热性和低温柔性分为702和801两个型号。油膏的物理力学性能应符合《建筑防水沥青嵌缝油膏》(JC/T 207—2011)的要求。沥青嵌缝油膏在炎夏不易流淌，在寒冬不易脆裂，黏结力较强，延伸性、塑性和耐候性均较好。其物理性能介于塑性和弹性，是一种弹塑性油膏。既可用于一般屋面板和墙板的接缝处，也可用作各种建筑物的伸缩缝或沉降缝等的冷施工嵌填密封。

3.5.4 沥青瓦

沥青瓦是采用玻纤毡为胎基，以石油沥青为浸涂材料，加入矿物填料，上表面覆以矿物粒料，用于搭接铺设施工的坡屋面用瓦。目前，国外沥青瓦生产主要分两大体系，一是美国沥青瓦体系，采用氧化沥青，填充物含量高，可溶物含量低，主要采用玻纤胎，少量使用有机毡，上表面覆以矿物粒料。二是欧洲沥青瓦体系，采用氧化沥青、聚合物改性沥青或混合沥青生产，可溶物含量高，胎基主要是玻纤毡，也有用聚酯毡或玻纤聚酯复合胎等，上表面材料为岩片、矿物粒料或金属薄膜等。我国沥青瓦生产与美国沥青瓦体系类似。

沥青瓦的分类及规格按照产品形式，可以分为平瓦和叠瓦。平瓦外表面平整。叠瓦是在瓦外露面的部分区域，用沥青黏合了一层或多层沥青瓦材料形成叠合状。沥青瓦在10～45℃时，应易于打开，不得产生脆裂和破坏沥青瓦表面的黏结。玻纤毡必须完全被沥青浸透和涂盖，表面不能有胎基外露，叠瓦的两层需用沥青材料黏结在一起。上表面保护层的矿物粒料的颜色和颗粒必须均匀，并紧密地覆盖在沥青瓦的表面，嵌入胎基的矿物粒料不得对胎基造成破坏。沥青瓦表面应无可见缺陷。其力学性能要满足《玻纤胎沥青瓦》(GB/T 20474—2015)的要求。

沥青瓦采用铺设搭接法施工，与其他屋面瓦比，具有屋面瓦与防水双重功能，且其价格适中，安装及更换方便，寿命较长；色彩丰富，形状各异，装饰性好。沥青瓦荷重轻，可减轻结构荷载，降低建筑地基造价。但沥青瓦阻燃性差，易老化，寿命仅有十几年。在木板屋面上，沥青瓦采用黏结加钉子的铺盖方法，尚能承受一定风力，但在现浇混凝土屋面上，主要依靠黏结。沥青瓦往往因黏结不牢，遇到较大风力时，极易脱落。

3.5.5 膨润土防水毯

膨润土防水毯或称土工复合膨润土垫，是将低透水性膨润土层夹在两层土工布之间或黏于土工膜上制成，在压实黏土衬垫的基础上发展而来的一种新型土工合成材料。膨润土防水毯主要分为针刺法钠基膨润土防水毯、覆膜法钠基膨润土防水毯和胶粘法钠基膨润土防水毯等。膨润土防水毯有较好的自愈合性能和防渗性能。其抗变形能力和抗冻融循环能力强；施工技术要求低，施工简单，接缝处理方便；不依赖当地材料的可用性。但是膨润土的膨胀性能受水和电解质含量影响较大。膨润土脱水干燥后会收缩产生较大裂痕。用于渠道或人工湖防渗时，在有淤积的情况下，清淤困难，清淤过程中易破坏防水毯。

膨润土防水毯产品中的膨润土颗粒，从微观上看，是粒径小于 2μm 的无机质。膨润土是由两层硅氧四面体和一层氢氧化铝八面体构成的层状结构，主要结构体系为 Si-Al-Si，即由云母状薄片堆垒而成的单个颗粒。这些薄片的上下表面带负电，因此膨润土的结构单元是互相排斥的。膨润土在水化时，水分子沿 Si-Al-Si 结构的硅层表面吸附，使相邻结构单元之间的距离加大。钠基膨润土单位晶层中，存在极弱的键，钠离子连接各层薄片。钠离子本身半径小，离子价低，水易进入单位晶层，引起晶格膨胀。优质的天然钠基膨润土或经过适当工艺钠化合格后的膨润土，具有很强的吸水能力，膨胀倍数大，性能稳定。当其在土工织物及针刺的限制下膨胀时，膨润土便形成一层致密的凝胶层。该凝胶层的渗透系数可低至 10^{-9} cm/s，从而形成优异的防水层，其耐久性可达 100 年。

思考题

1. 简述高聚物改性沥青的优势及其微观结构分析。
2. 简述喷涂速凝橡胶沥青防水涂料的组成、施工和成膜机理。
3. 简述合成高分子防水卷材在防水方面的优缺点。
4. 简述聚氨酯涂料和聚脲涂料的组成、施工和成膜机理。
5. 简述防水混凝土的配制方法和优点。

参考文献

[1] 秦景燕，贺行洋，王传辉，等. 防水材料学［M］. 北京：中国建筑工业出版社，2020.

[2] Li J，Yang S，Liu Y，et al. Studies on the properties of modified heavy calcium carbonate and SBS composite modified asphalt[J]. Construction and Building Materials，2019，218：413-423.

[3] Qian G，Wang K，Bai X，et al. Effects of surface modified phosphate slag powder on performance of asphalt and asphalt mixture[J]. Construction and Building Materials，2018，158：1081-1089.

[4] Guo X，Sun M，Dai W，et al. Performance characteristics of silane silica modified asphalt[J]. Advances in Materials Science and Engineering，2016.

[5] Yang L，Zhou D，Kang Y. Rheological Properties of Graphene Modified Asphalt Binders[J]. Nanomaterials，2020，10(11)：2197.

[6] Sun M，Zheng M，Qu G，et al. Performance of polyurethane modified asphalt and its mixtures[J]. Construction and Building Materials，2018，191：386-397.

[7] Yu X, Dong F, Ding G, et al. Rheological and microstructural properties of foamed epoxy asphalt [J]. Construction and Building Materials, 2016, 114: 215-222.

[8] Ameri M, Nasr D. Properties of asphalt modified with devulcanized polyethylene terephthalate[J]. Petroleum Science and Technology, 2016, 34(16): 1424-1430.

[9] Yan K, Wang S, Ge D, et al. Laboratory performance of asphalt mixture with waste tyre rubber and APAO modified asphalt binder[J]. International Journal of Pavement Engineering, 2020: 1-11.

[10] Viscione N, Presti D L, Veropalumbo R, et al. Performance-based characterization of recycled polymer modified asphalt mixture[J]. Construction and Building Materials, 2021, 310: 125243.

[11] 王凝瑞. 喷涂速凝橡胶沥青阻根型防水涂料及其制备方法 [P]. CN201810387959. 3.

[12] 陈顺，贺行洋，苏英，等. 低温施工沥青种植屋面阻根材料及其制备和施工方法 [P]. CN201810749903. 8.

[13] 陈顺，贺行洋，苏英，等. 铜纳米棒增强沥青种植屋面阻根材料的制备方法 [P]. CN201810749792. 0.

[14] 陈顺，贺行洋，苏英，等. 用于种植屋面的复合型可固定阻根剂的制备方法 [P]. CN201810750158. 9.

[15] Chen J, Rong C, Lin T, et al. Stable Co-Continuous PLA/PBAT Blends Compatibilized by Interfacial Stere°Complex Crystallites: Toward Full Biodegradable Polymer Blends with Simultaneously Enhanced Mechanical Properties and Crystallization Rates[J]. Macromolecules, 2021, 54(6): 2852-2861.

[16] Holt A, Ke Y, Bramhall J A, et al. Blends of Poly(butylene glutarate) and Poly(lactic acid) with Enhanced Ductility and Composting Performance[J]. ACS Applied Polymer Materials, 2021, 3(3): 1652-1663.

[17] Shah N, Fehrenbach J, Ulven C A. Hybridization of Hemp Fiber and Recycled-Carbon Fiber in Polypropylene Composites[J]. Sustainability, 2019, 11(11): 3163.

[18] Zhu Y D, Allen G C, Jones P G, et al. Dispersion characterisation of $CaCO_3$ particles in PP/$CaCO_3$ composites[J]. Composites Part A: Applied Science and Manufacturing, 2014, 60: 38-43.

[19] Kowalczyk K, Łuczka K, Grzmil B, et al. Anticorrosive polyurethane paints with nano-and microsized phosphates[J]. Progress in Organic Coatings, 2012, 74(1): 151-157.

[20] Tuncer D, Seda E, Ender H, Hüseyin K, Salim H. Adhesion Strength of Wood Based Composites Coated with Cellulosic and Polyurethane Paints[J]. Advances in Materials Science and Engineering, 2015: 2015.

[21] Prasanta K B, Sagar K R, Prantik M, Shrabana S, Nikhil K S. Self-Healable Polyurethane Elastomer Based on Dual Dynamic Covalent Chemistry Using Diels-Alder "Click" and Disulfide Metathesis Reactions[J]. ACS Applied Polymer Materials, 2021, 3(2): 847-856.

[22] Yan K, Gao X, Luo Y. Kinetics of RAFT emulsion polymerization of styrene mediated by oligo (acrylic acid-b-styrene) trithi℃arbonate[J]. AIChE Journal, 2016, 62(6): 2126-2134.

[23] Yan L, Wu H, Zhu Q. Emulsifier-free ultrasonic emulsion copolymerization of styrene with acrylic acid in water[J]. Green chemistry, 2004, 6(2): 99-103.

[24] Slawinski M, Meuldijk J, Van Herk A M, et al. Seeded emulsion polymerization of styrene: Incorporation of acrylic acid in latex products[J]. Journal of applied polymer science, 2000, 78(4): 875-885.

[25] Ma H, Yu H, Sun W. Freezing-thawing durability and its improvement of high strength shrinkage compensation concrete with high volume mineral admixtures [J]. Construction and Building Materials, 2013, 39: 124-128.

[26] Li Z, Wyrzykowski M, Dong H, et al. Internal curing by superabsorbent polymers in alkali-activated slag [J]. Cement and Concrete Research, 2020, 135: 106123.

[27] El-Hawary M, Al-Sulily A. Internal curing of recycled aggregates concrete[J]. Journal of Cleaner Production, 2020, 275: 122911.

[28] Lee J H, Cho B, Choi E. Flexural capacity of fiber reinforced concrete with a consideration of concrete strength and fiber content[J]. Construction and Building Materials, 2017, 138: 222-231.

[29] Zhang L V, Nehdi M L, Suleiman A R, et al. Crack self-healing in bio-green concrete[J]. Composites Part B: Engineering, 2021: 109397.

[30] Oliveira T A, Bragança M D O G P, Pinkoski I M, et al. The effect of silica nano apsules on self-healing concrete[J]. Construction and Building Materials, 2021, 300: 124010.

[31] GB/T 26528—2011. 防水用弹性体（SBS）改性沥青.

[32] GB/T 26510—2011. 防水用塑性体改性沥青.

[33] GB/T 14686—2008. 石油沥青玻璃纤维胎防水卷材.

[34] GB/T 18242—2008. 弹性体改性沥青防水卷材.

[35] GB/T 18243—2008. 塑性体改性沥青防水卷材.

[36] GB/T 23441—2009. 自粘聚合物改性沥青防水卷材.

[37] JC/T 408—2005. 水乳型沥青防水涂料.

[38] JC/T 2317—2015. 喷涂速凝橡胶沥青防水涂料.

[39] GB/T 19250—2013. 聚氨酯防水涂料.

[40] GB/T 23446—2009. 喷涂聚脲防水涂料.

[41] JC/T 864—2008. 聚合物乳液防水涂料.

[42] JC/T 482—2003. 聚氨酯建筑密封胶.

[43] GB175—2007. 通用硅酸盐水泥.

[44] JC/T 2536—2019. 水泥—水玻璃灌浆材料.

第4章

热工材料

本章学习目标：

1. 了解物体之间热量传递的基本方式、特点及热量与围护结构之间的作用方式。
2. 重点掌握建筑保温隔热材料的定义、分类、绝热原理及其热工性能的主要影响因素。
3. 分类了解常用热工材料的组成、性能、技术特点及选用原则。

4.1 概述

（1）建筑节能与热工材料

随着人们对生活舒适度和室内热环境质量要求的提升，建筑耗能越来越高。目前全球建筑能源消耗已经超过工业和交通，占到总能源消耗的41%，建筑节能需求日益突出。

建筑节能是指运用恰当的设计方法和节能技术，在保障人员舒适和健康的前提下，尽可能节约建筑在运行过程中因采暖、空调等消耗的常规能源。从建筑节能的发展历程来看，最初的建筑节能指降低建筑能耗，减少能量的输入；后来指“在建筑中保持能源”，即保持建筑中的能量，减少建筑的热工散失；现在的建筑节能指“提高建筑中能源的利用效率”，不是消极被动地节能能源，而是合理利用能源，积极提高能源的利用效率，高效地满足人们生活、工作的舒适要求。

建筑节能离不开热工材料。热工材料指的是利用材料的组成与结构，对热能的传递、储存等进行调整或控制的材料。一般包括保温隔热材料、热反射隔热材料、相变储热材料等。建筑节能围护结构中采用保温隔热材料最为普遍。

（2）热量传递的基本方式及特点

热量的传递主要有传导、对流和辐射三种方式。

传导是利用物体直接接触的分子、原子和自由原子内部存在温度差而产生的热量从高温到低温的传递过程，也称为导热。固体、液体和气体都可以发生传导，但纯导热过程只出现在完全密实的固体中。导热机理是物体相接触的部分在弹性波的作用下，分子、原子或自由电子扩散引起的能量转移。传导的特点是发生热量传递的各部分间不发生宏观的相对位移。

对流是指物体在温度的作用下产生体积的变化，进而导致密度发生改变而引起的运动，实现温度由高向低传递，这种热传递方式只存在于液体和气体中。实际上，在对流发生的同时，流体各部分之间还存在导热。工程上产生的流体遇到墙壁表面时，就是对流和传导同时发生，被称为“对流传热”或“对流换热”。产生位移是对流的特点。

辐射是以电磁波的形式传递能量的过程，在传热过程中存在着热能和辐射能之间的转换。

实际中热量的传递很少只有一种方式，往往是两种或三种方式同时起到作用。具体的传热方式，主要受材料的性能和结构等因素影响。

（3）热量与围护结构之间的作用方式

热流从遇到围护结构体，穿过围护结构体，再向温度低的区域流动，要经过三个过程。首先，高温空气与围护结构的表面相接触，热量通过热转移方式实现空气与围护结构表面的传递，使围护结构表面升温，随后热量主要以传导的方式从围护结构高温一侧传向低温一侧，然后再从围护结构的表面以热转换方式传给接触的空气。热量作用围护结构的过程是复杂的，热量在围护结构内部时，会受到围护结构自身性质的影响，如果温度在围护结构内部分布均匀，各个等温面与围护结构的表面平行时，热流仅垂直于围护结构的表面传递，这种状态被称为一维传热，但实际上这是一种理想状态。由于围护结构的复杂性，温度在围护结构中的分布往往不均匀，热流会沿着两个或三个方向传递，即二维或三维传热。另外，围护结构内部传热过程中，如果各点的温度不随时间发生变化，被称为稳态传热过程，发生变化被称为非稳态传热过程。

对于一维稳定导热情况，通过某一种材料的热量 Q 与材料的导热系数、材料两侧的温度差、材料的传热面积及传热时间成正比，与热流通过的材料的厚度成反比。即

$$Q=\frac{\lambda(\tau_i-\tau_o)FZ}{\delta} \tag{4.1}$$

式中 Q——总传热量，J；

λ——材料的导热系数，W/(m·K)；

τ_i、τ_o——分别为材料内、外表面的温度，K；

F——传热面积，m^2；

Z——传热时间，s；

δ——材料厚度，m。

式(4.1) 中的导热系数也称为热传导率，是材料自身的一种性能，它反映了稳定传热条件下，某种材料单位厚度内的温差在 1℃时，在单位时间内通过单位面积的热量数值。一般来说，金属材料的导热系数最大，非金属材料次之，有机材料最小；同一种物质在不同相态时，固体的导热系数最大，液体的导热系数次之，气体的导热系数最小。

围护结构与气体之间的表面热交换包括表面吸热和表面放热，是通过导热、对流和辐射方式的综合换热的过程。

围护结构表面与周围空气间的对流换热强度 q_c 可用式(4.2) 表达：

$$q_c=\alpha_c(\theta-t) \tag{4.2}$$

式中　q_c——对流换热强度，W/m^2；

α_c——对流换热系数，$W/(m^2 \cdot K)$；

θ、t——分别为围护结构表面温度与空气温度，K。

换热强度为单位时间内单位面积维护结构外表面散出的热量。

对流换热系数受多种因素影响，与空气的流速、性能及接触表面的性能有关。

围护结构和空气之间的热辐射能量与接触面的绝对温度的4次方成正比，对于吸收辐射热能力强的物体，辐射能按式(4.3)计算：

$$E_0=C_0\left(\frac{T}{100}\right)^4 \tag{4.3}$$

式中　E_0——辐射能，W/m^2；

C_0——辐射系数，等于5.67$W/(m^2 \cdot K^4)$；

T——绝对温度，K。

辐射换热强度按式(4.4)计算：

$$q_r=\alpha_r(\theta-t) \tag{4.4}$$

式中　q_r——辐射换热强度，W/m^2；

α_r——辐射换热系数，$W/(m^2 \cdot K)$；

θ、t——分别为围护结构表面温度与空气温度，K。

4.2 保温隔热材料

4.2.1 保温隔热材料的定义与分类

建筑保温隔热材料（又称绝热材料）是指对热流具有显著阻抗性能、能防止建筑物内部热量损失或隔绝外界热量传入的材料或材料复合体，是建筑保温材料和建筑隔热材料的统称。建筑保温材料主要肩负围护结构在冬季保持室内适当温度的作用，建筑隔热材料主要肩负围护结构在夏季隔离热辐射和室外高温的影响，使室内保持适当温度的作用。传热过程常按照稳定传热考虑，并以传热系数值或热阻值来评价。

建筑保温隔热材料种类繁多，常根据材料成分、使用温度及结构形态划分。

按材料成分分类，建筑保温隔热材料分为无机保温隔热材料、有机保温隔热材料及无机有机复合保温隔热材料三大类。无机保温隔热材料主要包括矿物棉、玻璃棉、岩棉、膨胀珍珠岩、膨胀蛭石、玻化微珠、泡沫玻璃、泡沫混凝土、硅藻土、硅酸盐及其制品等。有机保温隔热材料主要包括聚苯乙烯泡沫塑料、聚氨酯泡沫塑料、酚醛树脂泡沫塑料、脲醛树脂泡沫塑料等。无机有机复合保温隔热材料常见的有胶粉聚苯颗粒浆料、聚苯颗粒泡沫混凝土等。

按使用温度划分，保温隔热材料可分为低温保温隔热材料（使用温度小于900℃，如膨胀蛭石、石棉、矿棉等）、中温保温隔热材料（使用温度为900～1200℃，如硅藻土砖、轻质黏土砖、膨胀珍珠岩和耐火纤维等）和高温保温隔热材料（又称耐火隔热材料，使用温度大于1200℃，如轻质高铝砖、轻质刚玉砖、轻质镁砖、空心球制品及高温耐火纤维制品等）。

按结构形态划分，保温隔热材料可分为纤维状、微孔状、泡沫状、膏（浆）状、松散状及夹芯状。主要建筑保温隔热材料分类如图4.1所示。

- 建筑保温隔热材料
  - 纤维状
    - 无机类：矿物棉、岩棉、玻璃棉、硅酸铝棉等
    - 有机类：木质纤维、草纤维、聚丙烯纤维等
  - 微孔状
    - 无机类：硅酸钙、膨胀珍珠岩、膨胀蛭石、加气混凝土等
    - 有机类：软木等
  - 泡沫状
    - 无机类：泡沫玻璃、发泡混凝土、火山灰微珠等
    - 有机类：聚苯乙烯、酚醛树脂、聚氨酯泡沫塑料等
  - 膏(浆)状：水泥聚苯颗粒浆料、沥青膨胀珍珠岩浆料等
  - 松散状：干铺炉渣、干铺膨胀蛭石、干铺膨胀珍珠岩等
  - 夹芯状：彩钢夹芯泡沫板、钢丝网架夹芯泡沫板等

图4.1　主要建筑保温隔热材料分类

4.2.2　保温隔热材料的绝热原理

所有物质的热现象都是物质内部粒子（分子、原子、自由电子）相互碰撞、振动、传递和运动的结果。在基质固相中，热量主要以热传导方式进行。金属中热传导主要靠自由电子的运动来实现，而非金属晶体中，晶格振动是它们的主要导热机构。在高温环境中，固体材料中分子、原子等质点的转动和振动都会辐射出相应的高频电磁波，热辐射成为热传递的主要途径。与固体导热相比，气体的热量传递主要以辐射和对流方式进行，尤其是在高温阶段。

对于多孔型保温隔热材料，当热量由高温面向低温面传递时，在碰到气孔之前，传递过程为固相中的导热，在碰到气孔后，一条路线仍然是通过固相传递，但其传递方向发生了变化，总的传热路线大大增加，从而使热传递速率减缓；另一条路线是通过气孔内气体的传热，包括高温固体表面对气体的辐射和对流传热、气体自身的对流传热、气体的导热、热气体对冷固体表面的辐射及对流传热，以及热固体表面和冷固体表面间的辐射传热。常温下多孔材料内对流和辐射传热在总的热传递过程中所占比例很小，故以气孔中气体的导热为主。由于空气的导热系数仅为0.023W/(m·k)左右，远小于固体的导热系数，故热量通过气孔传递的阻力较大，传热速率大大降低，进而起到保温隔热效果。多孔材料的传热过程如图4.2所示。

纤维型保温隔热材料的绝热原理基本与多孔型保温隔热材料类似，但传热能力受传热方向影响。当传热方向与纤维方向垂直时，保温隔热效果优于传热方向与纤维方向平行时的保温隔热效果（见图4.3）。

图4.2　多孔材料的传热过程

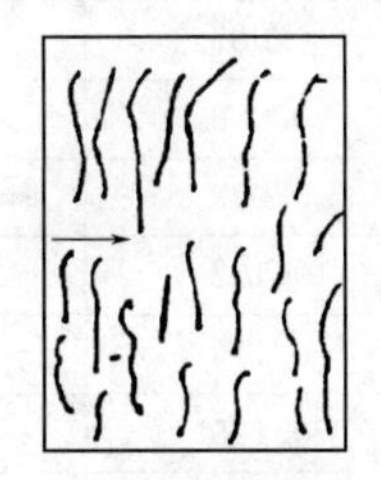

图4.3　纤维材料的传热过程

对于反射型保温隔热材料，其绝热原理主要是对辐射热的反射作用，如铝箔的反射率为0.95，在需要保温隔热的部位表面贴上铝箔，可将绝大部分外来热辐射反射掉，从而起到隔热作用。

4.2.3 保温隔热材料的主要性能

保温隔热材料的性能指标主要包括导热系数、表观密度、含水率、抗压（压缩）强度、最高使用温度及热膨胀系数等。

(1) 导热系数

导热系数反映了材料的导热能力，是保温隔热材料的主要物理特性。材料的导热系数越小，则绝热性能越好。导热系数与材料的表观密度、含水率、内部结构密切相关，其中以表观密度和含水率对材料导热系数影响最大。一般情况下，表观密度小、气孔率大的材料导热系数小，而对纤维状保温隔热材料，当表观密度较小时，其导热系数随容重的增加而降低，并存在一个最低导热系数的容重值。含水率对导热系数的影响表现在材料吸水性大时将使导热系数急剧增大，严重破坏保温隔热效果。典型材料的导热系数与表观密度及含水率之间的关系见表4.1和表4.2。

表4.1 导热系数与表观密度之间的关系

水泥基保温砂浆		发泡水泥板		改性聚苯板（TPS）	
干密度/(kg/m^3)	导热系数/[W/(m·K)]	干密度/(kg/m^3)	导热系数/[W/(m·K)]	干密度/(kg/m^3)	导热系数/[W/(m·K)]
320.3	0.071	183.3	0.060	32.8	0.038
342.5	0.076	193.5	0.065	35.3	0.037
365.7	0.078	209.8	0.063	37.3	0.037
376.6	0.082	219.3	0.062	38.8	0.038
389.7	0.087	225.4	0.066	41.2	0.038
402.7	0.092	233.2	0.064	42.3	0.036
421.4	0.095	241.5	0.067	44.0	0.039
450.2	0.097	245.6	0.072	45.4	0.042
463.3	0.101	256.3	0.070	48.7	0.039

表4.2 导热系数与含水率之间的关系

水泥基保温砂浆		发泡水泥板		改性聚苯板（TPS）	
含水率/%	导热系数/[W/(m·K)]	含水率/%	导热系数/[W/(m·K)]	含水率/%	导热系数/[W/(m·K)]
0	0.087	0	0.063	0	0.037
1.4	0.088	3.7	0.065	1.1	0.037
3.7	0.095	7.5	0.069	5.6	0.039
6.6	0.102	11.5	0.075	9.6	0.041
9.8	0.116	14.0	0.085	13.1	0.043
12.7	0.125	17.1	0.089	16.8	0.044
15.6	0.137	21.7	0.101	21.4	0.045

(2) 表观密度

材料中固体物质的导热能力比空气大很多，所以其内部气孔率越大，表观密度越小，导热系数也较小，而且孔隙的大小和特征也影响着导热系数。如在孔隙相同的条件下，孔隙尺寸越大，相互连通的气孔越容易造成热对流而使导热系数增大。工程中尽量采用容重小的保温材料。

(3) 含水率

保温材料的吸湿性对保温效果的影响很大，原因在于水的导热系数 [0.58W/(m·K)] 约为孔隙内空气导热系数 [0.023W/(m·K)] 的 20 多倍。材料吸湿后，孔隙中蒸汽的扩散和水分子的热传导在传热中起主导作用，尤其是吸收的水分遇冷后凝结成冰，会大大提高材料的导热系数，严重者会引起材料的开裂，破坏保温结构。因此，防水性差的保温材料可以在其中加入适量的憎水剂，还可以对材料表面进行改性处理。

(4) 抗压强度及线膨胀系数

抗压强度是材料受到压缩力作用而破坏时，单位原始横截面上承受的最大压力负荷。材料的抗压强度与加工工艺、气孔率等密切相关，气孔率高，容重变小，抗压强度降低。绝热材料的强度一般都很低，除了如具有一定强度的加气混凝土等少数能独自承重的材料外，在围护结构中经常把绝热材料层与承重结构材料层复合使用。线膨胀系数是反映保温板材尺寸稳定性的指标，一般绝热材料要求线膨胀系数小于 2%。

(5) 最高使用温度

最高使用温度是指保温材料长期安全、可靠工作所能承受的极限温度。有机保温材料的阻燃性和热稳定性差，所以使用温度较低，而无机保温材料能够弥补这一缺陷，甚至有些无机材料的最高使用温度可达上千摄氏度。总之，一般保温材料应该在其使用温度下，保持理化性能稳定，符合设计和运行的技术要求。

4.2.4 散粒状保温隔热材料

(1) 膨胀珍珠岩及其制品

珍珠岩是一种酸性火山玻璃质岩石，内部含有 3%～6%的结合水。膨胀珍珠岩是珍珠岩、墨曜岩或松脂岩矿石经破碎、筛分、预热，在高温下悬浮瞬间焙烧、体积骤然膨胀而成的一种白色或灰白色的松散颗粒状的硅铝质材料，具有轻质、绝热、吸声、无毒、不燃烧、无臭味、耐酸碱、耐高温等特点。膨胀珍珠岩的主要技术指标见表 4.3。

表 4.3 膨胀珍珠岩的主要技术指标

项目	技术性能
堆积密度/(kg/m^3)	70～250
导热系数/[W/(m·K)]	0.047～0.074
成孔率 /%	≥85

续表

项目	技术性能
闭孔率/%	≥94
漂浮率 /%	94～96
吸水率/%	48～84
筒压强度/kPa	≥120

膨胀珍珠岩除了用作散粒状保温填料外，也以轻质骨料形式制作各种轻质制品，用于工业与民用建筑的保温、隔热、吸声材料及各种管道、热工设备的保温隔热材料。膨胀珍珠岩保温隔热材料是以膨胀珍珠岩为主要原料，以水泥、石膏、水玻璃、水溶性树脂等为胶凝材料，加水拌合、压制成型，经养护、脱模而成。膨胀珍珠岩及其制品如图 4.4 所示。

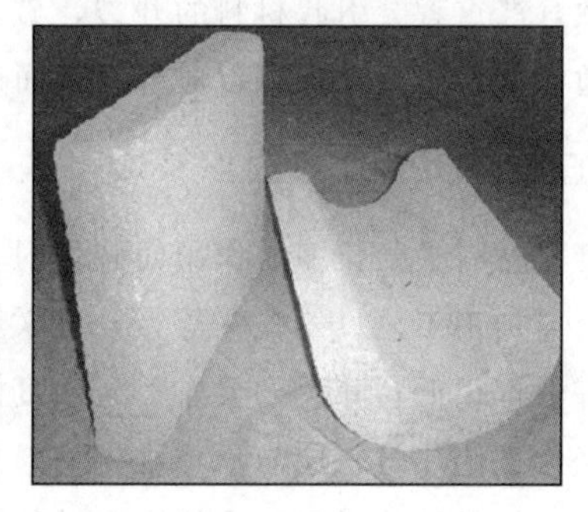

图 4.4　膨胀珍珠岩及其制品

（2）膨胀蛭石及其制品

蛭石是由云母矿物经风化而成的具有层状结构的镁、铁含水铝硅酸盐矿物。膨胀蛭石是由天然矿物蛭石经烘干、破碎、焙烧（800～1000℃），在短时间内体积急剧膨胀（6～20 倍）而成的一种黄色或灰白色的松散颗粒状材料。膨胀后的蛭石薄片间形成空气夹层，夹层中充满无数细小孔隙，作为一种性能优良的保温隔热材料，既可以松散状充填和装置在建筑结构中，又可以与水泥、水玻璃、沥青或树脂等胶结料现浇制成各种形状和尺寸的蛭石制品。膨胀蛭石及蛭石制品如图 4.5 所示。

图 4.5　膨胀蛭石及蛭石制品

膨胀蛭石表观密度小（80～200kg/m^3），导热系数小［0.047～0.070W/(m·K)］，防火、防腐、化学性质稳定、无毒无味，在干燥条件下使用，具有很好的抗冻性能。由于膨胀蛭石是多孔层状结构，故有很大的吸水性能。膨胀蛭石有一定的脆性，在保管运输时需要注意。水泥膨胀蛭石制品的技术指标见表 4.4。

表 4.4　水泥膨胀蛭石制品的技术

项目	技术指标
导热系数/[W/(m·K)]	0.0928±0.00215
体积质量/(kg/m^3)	430～500
抗压强度/MPa	≥0.50
耐火性能	不燃
最高使用温度/℃	≤900
耐腐蚀性能	耐酸碱
吸水率(24h 吸水)/%	<90
吸湿率(RH=95%)/%	<6

4.2.5　纤维状保温隔热材料

（1）岩棉、矿渣棉及其制品

岩棉是由如玄武岩、辉绿岩等经高温熔融制成的无机纤维，矿渣棉是由工业废料如高炉矿渣、锰矿渣、磷矿渣、粉煤灰等高温熔融制成的丝状无机纤维。岩棉、矿渣棉具有密度低、质轻、导热系数小、防水、吸声、不燃、化学稳定性好等特点。粒状岩棉、矿渣棉主要用于各种建筑物和工业设备的保温隔热，也可以用于防火；岩棉、矿渣棉毡主要用于管道、设备等保温隔热；岩棉、矿渣棉保温带主要用于大口径管道、设备等保温隔热；岩棉、矿渣棉管壳主要用于小口径的管道保温，岩棉、矿渣棉板多用于平面或者曲率半径较大的设备、建筑物的保温隔热。岩棉、矿物棉及其制品形态如图 4.6 所示，岩棉、矿渣棉制品的技术指标见表 4.5。

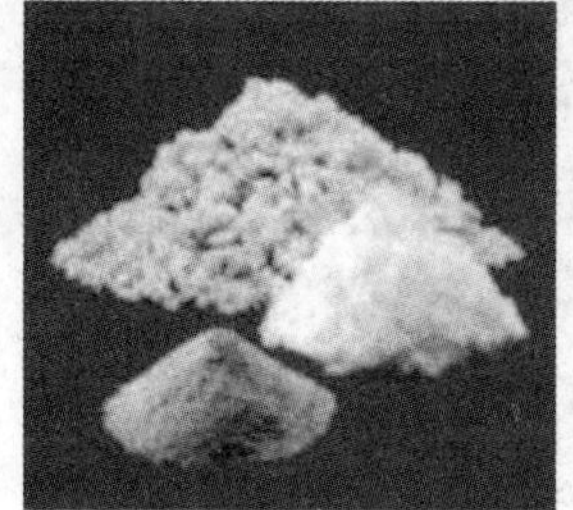
粒状岩棉、矿棉

岩棉、矿棉毡

岩棉、矿棉管

岩棉、矿棉板

图 4.6　岩棉、矿物棉及其制品形式

表 4.5　岩棉、矿渣棉制品的主要技术指标

项目	技术指标	
	岩棉	矿渣棉
导热系数/[W/(m·K)]	0.035～0.041	0.037～0.044
表观密度/(kg/m^3)	—	<70

续表

项目	技术指标	
	岩棉	矿渣棉
纤维直径/μm	4～7	<7
工作温度/℃	900～1000	—
吸湿率/%	<7	—
憎水性/%	>98	—
不燃性	A1	A1

（2）玻璃棉及其制品

玻璃棉是矿物棉的一种，采用石英砂、白云石、蜡石，配以其他化工原料纯碱、硼酸等，在熔融状态和外力的拉制、吹制、甩作用下制成的极细的纤维状材料，分为短棉（直径为10～13μm）、超细棉（直径为0.1～4μm）和中级纤维（直径为15～25μm）三种。耐热度小于300℃的是普通玻璃棉，小于1000℃的是高硅氧玻璃棉。按照化学成分可以分为无碱、中碱、高碱玻璃棉。玻璃棉具有容重小（仅为岩棉或矿渣棉的1/2左右）、导热系数低[0.037～0.039W/(m·K)]、吸声性能高、不燃烧、耐腐蚀、手感柔软等特点。玻璃棉毡、板主要使用于建筑物的隔热、通风、隔声、空调设备保温、播音室、噪声车间的吸声，冷库的保温隔热，交通工具的保温隔热、吸声等。玻璃棉管套、异型制品主要使用于设备、管道的保温。玻璃棉制品形式如图4.7所示。

图4.7　玻璃棉制品的形式

4.2.6　泡沫状保温隔热材料

（1）聚苯乙烯泡沫塑料板

聚苯乙烯泡沫塑料板根据生产方式的不同，可分为模塑聚苯乙烯泡沫塑料板（EPS）和挤塑聚苯乙烯泡沫塑料板（XPS）两种。EPS板是以聚苯乙烯树脂为基料，经加热预发泡后在模具中加热成型而制得的具有闭孔结构的泡沫塑料板材，其具有优良的耐冲击性能、韧性和强度，绝热性能好，防水、质轻、容易切割。XPS板是以聚苯乙烯树脂为原料加上其他的添加剂，通过加热挤塑压出成型而制得的具有闭孔结构的硬质泡沫塑料板。建筑行业应用聚苯乙烯泡沫塑料作为墙体、屋面的保温板，也可以复合成钢丝网架水泥聚苯乙烯夹芯板（见图4.8）、金属夹芯板（见图4.9）用于墙体保温。EPS板与XPS板技术指标对比分析见表4.6。

图 4.8 钢丝网架水泥聚苯乙烯夹芯板

图 4.9 金属夹芯板

表 4.6 EPS 板与 XPS 板技术指标对比分析

项目	技术指标	
	EPS 板	XPS 板
生产工艺	由可发性聚苯乙烯发泡成聚苯颗粒后通过蒸汽加压而成	由聚苯乙烯树脂及其他添加剂采用真空挤压工艺制成
保温性能	不是闭孔结构，保温效果较好，导热系数不大于 0.042W/(m·K)	具有 90%以上的闭孔率，保温隔热效果明显明显，导热系数不大于 0.030W/(m·K)
热阻保留率	热阻保留率较低，2 年后热阻保留率在 55%以下	具有持久的热阻保留率，55 年后热阻保留率在 85%以上
体积密度/(kg/m^3)	16～18	≥32
抗压强度/ kPa	≥60	≥250
剥离强度/MPa	0.1～0.15	≥0.3
吸水性能	水蒸气渗透性高，吸水率不大于 6.0%	水蒸气渗透性低，吸水率不大于 0.1%
其他性能	耐酸碱、耐低温，有一定弹性	耐老化、耐腐蚀

（2）聚氨酯泡沫塑料（PU）

聚氨酯泡沫塑料是以含有羟基的聚醚树脂或聚酯树脂为基料与多异氰酸酯反应生成的聚氨基甲酸酯为主体，以异氰酸酯与水反应生成的二氧化碳（或低沸点碳化物）为发泡剂制成的一类泡沫塑料。

聚氨酯泡沫塑料按生产工艺不同可分为硬质和软质两类。硬质聚氨酯泡沫塑料通常采用两步法生成，即先用羟基树脂和异氰酸酯反应生成预聚体，再加入发泡剂、催化剂等进一步混合、发泡，制造过程既可以在工厂内进行，也可以在施工现场进行（见图 4.10）。

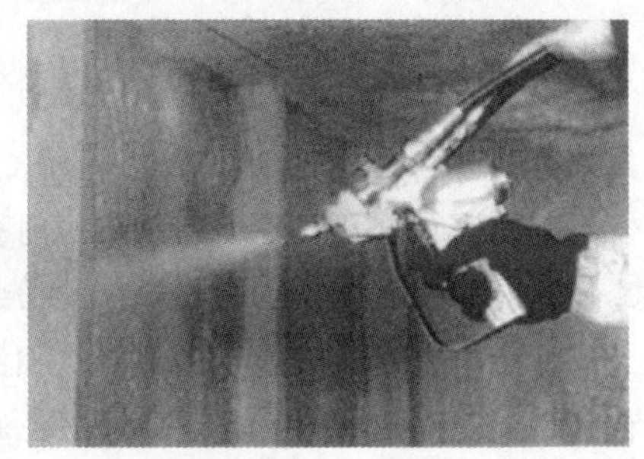

图 4.10 聚氨酯泡沫塑料保温隔热材料

软质泡沫塑料的制造方法包括平放发泡法和模型发泡法。硬质聚氨酯泡沫塑料与软质聚氨酯泡沫塑料技术指标对比见表4.7。

表4.7 硬质与软质聚氨酯泡沫塑料技术指标对比分析

项目	技术指标	
	硬质聚氨酯泡沫塑料	软质聚氨酯泡沫塑料
特性	闭孔结构、密度小、强度高，保温隔热性能好，能黏于金属、水泥基材料表面。喷雾发泡，施工方便	开孔结构、密度小、导热系数小，具有良好的吸声防震性能
导热系数/[W/(m·K)]	≤0.024	≤0.042
表观密度/(kg/m^3)	≤65	≤40
体积密度/(kg/m^3)	16～18	≥32
压缩强度/kPa	≥ 120	—
延伸率/%	—	≥ 150
使用温度/℃	−60～120	−30～180

（3）聚氯乙烯泡沫塑料

聚氯乙烯泡沫塑料是以聚氯乙烯树脂为基料，加入适量的化学发泡剂、稳定剂、溶剂等，经捏合、球磨、模塑、发泡等工艺制成的一种闭孔型泡沫材料，分为硬质和软质泡沫塑料两种。聚氯乙烯泡沫塑料具有密度小、导热系数低、吸声性能好、防震性能好、不吸水、不燃烧等特点。聚氯乙烯板材常用作屋面、楼板和墙体等的保温、隔热、隔声和防震材料，以及夹层墙板的芯材。聚氯乙烯泡沫塑料的基本技术指标见表4.8。

表4.8 聚氯乙烯泡沫塑料的基本技术指标

项目	技术指标
导热系数/[W/(m·K)]	≤0.043
体积质量/(kg/m^3)	≤45
抗压强度/MPa	≥0.18
线收缩率/%	≤4
可燃性	离开火源后10s自熄
耐腐蚀性能	耐酸碱
吸水率(24h吸水)/%	<0.2

（4）酚醛树脂泡沫塑料

酚醛树脂泡沫塑料是一种新型难燃、防火低烟保温材料，它是由酚醛树脂加入阻燃剂、抑烟剂、发泡剂、固化剂及其他助剂制成的闭孔硬质泡沫塑料。酚醛树脂泡沫塑料具有导热系数低［0.022～0.045W/(m·K)］、绝热性能好、适用温度范围大（−200～200℃）、不燃、吸水率低、尺寸稳定好、耐酸碱、成本低（相当于聚氨酯泡沫塑料的三分之二）等优点，被称为第三代新型保温隔热材料，有“保温之王”的美誉。酚醛树脂泡沫塑料的主要技术指标见表4.9。

表 4.9 酚醛树脂泡沫塑料的技术指标

项目	技术指标
导热系数/[W/(m·K)]	0.022～0.039
体积质量/(kg/m^3)	12～70
适用温度/℃	－200～200
线收缩率/%	≤4
可燃性	抗火焰穿透达 1h
耐腐蚀性能	耐酸，不耐强碱
吸水性	不吸水

(5) 发泡水泥

发泡水泥是通过发泡机的发泡系统将发泡剂用机械方式充分发泡，并将泡沫与水泥浆均匀混合，然后经过发泡机的泵送系统进行现浇施工或模具成型，经自然养护所形成的一种含有大量封闭气孔的新型轻质保温隔热材料（见图 4.11）。

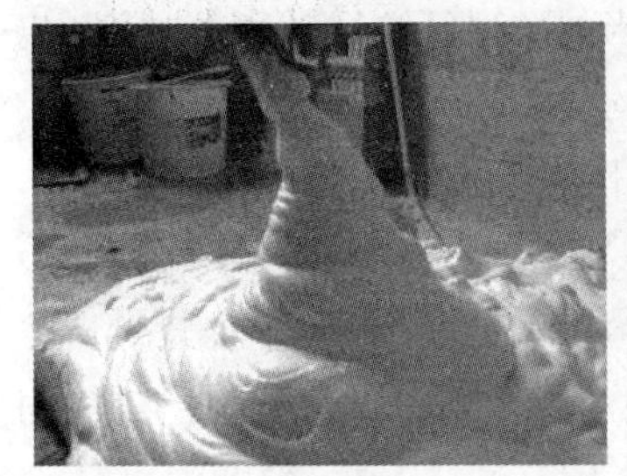
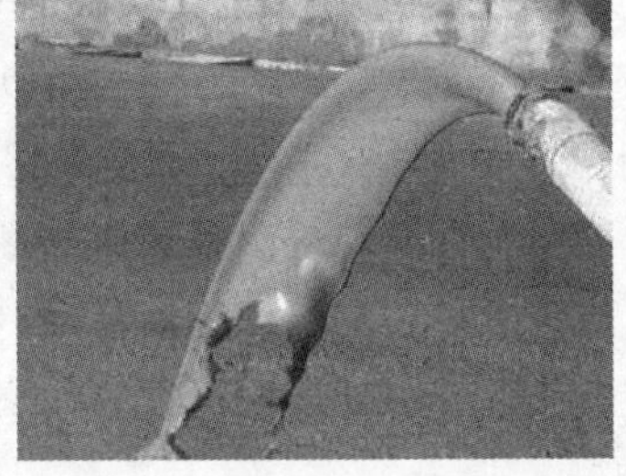
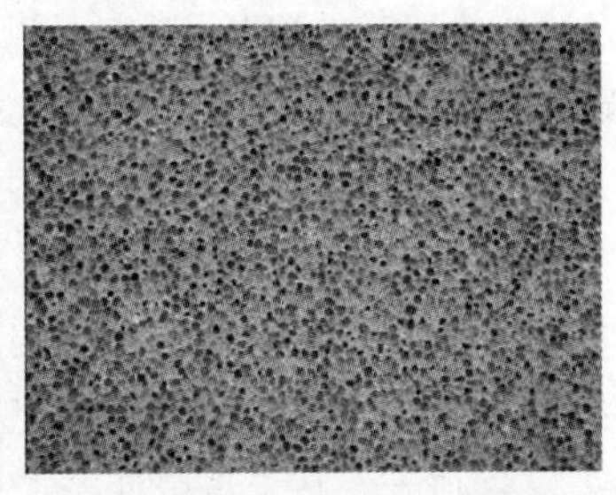

图 4.11 发泡水泥保温隔热材料

发泡水泥属于气泡状绝热材料，其性能特点包括：导热系数为 0.080～0.125W/(m·K)，热阻为普通混凝土的 20～30 倍；干体积密度为 250～600kg/m^3；抗压强度为 0.9～4.5MPa；独立密集的气泡及良好的整体性，使其具有一定的防水性能；收缩率低，抗裂性是普通混凝土的 8 倍；与主体工程寿命相同；现场浇注施工，与主体工程结合紧密，不需留隔缝和透气管。

(6) 泡沫玻璃

泡沫玻璃是由碎玻璃、发泡剂、改性添加剂和发泡促进剂等，经过细粉碎和均匀混合后，再经过高温熔化、发泡、退火而制成的无机非金属玻璃材料（见图 4.12）。泡沫玻璃作为一种含闭孔结构的无机材料，具有诸多优点：导热系数小，绝热功能稳定；不吸水、水蒸气渗透率小；优良的耐高低温性能和耐久性；强度高，质量小，变形小；不燃烧，不腐蚀；可切割成型，便于施工；可制成彩色材料，具有美化环境功能；可用聚合物水泥砂浆与基层牢固黏结。

与广泛在建筑工程中使用的保温隔热材料相比，泡沫玻璃具有独特的优势。用于屋面，能形成永久性的保温隔热层；而且，由于其具有优良的耐候性，尤其适合于倒置式屋面的保温隔热层。采用聚合物水泥砂浆黏结并勾缝后，还可形成一道完整的防水层，起到防水作用。

用于外墙时，可直接采用聚合物水泥砂浆粘贴，施工方便，如采用彩色泡沫玻璃，既可起到保温隔热作用，又可作为装饰材料。

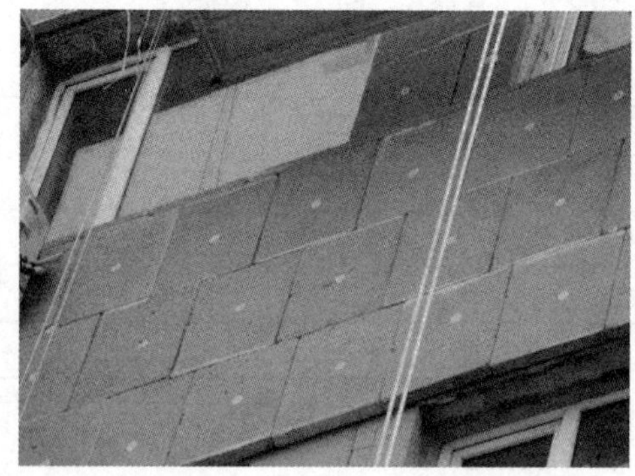

图 4.12　泡沫玻璃及其保温隔热墙面

4.2.7　浆料状保温隔热材料

胶粉聚苯颗粒保温浆料是以水泥为主要胶凝材料，加入适当的抗裂纤维及多种添加剂，以聚苯乙烯泡沫颗粒为轻骨料，按适当比例配制，在现场加水搅拌均匀即可使用的保温隔热材料。

胶粉聚苯颗粒保温浆料采用现场成型抹灰工艺，材料和易性好。该保温系统导热系数低，保温隔热性能好，抗压强度高，黏结力强，附着力强，耐冻融，干燥收缩率及浸水线性变形率小，不易空鼓开裂等，适用于内分户墙保温、楼梯间保温、屋面保温，以及各种建筑墙体内、外保温工程，也适用于造型复杂的各种外墙保温工程。胶粉聚苯颗粒保温浆料的组成如图 4.13 所示，技术指标见表 4.10。

+

→

图 4.13　胶粉聚苯颗粒保温浆料的组成

表 4.10　胶粉聚苯颗粒保温浆料的技术指标

项目	技术指标
干表观密度/(kg/m³)	180～250
导热系数/[W/(m·K)]	≤0.06
压缩强度/MPa	≥ 0.2
软化系数	>0.8
燃烧性能	B1 级
线性收缩/%	≤0.3

4.3 隔热涂料

节能隔热涂料是指以合成树脂为基料，与功能性颜填料及助剂等配制而成，施涂于建筑物外表面，对热辐射具有隔绝作用的涂料。

节能隔热涂料按其节能原理可分为阻隔型隔热涂料、反射型隔热涂料和辐射型隔热涂料。这三种节能隔热涂料因隔热机理不同，性能特点、应用场合及节能效果也不相同。

4.3.1 隔热涂料的性能特点

① 低导热性　节能隔热涂料中掺入导热系数极低的物质，能隔绝热量在物体内部的传递。

② 高热反射性　节能隔热涂料热反射率高达90%，能对太阳光进行高反射，阻止太阳的热量在物体表面进行累积升温。

③ 热辐射性　节能隔热涂料中加入高辐射物质，能迅速把物体表面残留的热量辐射到空气中去，可以进一步降低物体的表面温度。

④ 热量屏蔽性　节能隔热涂料里加入碳化物等无机热屏蔽材料，这些材料发射的高电磁波在涂料表面形成叠加的热屏蔽层，避免热量和物体接触。

4.3.2 隔热涂料的隔热机理

（1）阻隔型隔热

阻隔型隔热的机理比较简单，类似于传统的硅酸盐类复合涂料的隔热机理，主要是通过涂料自身的高热阻，降低热传递的阻隔原理来实现隔热。一般采用低导热系数的组合物或在涂膜中引入热导率极低的空气，以获得良好的隔热效果。

（2）反射型隔热

任何物质都具有反射或吸收一定波长太阳光的性能。反射隔热主要利用减少太阳光吸收的原理，通过反射可见及红外光的形式隔绝太阳光能量。

其隔热机理在于涂料组分中的微粒结构对太阳辐射致热的红外线、热性可见光波段全面的超高反射率，加之涂料组分特殊微结构成分的高热导热系数、快速散热特性，使得95%以上太阳辐射能量不被建筑体吸收，达到建筑体内气温免于致热上升的目的。隔热原理示意图如图4.14所示。

（3）辐射型隔热

辐射型隔热是通过辐射的形式把建筑物吸收的热量以一定的波长发射到空气中，从而达到良好的隔热降温效果。

辐射型涂料所用的材料和其他涂料相似，也包括颜料、成膜物质、助剂等。这些材料都要求具有辐射功能，尤其是功能填料，其次是成膜物质。尽管涂层中的基料在太阳光下也吸收部分能量，但是最终能以红外辐射方式把吸收的能量辐射出去而起到隔热作用。

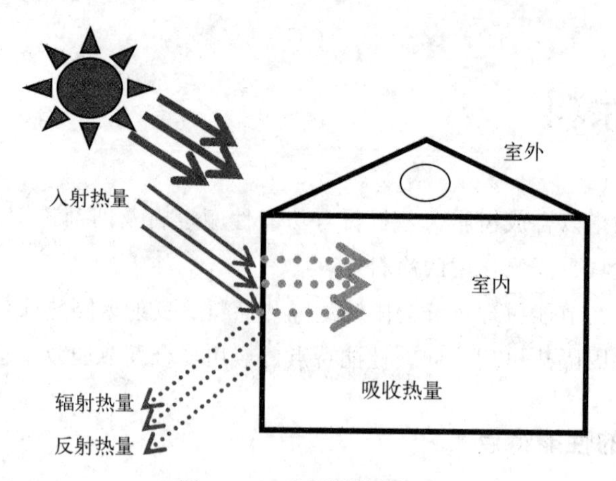

图 4.14 反射隔热原理

4.3.3 常用隔热涂料种类

（1）阻隔型隔热涂料

阻隔型隔热涂料，通常具有堆积密度小、导热性能低、介电常数小等特点。涂料施工时涂装成一定厚度，一般为5～20mm，经过充分干燥固化，由于材料干燥成膜后热导率很小，因此涂层具有一定的减慢热流传递的能力。适宜厚度的隔热涂层隔热效果较佳，且具有理想的力学性能。如果隔热涂层的厚度过薄，则隔热效果达不到要求；如果隔热涂层的厚度过厚，则隔热效果没有明显提升，造成材料的浪费。

阻隔型隔热涂料正经历一场由工业隔热保温向建筑隔热保温的转变，但由于存在自身材料结构带来的缺陷，如干燥周期收缩大、吸湿率大、对墙体的黏结强度偏低以及装饰性有待进一步改善等，故这类隔热涂料较少用于外墙涂装。

因此，可以选择耐候性好、韧性好、成膜性好的基料，并辅以合适的分散剂、成膜助剂等，使隔热骨料黏结在一起，涂覆于设备或墙体的表面形成具有一定厚度的保温层，达到隔热保温的功能。

（2）反射隔热涂料

建筑反射隔热涂料是集反射、辐射与阻隔功能为一体的新型节能涂料，它以合成树脂为基料，与功能性颜填料及助剂等配制而成，施涂于建筑物外表面，具有较高太阳能反射比、近红外反射比和半球发射率的涂料。涂料能对400～2500nm范围的可见光与近红外线进行高反射，有效阻止太阳光的热量累积。

早期的反射隔热涂料，通过选择高反射率的金属或金属氧化物颜填料，制得高反射率的涂层，反射太阳热以达到隔热的目的。由于金属薄片在溶剂型涂料中能够较长时间稳定存在，而在水性体系中则不能，因此大多数反射隔热涂料为溶剂体系。但水性化是涂料的发展趋势和必然归宿。利用“空心微珠”等组合形成高太阳热反射漆膜，具有很好的降温隔热作用。空心微珠填料对近红外光的反射率远远高于普通填料，主要使用玻璃微珠和陶瓷微珠，玻璃微珠与陶瓷微珠的反射比相近，但陶瓷微珠的贮存稳定性差，空心玻璃微珠保温涂料较稳定。

如今，国内外对反射涂料的理论研究日趋完善，其已广泛应用于建筑、石油、运输等众多领域。用于建筑行业的热反射涂料，同时具有降低漆膜日光热老化作用，延长涂料使用周期，具有适应基材开裂的能力以及优良的防水性能。

(3) 辐射隔热涂料

辐射隔热涂料是通过辐射的形式把建筑物吸收的日照光线和热量以一定的波长发射到空气中，从而达到良好隔热降温效果的涂料。

其中的关键技术是制备具有高热发射率的涂料组分，研究表明：多种金属氧化物，如 Fe_2O_3、MnO_2、Co_2O_3、CuO 等具有反型尖晶石结构的掺杂型物质具有热发射率高的特点，被广泛用作隔热节能涂料的填料。

辐射隔热涂料不同于玻璃棉、泡沫塑料等多孔性低阻隔性隔热材料，阻隔性隔热材料只能减慢但不能阻挡热能的传递。白天太阳能经过屋顶和墙壁不断传入室内空间及结构，一旦热能传入，就算室外温度减退，热能还是困陷其中。而辐射隔热涂料却能够以热发射的形式将吸收的热量辐射掉，从而促使室内与室外以同样的速率降温。

(4) 真空隔热涂料

热传递有三种方式：传导、对流和辐射。真空状态能使分子振动热传导和对流传导两种方式完全消失，借助这项特点可采用真空状填料制备性能优良的保温涂料。

美国豪斯实验室对民用建筑使用真空陶瓷微珠效果的测试结果表明，上百万真空陶瓷微珠在 500～2500nm 波长范围内对阳光的反射率平均达到 86%，夏天空调能耗至少节能 64%。这种涂料过去仅限于在航天产品上使用。近年来，发达国家先后将其应用到了民用建筑和工业设施。

(5) 透明隔热涂料

透明隔热涂料是一种能将太阳光中的热量（主要是红外线部分产生）由涂料表面反射回去，留住可见光，从而生产出具有隔热透明作用的纳米透明隔热涂料。它主要是利用纳米氧化锡锑系列（氧化锡锑、氧化铟锡、氧化铝锌等）半导体粉体对可见光良好的透过率及对红外光区极高的反射率来达到透明隔热的目的。

对于建筑物的大面积窗口及透明顶棚、汽车窗口等场合，太阳光的热辐射会提高空调的使用率，浪费能源，传统的解决方案是使用金属镀膜热反射玻璃和各种热反射贴膜等产品达到隔热降温的目的。但也存在一些问题，其在可见光的不透明性和高反射率限制了它的使用范围，例如高反射率会出现光污染问题。纳米材料的出现为透明隔热问题的解决提供了新的途径。

(6) 相转变隔热涂料

众所周知，0℃的冰转化为 0℃的水需要吸收能量，0℃的水转化为 0℃的冰需要释放能量。在这个相转变的过程中，虽然发生了能量的传递但温度保持不变。相转变涂料就是把特定熔点（例如 25℃）下比热容高的材料固定在墙面的涂膜中，起到隔热保温的效果。固定的方式可以先把这种材料以成团形式包裹住，然后分散在涂料中。这种涂料的隔热保温效果取决于这种材料的比热容、熔化热的大小和单位面积的使用量。比热容、熔化热越高，单位面积的使用量越大，则保温隔热效果越好。

（7）气凝胶隔热涂料

气凝胶隔热涂料是将纳米孔隙结构的 SiO_2 气凝胶粉体与无机黏结剂体系复合，物化合成的可以承受到 800℃的隔热性能优异的保温涂料。涂料黏稠的膏体，黏度可以适度调节，可以采用喷涂、刮抹、刷涂等方式进行施工，厚涂施工不开裂。

气凝胶隔热涂料独特的配方设计，气凝胶粉体与耐高温水性树脂及填料完美结合，最大限度地保留了气凝胶纳米孔结构和优越的隔热保温性能，同时具有优异的耐高低温、阻燃/防火、易施工、节能环保的特点。能够直接用到建筑内外墙、工业储罐、反应设备、管道、新能源汽车部件等表面，为其提供隔热保护。

4.4 相变储热材料

储热是吸收太阳辐射或其他载体的热量贮存于介质内部，环境温度低于介质温度时热量即释放。在最近的几十年里，相变储热已成为建筑市场新兴的一种节能技术。建筑物储热的优点包括：减少供暖和制冷的峰值功率，可以将供暖和制冷负荷的峰值转移到低峰时段，将温度峰值转移到非工作时间，改善室内环境，以及有效利用被动供暖和制冷负荷。

热能储存（TES）分为显热储存和潜热储存系统。值得一提的是，每个潜热储能系统也总是包含着显热储能，但与潜热储能相比，其储存的能量通常是非常小的，因此潜热储能更有意义，并在过去几十年中引起了广泛的关注。例如，普通的建筑材料，如混凝土和石膏，只具有显热储存能力，为 0.75～1.0kJ/kg，例如一些典型的相变材料（PCM）如石蜡，其潜热储存能力通常大于 150kJ/kg。PCM 的另一个优点是在相变过程中，其温度几乎保持不变。

4.4.1 相变原理及相变类型

相变材料是指在相变过程中通过自身吸收周围环境的热量或者冷量，并在下一个相变过程中释放出环境所需要的能量，进而达到控制周围环境的温差不会波动太大的目的。相变材料同其他物质相同，通常存在气态、液态和固态三种状态。当相变材料的状态或者物质组成发生变化时，即从一种状态转化为另一种状态时，则发生了相变。相变过程是在一个等温或者相似温度的环境中产生的，此过程会伴随大量能量的吸收和释放，这就是相变材料应用在储能领域中的基础理论。

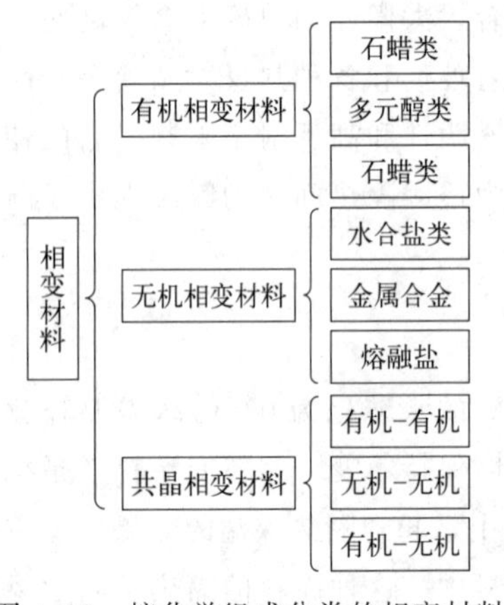

图 4.15 按化学组成分类的相变材料

相变材料的分类方式有很多，按化学组成分类可分为无机相变材料、有机相变材料、共晶相变材料等；按相变形式可分为固-液相变材料，固-固相变材料，气-液相变材料等，具体如图 4.15 所示。一般来说，用于建筑中的相变材料通常为固-液相变材料。

有机相变材料的典型代表为石蜡类、多元醇类、脂肪酸类等。通常又分为石蜡类相变材料与非石蜡类相变材料。以石蜡类相变材料为例，其相变原理为烷烃分子链的溶解与再结晶过程，随着石蜡碳链长度的增加，其相变温度与相变焓也随之增加。

对于无机相变材料来说，结晶水合盐、熔融盐、金属合金等都可归为无机相变材料。而对于建筑用无机相变材料来说，通常使用的是碱与碱土金属的卤化、硝酸盐、磷酸盐、碳酸盐与醋酸盐的水合物。结晶水合盐可以视为水和无机盐形成的 $AB \cdot nH_2O$ 型晶体，其相变过程为水合盐的脱水与形成，如式(4.5) 所示。

$$AB \cdot nH_2O \longleftrightarrow AB \cdot mH_2O + (n-m)H_2O \tag{4.5}$$

共晶相变材料一般是具有相似或一致熔点和凝固点的材料组合，包括无机-无机、有机-有机或者无机-有机相变材料的二元或多元共晶体系，通过混合多种相变材料克服单一相变材料的缺点，使其更好地应用于实际情况。

相变材料的主要技术指标包括储能密度、相变温度以及导热系数。对于大多数相变材料(尤其是有机相变储能材料）而言，其导热系数往往很低，影响实际使用效果，因此需要增强相变材料的导热系数。

相变材料在使用过程中由于会发生相态的变化，如固-液等，容易发生泄漏的现象，造成了不必要的浪费。建筑用相变材料通常为固-液相变形式，当环境温度高于相变温度时，材料由固相转变为液相，若不对其进行处理而直接引入建筑基体中易发生泄漏的现象。针对该现象，学者们提出了不同的相变材料定形方法，如多孔材料基定形相变材料、聚合物基定形相变材料和微胶囊相变材料等。

4.4.2 多孔材料基定形相变材料

多孔材料因具有高的比表面积、丰富的孔结构、优异的吸附性能和良好的热稳定性而常被用作催化剂的载体。相比于其在催化剂载体和离子吸附领域已经开展的大量研究工作，其在相变材料吸附领域的研究仍然相对较少。将多孔材料与固-液相变材料进行复合以解决相变后液相的流动问题是目前的研究热点，但同时也发现常用多孔材料的导热性通常较差。因此在相变材料中引入高导热粒子并将其与多孔基体复合成为行之有效的解决办法。

水合盐相变材料耐久性差的一个重要原因是当发生相变转换时，部分结晶水转化为自由水，在高于相变温度的环境中自由水不可避免地蒸发，使得一部分的盐无法吸水重新转变为水合盐，从而降低了热焓。以多孔材料作为载体吸附水合盐，由于多孔材料中具有比例较大的微孔与介孔，通过毛细管力将液体封锁于孔中，因此在毛细管中的自由水更不易失去，从而提高了水合盐相变材料的耐久性并防止液相渗漏；同理，阻碍液相的渗漏并防止水合盐与建筑基体直接接触，就有效防止了水合盐的腐蚀作用。Mahdi Maleki 等人以多孔碳泡沫作为有机相变材料（聚乙二醇、石蜡、棕榈酸）的支撑材料，结果发现多孔碳泡沫可以很好地防止相变材料的泄漏，并且碳泡沫的存在增强了相变材料的导热性能。Seunghwan Wi 等人采用真空吸附的方法将石蜡与多孔材料（膨胀蛭石、膨胀珍珠岩）复合，制备得到了定形相变材料，结果表明多孔矿物材料对于相变材料具有较好的束缚作用，能有效地防止相变材料的泄漏，并且在一定程度上降低了相变材料的过冷。

4.4.3 聚合物基定形相变材料

聚合物基定形相变材料是将高分子材料与相变材料进行共混熔融，高分子材料形成网状结构将相变材料包覆其中。常见的定形相变材料用高分子材料包括高密度聚乙烯、聚丙烯、聚苯乙烯、聚脲、聚酯等。

Chen Changzhon 等人制备了月桂酸/聚对苯二甲酸乙二醇酯（LA/PET）复合材料（1∶1，质量比）的超细纤维，结果表明 PET 对 LA 有着优异的定形作用，复合材料的相变焓为 70.76J/g，有着优异的热稳定性。Hong Ye 等人以高密度聚乙烯为支撑材料，以石蜡为相变材料制备了定形相变材料，结果表明定形相变材料有着优异的热稳定性。

4.4.4 微胶囊相变材料

微封装相变材料又称微胶囊相变材料，是以相变材料为芯材，有机/无机材料为壳材组成的核/壳结构的材料。常见的制备相变微胶囊的方法包括界面聚合法、溶胶-凝胶法、原位聚合法、乳液聚合法以及反相 Pickering 乳液模板法等。

① 界面聚合法　界面聚合法是将反应单体与芯材作为油相体系，乳化剂与去离子水作为水相体系，在一定的转速下持续乳化一段时间，将形成的水包油型乳液在一定条件下进行反应，聚合反应的单体会向乳化液滴的表面移动，与外界加入的单体进行缩聚反应，在芯材表面缓慢交联成壁材，反应完成后形成微胶囊。

② 溶胶-凝胶法　溶胶-凝胶法是用含高化学活性组分的化合物作前驱体，在液相下将这些原料均匀混合，并进行水解、缩合化学反应，在溶液中形成稳定的透明溶胶体系，溶胶经陈化胶粒间缓慢聚合，形成三维网络结构的凝胶，凝胶网络间充满了失去流动性的溶剂，得到相变微胶囊。

③ 原位聚合法　原位聚合法是将形成壁材的反应单体在引发剂的作用下，在乳化形成的液滴表面不断反应进行聚合物沉积，最终在芯材表面形成壁材，得到具有储放热能力的微胶囊相变材料。

④ 乳液聚合法　乳液聚合法是单体在水介质中由乳化剂作用分散成乳状液进行聚合，体系主要由单体、水、乳化剂和引发剂 4 种成分组成。在表面活性剂的作用下，通过机械搅拌或剧烈振荡使不溶于溶剂的单体及相变材料乳化，然后在引发剂或微波辐射等的作用下引发聚合反应进而形成微胶囊。

⑤ 反相 Pickering 乳液模板法　传统的稳定乳液方法是利用液体或可溶性固体表面活性剂作为乳化剂，而 Pickering 乳液是利用两亲性的固体纳米粒子作为乳化剂。由于纳米粒子具有很好的附着性能不可逆地固定在油水界面，使得乳液稳定性很高。更重要的是，乳液聚合后固体粒子直接成为微胶囊壳层的一部分。利用 Pickering 乳液液滴为模板，通过物理或化学的方法使壳体材料沉积在液滴表面，便可以得到微胶囊。

4.4.5 宏封装相变材料

宏封装相变材料指将相变材料置于大容器中进行密封，常见的容器包括空心金属球、空心塑料球等。Cui Hongzhi 等人以直径为 22mm 的空心钢球为容器，正十八烷为相变材料制备了宏封装的相变材料并应用于混凝土中，表明宏封装的相变材料无泄漏现象并具有一定的机械强度，具有特殊结构的混凝土强度无明显下降且具有一定程度上的控温能力。Rathore Pushpendra Kumar Singh 等人采用铝管封装水合盐相变材料并将其应用于建筑围护结构中，结果表明使用宏封装相变材料的建筑围护结构的峰值温度降低了7.19%～9.18%，升温时间延后60～120min。

4.5 门窗节能材料

建筑门窗是建筑围护结构的重要组成部分，也是建筑物热交换、热传导最活跃、最敏感的部位，门窗因传热损失的能耗占建筑运行能耗的45%～50%。

门窗热损失是导热、对流和辐射三种传热形式综合作用的结果。影响门窗热损耗的因素主要包括框扇材料的传导热损失、玻璃的辐射热损失、框扇间隙的空气对流损失，同时，还与窗墙比、门窗朝向、窗型（推拉窗、平开窗、固定窗）等设计参数有关。门窗材料是门窗节能的关键因素，主要包括门窗框扇材料（型材）、镶嵌材料（玻璃）及密封材料。

4.5.1 框扇材料

根据门窗所用窗框扇材料类型，我国的门窗节能大致经历了四个主要阶段：第一阶段是从木窗到钢窗，钢窗的主要缺点是生锈、不美观、不节能；第二阶段是从钢窗到铝窗，铝窗的主要缺点是保温较差、密封不好；第三阶段是从铝窗到塑钢窗，塑钢门窗存在的主要问题是质量不稳定；第四阶段是从塑钢窗到断桥铝隔热门窗，断桥铝材料基本克服了上述所有问题。目前，我国节能门窗的框扇材料常见类型包括铝包木、木塑、塑料、热桥阻断金属和玻璃钢等型材。

(1) 铝包木型材

铝包木门窗是利用木材和铝合金通过连接件连接而成的一种型材，并通过特殊角连接组成的新型门窗（见图4.16）。

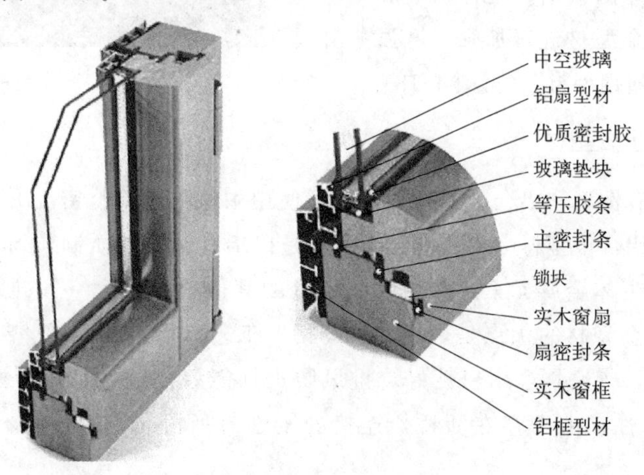

图4.16 铝包木型材构造

铝包木门窗的优点：木材外侧增加了铝合金保护层，不易腐蚀，防水防潮；铝合金焊接外框密封性能提升，强度提升，装饰效果好；框和扇之间采用了三道密封条，提高保温、密封性能。铝包木门窗的缺点：造价高，制作工艺复杂，市场中产品良莠不齐。

（2）木塑型材

木塑型材是以木纤维等植物纤维为主要原料（50%以上），经过适当处理使其与各种热塑性聚合物或者其他材料通过不同复合途径制备而成的性能优异的绿色环保复合材料（见图 4.17）。木塑型材的优点是其作为全过程环保节能产品，具备一定的防水、防虫、防霉等特性，导热系数小［小于 2.5W/(m^2 · K)］；缺点是材料大多是回收废旧塑料、木屑等，普通住宅用户难以接受，多用于公用建筑。

图 4.17 木塑型材

（3）塑料型材

塑料型材的边框材料为塑料材质，目前常用的是 PVC 塑料。PVC 塑料型材的优点是导热系数低，保温性能好，耐腐蚀，气密性、装饰性好，性价比高。缺点是冷脆性和耐高温性能差，刚性差，不宜做大尺寸窗户，容易褪色或变色。为了克服塑料型材刚度差的缺陷，工程中一般在空腹内嵌装型钢或铝合金型材进行加强，增强塑料型材的刚度，也称“塑钢型材”（见图 4.18）。

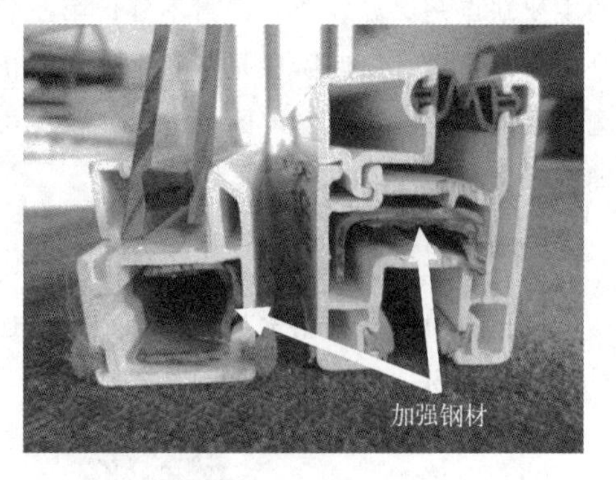

图 4.18 塑钢型材

（4）热桥阻断金属型材

金属型材主要有钢型和铝合金型两种，实际使用中，由于钢材密度大、价格高，用量很少，市场中主要以铝合金型材为主。铝合金型材是以铝合金为材质制作加工的一种方式，铝合金材料是以铝为主体金属元素，并加入一定量的其他合金元素（如硅、镁等）而组成的（见图 4.19）。铝合金型材的优点是采用“热断桥”工艺，传热系数低［2～4W/(m^2 · K)］，保温、隔声性能好，气密性、水密性好，抗风防火性能好。缺点是热断桥处理不好容易形成冷桥，影响保温性；由于存在断桥，连接处刚性有所降低，存在隐形风险，耐腐蚀性能差。

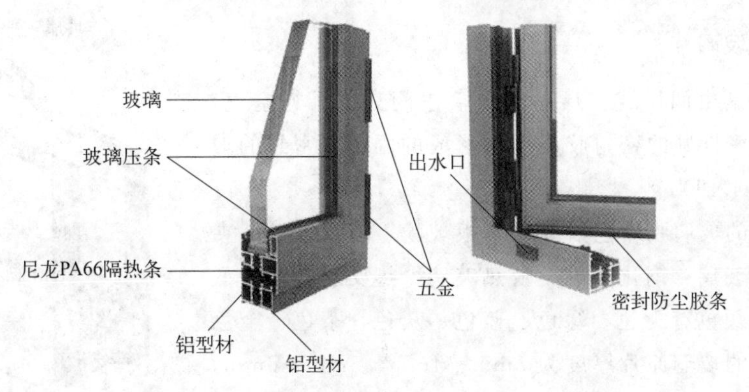

图 4.19 热桥阻断金属型材

（5）玻璃钢型材

玻璃钢是由基体树脂和增强纤维构成的类似于钢筋混凝土的一种复合结构体，经过切割、组装、喷涂制成玻璃钢型材（见图 4.20）。玻璃钢型材的优点是轻质高强，抗拉强度高达 40MPa；导热系数低，保温性能好，密封性能好；尺寸稳定，不易变形；耐腐蚀，耐老化，防火性能好，寿命长。玻璃钢型材的缺点是硬脆性较大，碰撞容易受损且受损后难以修复。

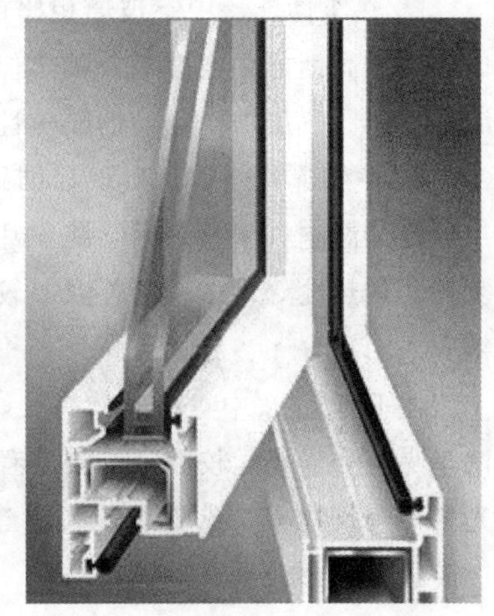

图 4.20 玻璃钢型材

4.5.2 镶嵌材料

目前，玻璃及其制品是最常用的镶嵌材料，能够很好地透过阳光，保证建筑的采光性能要求。根据门窗所用建筑玻璃类型及组合类型，我国的门窗节能大致经历了四个主要阶段：单层玻璃阶段（2000 年以前）、双层玻璃阶段（2000 年至今）、镀膜玻璃阶段（2010 年至今）、超级节能门窗阶段（2015 年至今）。门窗镶嵌材料中所用玻璃类型主要有平板玻璃、吸热玻璃、镀膜玻璃（热反射玻璃、低辐射玻璃）及组合形成的中空玻璃、真空玻璃等。本节重点介绍镶嵌材料用平板玻璃组合形成的中空玻璃与真空玻璃，吸热玻璃，热反射玻璃及低辐射玻璃详见第 7 章采光与调光材料第 7.5 节功能玻璃。

(1) 中空玻璃

中空玻璃是由两层或多层平板玻璃中间充以干燥空气，四周用高强气密性好的密封胶与型材形成的固定、密封的玻璃构件（见图 4.21）。

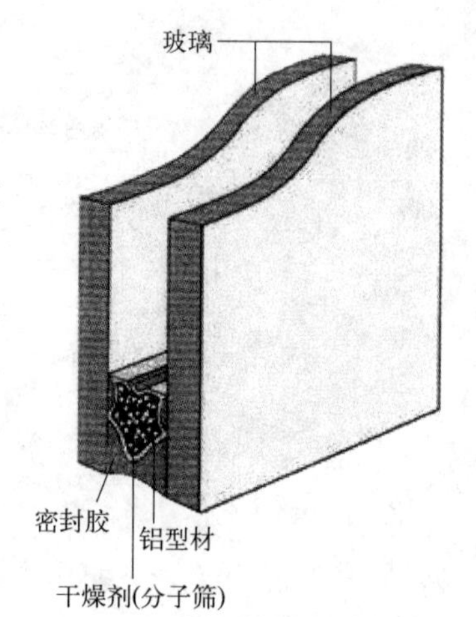

图 4.21　中空玻璃构造

中空玻璃的玻璃原片包括普通平板玻璃、压花玻璃、夹丝玻璃、夹层玻璃、钢化玻璃、吸热玻璃、热反射玻璃、低辐射玻璃等，颜色有无色、绿色、蓝色、灰色、茶色、金色等。中空玻璃的玻璃原片厚度为 3mm、4mm、5mm、6mm，空气层厚度一般为 6mm、9mm、12mm。中空玻璃的玻璃与玻璃之间留有一定空腔，因此具有良好的保温、隔热、隔声等性能。若在玻璃之间充以各种漫射光材料或电解质则可获得更好的声控、光控、隔热等效果。

中空玻璃的性能特点如下。

① 光学性能　根据所选的玻璃原片，中空玻璃有不同的光学性能。其可见光透过率为 10%～80%，光反射率为 25%～80%，总透过率为 25%～50%。

② 热工性能　中空玻璃相比单层玻璃有更好的隔热性能，由双层热反射玻璃或低辐射玻璃制成的高性能中空玻璃，隔热保温性能更好。普通中空玻璃的隔热性已相当于 10mm 厚的混凝土墙，三层中空玻璃的隔热性已接近 370mm 厚的砖墙。

③ 防结露性　普通玻璃易结露是由于同一块玻璃的两面温差较大，外表面温度降低到某一值时，湿空气使其表面结露，甚至结霜（表面温度在 0℃以下）。中空玻璃的中间层为干燥空气，隔热性好，在室内外温差较大情况下，同一块玻璃的两面温差很小，因而可有效防止结露或结霜。

④ 隔声性　中空玻璃具有较好的隔声性能，一般可使噪声下降到 30～40dB，即能将街道汽车噪声降低到学校教室的安静程度。主要用于需要采暖、空调、防噪声、控制结露、调节光照等建筑物上，或要求较高的建筑场所，也可用于需要空调的车、船的门窗等，如住宅、饭店、宾馆办公楼、学校、医院、商店以及火车、轮船等。

中空玻璃是在工厂按尺寸生产的，现场不能切割加工，使用前必须选好尺寸。中空玻璃使用失效的直接原因主要有两种，一是间隔层内露点上升，二是中空玻璃炸裂。

(2) 真空玻璃

真空玻璃是一种新型玻璃深加工产品，其结构与中空玻璃相似，不同之处是真空玻璃空腔内的空气接近于真空。真空玻璃是将两片平板玻璃四周密闭起来，将其间隙抽成真空并密封排气孔，两片玻璃的间隙为 0.3mm，一般真空玻璃的两片（至少一片）是低辐射玻璃，这样就将通过真空玻璃的传导、对流和辐射方式散失的热降到最低。真空玻璃构造如图 4.22 所示。

从原理上看真空玻璃可比喻为平板形保温瓶，其与保温瓶的相同点是两层玻璃的夹层均为气压低于 1～10Pa 的真空，使气体传热可忽略不计；内壁都镀有低辐射膜，使辐射传热尽可能小。二者不同点：一是真空玻璃用于门窗必须透明或透光，不能像保温瓶一样镀不透明

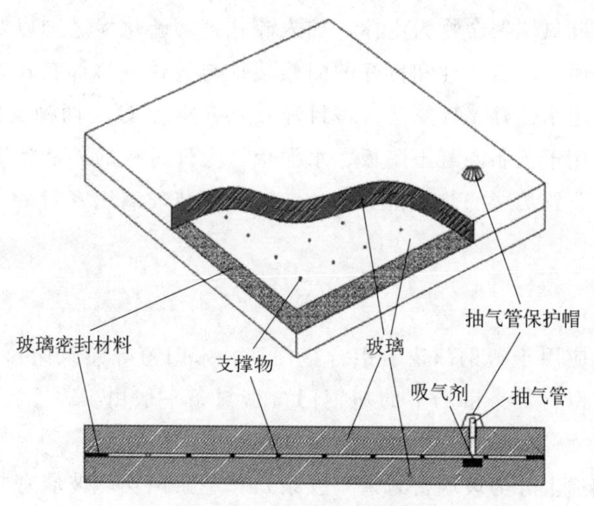

图 4.22　真空玻璃构造

银膜，镀的是不同种类的透明低辐射膜；二是从可均衡抗压的圆筒形或球形保温瓶变成平板，必须在两层玻璃之间设置“支撑物”方阵来承受每平方米约 10t 的大气压，使玻璃之间保持间隔，形成真空层。“支撑物”方阵间距根据玻璃板的厚度及力学参数设计，为 20～40mm。为了减小支撑物“热桥”形成的传热并使人眼难以分辨，支撑物直径很小，产品中的支撑物直径为 0.3～0.5mm，高度在 0.1～0.2mm。真空玻璃还有一个更好的功能即隔声，由于有真空层，无法传导噪声，所以真空玻璃可以隔绝 90％的噪声。

4.5.3　密封材料

密封材料是指为达到气密、水密目的而嵌入型材与玻璃、门窗与墙体之间的定形和非定形材料。非定形密封材料（密封膏）又称密封胶、剂，是黏稠状的密封材料，它可分为溶剂型、乳液型、化学反应型等。定形密封材料是将密封材料按密封工程部位的不同要求制成带、条、垫片等形状。密封材料按性能分为弹性密封材料和塑性密封材料；按使用时的组分分为单组分密封材料和多组分密封材料；按组成材料分为改性沥青密封材料和合成高分子密封材料。

根据门窗缝隙的部位不同，选用不同的门窗密封材料：门窗框与墙之间的缝隙主要用水泥砂浆密封；玻璃与门窗框之间的缝隙主要用密封胶或密封膏密封；开启扇和门窗框之间的缝隙主要用密封条密封。

（1）聚氨酯密封膏

聚氨酯密封膏一般用双组分配制。使用时将甲乙两组分按比例混合，经固化反应成弹性体。聚氨酯密封膏的弹性、黏结性及耐候性特别好。聚氨酯密封膏可作屋面、墙面的水平或垂直接缝。尤其适用于水池、公路及机场跑道的补缝、接缝，也可用于玻璃、金属材料的嵌缝。

（2）硅酮密封膏

硅酮密封膏是以聚硅氧烷为主要成分的单组分或双组分室温固化型密封材料。目前大多为单组分系统，它以硅氧烷聚合物为主体，加入硫化剂、硫化促进剂以及增强填料组成。硅酮密封膏具有优异的耐热、耐寒性和良好的耐候性；与各种材料都有较好的黏结性能；耐拉伸—压缩疲劳性强，耐水性好。硅酮建筑密封膏分为F类和G类两种类别。其中，F类为建筑接缝用密封膏，适用于预制混凝土墙板、水泥板、大理石板的外墙接缝，混凝土和金属框架的黏结，卫生间和公路接缝的防水密封等；G类为镶装玻璃用密封膏，主要用于镶嵌玻璃和建筑门、窗的密封。

（3）密封条

门窗密封条主要应用于塑钢门窗、铝合金门窗、木门窗等建筑门窗。主要作用为防尘、防虫、防水、隔声、密封等。市场上的塑钢门窗密封条一般由PVC、三元乙丙橡胶等挤出形成。

门窗密封条在用途上分为玻璃密封条（胶条）和毛条两类，玻璃密封条用于玻璃和扇及框之间的密封，毛条主要用于框和扇之间的密封。

4.5.4 节能门窗设计原则和技术

（1）节能门窗设计原则

① 节能门窗设计不能以降低舒适性为代价，不是为了节能而节能。

② 节能门窗设计不能脱离实际，必须要考虑当地实际条件，如材料生产、经济水平、施工安装等条件。

③ 节能门窗设计不能牺牲室内空气质量。

④ 节能门窗设计要依靠科学技术，提高建筑质量，降低建筑能耗。

⑤ 既要考虑节能要求，也要重视抗风压、抗水密、可靠性三方面的安全要求。

（2）节能门窗设计策略

① 对于寒冷严寒地区，保温是主要问题，减少热损失。应采用低导热系数门窗材料、高太阳能获得系数、低漏风门窗设计。

② 对于夏热冬暖地区，隔热是主要问题，减少太阳辐射。应采用低遮阳系数、低太阳能获得系数门窗设计。

③ 对于夏热冬冷地区，既要考虑冬季保温，又要考虑夏季隔热。应采用低导热系数门窗材料、低遮阳系数门窗设计。

（3）节能门窗设计技术

根据门窗传热的主要方式，对不同部位选择不同的手段和技术措施克服热损失。具体设计技术如下：

① 选好窗框型材材料和断面形式。窗框多腔，隔热性能强，隔断辐射与传导，综合导热（窗框、玻璃）系数要小。

② 合理选用镶嵌玻璃，提高玻璃质量。玻璃面积大，占窗户的70%～90%，是热损失的主要部分。常采用增加玻璃层数、中空玻璃、真空玻璃等增加热阻，采用玻璃镀膜改善辐射性能。

③ 合理控制窗墙面积比、窗框比，选择合适的窗型（固定窗、推拉窗、平开窗）。

④ 合理利用门窗外遮阳系统。外遮阳可以阻挡室外大部分紫外线，保证室内温度变化波动较小，在我国有悠久的应用历史。外遮阳系统包括固定遮阳系统、可调节遮阳系统、可收缩遮阳系统、植物遮阳系统。

思考题

1. 物体之间热量传递方式有哪几种？它们的传递特点是什么？
2. 热量与围护结构之间的作用方式包括哪几个过程？
3. 简述保温隔热材料的定义、分类及作用机理。
4. 影响材料导热系数的主要因素有哪些？
5. 常用保温隔热材料的性能要求是什么？
6. 简述节能隔热涂料的性能特点。
7. 简述节能隔热涂料分类及其隔热机理。
8. 相变储能材料的相变原理是什么？按化学组成来分，相变储能材料可以分为哪几类？
9. 相变储能材料的制备方法有哪些，各有什么优缺点？
10. 门窗节能材料的发展现状及常用门窗节能材料的性能特点怎样？
11. 简述门窗节能设计应遵循的主要原则。

参考文献

[1] 张雄，张永娟. 现代建筑功能材料 [M]. 北京：化学工业出版社，2009.

[2] 中国建筑学会建材分会墙体保温材料及应用技术专业委员会. 墙体保温与建筑节能 [M]. 北京：中国电力出版社. 2008.

[3] 马一平，孙振平. 建筑功能材料 [M]. 上海：同济大学出版社，2014.

[4] JG/T 235—2014. 建筑反射隔热涂料.

[5] 吴丽梅，刘庆欣，王晓龙，等. 相变储能材料研究进展 [J]. 材料导报，2021，35(S1)：501-506.

[6] 张向倩. 相变储能材料的研究进展与应用 [J]. 现代化工，2019，39(04)：67-70.

[7] 尚建丽，李乔明，王争军. 微胶囊相变储能石膏基建筑材料制备及性能研究 [J]. 太阳能学报，2012，33(12)：2140-2144.

[8] 缪俊杰，王长宁. 相变储能材料在建筑方面的研究与应用 [J]. 建筑节能，2017，45(08)：84-87.

[9] Cui Hongzhi，Tang Waiching，Qin Qinghua，et al. Development of structural-functional integrated energy storage concrete with innovative macro-encapsulated PCM by hollow steel ball [J]. Applied Energy，2017，185：107-118.

[10] Rathore Pushpendra Kumar Singh，Shukla Shailendra Kumar. An experimental evaluation of thermal behavior of the building envelope using macroencapsulated PCM for energy savings [J]. Renewable Energy，2020，149：1300-1313.

[11] Maleki Mahdi, Imani Abolhassan, Ahmadi Rouhollah, et al. Low-cost carbon foam as a practical support for organic phase change materials in thermal management [J]. Applied Energy, 2020, 258: 114108.

[12] Wi Seunghwan, Yang Sungwoong, Park Ji Hun, et al. Climatic cycling assessment of red clay/perlite and vermiculite composite PCM for improving thermal inertia in buildings [J]. Building and Environment, 2020, 167: 106464.

[13] Chen Changzhong, Wang Linge, Huang Yong. A novel shape-stabilized PCM: Electrospun ultrafine fibers based on lauric acid/polyethylene terephthalate composite [J]. Materials Letters, 2008, 62 (20): 3515-3517.

[14] Hong Ye, Xin-Shi Ge. Preparation of polyethylene-paraffin compound as a form-stable solid-liquid phase change material [J]. Solar Energy Materials and Solar Cells, 2000, 64(1): 37-44.

[15] JC/T 209—2012. 膨胀珍珠岩.

[16] JC/T 442—2009. 膨胀蛭石制品.

第5章

防火与阻燃材料

 本章学习目标：

1. 熟悉燃烧和阻燃的原理。
2. 了解建筑防火及阻燃材料的要求并熟悉材料燃烧性能分级。
3. 了解各类防火与阻燃材料的分类和组成，并熟悉其防火与阻燃原理。

5.1 概述

随着国民经济的高速发展，高层建筑大量建设，人们对居住环境和功能的要求越来越高，建筑物安装各种电气设备，室内装修使用大量塑料制品、纺织用品、复合材料、木质家具等，这些可燃、助燃物给现代建筑带来了巨大的火灾隐患。对于高层建筑，层数多、人员集中、设备繁多且装修量大，与低层和多层建筑物相比，安全防火难度更大，一旦发生火灾，其危害程度也更严重，往往会造成严重的伤亡事故和经济损失。

（1）火灾与建筑防火

各类建筑物是人们生产生活的场所，也是近年来世界范围火灾发生的主要场所，如图5.1所示。研究火灾的发生和防治的规律，开发防火建筑材料，具有重要的社会和经济意义。

（2）燃烧的本质与条件

从本质上讲，燃烧是一种氧化还原反应，它服从化学动力学、化学热力学的定律以及其他自然的基本定律（质量守恒、能量守恒），但其放热、发光、发烟、伴有火焰等基本特征表明它不同于一般的氧化还原反应。如果燃烧反应速度极快，则因高温条件下产生的气体和周围气体共同膨胀作用，使反应能量直接转变为机械功，在压力释放的同时产生强光、热和声响，这就是所谓的爆炸。它与燃烧没有本质区别，是燃烧的一种特殊形式。很多燃烧反应不是直接进行的，而是通过自由基团和原子这些中间产物在瞬间进行的循环链式反应。

燃烧发生必须具备一定的条件。作为一种特殊的氧化还原反应，燃烧反应必须有氧化剂

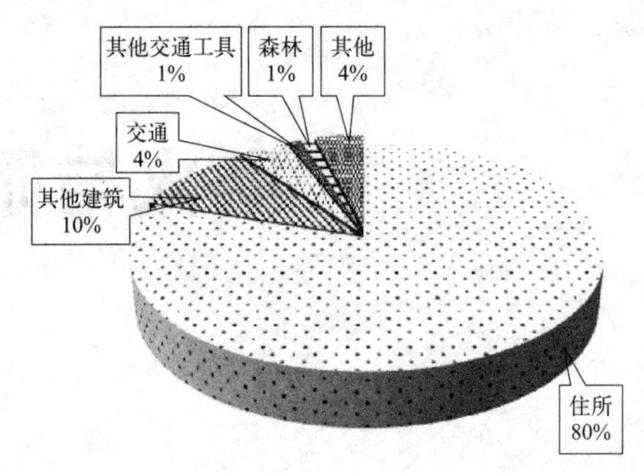

图 5.1　世界范围的火灾场所

和还原剂参加，此外还要有引发燃烧的能源，即燃烧三要素。

① 可燃物（还原剂）　凡是能与空气中的氧或其他氧化剂发生燃烧反应的物质，均称为可燃物，其共同特点是在较低的温度下就能发生分解，燃烧时释放出大量的热。但是，由于物质的形态不同，发生分解所需的温度也不一样，因此构成的火灾危险也就不同。

② 助燃物（氧化剂）　凡是与可燃物结合能导致和支持燃烧的物质，都叫做助燃物。空气中的氧气是最常见的助燃物。

③ 点火源（着火点或热源）　凡是能引起物质燃烧的点燃能源，统称为点火源，如明火、高温表面、摩擦与冲击、自然发热、化学反应热、电火花、光热射线等。

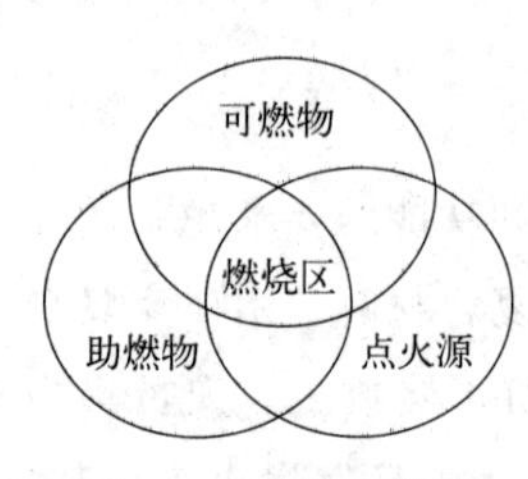

图 5.2　燃烧三要素

可燃物、助燃剂和点火源是燃烧三要素，它们三者之间的关系可用图 5.2 表示。只有三要素同时存在并达到一定条件，燃烧才能发生，缺少其中任一条件，燃烧都不能发生，这称为燃烧三角理论。然而，可燃物的氧化反应不是直接进行的，而是经过自由基和原子这些中间物质通过连锁反应进行，因此，自由基的连锁反应成为燃烧现象发生的一个附加条件，称为燃烧四面体理论。现代消防的理论以及防火、灭火设施也都是从这一基本原理出发的。

(3) 阻燃原理

火灾大多由有机聚合物材料燃烧引起。大部分有机聚合物的持续燃烧是由三个阶段组成的。首先聚合物转化成可燃性气体，然后这些产物在周围含氧化剂的气氛中燃烧，最后部分燃烧热返回到固状聚合物上，使聚合物中可燃性的产物持续地补充到火焰中去以维持燃烧。从燃烧过程看，要达到阻燃目的，必须切断由可燃物、热和氧气三要素构成的燃烧循环。

阻燃体系的工作机理一般认为有三种。

1）凝聚相机理

凝聚相机理指在凝聚相中延缓或中断阻燃材料热分解而产生的阻燃作用。下述几种情况的阻燃均属于凝聚相阻燃。

① 阻燃剂在凝聚相中延缓或阻止可产生可燃气体和自由基的热分解。

② 阻燃材料中比热容较大的无机填料，通过蓄热和导热使材料不易达到热分解温度。

③ 阻燃剂受热分解吸热，使阻燃材料温升减缓或中止。

④ 阻燃材料燃烧时在其表面生成多孔炭层，此层难燃、隔热、隔氧，又可阻止可燃气进入燃烧气相，致使燃烧终止，膨胀型阻燃剂即按此机理阻燃。

在高分子材料中可添加能在固相中阻止聚合物热分解产生自由基的添加剂、加入功能性无机填料、添加吸热后可分解的阻燃剂，或者在聚合物材料表面罩以非可燃性的保护涂层。

2）气相机理

气相机理指在气相中使燃烧中断或延缓链式燃烧反应的阻燃作用。下述几种情况下的阻燃都属于气相阻燃。

① 材料受热或燃烧时能产生自由基抑制剂，从而使燃烧链式反应中断。

② 阻燃材料受热或燃烧时生成细微粒子，它们促进自由基相互结合以终止链式燃烧反应。

③ 阻燃材料受热或燃烧时释放出大量的惰性气体或高密度蒸气，前者可稀释氧和气态可燃物，并降低此可燃气的温度，致使燃烧中止；后者则覆盖于可燃气上，隔绝它与空气的接触，因而使燃烧窒息。

3）中断热交换机理

维持持续燃烧的一个重要条件是部分燃烧热必须反馈到聚合物上，以便使聚合物不断受热分解，提供维持燃烧所需的燃料。中断热交换机理指将材料燃烧产生的部分热量带走，致使材料不能维持热分解温度，因而不能维持产生可燃气体，于是燃烧自熄。

（4）建筑材料燃烧性能分级

根据《建筑材料燃烧性能分级方法》(GB 8624—2012)，建筑材料燃烧性能分为以下四级：

A级，不燃烧性。指的是在空气中受到火烧或高温作用时不起火、不燃烧、不炭化，如各种天然岩石、混凝土、玻璃、陶瓷等。

B_1级，难燃性。在空气中受到火烧或高温作用时难起火、难微燃、难炭化，当火源移走后，燃烧或微燃立即停止。如纸面石膏板、水泥刨花板、酚醛塑料等。

B_2级，可燃性。在空气中受到火烧或高温作用时，立即起火或微燃，火源移走后仍继续燃烧或微燃。如天然木材与竹材、聚乙烯塑料等。

B_3级，易燃性。在火灾发生时立即起火，且火焰传播速度很快。如有机玻璃、泡沫塑料等。

（5）防火与阻燃材料及其作用

防火材料是指添加了某种具有防火特性基质的合成材料或本身就具有耐高温、耐热、阻燃特性的材料，阻燃材料是能够抑制或者延滞燃烧而自己并不容易燃烧的材料。常用的防火与阻燃材料包括防火涂料、防火板、防火玻璃、阻燃织物、防火密封材料和防火堵料等。

建筑主体结构材料不论是钢材还是混凝土，都属于不燃性材料，但在火灾高温下，钢材的机械强度大幅降低，混凝土可能产生爆裂或水化产物分解造成结构损伤，此时采用防火阻燃材料，可将火与烟气蔓延尽量限制在一定空间内，限制建筑中可燃物的数量和燃烧速度，防止建筑结构的局部或整体崩塌。

5.2 防火涂料

防火涂料是一类能降低可燃基材火焰传播速率，或阻止热量向可燃物传递，进而推迟或消除基材的引燃过程，或者推迟结构失稳或机械强度降低的涂料。防火涂料本身是不燃的或难燃的，其防火原理是涂层能使底材与火隔离，从而延长热侵入底材和到达底材另一侧所需的时间，即具有延迟和抑制火焰的蔓延作用。

防火涂料除了应具有普通涂料的装饰作用和对基材提供的物理保护作用，还需要具有隔热、阻燃和耐火的特殊功能，要求它们在一定温度和一定时间内形成防火隔热层。对于可燃材料，防火涂料能推迟或消除可燃基材的引燃过程，引燃过程侵入底材所需的时间越长，涂层的防火性能越好。因此，防火涂料的主要作用应是阻燃，在起火的情况下，防火涂料就能起防火作用；对于不燃性基材，防火涂料能降低基材温度升高的速率，推迟结构的失稳过程。

5.2.1 防火涂料的组成与分类

建筑防火涂料的组成除一般涂料所需的成膜物质、颜料、溶剂以及催干剂、增塑剂、固化剂、悬浮剂、稳定剂等助剂以外，还需添加一些特殊的阻燃、隔热材料。

按基料性质分类，防火涂料可分为有机型防火涂料、无机型防火涂料和有机无机复合型防火涂料三类。有机型防火涂料以天然的或合成的高分子树脂、高分子乳液为基料；无机型防火涂料以无机黏结剂为基料；有机无机复合型防火涂料的基料则是以高分子树脂和无机黏结剂复合而成的。

按分散介质分类，防火涂料可分为溶剂型防火涂料和水性防火涂料。按涂层受热后变化分类，防火涂料可分为非膨胀型防火涂料和膨胀型防火涂料。按使用目标来分类，防火涂料可分为饰面性防火涂料、钢结构防火涂料、电缆防火涂料、预应力混凝土楼板防火涂料、隧道防火涂料、船用防火涂料等多种类型。其中钢结构防火涂料根据其使用场合可分为室内用和室外用两类，根据其涂层厚度和耐火极限又可分为厚质型、薄型和超薄型三类。

5.2.2 防火涂料的防火机理

5.2.2.1 非膨胀型防火涂料

(1) 难燃型防火涂料

难燃型防火涂料又可称为阻燃涂料。这类涂料或自身难燃，或遇火自熄，故具有一定的防火性能。难燃型防火涂料通常由两部分组成，即难燃型树脂和阻燃剂。用作难燃型防火涂料的树脂可分为两大类，一类为含大量无机填料的聚醋酸乙烯酯乳液或聚丙烯酸酯乳液等难燃型基料；另一类为含卤树脂，如干性油加氯化石蜡、氯化橡胶、氯化醇酸树脂、氯化聚乙烯树脂、偏氯乙烯树脂、聚氯乙烯树脂、五氯苯酚型酚醛树脂等。难燃型防火涂料中常用的阻燃剂有三氧化二锑、硼酸钠、偏硼酸钡、氢氧化铝、氢氧化镁、氯化石蜡、氧化铅等。其中三氧化二锑与含卤素化合物的复合阻燃剂的应用最为广泛。

难燃型防火涂料的作用机理是由于涂层难燃而阻挡了火势的蔓延。以氯化聚乙烯树脂/三氧化二锑/含卤化合物构成的防火涂料为例，其防火机理可作如下解释。

自由基引发的连锁反应是燃烧过程得以加剧和蔓延的本质。例如有机化合物的燃烧被认

为主要是羟基自由基在燃烧中放出大量的热量并引发连锁反应的结果，即

$$CO+OH\cdot \longrightarrow CO_2+H\cdot \qquad \text{(放热)}$$

$$H\cdot +O_2 \longrightarrow OH +O_2$$

由于难燃型防火涂料中含有较多的卤素阻燃剂和树脂，受热时会分解出活性自由基。这些自由基与燃烧物分解出的自由基结合，可中断连锁反应，使燃烧速率降低或使燃烧终止，反应式如下。

$$OH\cdot +HX \longrightarrow H_2O+X\cdot$$

$$X\cdot +RH \longrightarrow HX+R\cdot$$

$$R\cdot +R\cdot \longrightarrow R\text{-}R$$

另外，当涂料受热时，来自聚合物结构或者来自含卤素化合物的卤素与三氧化二锑发生反应，生成三氯化锑或三溴化锑，它们能捕捉燃烧反应中形成的 H· 和 HO· 自由基，并促使炭化层形成，从而达到阻燃灭火的效果。

(2) 隔热型防火涂料

隔热型防火涂料通常为厚质型涂料，在这类防火涂料中，成膜物质和添加剂均为不燃型物质，因此一般不再添加阻燃剂或防火助剂。隔热型防火涂料的组成主要包括难燃性树脂(或无机黏结剂，如水泥、水玻璃等)、无机隔热材料（如蛭石、膨胀珍珠岩、矿物纤维）等。它不会燃烧，热导率小，涂覆于建筑物表面可起到隔绝空气的作用，并能阻隔热量的传递和阻止火源入侵基材。

隔热型防火涂料主要是通过以下途径发挥防火作用的。一是涂层自身的难燃性或不燃性；二是在火焰或高温作用下分解释放出不可燃性气体（如水蒸气、氨气、氯化氢、二氧化碳等)，冲淡空气中的氧和可燃性气体，抑制燃烧的产生和火势的蔓延；三是在火焰或高温条件下形成不可燃性的玻璃化-陶瓷化的无机层，结构致密，能有效地隔绝氧气，并在一定时间内发挥一定的隔热作用。

5.2.2.2 膨胀型防火涂料

(1) 膨胀型防火涂料的组成

自从 1948 年第一个膨胀型防火涂料专利问世，膨胀型防火涂料的研究已经日趋成熟，其防火助剂体系目前已基本上形成了 P-C-N 体系和无机阻燃膨胀体系两大类。

P-C-N 体系主要包含以磷酸盐（P）为代表的脱水成炭催化剂、富碳有机化合物（C）类的成炭剂和含氮化合物 N 类的发泡剂。

1）脱水成炭催化剂

理论上凡是受热能分解产生具有脱水作用的酸的化合物均可作为防火涂料的脱水成炭催化剂，如磷酸、硫酸、硼酸等的盐、酯和酰胺类化合物。磷酸的铵盐是最常用的脱水成炭催化剂。这类物质在高温下能脱氨生成磷酸，继而生成聚磷酸。聚磷酸能与多羟基化合物发生强烈的酯化反应并脱水，形成炭层。作为膨胀型防火涂料的关键组分，脱水成炭催化剂的主要功用是促进涂层的热分解进程，通过脱水使涂层转变为不易燃的三维炭层结构，减少热分

解产生的可燃性焦油、醛、酮的量。

早期采用的脱水成炭催化剂主要为磷酸铵、磷酸氢二铵和磷酸二氢铵等，但因这些磷酸铵类化合物的水溶性较强，在涂料成膜后会逐渐结晶析出，影响涂料的长期防火效果，故目前已较少使用。

现在普遍采用的脱水成炭催化剂有聚磷酸铵（APP）、三聚氰胺磷酸盐（MP）、磷酸脲、磷酸三甲苯酯、烷基磷酸酯及硼酸酯等。

聚磷酸铵是膨胀型防火涂料中最常用的脱水成炭催化剂，聚合度为20～1000不等。耐水性随聚合度的增加而提高，聚合度为20时尚有一定的水溶性，聚合度大于20后耐水性逐步提高，其中，以聚合度为500～1000时的耐水性较为理想。

2）成炭剂

成炭剂的作用是在涂层遇火后，能在脱水成炭催化剂的作用下脱水形成炭化层，为最终形成的发泡层提供骨架支撑。常用的成炭剂主要包括以下几大类：a. 碳水化合物，如淀粉、葡萄糖、纤维素等；b. 多元醇化合物，如三梨醇、季戊四醇（PER）、二季戊四醇、三季戊四醇等；c. 含羟基树脂性物质，如脲醛树脂、氨基树脂、聚氨酯树脂、环氧树脂等。

成炭剂的成炭效果与它的碳含量、羟基数目有关。碳含量决定其炭层的厚度，羟基含量则决定其脱水速率。一般情况下宜采用高碳含量、低羟基含量的物质作为炭化剂。另外，成炭剂的成炭效果还与它们的分解温度有关，一般来说，成炭剂的分解温度应略高于脱水成炭催化剂的分解温度，这样才能有效保证脱水成炭催化剂的催化作用。如采用APP作为脱水成炭催化剂时，应该采用热稳定性较高的季戊四醇或二季戊四醇配合使用。若此时选用淀粉作为脱水成炭催化剂，则不能形成理想的膨胀炭层。

3）发泡剂

防火体系中常用的发泡剂有三聚氰胺、双氰胺、尿素、六亚甲基四胺、聚酰胺、聚脲、氯化石蜡等，它们在遇火受热时分解释放出不燃性气体，使熔融的涂层发泡膨胀形成海绵状泡沫炭层。

（2）膨胀型防火涂料防火机理

无机膨胀型防火涂料是以水玻璃等碱金属硅酸盐为基料和发泡基体，添加其他材料所组成，本身不燃。膨胀型防火涂料成膜后，常温下与普通漆膜无异，但在火焰或高温作用下，涂层可剧烈发泡炭化，形成一个比原涂膜厚几十倍甚至几百倍的难燃的海绵状炭质层。它可以有效隔绝外界火源对底材的直接加热，从而起到阻燃的作用。

膨胀型防火涂料的涂层在受火时首先软化和熔融。发泡剂受热分解释放出气体，气体的逸出使软化的涂层鼓泡膨胀，体积增大。与此同时，酸源物质也发生分解而释放出游离酸，并与多元醇成炭剂反应，使多元醇脱水而酯化。随着这一过程的进行，膨胀发泡层逐渐转化为炭化物质的隔热层。膨胀发泡层中绝大部分的炭是由所含的炭化材料经酸作用脱水而获得的。在该过程中，要求发泡剂分解产生气体，酸源分解释放出酸类物质，碳源材料脱水炭化，这三个步骤在变化的温度方面要基本协调一致。

根据上述原理，要求涂层中树脂基料的软化温度不能太低或太高。软化温度太低，发泡剂尚未释放出气体时树脂已经软化熔融，泡孔无法形成。软化温度太高，则发泡剂释放出气体时树脂尚未软化，也不可能形成泡孔。理想的情况应是在发泡剂开始分解释放出气体的同时树脂开始软化，且软化后的树脂应有一定的黏度，流动性不能太好，否则也不易形成稳定的泡孔。

防火涂层发泡后，发泡层比原先的涂层增厚了几十倍，而热导率却大幅度降低。因此，通过泡沫炭化层传给基材的热量只有未膨胀涂膜的几十分之一至几百分之一，从而能有效地阻止外部热源对基材的直接加热作用。另外，在火焰或高温下，涂层发生的软化、熔融、蒸发、膨胀等物理变化，以及聚合物、填料等组分发生的分解、降解、化合等化学变化也能吸收大量的热能，抵消一部分外界作用于物体的热，从而对被保护基材的受热升温过程起延滞作用。涂层在高温下分解出不燃性气体，能稀释可燃物质在热分解时产生的可燃性气体及氧气的浓度，也有助于抑制燃烧的进行。此外，涂层在高温下发生脱水成炭反应和熔融覆盖作用，能隔绝空气，使基材转化为炭化层，避免氧化放热反应的发生。

除上述泡沫炭化层的影响之外，无机膨胀型防火涂料中一般还使用较大量的填料，主要包括氧氧化铝、硼砂、碳酸钙、滑石粉、高岭土等。这些填料在受热分解时一方面能吸收大量热量，降低火场的温度；另一方面，硼砂、氢氧化铝等物质在受热时会产生大量的水汽，在受保护材料周围形成氧化铝、氧化硼玻状物质，减缓燃烧速率。

无机填料对膨胀型防火涂料的性能有非常重要的影响，首先，无机填料的加入使发泡层的强度得以提高，避免了发泡层被火焰冲破或发泡层脱落等现象。其次，这些无机填料不仅能使涂料膨胀发泡层变得致密，而且能使它们在受火甚至在持续的火焰作用下，不会分解成为气体化合物而烧失，利用它们的高温稳定性使膨胀发泡层经久耐烧。另外，选择无机填料与卤素阻燃剂混合使用往往可产生高效的阻燃隔热效果。例如，加入无机填料硼酸锌，当接触火源时，与加入的卤素阻燃剂（如四溴双酚 A）反应生成气态溴化硼、溴化锌，并释放出结晶水。

$$2ZnO \cdot 3B_2O \cdot 3.5H_2O + 22RBr = 2ZnBr_2 + 6BBr_3 + 11R_2O + 3.5H_2O$$

同时，燃烧时产生的溴化氢继续与硼酸锌反应生成溴化硼和溴化锌。

$$2ZnO \cdot 3B_2O \cdot 3.5H_2O + 22RBr = 2ZnBr_2 + 6BBr_3 + 14H_2O$$

上述反应产生的溴化硼和溴化锌可以捕捉气相中反应活性强的 H· 和 HO·，中断燃烧的链反应，在同相中能促进生成致密而又坚固的炭化层，使膨胀发泡层经久耐烧。另外，硼酸锌在 300℃以上时陆续释放出大量的结晶水，起到吸热、降温作用，对基材提供有效的、持久的防火隔热保护。

膨胀型防火涂料与非膨胀型防火涂料都对火焰传播都有抑制作用，但仅从隔热性能看，膨胀型防火涂料优于非膨胀型防火涂料。膨胀型防火涂料受火后，可膨胀为原来厚度的 5～10 倍，最大可达 100～200 倍，而且热导率也因此比原来涂层小 10 倍以上。总的结果是，膨胀后涂层的导热量可比膨胀前减少 1/1000～1/2000，由此可见，膨胀型防火涂料的防火性能在某种程度上优于非膨胀型防火涂料。

5.2.3 饰面型防火涂料

饰面型防火涂料是涂刷在建筑物的易燃基材（如木材、纤维板、纸板等）表面，起防火保护和装饰作用的一种专用涂料。饰面型防火涂料集装饰和防火于一体，其涂覆于易燃基材上时，平时可起一定的装饰作用，一旦火灾发生，则具有阻止火势蔓延的作用，从而达到保护可燃基材的目的。

5.2.3.1 饰面型防火涂料分类

木结构（饰面型）防火涂料有膨胀型和非膨胀型两类，目前实际应用的均为膨胀型防火涂料。按分散介质类型的不同，可分为溶剂型和水性两类。

溶剂型木结构（饰面型）防火涂料是指以有机溶剂作分散介质的一类饰面型防火涂料，其成膜物质一般为合成的有机高分子树脂。用于溶剂型防火涂料成膜物质的树脂主要有酚醛树脂、过氯乙烯树脂、氯化橡胶、聚丙烯酸酯树脂、改性氨基树脂等。一般以200号溶剂汽油、二甲苯、醋酸丁酯等为溶剂。在上述高分子化合物中加入发泡剂、成炭剂和成炭催化剂等组成防火体系。受火时形成均匀而致密的蜂窝状或海绵状的炭质泡沫层，对可燃基材有良好的保护作用。

水性木结构（饰面型）防火涂料是指以水作为分散介质的一类饰面型防火涂料，其成膜物质可以是合成的有机高分子树脂，也可以是经高分子树脂改性的无机胶黏剂。用于水性饰面防火涂料成膜剂的高分子合成树脂主要有聚丙烯酸酯乳液、偏二氯乙烯乳液（氯偏乳液）、氯丁橡胶乳液、聚醋酸乙烯酯乳液、苯丙乳液、水溶性氨基树脂、水溶性酚醛树脂和水溶性三聚氰胺甲醛树脂等，其中以乳液型饰面防火涂料居多。无机胶黏剂主要有水玻璃、硅溶胶等。在上述水性高分子化合物或经高分子改性的无机胶黏剂中加入发泡剂、成炭剂和成炭催化剂等组成防火体系，受火时可形成均匀而致密的蜂窝状或海绵状的炭质泡沫层，对可燃基材具有良好的保护作用。

5.2.3.2 膨胀型木结构（饰面型）防火涂料的防火原理和技术要求

膨胀型木结构（饰面型）防火涂料一般由合成的有机高分子树脂为主体，树脂本身可能带有一定量的阻燃基团和能发泡的基团，再适当加入少量的发泡剂、成炭剂和成炭催化剂等组成防火体系。

（1）膨胀型木结构（饰面型）防火涂料的防火原理

膨胀型木结构（饰面型）防火涂料的防火原理与前面介绍过的膨胀型建筑防火涂料基本相似，依靠基料和防火助剂之间的协同作用膨胀发泡，形成具有蜂窝结构的泡沫层，从而具有良好的隔热作用。此外，发泡过程中的吸热作用也使材料周围的环境温度降低，有利于抑制木结构材料的燃烧。由于其大多数为溶剂型涂料，自身在完全干燥之前还是会燃烧，有些还会产生火焰，因此常常需要在体系中加入一些阻燃剂，如氯化石蜡、四溴双酚A、硼酸锌等，以提高涂层自身的阻燃性。

（2）膨胀型木结构（饰面型）防火涂料的技术要求

木结构（饰面型）防火涂料的技术要求，根据《饰面型防火涂料通用技术标准》（GB 12441—2018）的规定，见表5.1。

表 5.1　木结构（饰面型）防火涂料的技术指标

试验项目		技术指标
在容器中的状态		无结块，搅拌后呈均匀液态
细度/μm		≤90
干燥时间	表干/h	≤5
	实干/h	≤24
附着力/级		≤3
柔韧性/mm		≤3
耐冲击性/cm		≥20
耐水性		经 24h 试验，涂膜不起皱，不剥落
耐湿热性		经 48h 试验，涂膜无起皱，无脱落
耐燃时间/min		≥15
难燃性		试件燃烧的剩余长度平均值应≥150mm，其中没有一个试件的燃烧剩余长度为零；每组试验通过热电偶所测得的平均烟气温度不应超过 200℃
质量损失/g		≤5.0
炭化体积/cm^3		≤25

（3）常见膨胀型木结构（饰面型）防火涂料名称、说明及用途和技术性能

常见膨胀型木结构（饰面型）防火涂料名称、说明及用途和技术性能汇总列于表 5.2。

表 5.2　常见膨胀型木结构（饰面型）防火涂料名称、说明及用途和技术性能

名称	说明及用途	技术性能
TF-90 膨胀型防火涂料	由水性高分子成膜剂、阻燃剂、发泡剂、炭化材料成膜助剂和分散介质等多种成分组成。该涂料无毒、无环境污染。适用于各种建筑的内墙、屋架、吊顶、门窗、木制地板、玻璃钢制品等易燃物面的防火和装饰	耐燃时间：＞35min；火焰传播比值：≤19%；阻燃性能：失重≤59g；炭化体积：≤5.6m^3；耐水性：24h 以上
PC60-1 膨胀型乳胶防火涂料	一种水溶性的膨胀型防火涂料，不用油脂和有机溶剂，具有安全、无毒、无污染、干燥快等特点。受火时涂膜膨胀发泡，形成防火隔热层，防火效果优良。适用于建筑室内的木材、纤维板、塑料等易燃基材的防火保护	耐火性：耐火时间 32min；火焰传播比值：7%；阻燃性：失重 1.86g；炭化体积：3.45cm^3；耐水性：24h
YZL-858 发泡型防火涂料	由高分子材料和有机高分子材料复合而成的水溶性防火涂料。由于它分子间侧向引力强大使涂膜坚硬。适用于室内木板、木柱、木条、人造板、胶合板、纤维板、刨花板等基材的防火保护	耐火性：耐燃时间 33.7min；阻燃性：失重 2.9g；炭化体积：0.16cm^3；耐水性：浸泡 1 周无变化
水性膨胀型防火涂料	可分为单组分及双组分两种，涂层遇火后即生成海绵状泡沫隔热防火层，从而起到防火效果；双组分者适用于聚苯乙烯泡沫塑料的防火。该涂料广泛适用于室内装饰工程、船舶、实验室等的防火处理	耐火性：20min；阻燃性：失重≤5g；炭化体积≤25cm^3；火焰传播比值：0%～25%
MC-10 木结构火涂料	本品是水性厚浆型双组分防火涂料，遇火膨胀以阻挡高温火焰对基材的烧蚀。外释气体烟雾少，无毒性，适用于木结构及构件的防火保护	当涂层厚 1mm 时，耐燃时间：32min；失重：4.4g；炭化体积：0.1cm^3

续表

名称	说明及用途	技术性能
A60-501膨胀型防火涂料	该涂料为双组分，主要成分为树脂黏结剂、喷气剂、膨胀剂及炭化剂等。涂层遇火后体积迅速膨胀100倍以上，形成连续的蜂窝状隔热层，并释放出阻燃气体。可广泛用于木板、纤维板、胶合板、塑料板、玻璃钢等的防火保护	涂层厚0.2～0.5mm即可满足耐火要求；具有最长的耐燃时间，最低的炭化指数；耐久性好，保证涂料涂覆在基材上不失去膨胀性；附着力强
A60-1改性氨基膨胀型防火涂料	该涂料是以改性氨基树脂为胶黏剂与多种防火添加剂配合，再加以各种助剂加工而成。遇火生成均匀致密的海绵状泡沫隔热层，有显著的防火隔热效果。适用于建筑、电缆等火灾危险性较大的物件的保护	耐燃时间：43min；失重：2.2g；炭化体积：9.8cm^3；毒性分析：基本无毒；耐水性：48h
B6O-2各色丙烯酸乳胶膨胀型防火涂料	该涂料以水作溶剂，具有不燃、不爆、无毒、无污染、施工干燥快等优点。适用于建筑物可燃装修材料、围护结构（如木板墙、木尾架、纤维板、胶合板顶棚等）、电力电缆线，以及铝、钛合金板等的防火保护	防火性：国家一级；耐燃时间：32～40min；火焰传播比值：8.6%；耐水性：24h
Y6N透明防火涂料	是一种由有机物和无机物结合的高分子合成型涂料。具有高阻燃性，在高温烈焰作用下能发生持久接力式的发泡和膨胀，形成厚度达原涂层数十倍至百倍的炭化层和玻璃状熔膜，以阻挡火焰高温对基层的烧蚀。涂层遇火灾时，释放的气体和烟雾少，无毒性，适用于工业和民用建筑、军事设施的防火及装饰涂布	外观：透明无色；耐燃时间：46min；火焰传播比值：9%；失重：2g；炭化体积：＞24cm^3
A60-KG快干氨基膨胀型防火涂料	该涂料遇火后膨胀，生成均匀、致密的泡沫状炭质隔热层，有极好的隔热防火效果，防火抗潮性能好，涂刷干燥快，施工方便。适用于电缆、木材、钢材表面的涂饰防火	干燥时间：表干10min，实干2h；冲击强度：＞200N·cm；耐水性：浸泡90h，不起泡；耐燃性（大板法）：A级（涂层厚0.5mm，耐火时间30min以上）；氧指数：＞45%；阻燃性：一级
过氯乙烯防火涂料	用过氯乙烯树脂和氯化橡胶作基料，添加阻火剂等经搅拌砂磨而成，涂膜遇火膨胀，生成均匀致密的蜂窝状隔热层，有良好的隔热防火效果。防盐雾、抗潮、耐油等性能均较优异。适用于公共建筑、高层建筑、古建筑、供电通信、地下工程等	耐火性：＞20min；阻燃性：失重4g；炭化体积：4cm^3；火焰传播比值：4%；氧指数：＞45%；干燥时间：14h；耐火性：46h不起泡，不剥落

5.2.4 钢结构防火涂料

与传统的木质结构、砖石结构和钢筋混凝土结构相比，钢结构具有强度高、受荷能力强、自身重量轻、空间体积小、力学性能好、制造与安装方便等许多优点，近年来越来越广泛地应用于建筑物中。由于钢材自身不燃，因此钢结构的防火隔热保护问题曾一度被人们忽视。实际上，钢材虽然不会燃烧，但其机械强度对温度的依赖性很大。当钢材的温度升高到某一数值时即会失去支撑能力，这一温度值定义为该钢材的临界温度。一般常用建筑钢材在温度达到300℃时，其机械强度逐渐损失，当温度达540℃时，机械强度损失可达70%左右，以致完全失去支撑能力。因此，工程上一般将540℃作为建筑钢材的临界温度。当建筑物发生火灾时，只需5min，火场温度即可达到540℃以上。实际上火场温度大多为800～1200℃。因此钢结构建筑在遭遇火灾时，在很短的时间内即可产生变形，导致整体垮塌。

5.2.4.1 钢结构防火保护措施

为了提高钢结构的耐火极限，减轻钢结构的火灾损失，避免钢结构建筑在火灾中局部和整体倒塌造成人员伤亡及疏散与灭火困难，国内外对高层、超高层建筑以及受高温作用（或受高温威胁）的钢结构建筑都要求进行防火处理。未加保护的钢结构构件的耐火极限一般为0.25h左右，采取适当的防火措施后，建筑防火规范中规定的各类承重结构耐火极限具体要求：柱的耐火极限为2～3h；梁的耐火极限为0.5～2h；楼板的耐火极限为1.5～2h。

目前用于钢结构防火保护的主要技术如下。

① 在钢结构表面砌砖或喷覆一层混凝土砂浆作为钢结构的防火保护层。由于保护层过厚，增加了建筑物荷载，减少了建筑使用面积，此种方法目前采用得比较少。

② 在钢结构件表面裹缠无机纤维布或无机纤维毡。

③ 安装自动喷水系统，在发生火灾时，水喷淋系统的洒水喷头动作，直接降低火场温度，可以避免结构达到临界温度，而且洒水能将火扑灭，减少火灾损失。

④ 将钢构件制成空心体，在空心钢构件内填充经处理后的水，一旦发生火灾，让水循环，带走热量，保护钢构件，达到提高耐火极限的目的。但此方法要考虑水对钢材的腐蚀、水的静压及水的循环控制系统等问题。

⑤ 在钢结构柱、梁、楼板等构件体粘贴防火板材，用防火板材对钢构件进行包覆和屏蔽，以阻隔火焰和热量，减缓钢结构的升温速率，提高钢结构的耐火极限。其具有施工方便、装饰性好的待点，因而得到人们的广泛认可。

⑥ 在钢结构表面喷涂防火涂料、防火喷射纤维等隔热材料，形成耐火隔热保护层，以提高钢结构的耐火极限。此方法具有施工方便、装饰性好、成本低、无环境污染、后期维护工作量小等优点，因而得到人们的广泛认可，被大量采用。对高层建筑钢柱和钢梁采用比较多的是防火涂料和防火板材。随着保护材料的应用时间增长，防火涂料的综合性能下降，使得防火保护的效果也逐步将降低。这一问题已经引起研究人员的高度重视。

5.2.4.2 钢结构防火涂料的种类和技术性能要求

钢结构防火涂料按照防火机理可分为膨胀型钢结构防火涂料和非膨胀型钢结构防火涂料。按使用场所来分，可分为室内和室外两种类型。根据《钢结构防火涂料》(GB14907—2018)的规定，室内外钢结构防火涂料的性能要求见表5.3和表5.4。

表5.3 室内钢结构防火涂料的性能要求

理化性能项目	技术指标		缺陷类别
	膨胀型	非膨胀型	
在容器中的状态	经搅拌后呈均匀细腻状态或稠厚流体状态，无结块	经搅拌后呈均匀液态或稠厚流体状态，无结块	C
干燥时间(表干)/h	≤12	≤24	C
初期干燥抗裂蚀	不应出现裂纹	允许出现1～3条裂纹，其宽度≤0.5mm	C
粘接强度/MPa	≥0.15	≥0.04	A

理化性能项目	技术指标		缺陷类别
	膨胀型	非膨胀型	
抗压强度/MPa	—	≥0.3	C
干密度/(kg/m^3)	—	≤500	C
隔热效率偏差	±15%	±15%	—
pH值	≥7	≥7	C
耐水性	24h试验后，涂层应无起层、发泡、脱落现象，且隔热效率衰减量应≤35%	24h试验后，涂层应无起层、发泡、脱落现象，且隔热效率衰减量应≤35%	A
耐冷热循环性/次	15次试验后，涂层应无开裂、剥落、起泡现象，且隔热效率衰减量应≤35%	15次试验后，涂层应无开裂、剥落、起泡现象，且隔热效率衰减量应≤35%	B

注：1. A为致命缺陷，B为严重缺陷，C为轻缺陷；“—”表示无要求；

2. 隔热效率偏差只作为出厂检验项目；

3. pH值只适用于水基钢结构防火涂层。

表5.4　室外钢结构防火涂料的性能要求

理化性能项目	技术指标		缺陷类别
	膨胀型	非膨胀型	
在容器中的状态	经搅拌后呈均匀细腻状态或稠厚流体状态，无结块	经搅拌后呈均匀液态或稠厚流体状态，无结块	C
干燥时间(表干)/h	≤12	≤24	C
初期干燥抗裂蚀	不应出现裂纹	允许出现1～3条裂纹，其宽度≤0.5mm	C
黏接强度/MPa	≥0.15	≥0.04	A
抗压强度/MPa	—	≥0.5	C
干密度/(kg/m^3)	—	≤650	C
隔热效率偏差	±15%	±15%	—
pH值	≥7	≥7	C
耐曝热性	720h试验后，涂层应无起层、发泡、脱落现象，且隔热效率衰减量应≤35%	720h试验后，涂层应无起层、发泡、脱落现象，且隔热效率衰减量应≤35%	B
耐湿热性	504h试验后，涂层应无起层、发泡、脱落现象，且隔热效率衰减量应≤35%	504h试验后，涂层应无起层、发泡、脱落现象，且隔热效率衰减量应≤35%	B
耐冻融循环性	15次试验后，涂层应无开裂、剥落、起泡现象，且隔热效率衰减量应≤35%	15次试验后，涂层应无开裂、剥落、起泡现象，且隔热效率衰减量应≤35%	B
耐酸性	360h试验后，涂层应无起层、发泡、脱落现象，且隔热效率衰减量应≤35%	360h试验后，涂层应无起层、发泡、脱落现象，且隔热效率衰减量应≤35%	B
耐碱性	360h试验后，涂层应无起层、发泡、脱落现象，且隔热效率衰减量应≤35%	360h试验后，涂层应无起层、发泡、脱落现象，且隔热效率衰减量应≤35%	B
耐盐雾腐蚀性	30次试验后，涂层应无起层、发泡、脱落现象，且隔热效率衰减量应≤35%	30次试验后，涂层应无起层、发泡、脱落现象，且隔热效率衰减量应≤35%	B
耐紫外线辐照性	60次试验后，涂层应无起层、发泡、脱落现象，且隔热效率衰减量应≤35%	60次试验后，涂层应无起层、发泡、脱落现象，且隔热效率衰减量应≤35%	B

注：1. A为致命缺陷，B为严重缺陷，C为轻缺陷；“—”表示无要求；

2. 隔热效率偏差只作为出厂检验项目；

3. pH值只适用于水基性钢结构防火涂层。

5.2.4.3 钢结构防火涂料基本组成与性能

钢结构防火涂料由基料、防火助剂、颜料、填料、溶剂及助剂经混合、研磨而成，采用喷涂或刷涂的方式涂在钢构件表面上。由于涂料本身的不燃性、难燃性和形成隔热层等特点，能阻止火灾发生时火焰的蔓延，延缓火势的扩展，起到防火隔热的保护作用，使钢材免受高温火焰的直接灼烧，防止钢材在火灾中迅速升温而降低强度，避免钢结构在短时间内失去支撑能力而导致建筑物垮塌，为消防救火提供宝贵的时间，同时还具有装饰和保护作用。

（1）隔热型钢结构防火涂料的基本组成和性能

隔热型钢结构防火涂料通常为厚涂型钢结构防火涂料，又称为无机轻体喷涂涂料或耐火喷涂涂料，是采用一定的胶凝材料，配以无机轻质材料、增强材料等组成，涂层厚度为7～45mm，耐火极限为1～3h。这类钢结构防火涂料的施工多采用喷涂或批刮工艺进行。一般应用在耐火极限要求在2h以上的钢结构建筑上，如在石油、化工等行业中经常使用。这类涂料在火灾中涂层基本不膨胀，依靠材料的不燃性、低导热性和涂层中材料的吸热性等来延缓钢材的温升，从而达到保护钢构件的目的。

隔热型钢结构防火涂料目前有蛭石水泥系列、矿纤维水泥系列、氢氧化镁水泥系列和其他无机轻体系等，基本组成见表5.5。

表5.5 隔热型钢结构防火涂料的基本组成

组分	主要代表物质	质量分数/%
基料	硅酸盐水泥、氢氧化镁、水玻璃等	15～40
骨料	膨胀蛭石、膨胀珍珠岩、矿棉等	30～50
助剂	硬化剂、防水剂、膨松剂等	5～10
水	—	10～30

（2）薄涂型钢结构防火涂料的基本组成和性能

涂层使用厚度为3～7mm的钢结构防火涂料称为薄涂型钢结构防火涂料。薄涂型钢结构防火涂料的装饰性比厚涂隔热型防火涂料好，施工多采用喷涂方式，一般用在耐火极限要求不超过2h的建筑钢结构上。该类涂料一般分为底涂（隔热层）和面涂（装饰发泡层）两类。薄涂型钢结构防火涂料一般是以水性聚合物乳液为基料（也有少量以溶剂型树脂为基料），配以有机、无机复合阻燃剂和颜料、填料组成底涂，并以水性乳液为基料，加入P-C-N防火体系，以及硅酸铝纤维等耐火材料、颜料、填料、助剂等组成面涂。底涂实际上是一层隔热型防火涂料，受火不会膨胀，依靠自身的低导热系数特性起到隔热作用。面涂具有装饰作用，同时受火时发泡膨胀，以膨胀发泡所形成的耐火隔热层来延缓钢材的温升，保护钢构件。

按照使用部位又分为室内型和室外型两类薄涂型钢结构防火涂料，从涂料的组成方面看，二者并无本质区别。但在性能要求方而，室外型钢结构防火涂料除了防火性能要求外，还应有良好的耐候性，因此对基料的选择更为严格。

（3）超薄型钢结构防火涂料的基本组成与性能

所谓的超薄钢结构防火涂料，是指涂层使用厚度不超过3mm的钢结构防火涂料，一般用于耐火极限在2h以内的建筑钢结构保护。在火焰高温作用下，超薄膨胀型钢结构防火涂料的涂层受热分解出大量的惰性气体，降低了可燃气体和空气中氧气的浓度，使燃烧减缓或被抑制。同时，涂层膨胀发泡形成发泡炭层。这层发泡层与钢铁基材有很强的黏结性，其热导率很低，不仅隔绝了氧气，而且具有良好的隔热性，防火隔热效果较薄涂型和厚涂型防火涂料显著。

超薄膨胀型防火涂料作为特种涂料，其主要由基料及防火助剂两部分组成。除了应具有普通涂料的装饰作用和对基材的物理保护作用，还应具有阻燃耐火的特殊功能。此外，还应有对金属不腐蚀、能室温固化等特点。

超薄膨胀型钢结构防火涂料对基料的选用主要应考虑两个主要问题：一个是基料与防火助剂之间的协调性；另一个是涂料的室温自干性。目前用作这类防火涂料的基料主要有两类：一类是环氧树脂、氨基树脂、酚醛树脂、醇酸树脂、聚氨酯树脂、聚酯树脂等热固性树脂。这类树脂的室温自干性较差，通常需采用高温烘干或酸类催化剂催干。但用于建筑物钢结构的防火涂料，用高温烘干是不现实的。若采用催化剂则存在涂层理化性能差和储存稳定性不理想等问题。因此，怎样合理地利用热固性树脂制备既有良好防火性能，又能室温固化，同时还有良好储存稳定性和装饰性的防火涂料，是这类钢结构防火涂料研究须解决的主要难题。另一类基料包括过氯乙烯树脂、丙烯酸酯树脂、高氯化聚乙烯树脂、氯化橡胶等热塑性聚合物。这类聚合物可在室温下自干，但软化温度较低，高温下容易熔融流淌，影响涂层的发泡效果。通过对聚合物的共混改性，目前采用热塑性聚合物制备的防火涂料也具有良好的防火效果。因此预计这类聚合物是今后超薄膨胀型钢结构防火涂料应用的主要基料。

此外，从使用角度出发，还要求防火涂料具有耐水性、耐酸碱性、发泡层在高温下与钢材的黏结性等。

防火助剂钢结构防火涂料的另一个关键组分是防火助剂。由于超薄膨胀型钢结构防火涂料的涂层较薄，因此，对防火助剂的发泡倍率要求较高。根据经验，对超薄型防火涂料而言，要达到耐火极限在的1h以上，涂层的发泡倍率至少在20倍以上。

常见钢结构防火涂料名称、说明及用途和技术性能见表5.6。

表5.6　常见钢结构防火涂料名称、说明及用途和技术性能

名称	说明及用途	技术性能
ST1钢结构防火涂料	用特质膨胀保温蛭石、无机胶结材料和防火添加剂与复合化学助剂配制而成。该涂料可作为建筑钢结构和钢筋混凝土结构梁、柱墙和楼板的防火阻挡层	干表观密度：$(400\pm40)kg/m^3$；劈裂抗拉强度：0.08MPa；抗压强度：0.045MPa；热导率：0.0862W/(m·K)；耐火性能：涂层厚2.8cm时，耐火极限为3h
LG钢结构防火隔热涂料	用于工业与民用建筑中的钢结构。喷涂于钢构件表面时，能起防火保护作用	抗压强度：0.3～0.5MPa；耐火性：2000h，无异常；腐蚀性：pH值为12左右，不腐蚀钢铁；热导率：0.091～0.105W/(m·K)；防火隔热性：涂层厚30～35mm时，耐火极限为2.5～3h
TN-LB钢结构膨胀防火涂料	有机与无机相结合的乳胶膨胀防火涂料，不含石棉，遇火灾时能迅速膨胀5～10倍，形成一层较结实的防火隔热层，使钢构件在火灾中受到保护，不至于在短时间内造成结构坍塌	防火性能：涂层厚4mm时，耐火时间为90min；抗震性：在1/100挠度下反复自由剧烈震动多次，涂层不开裂、脱落；抗弯性：钢构件弯曲到挠度1/50时，涂层无裂纹

续表

名称	说明及用途	技术性能
GJ-1钢结构薄层膨胀防火涂料	涂层薄而耐火极限高，主要用于大型工字钢、角钢、球形网架等各种承力钢结构的防火保护。可广泛用于高层建筑、大跨度厂房、宾馆、体育馆、车站、码头等公共设施及各类建筑物的钢结构表面	涂层厚4mm就相当于厚浆型防火涂料涂层厚30mm的耐火极限；固化后坚硬而富有一定弹性，不会因撞击而碎裂脱落；经165个周期冻融试验，无开裂、鼓泡、脱落现象
TN-LG钢结构防火隔热涂料	改性无机高温黏结剂配以空心微珠、膨胀珍珠岩等吸热、隔热及增强材料和化学助剂合成的一种防火喷涂材料。该涂料适于高层建筑、石油化工、电力、冶金、国防、轻纺、交通运输及库房等各类建筑物中的承重钢构件的防火保护	黏结强度：0.05～0.07MPa；耐水性：水泡3000h，无溶损分离；热导率：0.091～0.105W/(m·K)；耐火极限按照不同部位和涂层厚度最高为1.5～3.0h
MC-10钢结构防火涂料	本品是水性厚浆双组分防火涂料，遇火膨胀，以阻挡高温火焰对基材的烧蚀，外释气体烟雾少，无毒性。适用于钢结构建筑物及构件的防水涂层	涂层厚度为1～4mm，耐火极限为35～62min
A60-KG型快干氨基膨胀防火涂料	该涂料遇火后膨胀生成均匀、致密的泡沫状炭质隔热层，有极好的隔热防火效果，防火抗潮性能好，涂刷干燥快，施工方便。适用于电缆、木材、钢材表面的涂饰防火	干燥时间：表干10min、实干2h；冲击强度：＞200N·cm；耐水性：浸泡90h，不起泡；耐燃性（大板法）：A级（涂层厚0.5mm，耐火时间30min以上）；氧指数：＞45％；阻燃性：一级
过氯乙烯防火涂料	用过氯乙烯树脂和氯化橡胶作基料，添加阻火剂等经搅拌砂磨而成，涂膜遇火膨胀，生成均匀致密的蜂窝状隔热层，有良好的隔热防火效果。防盐雾、抗潮、耐油等性能均较优异。适用于公共建筑、高层建筑、古建筑、供电通信、地下工程等	耐火性：＞20min；阻燃性：失重4g；炭化体积：$4cm^3$；火焰传播比值：4％；氧指数：＞45％；干燥时间：14h；耐火性：46h，不起泡，不剥落

5.2.5 混凝土结构防火涂料

5.2.5.1 混凝土结构防火的必要性

混凝土本身不会燃烧，因此长期以来混凝土的防火问题并没有受到重视。但实际上，钢筋混凝土的耐热能力很差，高温下强度会大幅度下降，造成建筑物的损坏和坍塌。因此，有必要对混凝土材料进行防火保护。其中，对预应力混凝土结构和隧道结构建筑的防火保护显得尤为重要。

1）预应力混凝土结构

由于预应力钢筋混凝土比普通钢筋混凝土的抗裂性、刚度、抗剪性和稳定性更好，具有质轻、隔热保温、吸声、隔声、抗震等优点，并能节省混凝土和钢材。目前，建筑物中的屋架、大梁、楼板等构件大量采用预应力钢筋混凝土。据研究，预应力钢筋的温度达200℃时，其屈服点开始下降，300℃时预应力几乎全部消失，蠕变加快，导致预应力板的强度、刚度迅速下降，从而板的挠度变化加快，进一步则可能发展为裂缝。同时，混凝土在受到高温作用时其性能也发生很大改变。预应力板上的混凝土受热膨胀的方向与板受拉的方向是一致的，助长了板的挠度的变化。混凝土在300℃时，强度开始下降；500℃时，强度降低1/2左右；

800℃时，强度几乎完全丧失。

在建筑物火灾中，火场温度一般在5min之内可上升到500℃以上，10min可上升到700℃以上，因此，预应力混凝土楼板在30min左右即可发生断裂，导致建筑物坍塌。耐火试验也证明，普通预应力混凝土楼板的耐火极限为30min，与国家规定的建筑物楼板的耐火极限要求1～1.5h相差很大。若将防火涂料喷涂在预应力混凝土楼板配筋的一面，当遭遇火灾时，涂层有效地阻隔火焰的攻击，延缓热量向混凝土及其内部预应力钢筋的传递，以推迟其温升和强度变弱的时间，从而提高预应力楼板的耐火极限，达到防火保护的目的。

2）隧道结构

由于隧道结构材料本身是不燃性物体，因此隧道的防火问题常被人们忽视。隧道火灾通常是由车辆中的可燃物质引起的，如汽油、柴油、轮胎、聚合物装饰件、机车载货物等，特点是释放热量大、燃烧速率快。而且由于隧道的通风条件往往不好，燃烧过程中释放出的烟雾不容易排出去，更是容易造成人员窒息死亡。火灾可能会破坏隧道的照明系统，使隧道内的能见度低，给扑救火灾和疏散人员带来困难。

5.2.5.2 混凝土结构防火涂料的类型

混凝土结构防火涂料是指用于涂覆在建筑物中混凝土表面（配钢筋面），能形成隔热耐火保护层，以提高混凝土结构耐火极限的防火涂料。

目前通常将混凝土结构防火涂料按其涂层燃烧后的状态变化和性能特点分为非膨胀型和膨胀型两类。

非膨胀型混凝土防火涂料又称混凝土防火隔热涂料。它主要是由无机—有机复合黏结剂、骨料、化学助剂和稀释剂组成的。使用时涂层较厚、密度较小、热导率低。因此当混凝土结构受到高温时具有耐火隔热作用，从而减缓混凝土结构的受损程度。

膨胀型混凝土防火涂料的涂层较薄，受火时涂层发泡膨胀，形成耐火隔热层，从而保护混凝土结构免受损失。这类涂料基本与钢结构防火涂料类似，许多产品既可用于钢结构防火，也可用于混凝土结构防火。

5.2.5.3 混凝土结构防火涂料的组成与性能

（1）混凝土结构防火涂料的性能要求

混凝土结构防火涂料（包括预应力混凝土楼板防火涂料和隧道防火涂料）应满足表5.7中的要求。

表5.7 混凝土结构防火涂料的技术要求

检验项目	技术指标	
	室内型	室外型
在容器中的状态	经搅拌后呈均匀液态或稠厚流体，无结块	经搅拌后呈均匀稠厚流体，无结块
干燥时间(表干)/h	≤12	≤24
黏结强度/MPa	≥0.15	≥0.05
密度/(kg/m^3)	—	≤600

续表

检验项目		技术指标			
		室内型		室外型	
热导率/[W/(m·K)]		—		≤0.116	
耐水性		经24h试验后，涂层不开裂、不起层、不脱落，允许轻微发胀和变色		经24h试验后，涂层不开裂、不脱落，允许轻微发胀和变色	
耐碱性		经24h试验后，涂层不开裂、不起层、不脱落，允许轻微发胀和变色		经24h试验后，涂层不开裂、不起层、不脱落，允许轻微发胀和变色	
耐冷热循环试验		经15次试验后，涂层不开裂、不起层、不脱落、不变色		经15次试验后，涂层不开裂、不起层、不脱落、不变色	
耐火性能	涂层厚度/mm	≤4.0	≤7.0	≤7.0	≤10.0
	耐火极限/h	≥1.0	≥24.5	≥1.0	≥11.5

（2）混凝土结构防火涂料的组成

1）基料

非膨胀型混凝土防火涂料的基料通常以无机胶凝材料为主，加入适量的高分子材料，形成无机—有机复合基料。常用的无机胶凝材料包括水玻璃、硅溶胶、磷酸盐凝胶等；常用的高分子材料包括聚乙烯醇、聚丙烯酰胺、聚醋酸乙烯酯乳液、氯偏乳液和聚丙烯酸酯乳液等水溶性或水乳型聚合物。膨胀型混凝土防火涂料的基料目前主要采用聚合物乳液，如聚丙烯酸酯乳液、苯丙乳液、聚醋酸乙烯酯乳液、氯偏乳液等。大多数情况下，用单一乳液制备的防火涂料的性能不够理想，因此常常通过几种乳液复合的方法来解决。有时也会加入一些水溶性聚合物，如聚乙烯醇、甲基纤维素、聚丙烯酰胺等。

2）防火阻燃助剂

非膨胀型混凝土防火涂料的基料主要为无机材料，本身有较好的阻燃性，可不加阻燃剂。但在用无机—有机复合基料制备的防火涂料中，也经常添加一些阻燃剂，以提高涂层的阻燃性能。膨胀型混凝土防火涂料的组成基本类似于钢结构防火涂料，其采用的防火助剂也与钢结构防火涂料所用的防火助剂相同。目前一般采用P-C-N体系，典型代表为聚磷酸铵-季戊四醇-三聚氰胺复合体系，在此基础上适当添加一些阻燃剂，如氢氧化铝、氢氧化镁、三氧化二锑等，对提高防火性能有较大帮助。

3）填料

非膨胀型混凝土防火涂料要求密度低，隔热性好，因此涂料中除了采用上述无机粉末填料外，还常添加轻质填料。主要品种有膨胀珍珠岩、膨胀蛭石、粉煤灰空心微珠等。为了防止涂层开裂，纤维状的硅酸铝也是常用的填料。

5.3 防火板材

5.3.1 防火板材的组成与分类

防火板材是指具有防火功能的、其本身也有一定的耐火性的板材。防火板材通常是以无机质材料为主体的复合材料，有良好的防火性能、高温抗变形性能、成本低廉等优势，被广泛应用于建筑工程中。目前常用的防火板见表5.8。

表5.8 常用的防火板材类型

防火板材类型	主要原料	特点	适用范围
FC水泥加压板	纤维、水泥	良好的防火性能、高温抗变形性能、成本低廉等	工业与民用建筑中的外墙、内墙板、吊顶板、通风管道以及地下室等潮湿部位的墙板和吊顶板
纤维增强硅酸钙板	粉煤灰、电石泥、天然矿物纤维	轻质、高强、防火、防水、防潮防霉、隔声隔热等	建筑的内墙板、外墙板、吊顶板、幕墙衬板、复合墙面板等
纸面石膏板	建筑石膏	重量轻、强度高、防火、防虫蛀、隔声、隔热、加工性能强、施工方法简便等	耐火性能要求较高的室内隔墙、吊顶及其他装饰部位
石棉水泥平板	石棉纤维、水泥	轻质高强、防潮、防火、隔声、耐热、绝缘等	居室与厨房、厕所之间的隔墙
菱镁防火板	氧化镁、氯化镁、粉煤灰、农作物秸秆	高强、防腐、无虫蛀、防火等	可用作墙板、吊顶板、防火板、包装箱等，可替代木质胶合板做墙裙、门窗、板门板、家具及地下室、矿井等潮湿环境
纤维增强水泥平板（TK板）	Ⅰ型低碱度水泥、石棉、短切中碱玻璃纤维	良好的抗弯强度、抗冲击强度，不翘曲、不燃烧、耐潮湿，较好的可加工性等	各种建筑物的内隔墙、吊顶和外墙；特别适用于高层建筑有防火、防潮要求的隔墙
水泥刨花板	水泥、植物纤维	自重轻、强度高、防火、防水、保温、隔声、防蛀等	工业与民用建筑物的内外墙板、天花板、壁橱板、货架板，还可制成通风烟道、碗橱、窗帘盒等建筑配套制品
难燃铝塑建筑装饰板	聚乙烯、聚丙烯或聚氯乙烯树脂	难燃、质轻、吸声、保温、耐火、防蛀，图案新颖、美观大方、施工方便等	礼堂、影院、剧场、宾馆饭店、人防工程、商场、医院、重要机房、舰艇舱室等的吊顶及墙面吸音板
防火吸声板	优质玄武岩和高炉矿渣	容重轻、保温、吸声，防火等	广泛用于建筑物的顶棚、墙壁等内部装修，尤其用于播音室、录音像室、影剧院等要求安静的场所

5.3.2 典型的防火板材

防火板材的防火机理主要是隔绝热量和本身难燃，阻碍火焰蔓延。典型的防火板材包括以下9种。

（1） FC纤维水泥加压板

以各种纤维和水泥为主要原料，经制浆、成型、养护等工序而制成的板材，主要应用于外墙、内墙板、吊顶板、通风管道以及地下室等潮湿部位的墙板和吊顶板。其性能见表5.9。

表5.9 FC纤维水泥加压板的性能指标

编号	项目	性能指标	与国际标准（ISO 396/1—30）规定项目比较
1	抗折强度（横向）/($N \cdot mm^{-2}$)	28	达到国际标准
	抗压强度（纵向）/($N \cdot mm^{-2}$)	20	达到国际标准

续表

编号	项目	性能指标	与国际标准（ISO 396/1—30）规定项目比较
2	抗冲击强度/($kJ\cdot m^{-2}$)	2.5	国际标准无此项目
3	吸水率/%	17	国际标准无此项目
4	表观密度/($g\cdot cm^{-3}$)	1.8	达到国际标准
5	不透水性	经24h地面无水滴现象	国际标准无此项目
6	抗冻性	经25次循环冻融无破坏现象	国际标准无此项目
7	耐火极限	77min（6mm板，中间轻龙骨岩棉填充）	
8	隔声指数	50dB（6mm板厚复合墙体）	

（2）纤维增强硅酸钙板

纤维增强硅酸钙板（以下简称“硅钙板”）是以粉煤灰、电石泥等工业废料为主，采用天然矿物纤维和其他少量纤维材料增强，以圆网抄取法生产工艺制坯，经高压釜蒸养而制成的轻质、防火建筑板材。

该板纤维分布均匀、排列有序，密实性好，具有较好的防火、隔热、防潮、不霉烂变质、不被虫蛀、不变形、耐老化等优点，其主要用途为一般工业与民用房屋建筑的吊顶、隔墙及墙裙装饰，也可用于列车厢、船舶隔舱、隧道、地铁和其他地下工程的吊顶、隔墙、护壁等。纤维增强硅酸钙板根据密度的不同可分为D0.8、D1.0、D1.3三类，主要技术指标见表5.10。

表5.10 硅钙板主要技术指标

项目		技术指标			备注
		D0.8	D1.0	D1.3	
密度 D/(g/cm^3)		$0.75<D\leqslant 0.90$	$0.90<D\leqslant 1.20$	$1.20<D\leqslant 1.40$	符合JC/T 564.1—2018规定，可按GB/T 7019—2014测定
抗折强度/MPa	厚度 e=5、6、7	8	9	12	符合JC/T 564.1—2018规定，可按GB/T 7019—2014测定
	厚度 e=10、12、15	6	7	9	
	厚度 $e\geqslant 20$	5	6	8	
导热系数/[W/(m·K)]		0.25	0.29	0.30	符合JC/T 564.1—2018规定
含水率/%		10			符合JC/T 564.1—2018规定，可按GB/T 7019—2014测定
湿胀率/%		0.25			符合JC/T 564.1—2018规定
燃烧性能		A级不燃材料			符合GB 8624—2012规定

注：e 为厚度，mm。

（3）纸面石膏板

纸面石膏板既是常用的装饰板材，也常用作防火板材。用作防火板材的纸面石膏板物理力学性能应满足表5.11要求。

表 5.11 纸面石膏板的物理力学性能（GB/T 9775—2008）

项目	技术要求
硬度	板材的棱边硬度和端头硬度不应小于 70N
抗冲击性	经冲击后，板材背面应无径向裂纹
护面纸与芯材黏结性	护面纸与芯材应不剥离
吸水率	不大于 10%
表面吸水量	板材的表面吸水率不应大于 160g/m^2
遇火稳定性	板材的遇火稳定时间不少于 20min

纸面石膏板被视为理想的防火材料，其防火原理是在火灾条件下，结晶水受热释放，从而吸收大量的热量。

（4）石棉水泥平板

石棉水泥平板是以石棉纤维与水泥为主要原料，经先进生产工艺成型、加压、高温蒸养和特殊技术制成的薄型建筑平板，具有轻质高强、防潮、防火、隔声、耐热、绝缘等性能。各类石棉水泥平板的物理力学性能指标应符合表 5.12 的规定。

表 5.12 石棉水泥平板的物理力学性能指标（JC/T 412.2—2018）

项目		性能指标		
		A 类	B 类	C 类
抗折强度/MPa	R1	8	8	8
	R2	11	11	11
	R3	15	15	14
	R4	20	20	18
	R5	26	26	24
抗冲击强度/（kJ/m^2）	C1	≥1.0		
	C2	≥1.4		
	C3	≥1.8		
	C4	≥2.2		
	C5	≥2.6		
密度/(g/cm^3)		不小于制造商文件中表明的规定值		
导热系数/[W/(m·K)]		≤0.45	≤0.35	≤0.25
吸水率/%		≤25	≤30	—
不燃性		符合 GB 8624—2012 不燃性 A 级		
不透水性		24h 检验后板的底面允许出现潮湿的痕迹，但不应出现水滴		
抗冻性	抗冻性能	A 类经 100 次、B 类经 25 次冻融循环，不得出现破裂、分层		
	抗折强度比率/%	≥70		

注：在抗折强度中，A 类、B 类抗折强度为饱水强度；C 类为干燥强度。当厚度 e≤14mm 时，测试抗冲击强度，力学性质指标见表 5.12；当 e>14mm 时，测试抗冲击性，落球法试验冲击 1 次，板面无贯通裂纹。

(5) 菱镁防火板

菱镁防火板亦称玻镁板、氯化镁板和镁质板，其主要原材料是氧化镁和氯化镁以及粉煤灰、农作物秸秆等工农业废弃物，同时添加耐水、增韧、防潮、早强等多种复合型改性剂制成，具备防腐、无虫蛀、防火等木材所没有的特性。

菱镁防火板的物理力学性能指标应符合表 5.13 的规定。

表 5.13 菱镁防火板的物理力学性能指标（JC 688—2006）

<table>
<tr><th colspan="2" rowspan="2">项目</th><th colspan="7">性能指标</th></tr>
<tr><th>A</th><th>B</th><th>C</th><th>D</th><th>E</th><th>F</th><th>G</th></tr>
<tr><td rowspan="3">抗折强度/MPa</td><td>$e<6$</td><td>≥50</td><td>≥30</td><td>≥20</td><td>≥12</td><td>≥10</td><td>≥8.0</td><td>—</td></tr>
<tr><td>$6\leqslant e\leqslant 10$</td><td>≥45</td><td>≥25</td><td>≥15</td><td>≥10</td><td>≥8.0</td><td>≥6.0</td><td>≥4.0</td></tr>
<tr><td>$e>10$</td><td>≥35</td><td>≥20</td><td>≥10</td><td>≥8.0</td><td>≥6.2</td><td>≥5.0</td><td>≥2.0</td></tr>
<tr><td rowspan="3">抗冲击强度/MPa</td><td>$e<6$</td><td>≥14</td><td>≥8.0</td><td>≥3.5</td><td>≥2.5</td><td colspan="3" rowspan="3">1.5</td></tr>
<tr><td>$6\leqslant e\leqslant 10$</td><td>≥12</td><td>≥6.0</td><td>≥2.5</td><td>≥2.0</td></tr>
<tr><td>$e>10$</td><td>≥10</td><td>≥4.0</td><td>≥2.0</td><td>≥2.0</td></tr>
<tr><td colspan="2">含水率/%</td><td colspan="7">≤8</td></tr>
<tr><td colspan="2">干缩率/%</td><td colspan="7">≤0.3</td></tr>
<tr><td colspan="2">湿胀率/%</td><td colspan="7">≤0.6</td></tr>
<tr><td colspan="2">握螺钉力/(N/mm)</td><td colspan="7">≥70</td></tr>
<tr><td colspan="2">氯离子含量/%</td><td colspan="7">≤10</td></tr>
<tr><td colspan="2">防火性能</td><td colspan="7">不燃 A1 级（GB 8624—2012）</td></tr>
<tr><td colspan="2">抗返卤性</td><td colspan="7">无水珠、无返潮</td></tr>
<tr><td colspan="2">环保安全</td><td colspan="7">无放射性物质、无石棉、无甲醛</td></tr>
</table>

注：e 为厚度，mm。

菱镁防火板可用作墙板、吊顶板、防火板、防水板、包装箱等，可替代木质胶合板做墙裙、门窗、板门板、家具等；也可根据需要表面涂调和漆、清水漆，并可加工成各种类型的板面；还可用于地下室、矿井等潮湿环境的工程，和多种保温材料复合使用，制成复合保温板材。

(6) 水泥刨花板

以水泥为胶凝材料、刨花等植物纤维（木纤维、竹纤维、芦苇纤维和农作物纤维）为填充材料，再加入适量的化学助剂和水，搅拌均匀制成混合料浆，以一定的工艺制成坯体，经加压固结、适当养护后形成的复合板材称为水泥刨花板，又称为植物纤维水泥复合板。具有自重轻、强度高、防火、防水、保温、隔声、防蛀等性能，并可进行锯、粘、钉加工，施工简便，可用于制作内外墙板、天花板、壁橱板、货架板，还可制成通风烟道、碗橱、窗帘盒等建筑配套制品。

水泥刨花板普遍具有质量轻、耐火性好等特点，其物理力学性能指标见表 5.14。

表 5.14　水泥刨花板物理力学性能指标（GB/T 24312—2009）

项目	性能指标	
	优等品	合格品
密度/(kg·m^{-3})	≥1000	
含水率 a/%	6～16	
浸水 24h 厚度膨胀率/%	≤2	
静曲强度/MPa	≥10.0	≥9.0
内结合强度/MPa	≥0.5	≥0.3
弹性模量/MPa	≥3000	
浸水 24h 静曲强度/MPa	≥6.5	≥5.5
垂直板面握螺钉力/N	≥600	
燃烧性能	B_1 级	

（7）纤维增强水泥平板（TK 板）

TK 板的全称是中碱玻璃纤维短石棉低碱度水泥平板，以Ⅰ型低碱度水泥为基材，并用石棉、短切中碱玻璃纤维增强的一种薄型、轻质、高强、多功能的新型板材，具有良好的抗弯强度、抗冲击强度，不翘曲、不燃烧、耐潮湿等特性，表面平整光滑，有较好的可加工性，能截锯、钻孔、刨削、敲钉和粘贴墙纸、墙布、涂刷油漆、涂料。主要用于各种建筑物的内隔墙、吊顶和外墙；特别适用于高层建筑有防火、防潮要求的隔墙。

（8）难燃铝塑建筑装饰板

难燃铝塑建筑装饰板（简称“铝塑板”）是以聚乙烯、聚丙烯或聚氯乙烯树脂为主要原料，配以高铝质添料，同时添加发泡剂、交联剂、活化剂、防老剂等助剂加工制成。它具有难燃、质轻、吸声、保温、耐火、防蛀等特点，并具有图案新颖、美观大方、施工方便等优点，颇受建筑界的青睐。

铝塑板按燃烧性能可分为：普通型，代号为 G；阻燃型，代号为 FR；高阻燃型，代号为 HFR。

铝塑板的物理力学性能指标应符合表 5.15 的要求。阻燃型和高阻燃型铝塑板的燃烧性能指标应符合表 5.16 的要求。

表 5.15　铝塑板的物理力学性能指标（GB/T 22412—2016）

项目			性能指标
弯曲强度/MPa			≥50
180°剥离强度/(N/mm)	平均值		≥5.0
	最小值		≥4.0
耐温差性	外观		无变化
	180°剥离强度下降率/%		≤10
	涂层附着力	划圈法	1
		划格法	0
热变形温度/℃			≥85
耐热水性			无变化

表 5.16　铝塑板燃烧性能指标（GB/T 22412—2016）

项目		性能指标	
		阻燃型	高阻燃型
芯材燃烧热值/(MJ/kg)		≤15	≤12
板材燃烧性能等级/级		B1（B）	
板材燃烧性能附加信息/级	产烟特性等级	s1（铺地材料产烟量小于或等于 750%×min，管状材料总烟气生成量小于或等于 $250m^2$，其他材料总烟气生成量小于或等于 $50m^2$）	
	燃烧滴落物/微粒等级	d0（600s 内无燃烧滴落物/微粒）	
	烟气毒性等级	t0（达到准安全一级 ZA_1）	

（9）防火吸声多功能板

防火吸声多功能板是以优质玄武岩和高炉矿渣为原料，经高温烧制的优质吸声板材，具有耐高温、不燃、无毒、无味、无霉、不刺激皮肤等优点，可广泛用于建筑物顶棚、墙壁等内部装修，尤其适用于播音室、录音像室、影剧院等，可以控制室内的混响时间和改善室内音质。

防火吸声多功能板的物理性能指标应符合表 5.17 的规定。

表 5.17　防火吸声多功能板的物理性能指标（GB/T 25998—2020）

项目			性能指标
湿法板	受潮扰度/mm		不应大于 3.5
	质量含湿率/%		不应大于 3.0
	降噪系数	滚花	≥0.50
		其他	≥0.30
干法板	受潮扰度/mm		不应大于 1.0
	质量含湿率/%		不应大于 1.0
	降噪系数		不得低于制造商的声称值，且不应小于 0.75
体积密度/(kg/m^3)			不应大于 380
燃烧性能			不得低于制造商声称的燃烧性能分级，且不应低于 GB 8624—2012 中规定的 B1 级要求
放射性核素限量			应达到 GB 6566—2010 中规定的 A 类装修材料的要求，内照射指数 I_{Ra} 不应大于 1.0，外照射指数 I_r，不应大于 1.3
甲醛释放量			应达到 GB 18580—2017 中规定的 E1 级要求，甲醛释放量不应大于 $0.124mg/m^3$
石棉物相			不得含有石棉纤维

防火吸声多功能板的弯曲破坏荷载与热阻要求应符合表 5.18 的规定。

表 5.18　防火吸声多功能板弯曲破坏荷载与热阻要求（GB/T 25998—2020）

类别	公称厚度/mm	弯曲破坏荷载/N	热阻/(m^2·K/W)（平均温度 25℃）
湿法板	≤9	≥40	≥0.14
	10	≥47	≥0.16

类别	公称厚度/mm	弯曲破坏荷载/N	热阻/($m^2 \cdot K/W$) (平均温度 25℃)
湿法板	11	≥53	≥0.17
	12	≥60	≥0.19
	13	≥70	≥0.20
	14	≥80	≥0.22
	15	≥90	≥0.23
	16	≥103	≥0.25
	17	≥117	≥0.26
	≥18	≥130	≥0.28
干法板	—	≥40	≥0.40

5.4 防火玻璃

玻璃是建筑物中不可缺少的建筑材料，而防火玻璃则是根据建筑规范设计防火等级、在防火重点区域使用的玻璃组件，它在一定程度上能够阻止火灾的蔓延，且必须等于或高于该区域要求的防火级别。防火玻璃是指透明、能阻挡和控制热辐射、烟雾及火焰，防止火焰蔓延的玻璃。确切地说，防火玻璃是一种在规定的耐火试验条件下能够保持完整性和隔热性的特种玻璃。性能良好的防火玻璃可以在近 1000℃ 高温下仍较长时间保持完整不炸裂，从而有效地抑制火灾，为生命安全及财产安全提供有力保障。

5.4.1 防火玻璃的组成与分类

① 按用途防火玻璃可以分为建筑防火玻璃、船用防火玻璃（包括舷窗、矩形窗防火玻璃，其外表面玻璃板是钢化安全玻璃）及其他防火玻璃。

② 按耐火性能可分为隔热防火玻璃和非隔热防火玻璃。

③ 按结构可分为复合防火玻璃（FFB）和单片防火玻璃（DFB）。复合防火玻璃是由两层或两层以上玻璃复合而成或由一层玻璃和有机材料复合而成，并满足相应耐火等级要求的特种玻璃。单片防火玻璃是由单层玻璃构成，并满足相应耐火等级要求的特种玻璃。单片防火玻璃又包括单片夹丝（网）玻璃、特种成分单片防火玻璃、单片高强度钢化玻璃等。

④ 其他类的防火玻璃主要指国际上长期流行使用的空心玻璃砖。空心玻璃砖又可分为单腔空心玻璃砖和双腔空心玻璃砖。

5.4.2 防火玻璃的耐火性能

普通玻璃虽然不燃、熔点高，能够阻挡火焰穿透，但是由于玻璃自身的脆性，受热后易炸裂，碎片会从框架中脱出，从而无法阻挡火焰穿过。因此，在建筑物中有防火要求的区域，对玻璃的防火要求基于两点考虑：第一是玻璃必须完整，不能破裂开口或洞穿，以免造成空气流动促使直接火焰蔓延；第二是玻璃自身完整，且不能由于传热使易燃材料着火，间接造成火势扩展。

防火玻璃最主要的性能是耐火性能。《建筑用安全玻璃　第1部分：防火玻璃》(GB 15763.1—2009) 中，将建筑防火玻璃的耐火性能分为A和C两类。A类为隔热防火玻璃，耐火性能同时满足耐火完整性和耐火隔热性的要求；C类为非隔热防火玻璃，耐火性能仅满足耐火完整性要求。每类玻璃都有0.5h、1.0h、1.5h、2.0h和3.0h五个耐火极限等级。

依据《防火玻璃非承重隔墙通用技术条件》XF 97—1995的规定，防火玻璃的耐火性能分为Ⅰ、Ⅱ、Ⅲ、Ⅳ四个等级，分别满足1h、0.75h、0.5h、0.25h的耐火极限。

5.4.3 典型的防火玻璃

(1) 单片防火玻璃

单片防火玻璃由于质量轻，透光性和装饰性好，在高温下能保持透明，便于观察火情烟气情况，应用范围越来越广。

1) 夹丝（网）单片防火玻璃

普通夹丝玻璃是用压延法生产的一种安全玻璃，当玻璃液通过压延辊之间成型时，将具有一定图案且经过预热的金属丝或金属网压于玻璃板中，即制成夹丝玻璃。夹丝玻璃可分为夹丝压花玻璃和夹丝磨光玻璃，按厚度分为6、7mm和10mm，尺寸一般不小于600mm×400mm，不大于2000mm×1200mm。夹丝（网）玻璃所用的金属丝网和金属丝线分为普通钢丝和特殊钢丝两种，普通钢丝直径为0.4mm以上，特殊钢丝直径为0.3mm以上，夹丝玻璃应采用经过处理的点焊金属丝网。

单片夹丝（网）玻璃具有防火性和安全性两大特点。当火灾发生时，此类玻璃虽然产生裂纹，但由于金属丝网的支撑而不会很快崩落，并能在一定时间内阻止或延缓火焰的蔓延。在没有采取特殊措施的情况下，这种玻璃仅能经受30min的火焰耐火试验，几分钟后炸裂，30min后熔化并流液。对于面积有限的单片夹丝（网）玻璃板（小于0.065m^2），如果在玻璃边部钻孔，并用销钉把玻璃固定在窗框上，因玻璃附在金属丝上，而金属丝网挂在销钉上，其耐火时间可长达90min。这种玻璃的缺点是隔热性能差（发生火灾十几分钟后背火面温度高达400～500℃），丝网影响视野，难以满足高级建筑室内装饰的需要。

在安全性方面，当单片夹丝（网）玻璃受到猛烈撞击而破碎时，玻璃的碎片不会飞溅，可达到防止或减轻人身伤亡的效果；安装在门窗上，也有某种程度上的防盗作用。

2) 特种成分单片防火玻璃

特种成分单片防火玻璃是指采用的玻璃基片为特种成分的玻璃，而非普通成分的平板玻璃或浮法玻璃，例如硼硅酸盐防火玻璃、铝硅酸盐防火玻璃和微晶防火玻璃。

① 硼硅酸盐防火玻璃　该防火玻璃的化学组成一般是SiO_2含量为70%～80%，B_2O_3含量为8%～13%，Al_2O_3含量为2%～4%，R_2O含量为4%～10%。这种玻璃的特点是具有良好的化学稳定性，软化点高（约850℃），热膨胀系数低，在0～300℃时热膨胀系数为(3～40)×10^{-7}/℃，可用作耐热和防火玻璃。使用这种玻璃作为防火玻璃，一般厚度以6～8mm为宜。这种玻璃在国外一些发达国家中使用较为广泛。

② 铝硅酸盐玻璃　该玻璃的化学组成一般是 SiO_2 含量为 55%～60%，B_2O_3 含量为 5%～8%，Al_2O_3 含量为 18%～25%，R_2O 含量为 0.5%～1.0%，CaO 含量为 4.5%～8%，MgO 含量为 6%～9%。铝硅酸盐玻璃的主要特征是 Al_2O_3 含量高、碱含量低、软化点高（为 900～920℃），热膨胀系数为（50～70）×10^{-7}/℃。这种玻璃直接放在火焰上加热一般不会炸裂或变形。用作防火材料，玻璃厚度以 8mm 为宜，在安装使用时可以直接在玻璃上打孔和相配套的金属部件连接。目前，国内外利用铝硅酸盐玻璃作为防火玻璃还比较少。

③ 微晶防火玻璃　是在一定的玻璃组成中加入 LiO_2、TiO_2、ZrO_2 等晶核剂，玻璃熔化后再进行热处理，使微晶析出并均匀生长而形成的多晶体。这种玻璃的特点是具有良好的化学稳定性和物理力学性能，机械强度高，抗折抗压强度高，软化温度高（在 900℃以上），热膨胀系数小，特别是在 0～500℃温度范围内具有很低的热膨胀系数，仅为（4～5）×10^{-7}/℃，因此这种玻璃对加热过程中所出现的温差不敏感，具有很强的热稳定性，甚至可以经受住长达 240min 的火灾考验。这种玻璃在 1000℃时，短时间内也不会变形，可以对其反复加热冷却，在 800℃的情况下向其泼冷水也不炸裂。该玻璃中不加金属网，所以具有和浮法玻璃同样的透明度，同时又具有化学耐久性，可以进行切割加工。低膨胀微晶玻璃是未来建筑用防火玻璃的理想材料，但是与夹丝网玻璃和普通玻璃一样，耐高温的微晶玻璃隔热性能差，在火灾中，几十分钟后背火面温度就高达 400℃，辐射热强度达 $1.4\times10^3 W/m^2$ 以上，易引起可燃物质着火，影响人身安全。

（2）复合防火玻璃

1）夹层复合防火玻璃

夹层复合防火玻璃是将两片或两片以上的单层平板玻璃用膨胀阻燃胶黏剂（俗称防火凝胶）复合在一起而制成。在室温下和火灾发生的初期，夹层复合防火玻璃和普通平板玻璃一样具有透光和装饰性能；发生火灾后，随着火势的蔓延扩大，温度升高，凝胶发生分解反应，形成泡沫状的绝热层，使材料变成不透明，阻止火焰蔓延和热传递，把火灾限制在着火点附近的小区域内，起到防火隔热和防火分隔作用。但是，一般夹层复合防火玻璃都有微小的气泡及不耐寒、透光性差等问题，对使用效果有一定影响。

夹层防火玻璃还可以用压花玻璃、彩色玻璃和彩色凝胶等制成彩色防火玻璃，起到装饰和防火作用。

2）夹丝网复合防火玻璃（防火夹丝夹层玻璃）

夹丝网复合防火玻璃是在夹层复合防火玻璃的生产过程中，将金属丝网加入两层玻璃中间的有机胶片和无机浆体中。这种金属丝网不会影响玻璃的能见度，丝网加入后不仅提高了防火玻璃的整体抗冲击强度，而且能与电加热和安全报警系统相连接，实现多种功能。用于制造这种玻璃的金属丝网通常以不锈钢丝为宜。

（3）中空防火玻璃

中空防火玻璃是在有可能接触火焰一面的玻璃基片上，涂覆一层金属盐，在一定温度、湿度下干燥后，再加工成中空防火玻璃。中空防火玻璃集隔声降噪、隔热保温及防火功能于一体。可以根据用户的具体要求，生产单腔或多腔的中空防火玻璃，即使用两片或三片玻璃加工形成，并可以制成形状各异的中空玻璃防火门、窗、隔断、防火通道等。

(4) 多功能防弹防火玻璃

多功能防弹防火玻璃由多层优质浮法玻璃，采用特制防火黏结剂，经特殊夹层工艺复合而成，集防弹、防火、报警、隔声等性能于一体。24mm 厚的防弹、防火安全玻璃，自动步枪子弹无法穿透。

(5) 灌浆型防火玻璃

灌浆型防火玻璃由两层玻璃原片（特殊需要也可用三层玻璃原片），四周以特制阻燃胶条密封而成。中间灌注的防火胶液，经固化后为透明胶冻状，与玻璃黏结成一体。遇高温时，玻璃中间透明胶冻状的防火胶层会迅速硬结，形成一张不透明的防火隔热板，在阻止火焰蔓延的同时，也阻止高温向背火面传导。此类防火玻璃不仅具有防火隔热性能，而且隔声效果出众，可加工成弧形。适用于防火门窗、建筑天井、中庭、共享空间、计算机机房防火分区隔断墙。

5.5 阻燃材料

5.5.1 阻燃墙纸与织物

(1) 阻燃墙纸

纸是纤维素基质材料，十分易燃，由它引起的火灾会给人类造成巨大损失，因此纸的阻燃很早就引起人们的重视。

早在 20 世纪以前阻燃纸已经问世，各种类型的阻燃纸有着广泛的应用。如电气绝缘中的阻燃牛皮纸，飞船的登月舱中阻燃纸制品，包装材料工业中采用的阻燃纸板箱及纸填充料，建筑工业中采用的阻燃壁纸与其他建筑构件，用于保存有价值的文史资料的阻燃档案袋等。纸及纸制品的阻燃处理方法大致可以归纳为以下几种。

① 采用不燃性或难燃性原料，应用特殊的造纸技术，制造不燃或难燃纸。例如用石棉纤维或玻璃纤维为原料造纸，可制得不燃或难燃纸。这种方法古代就采用，但采用此法受到极大的限制。

② 向纸浆中添加阻燃剂。向造纸机内的纸浆中添加阻燃剂，使制造的纸阻燃化。此法的优点是阻燃剂能均匀地分散到纸内，阻燃效果好，生产工艺简单，但要求阻燃剂最好不具有水溶性。若阻燃剂水溶性大，要同时添加滞留剂，以减少阻燃剂在造纸过程中流失。

③ 纸及纸制品的浸渍处理，这种处理方法与木材的浸渍处理方法大致类同。将已成型的纸及纸制品浸渍在一定浓度的阻燃剂溶液中，经一定时间后取出、干燥，即可获得阻燃制品。这种处理方法对纸的白度、强度等性能有一定影响。

④ 纸及纸制品的涂布处理，将不溶性或难溶性阻燃剂分散在一定溶剂中，借助于胶黏剂（树脂），采用涂布或喷涂的方法，将该阻燃体系涂布到纸及纸制品表面，经加热干燥后得到阻燃制品。此法简单可行，节省阻燃剂。

目前国际上尚没有统一的标准测试纸及纸制品阻燃性能，各国采用氧指数法、垂直燃烧法、水平燃烧法等一般通用方法来测定其阻燃性。

（2）阻燃织物

随着科技的不断发展，纺织工业不断进步，纺织品种类不断增加，其应用范围从人们的日常生活扩展到工业、农业、交通运输业、军事、卫生等诸多领域。与此同时，由于纺织品不具备阻燃性而引起的潜在威胁也进一步增大，根据火因结果分析，因纺织品着火或因纺织物不阻燃而蔓延引起的火灾，占火灾事故的20%以上，特别是建筑住宅火灾，纺织品着火蔓延所占的比例更大。许多典型、重大火灾案例已证明了这一点。

1）阻燃织物分类

① 按纤维种类分类，可分为纤维素纤维织物、羊毛织物、合成纤维织物和混纺织物。合成纤维织物又分为涤纶织物、锦纶织物、腈纶织物及其他合成纤维织物。

② 按产品用途分类，可分为阻燃防护服用织物、交通工具内饰用织物和装饰用织物。阻燃防护服用织物方面以消防服、劳保服等为主。交通工具内饰用织物包括飞机、火车、汽车和轮船座舱内部的纺织品。装饰用织物包括窗帘、门窗、台布、床垫、床单、沙发套、地毯和贴墙布等。

③ 按整理工艺可分两种，一种是添加型，即在纺丝原液中添加阻燃剂整理；另一种是后整理型，即在纤维和织物上进行阻燃整理。

④ 按照织物阻燃整理可分三类：非耐久性整理（或称暂时性整理），不耐水洗，但有一定的阻燃性能；半耐久性整理，能耐1～15次温和洗涤，但不耐高温皂洗；耐久性整理，一般能耐水洗50次以上，而且能耐皂洗。

2）阻燃织物的燃烧性能

根据《阻燃织物》(GB/T 17591—2006）规定，阻燃防护服用织物、交通工具内饰用织物和装饰用织物的燃烧性能应达到表5.19的要求。

表5.19 阻燃织物燃烧性能（GB/T 17591—2006）

类别		项目	考核指标	
			B1级	B2级
装饰用织物		损毁长度/mm	≤150	≤200
		续燃时间/s	≤5	≤15
		阴燃时间/s	≤5	≤15
交通工具内饰用织物	飞机、轮船内饰用	损毁长度/mm	≤150	≤200
		续燃时间/s	≤5	≤15
		阴燃时间/s	未引燃脱脂棉	未引燃脱脂棉
	汽车内饰用	火焰蔓延速率/(mm/min)	≤0	100
	火车内饰用	损毁面积/cm^2	≤30	≤45
		损毁长度/cm	≤20	≤20
		续燃时间/s	≤3	≤3
		阴燃时间/s	≤5	≤5
		接焰次数/次	>3	

续表

类别	项目	考核指标	
		B1 级	B2 级
阻燃防护服用织物（洗涤前和洗涤后）	损毁长度/mm	≤150	—
	续燃时间/s	≤5	—
	阴燃时间/s	≤5	—
	熔融、滴落	无	—

5.5.2 阻火堵料及密封填料

发生火灾时，火势和烟毒气体往往通过电线电缆和塑料管道等穿越的孔洞向邻近场所蔓延扩散，使火灾事故扩大，造成严重后果。一般采用阻火堵料和密封填料堵塞孔洞缝隙，可以有效地阻止火灾蔓延和防止有毒气体扩散。

（1）防火堵料

防火堵料是用于封堵各种贯穿物，如电缆、风管、油管、气管等穿过墙壁、楼板时形成的各种开口以及电缆桥架的防火分隔，以免火势通过这些开口及缝隙蔓延的材料。阻火堵料的外观和使用方法与普通腻子相似，但具有极好的耐火特性。

阻火堵料分为以下几类。

1）柔性有机堵料

柔性有机堵料以有机材料为黏结剂，添加防火剂、填料等经碾压而成。该堵料长久不固化，可塑性很好，可以任意进行封堵。这种堵料主要用在建筑管道和电线电缆贯穿孔洞的防火封堵工程中，并与无机防火堵料、阻火包配合使用。

2）无机堵料

无机堵料是由几种无机材料组成的粉末状固体，与外加剂调和使用时，具有适当的和易性。使用时，加入适量的水调成均匀的糊状物即可使用。

无机堵料在固化前有较好的流动性和分散性，对于多根电缆束状敷设和层状敷设的场合，采用现场浇注这类堵料的方法，可以有效堵塞和密封电缆与电缆之间，电缆与壁板之间的各种微小空隙，使各电缆之间相互隔绝，阻止火焰和有毒气体及浓烟扩散。无机堵料属于不燃材料，在高温和火焰作用下，基本不发生体积变化而形成一层坚硬致密的保护层，其热导率较低，属不燃性材料，具有很好的防火和水密、气密性能。主要应用于高层建筑、电力部门、工矿企业、地铁、供电隧道工程等的各类管道和电线电缆贯穿孔洞。

3）阻火包

亦称耐火包或防火包，外层采用由编织紧密、经特殊处理耐用的玻璃纤维布制成袋状，内部填充特种耐火、隔热材料和膨胀材料，阻火包具有不燃性，耐火极限可达4h以上，在较高温度下膨胀和凝固。形成一种隔热、隔烟的密封，且抗潮性好，不含石棉等有毒物成分，常用于电力、电信、邮政、化工、工矿、企业、建筑当中，电缆、油管、风管、气管、金属管道等贯穿物穿过隔墙或隔层时所形成的空洞的封堵，特别适用于经常更换电缆的重要部位。

4）阻火模块

阻火模块是用防火材料制成的具有一定形状和尺寸规格的固体，可以方便地切割和钻孔，适用于孔洞或电缆桥架的防火封堵。阻火模块耐火时间长，最长可达到180min；由于采用无机膨胀材料和少量高效胶联材料，因此阻火模块的有效期可达15年以上；阻火模块耐水、耐油性能好，机械强度高、有弹性，隔热效果好，散热快，方便使用。

阻火堵料的理化特性应符合表5.20的规定。

表5.20 阻火堵料理化特性（GB 23864—2009）

项目	技术指标			
	柔性有机堵料	无机堵料	阻火包	阻火模块
外观	胶泥状物体	粉末状固体，无结块	包体完整，无破损	固体，表面平整
表观密度/(kg/m^3)	≤2.0×10^3	≤2.0×10^3	≤1.2×10^3	≤2.0×10^3
初凝时间 t/min	—	$10\leqslant t\leqslant45$	—	—
抗压强度 R/MPa	—	$0.8\leqslant R\leqslant6.5$	—	$R\geqslant0.10$
抗跌落性	—	—	包体无破损	—
腐蚀性/d	≥7，不应出现锈蚀、腐蚀现象	≥7，不应出现锈蚀、腐蚀现象	—	≥7，不应出现锈蚀、腐蚀现象
耐水性/d	≥3，不溶胀、不开裂；阻火包内装材料无明显变化，包体完整，无破损			
耐油性/d	≥3，不溶胀、不开裂；阻火包内装材料无明显变化，包体完整，无破损			
耐湿热性/h	≥120，不开裂、不粉化；阻火包内装材料无明显变化			
耐冻融循环/次	≥15，不开裂、不粉化；阻火包内装材料无明显变化			
膨胀性能/%	—	—	≥150	≥120

（2）密封填料

防火密封胶是一种封堵用的密封材料，具有密封与防火的双重性能，常为液态。防火材料阻火密封填料通常是双组分，即由主剂和固化剂组成，使用时现场配制进行灌注、浇注。有时阻火堵料和密封填料结合使用，效果会更好。

密封填料分为以下几类。

1）灌注型阻燃密封填料

主要成分为环氧树脂、固化剂、阻燃剂和其他填料。各组分按比例混合后，采用灌注方式填充在舰船舱壁、甲板、建筑物上的电缆贯穿处的孔洞，起到阻燃和水密作用。也可作为电气仪表等方面的灌封料使用。这种阻燃密封填料灌注工艺简单、使用方便，硬度适中且有弹性，阻燃性能良好，水密和气密性能均很好。

2）硬质聚氨酯泡沫塑料型阻燃密封填料

主要成分包括多元醇、PAPI、阻燃剂、稳定剂和催化剂等。使用时，将这几种成分按规定比例和先后次序混合，采用机械或手工方式灌注到船舶舱壁、甲板和建筑物上等电缆贯穿的地方，经发泡固化将孔洞缝隙密封。这种泡沫塑料型密封填料具有如下特点。

① 物料的渗透性强，发泡时张力大，填料与壁板、电缆等之间的黏结强度高，密封性能好。对电缆根数较多的成束电缆也有良好的密封作用。

② 成型后的填料表观密度小，且有一定的强度和韧性，有利于降低船体质量。

③ 使用工艺简单方便，固化成型时间短，可提高施工效率。

④ 修补方便，具有可拆性，增补电缆方便。

泡沫塑料型阻燃密封填料和可塑性阻火堵料结合使用，阻火效果更佳，既具有堵料的耐火性，又具有填料的密封性。

3）无机密封填料

其配方包括 A、B 两个组分，A 组分为粉料，B 组分为溶液。使用时，将 A、B 两组分按 4∶3（质量比）比例混合搅拌均匀，成为具有一定流动性的浆料，随即采用一般灌注或加压灌注法进行灌注。配料后一般要求在 15min 内使用完毕。制成的浆料通常 1h 凝固，4h 固化，1～7d 硬化。无机密封填料的浆料黏度适中，灌注方便，具有极佳的防火性能和很好的水密和气密性能。

4）嵌塞型阻燃密封填料

主要由含溴环氧树脂、聚酰胺固化剂、氢氧化铝和石墨等组成。该填料为双组分，1∶1 混合后呈胶泥状，可任意嵌塞使用，随后逐渐固化变硬。主要用于嵌塞电缆穿越的缝隙，也可广泛用于金属塑料管子的密封。具有防火和水密双重作用，达到国际上对电缆密封工艺的通用标准的要求；工艺简单，施工方便；耐冲击、震动性能持久，特别在露天环境下，经得起长期的海浪及雨水冲刷；物化性能稳定，可塑性和黏结性能良好。

5.5.3 阻燃型塑料

阻燃型塑料是指遇火焰不燃烧，或者不易燃烧，离开火焰后很快熄灭的塑料材料。

根据其组成可以分为两类，一类系塑料材料本身具有难燃结构，如聚氯乙烯、聚偏二氯乙烯、含氟塑料等，或者在分子内引入阻燃结构或阻燃元素的塑料；另一类是在普通可燃塑料中加入阻燃剂，构成的复合型耐燃塑料。

在制备复合型耐燃塑料时加入的阻燃剂有三大类，第一类是无机盐类，包括三氧化二锑、水合氧化铝、硼酸锌、氢氧化镁等，遇到火焰时吸收热量，阻碍火焰传播；第二类是含有卤化物和磷元素的有机化合物，其阻燃机理主要是捕获燃烧反应需要的自由基；第三类以聚苯咪唑类为代表，在燃烧时发生炭化，形成炭化层，从而阻止火焰传播。

阻燃型塑料在电线线缆、传送带、通信线路套管、消防设施中应用广泛，近年来建筑节能工程中有机保温材料引发的火灾事故频发，防火阻燃型塑料保温材料的发展势在必行。

思考题

1. 燃烧反应的实质是什么？燃烧的发生需要满足哪些条件？

2. 简述阻燃体系的工作机理。

3. 如何评价材料的防火性能？检验防火材料的性能有哪些方法？

4. 什么是防火涂料？如何分类？

5. 简述建筑防火涂料的工作机理。

6. 防火板材能否只考虑材料的可燃性？

7. 简述防火板材的基本特点。

8. 防火玻璃如何分类？其主要技术性能指标是什么？

9. 简述阻燃织物的种类及其发展趋势。

10. 简述防火堵料的分类及用途。

参考文献

[1] GB 8624—2012. 建筑材料及制品燃烧性能分级.

[2] GB 50016—2014. 建筑设计防火规范.

[3] GB 12441—2018. 饰面型防火涂料通用技术标准.

[4] GB 14907—2018. 钢结构防火涂料.

[5] GA 98—2005. 预应力混凝土楼板防火涂料通用技术条件.

[6] JC/T 564.1—2018. 纤维增强硅酸钙板　第1部分：无石棉硅酸钙板.

[7] JC/T 564.2—2018. 纤维增强硅酸钙板　第2部分：温石棉硅酸钙板.

[8] GB/T 9775—2008. 纸面石膏板.

[9] JC/T 412.2—2006. 纤维水泥平板　第2部分：温石棉纤维水泥平板.

[10] JC 688—2006. 玻镁平板.

[11] JC/T 626—2008. 纤维增强低碱度水泥建筑平板.

[12] GB/T 24312—2009. 水泥刨花板.

[13] GB/T 22412—2016. 普通装饰用铝塑复合板.

[14] GB/T 25998—2020. 矿物棉装饰吸声板.

[15] GB 15763.1—2009. 建筑用安全玻璃　第1部分：防火玻璃.

[16] GB/T 14656—2009. 阻燃纸和纸板燃烧性能试验方法.

[17] GB/T 17591—2006. 阻燃织物.

[18] GB/T 19981.2—2014. 纺织品织物和服装的专业维护、干洗和湿洗　第2部分：使用四氯乙烯干洗和整烫时性能试验的程序.

[19] GB 23864—2009. 防火封堵材料.

[20] JC/T 412.1—2018. 纤维水泥平板　第1部分：无石棉纤维水泥平板.

[21] JC/T 412.2—2018. 纤维水泥平板　第2部分：温石棉纤维水泥平板.

[22] 张雄. 建筑功能材料 [M]. 北京：中国建筑工业出版社，2000.

[23] 马保国，刘军. 建筑功能材料 [M]. 武汉：武汉理工大学出版社，2004.

[24] 张松榆，金晓鸥. 建筑功能材料 [M]. 北京：中国建材工业出版社，2012.

[25] 马一平，孙振平. 建筑功能材料 [M]. 上海：同济大学出版社，2014.

[26] 万小梅，金洪珠. 建筑功能材料 [M]. 北京：化学工业出版社，2017.

第6章

吸声与隔声材料

 **本章学习目标：**

1. 能够有效掌握建筑吸声和隔声材料（结构）的基本作用原理。

2. 熟悉吸声和隔声材料（结构）的分类和特性，了解常见的吸声和隔声材料（结构）的基本特性及使用范围。

3. 依据吸声和隔声材料（结构）的一般选用原则，能够根据声学工程使用需求合理选择声学材料（结构）。

6.1 概述

近年来，随着城市发展规模的不断扩大，城市中各种交通工具的使用或其他社会活动不可避免地会产生一些噪声，引起人们的相互干扰，如何在“嘈杂”而又便利的城市中拥有安静舒适的生活和工作环境成为大多数人关心的问题。使用建筑隔声和室内声学材料可以对环境噪声污染进行控制，并为室内创造良好的音质。

（1）声学与声学材料

建筑声学是研究建筑环境中声音的传播、声音的评价和控制的学科，是建筑物理的组成部分。其研究的主要目的有两个：一是给各种听音场所或露天场地提供产生、传播和接收所需要的声音（语言声或声乐）的最佳条件，称为室内声学或空间声学；二是排除或减少噪声和振动干扰，称为噪声控制。建筑声学的主要研究对象是声源、传声通道和听者之间的关系，研究的主要手段则是通过结构的合理设计以及对声学材料的适当应用，控制声音的传播，最终达到改善声音接收者的听闻感受的目的。

根据建筑声学用途要求而生产制作安装的建筑声学材料，主要包括吸声材料（结构）和隔声材料（结构）。它们可以是专门为改善听闻效果所采用的材料，如吸声石棉等；可以是建筑结构的一部分，如有很好隔声效果的混凝土墙；也可以兼具装饰功能，如带孔吸声天花板、大理石声反射墙。

(2) 吸声与隔声

声波入射到材料或结构表面时，有一部分声能被反射，另一部分声能被吸收（包括透射)。这种吸收特性，能使反射声能减少，从而降低噪声。这种具有吸声特性的材料和结构被称为吸声材料和吸声结构。

1) 吸声系数

吸声系数是表征材料和结构吸声能力的主要指标，分为垂直入射吸声系数（用 α_0 表示）和无规入射吸声系数（用 α_T 表示)，后者比较接近于实际，一般为实际工程所采用。

不同频率的声波具有不同的吸声系数，工程上通常采用 125、250、500、1000、2000、4000Hz 这 6 个频率的吸声系数来表示某一材料和结构的吸声特性。一般把 6 个频率的吸声系数的平均值大于 0.2 的材料称为吸声材料。而普通的砖墙、混凝土以及钢板、厚玻璃等质硬且表面光滑的材料，其平均吸声材料仅为 0.02～0.08，不能称为吸声材料。

2) 吸声量

吸声量用于表征某个具体吸声构件的实际吸声效果，定义为

$$A=\alpha S \tag{6.1}$$

式中 A——吸声量；

α——某频率声波的吸声系数；

S——围蔽结构的面积，m^2。

(3) 隔声材料和结构的基本特性

外部的声音通过围蔽结构传到建筑空间中，传进来的声能总是或多或少地小于外部的声能，故说围蔽结构隔绝了一部分作用于它的声能，这便称为隔声。

1) 透射系数

透射系数 τ 用于表征透过构件的声能 E_τ 与入射声能 E_0 的比值。

$$\tau=E_\tau/E_0 \tag{6.2}$$

材料隔声能力可以通过材料对声波的透射系数来衡量，透射系数越小，说明材料或构件的隔声性能越好。

2) 隔声量

用来表示构件对空气声的隔绝能力，它与透射系数的关系为

$$R=10\lg\frac{1}{\tau} \tag{6.3}$$

若一个构件透过的声能是入射声能的千分之一，则 $\tau=0.001$，$R=30\text{dB}$。τ 总是小于 1，R 总是大于 0；τ 越大则 R 越小，构件隔声性能越差；反之，τ 越小，R 越大，构件隔声性能越好。

同一材料和结构对不同频率的入射声波有不同的隔声量。在工程应用中，常用中心频率为 125～4000Hz 的 6 个倍频带或 100～3150Hz 的 16 个 1/3 倍频带的隔声量来表示某一个构件的隔声性能。

6.2 吸声材料

6.2.1 吸声材料的分类

(1) 按材料的化学组成分类

1）无机材料

① 金属　如穿孔型的铝板或钢板、泡沫型的铝吸声板等。

② 非金属　包括纤维类，如玻璃纤维、矿棉、岩棉等及其织物制品；颗粒类，如膨胀珍珠岩、陶土、矿渣、煤渣、膨胀蛭石等及其块体制品；板块类，如加气混凝土砌块、石膏板、石棉水泥板、预制开缝混凝土空心砌块等；泡沫类，如泡沫玻璃等。

2）有机材料

① 纤维类　如动物纤维中的羊毛及其毡毯制品，植物纤维中的麻丝、海草和椰子棕丝等。

② 板材类　如三合板、五合板、木纤维板、塑料板等。

③ 泡沫类　如软质聚氨酯泡沫塑料、脲醛泡沫塑料等。

④ 膜材类　如聚乙烯薄膜、乙烯基人造革、油毡、漆布等。

⑤ 织物类　如通气性帘幕、帆布等。

3）无机-有机复合材料

如以环氧树脂作憎水处理的超细玻璃棉、以有机物做成毡处理的酚醛矿棉毡、沥青矿棉毡、沥青玻璃棉毡、树脂玻璃棉毡等，以及以树脂作黏结剂的矿棉吸声板和岩棉吸声板等。

(2) 按材料吸声机理分类

① 多孔性吸声材料　由纤维类、颗粒类、泡沫类材料所形成的轻质多孔体。

② 共振吸声结构　单个共振器、穿孔板共振吸声结构、微穿孔板共振吸声结构、薄板共振吸声结构、薄膜共振吸声结构等。

③ 强吸声结构　对于在相当低频率的声波都具有极高的吸声系数。

(3) 按外观和构造特征分类

可以分为表 6.1 所列的几种基本类型。

表 6.1　主要吸声材料的基本类型

名称	例子	主要吸声特性
多孔材料	矿棉、玻璃棉、泡沫塑料、毛毡	中高频吸声好，背后留空腔还能吸收低频
板状材料	胶合板、石棉水泥、石膏板、硬纤维板	低频吸收较好
穿孔板	穿孔的胶合板、石棉水泥、石膏、金属板	中频吸收较好
吸声天花板	矿棉、玻璃棉、软质纤维等吸声板	透气的同多孔材料，不透气的同板状材料
膜状材料	塑料薄膜、帆布、人造革	吸收中低频
柔性材料	海绵、乳胶块	气孔不连通，靠共振有选择地吸收中低频

6.2.2 多孔性吸声材料

多孔吸声材料是普遍应用的吸声材料，大体上可以分为纤维材料、颗粒材料和泡沫材料三大类，见表 6.2。

表 6.2 多孔吸声材料基本类型

材料类别	主要种类	常用材料举例	使用情况
纤维材料	有机纤维材料	动物纤维：毛毡	价格昂贵，使用较少
		植物纤维：麻绒、海草、椰子丝	防火、防潮性能差，原料来源丰富
	无机纤维材料	玻璃纤维：中粗棉、超细棉、玻璃棉毡	吸声性能好，保温隔热，不自燃，防腐防潮，应用广泛
		矿渣棉：散棉、矿棉毡	吸声性能好，松散材料易因自重下沉，施工扎手
	纤维材料制品	软质木纤维板、矿棉吸声板、岩棉吸声板、玻璃棉吸声板、木丝板、甘蔗板等	装配式施工，多用于室内吸声装饰工程
颗粒材料	砌块	矿渣吸声砖、膨胀珍珠岩吸声砖、陶土吸声砖	多用于砌筑截面较大的消声器
	板材	膨胀珍珠岩吸声装饰板	质轻、不燃、保温、隔热、强度偏低
泡沫材料	泡沫塑料	软质聚氨酯泡沫塑料、脲醛泡沫塑料	吸声性能不稳定，使用前需实测吸声系数
	其他	泡沫玻璃	强度高、防水、不燃、耐腐蚀，价格昂贵，使用较少
		加气混凝土	微孔不贯通，使用较少
		吸声喷涂	多用于不易施工的墙面等处

6.2.2.1 多孔性吸声材料的构造特征、机理及影响因素

（1）多孔性吸声材料的构造特征

多孔性吸声材料的吸声性是通过其内部具有的大量内外连通的微小空隙和孔洞实现的。必须具备以下几个条件：

① 材料内部应有大量的微孔或间隙，而且空隙应尽量细小且分布均匀；

② 材料内部的微孔必须是向外敞开的，必须通到材料的表面，使声波能够从表面容易地进入材料的内部；

③ 材料内部的微孔一般是相互连通的，而不是封闭的。

（2）多孔性吸声材料的吸声机理

当声波沿着微孔或间隙进入材料内部以后，激发起微孔或间隙内的空气振动，空气分子运动与孔壁摩擦产生热，空气的黏滞性在微孔或间隙内产生相应的黏滞阻力，使空气的能量不断转化成微热能而被消耗，声能减弱；另外，在空气绝热压缩时，空气与孔壁之间不断发生热交换，也会使声能转化为热能，从而达到吸声的目的。

（3）多孔材料吸声性能的影响因素

多孔吸声材料的吸声性能除了与材料本身的特性（如流阻、孔隙率等）有关以外，在实际应用中，还与多孔材料的厚度、表观密度、材料背后空气层、材料表面处理以及温湿度等有关。

① 材料的厚度　增大厚度可以提高材料对低频的吸声能力，对高频影响不大。当厚度增加到一定程度时，吸声系数会随厚度的增加而逐步减慢提高速度。

② 空气流阻　流阻是空气质点通过材料间隙时的阻力。流阻低的材料，低频吸声性能较差，而高频吸声性能较好；流阻较高的材料中低频吸声性能有所提高，但高频吸声性能将明显下降。对于一定厚度的多孔性材料，应有一个合理的流阻值。

③ 孔隙率　吸声性能好的材料其孔隙率一般为70%～90%，其根本要求是空隙分布应均匀，空隙之间相互连通。

④ 表观密度　对于不同的材料，密度对其吸声性能的影响不尽相同。对于同一种材料，当厚度不变时，增大密度可以提高中低频的吸声性能，但比增加厚度所引起的变化要小。一般存在一个合理的范围，表观密度过大或过小都不利于提高材料的吸声性能。

⑤ 背后空气层的影响　在多孔吸声材料背后留出空隙，能够非常有效地提高中低频的吸声效果。该空气层与用同样材料填满的效果近似，工程中利用这一特性来节省材料。

⑥ 材料吸水对吸声性能的影响　多孔材料一般都具有很强的吸湿、吸水性，当材料吸水后，其中的气孔空隙就会减少，材料的吸声性能便会下降。

⑦ 材料护面层的影响　多孔材料一般都很疏松，整体性很差，直接用于建筑表面既不固定，又不美观，因此往往需要在材料表面覆盖一层护面层。护面层对吸声性能的影响很大。护面层一般包括网罩、塑料薄膜、穿孔板等。网罩主要包括塑料窗纱、塑料网、金属丝网、钢丝网等。网罩的开孔率较高，薄而轻，其声质量和声阻都很小，影响可以忽略；塑料薄膜一般是在吸声材料用于潮湿环境中时用做护面层，对于低频段的吸声性能的影响可忽略，但会降低高频段的吸声性能；穿孔板主要是以金属薄板、硬质纤维板、胶合板、石膏板和塑料板等加工而成的，当穿孔率较大时，对吸声性能的影响不大。

6.2.2.2　常用多孔性吸声材料

（1）纤维类吸声材料

纤维类吸声材料包括玻璃棉、矿渣棉、岩棉、软质纤维板、木丝板等。在《矿物棉装饰吸声板》(GB/T 25998—2020）中，将玻璃棉、矿渣棉和岩棉为主要原料生产的吸声板，合称为矿物棉装饰吸声板。

1）玻璃棉及其制品

玻璃棉及其制品既可用于保温隔热，也可以用于吸声材料。玻璃棉的吸声特性具有无机纤维类吸声材料吸声性的典型性，频谱状态符合多孔材料吸声频谱的特征。在中低频范围内，诸多影响因子中，厚度的影响最大。另外，纤维粗细的影响也比较明显，尤其是在吸声频谱的中高频段上。容重相同时，纤维直径越小，吸声材料的孔隙率就越大，孔结构越复杂，吸声材料的平均吸声系数也就越大。在设计和实际应用中，需同时指明玻璃棉的厚度和容重。

玻璃棉具有容重小、热导率小、不燃烧、耐热、耐腐蚀、防潮和吸声系数高等优点，但玻璃棉性脆、易折断，因此施工时一定要注意劳动保护，否则对皮肤的刺激性很大。超细玻璃棉则有所改进，但超细玻璃棉的吸水率高，不宜在潮湿的环境中使用，若要使用，必须用憎水剂（由硅油、环氧树脂、环氧丙烷丁基醚等配制而成）进行憎水处理。各种玻璃棉和玻璃棉装饰吸声板的性能指标分别见表6.3和表6.4。

表6.3 各种玻璃棉的一般性能指标

名称	纤维直径/μm	容重/(kg/m^3)	吸声系数（厚度50mm，频率500～400Hz）	备注
普通玻璃棉	<15	80～100	0.75～0.97	(1) 使用温度不能超过300℃ (2) 耐腐蚀性较差
普通超细棉	<5	20	≥0.75	(1) 一般使用温度不能超过300℃ (2) 在水的作用下，化学稳定性差，易受破坏
无碱超细棉	<2	4～15	≥0.75	(1) 一般使用温度为－120～600℃ (2) 耐腐蚀性强 (3) 纤维耐水性能好
高硅氧棉	<4	95～100	≥0.75	(1) 耐高温 (2) 耐腐蚀性强
中级纤维棉	15～25	80～100	≥0.075	(1) 一般使用温度不能超过300℃ (2) 耐腐蚀性较差

表6.4 玻璃棉装饰吸声板的产品规格及技术指标

名称	规格/mm×mm×mm	容重/(kg/m^3)	抗折强度/MPa	吸声系数			
				250Hz	500Hz	1000Hz	2000Hz
硬质玻璃棉装饰吸声板	16×300×400 16×400×400 30×500×500	300	1.6	0.13	0.30	0.59	0.78
半硬质玻璃棉装饰吸声板	40×500×500 50×500×500	100	—	0.29	0.62	0.74	0.71

2）矿渣棉及其制品

矿渣棉也称矿棉，是以工业废料矿渣（高炉矿渣或铜矿渣、铝矿渣等）为主要原料，经熔化、高速离心法或喷吹法等工序制成的棉丝状的无机纤维，具有无机纤维材料的一般优缺点。

矿渣棉具有质轻、防火、防蛀、热导率低、耐高温（达300～400℃）、耐腐蚀、化学稳定性强、吸声性能好等特点。但矿渣棉含杂质较多，有渣球，性脆易折断，甚至散成粉末。对皮肤也有刺激性，施工时要注意劳动保护，不宜在有气流扰动的场合使用。

矿渣棉用于制造矿棉吸声板，要注意发泡工艺，在表面作轧化或打孔处理，否则会由于胶结料填充孔隙，大大降低其吸声性能。矿渣棉吸声装饰板的技术指标见表6.5。

表6.5 矿渣棉吸声装饰板的技术指标

试验项目	技术指标
容重/(kg/m^3)	300～500

续表

试验项目	技术指标
抗弯强度/MPa	≥0.8
吸湿率/%	≤2
防火性能	自熄
热导率/[W/(m·K)]	≤0.57
平均吸声系数	≥0.49

3）岩棉及其制品

岩棉吸声性能较矿渣棉好，是一种质轻、吸声性高的新型材料。岩棉一般不直接使用，而是加入一定量的黏结剂，经预压后在高温下聚合、固化，定形为岩棉吸声饰面板。其特点是质轻、防火、吸声、隔热，且有一定的强度。岩棉吸声装饰板的技术指标见表6.6。

表6.6 岩棉吸声装饰板的技术指标

试验项目	技术指标	试验项目	技术指标
密度/(kg/m^3)	<200	吸湿率/%	<0.52
抗折强度/MPa	<0.40	防火性能	难燃
热导率/[W/(m·K)]	<0.04650	吸声系数	0.22～0.77

近年来，随着工艺的改进，出现了一些新型的岩矿类无机纤维材料。例如，以优质矿渣和硅石为原料的无机纤维，配上特制的防尘油而加工成的纤维粒状棉，可作为各类吸声板的原材料，吸声性能优良，具有防火和保温的优点。以天然焦宝石为原料的无机纤维，又称硅酸铝棉，是一种经2000℃以上电炉熔化，又经高压蒸汽或空气喷吹而成的定长短纤维，其耐高温性能优异，是高温工况中的优良吸声材料。

4）软质纤维板

软质纤维板是采用边角木料（主要是阔叶材，如椴木、水曲柳等的下脚料）、稻草、甘蔗渣、麻丝、纸浆等植物纤维，经切碎、软化处理、打浆加压成型的。成型好的软质纤维板还要经过表面处理（如贴以钛白纸或钻孔等），以满足装饰性、防火等要求。软质纤维板具有结构松软、多孔、略有弹性、隔热、吸声等特点，容重一般为220～260kg/m^3，不同于硬质纤维板。

5）木丝板

又称万利板，是先将木材下脚料经机械刨成均匀木丝，然后把用水浸湿的木丝、硅酸钠溶液、普通水泥和其他掺和料在搅拌机中拌和，搅拌均匀后，经铺模、冷压成型、干燥、养护等而成的一种吸声材料。木丝板成本价廉，具有一定的防潮性。注意不能将其与刨花板混为一谈。

(2) 泡沫类吸声材料

泡沫类吸声材料是具有开孔型特征的材料，如脲醛泡沫塑料、软质聚氨酯泡沫塑料等。闭孔型的泡沫材料主要用于保温隔热及仪器包装材料，不能作为吸声材料使用。

1）泡沫塑料

根据泡沫塑料强度、防潮、防火等方面的要求，目前用于吸声的主要是阻燃型的软质聚氨酯泡沫塑料和三聚氰胺泡沫塑料。常用形状规格为板状，故称为泡沫塑料吸声板。泡沫塑料另有硬质和软质之分，用于吸声的多为软质的。软质泡沫塑料按表面状态又分为平面型和波浪型两种，其中平面型还有表面覆膜与否之分。所谓覆膜，即覆以一层对吸声影响甚小，却能防尘、防水、防油，以免泡沫孔道堵塞，又便于清洗的塑料薄膜。

泡沫塑料吸声板的吸声性能较好，吸声系数一般随板厚提高，吸声效果与前述玻璃棉、岩棉等纤维多孔性材料相同。聚氨酯泡沫塑料吸声板的强度较大，柔韧性也较好，易于安装加工，不易损坏。三聚氰胺泡沫塑料吸声板的强度相对较小，也较易受损；但其泡沫具有吸声、隔热保温、耐热耐潮、性能稳定、阻燃防火等特性，无毒无味，环保安全，因此，在建筑及交通运输工具和设备的吸声、隔声和降噪工程中有着广泛的应用。

2）泡沫玻璃

泡沫玻璃孔隙率高、不燃、不腐、不吸湿、热胀小、尺寸稳定，除作为保温隔热材料之外，还有一定吸声性能，但不属于强吸声材料，可用于户外露天以及潮湿环境，如水下地下工程、游泳馆等场合的声学工程中。

与泡沫玻璃的结构和吸声性能相近的一种同为非纤维刚性泡沫结构的吸声材料是泡沫陶瓷，它是将陶瓷料浆附着于泡沫载体之上，经养护硬化或高温烧结而成的一种无机多孔吸声材料。与泡沫玻璃相比，泡沫陶瓷的密度较大，强度和刚度都更高，具有很强的耐候性，适用于户外及潮湿环境。

常用建筑材料中的加气混凝土也属于刚性泡沫型的板块材料。经声学研究，一般加气混凝土的孔结构属于连通型，虽然在高频段具有一定的吸声性能，但平均吸声系数却很低，在专业的吸声设计中很少采用，不过，它仍是建筑砌体材料中吸声性能最高的一种。

3）泡沫金属

泡沫金属的主要产品包括铝泡沫吸声板和铝粉末烧结板。铝泡沫吸声板的制造工艺有发泡法、渗流法、电镀法三种，分别采用发泡剂、可溶解填料以及泡沫塑料载体，以形成铝金属板体中的泡沫结构，所得泡孔尺寸较大，主孔径为1.6mm左右，因板厚仅为数毫米，所以材料流阻偏小，吸声性能并不太高。铝粉末烧结板则利用粒径为200μm的铝粉，经拌和、装模、烧结而成，所得产品孔隙微小、孔道曲折，板厚更小，为2.5～3.0mm，密度更低，面密度仅为3.5kg/m^3，因而吸声性能依然不高。这两种泡沫金属吸声板的共同特点是强度高、防火、耐水、抗冻、耐候、可循环回收、不污染环境，都是强吸声结构的重要组成部分。例如，利用共振吸声体结构，可以明显提高其吸声系数。

常用的泡沫类吸声材料吸声系数见表6.7。

表6.7　常用的泡沫类吸声材料吸声系数（除注明外均为管测法）

材料名称	厚度/cm	密度/(kg/m^3)	不同频率下的吸声系数					
			125Hz	250Hz	500Hz	1000Hz	2000Hz	4000Hz
脲醛泡沫塑料	10	—	0.47	0.70	0.87	0.86	0.96	0.97
	3	20	0.10	0.17	0.45	0.67	0.65	0.85
	5	20	0.22	0.29	0.40	0.68	0.95	0.94

续表

材料名称	厚度/cm	密度/(kg/m^3)	不同频率下的吸声系数					
			125Hz	250Hz	500Hz	1000Hz	2000Hz	4000Hz
聚氨酯泡沫塑料	2.5	40	0.04	0.07	0.11	0.16	0.31	0.83
	3	45	0.06	0.12	0.23	0.46	0.86	0.83
	5	45	0.06	0.13	0.31	0.65	0.70	0.82
	4	40	0.10	0.19	0.36	0.70	0.75	0.80
	6	45	0.11	0.25	0.52	0.87	0.79	0.81
	8	45	0.20	0.40	0.95	0.90	0.98	0.85
硬质聚氯乙烯泡沫塑料	2.5	10	0.04	0.04	0.17	0.56	0.28	0.58
			0.04	0.05	0.11	0.27	0.52	0.67
聚乙烯泡沫塑料	1	26	0.04	0.04	0.06	0.08	0.18	0.29
	3		0.04	0.11	0.38	0.89	0.75	0.86
酚醛泡沫塑料	1	28	0.05	0.10	0.26	0.55	0.52	0.62
	2	16	0.08	0.15	0.30	0.52	0.56	0.60
2cm聚氯乙烯泡沫塑料加4cm玻璃棉			0.13	0.55	0.88	0.68	0.70	0.90
2cm聚氯乙烯泡沫塑料加4cm玻璃棉，距墙6cm			0.60	0.90	0.76	0.65	0.77	0.90
泡沫玻璃砖	2	210	0.08	0.39	0.52	0.55	0.55	0.51
	3	210	0.13	0.29	0.51	0.51	0.55	0.59
	5	210	0.21	0.29	0.42	0.46	0.55	0.72
	5.5	340	0.03	0.08	0.42	0.37	0.22	0.33
泡沫水泥	7.5			0.03	0.26	0.29	0.33	0.38

(3) 颗粒类吸声材料

颗粒类吸声材料如膨胀珍珠岩、膨胀蛭石等，可以组成具有良好吸声性能的材料。

1）微孔吸声砖

微孔吸声砖是以工业废料煤矸石、锯末为主要原料，掺入石膏、白云石、硫酸，经干燥、焙烧制成的，其对低频声波有很好的吸收能力。它的容重为340～450kg/m^3，具有吸声、保温、耐化学品腐蚀、防潮、耐冻、防火、耐高温等优点，适用于地下工程大断面消声器用。

2）陶土吸声砖

陶土吸声砖是把碎砖瓦破碎，经筛选，与胶结剂、造孔剂经混合搅拌成型，高温焙烧而成的。这种吸声砖根据构造可分为实心吸声砖和空心吸声砖，在中高频均具有很高的吸声系数。它耐潮、防火、耐腐蚀，强度较高，适用于具有高速气流的强噪声排气消声结构中。

3）膨胀珍珠岩吸声板

膨胀珍珠岩吸声板是以膨胀珍珠岩为骨料，水玻璃、水泥、聚乙烯醇、聚乙烯醇缩醛或其他聚合物为黏结剂，按一定的配比混合，经搅拌成型、加压成型、热处理、整边、表面处理而成的一种轻质装饰吸声板。它具有防火、保温、隔热、防腐和施工装配化等优点，也适用于为地下工程及大断面消声器作吸声材料。

4）膨胀蛭石

膨胀蛭石是原料为蛭石的一种经人工加热膨胀所得的无机颗粒材料。与膨胀珍珠岩比较，膨胀蛭石的粒径范围较宽，通常为1～25mm；表观密度较小，为80～200kg/m^3；矿物组分和化学成分更加复杂，属于含镁、铁的水铝硅酸盐次生变质岩，耐碱不耐酸。作为吸声材料，膨胀蛭石的性能类似膨胀珍珠岩。

常用的颗粒类吸声材料吸声系数见表6.8。

表6.8　常用的颗粒类吸声材料吸声系数（除注明外均为管测法）

材料名称	厚度/cm	密度/(kg/m^3)	不同频率下的吸声系数					
			125Hz	250Hz	500Hz	1000Hz	2000Hz	4000Hz
微孔吸声砖	3.5	370	0.08	0.22	0.38	0.45	0.65	0.66
	5.5	620	0.20	0.40	0.60	0.52	0.65	0.62
	5.5	830	0.15	0.40	0.57	0.48	0.59	0.60
	5.5	1100	0.13	0.20	0.22	0.50	0.29	0.29
石英砂吸声砖	6.5	1500	0.08	0.24	0.78	0.43	0.40	0.40
矿渣膨胀珍珠岩吸声砖	11.5	700～800	0.31	0.49	0.54	0.76	0.76	0.72
纯矿渣吸声砖	11.5	1000	0.30	0.50	0.52	0.62	0.65	
加气混凝土	5	500	0.07	0.18	0.10	0.17	0.31	0.33
陶土吸声砖	11.5	1250	0.24	0.59	0.67	0.79	0.71	0.63
加气混凝土穿孔板	5	500	0.11	0.17	0.48	0.33	0.47	0.35
	6	500	0.10	0.10	0.10	0.48	0.20	0.30
泡沫混凝土	4.4 2.4 4.2 4.1	210 290 300	0.09 0.06 0.11	0.31 0.19 0.25	0.52 0.55 0.45	0.43 0.84 0.45	0.50 0.52 0.57	0.50 0.50 0.53
纯膨胀珍珠岩	4.0	250～350	0.16	0.28	0.51	0.76	0.73	0.60
水泥膨胀珍珠岩板	5 8	350	0.16 0.34	0.46 0.47	0.64 0.40	0.48 0.37	0.56 0.48	0.56 0.55
石棉蛭石板	3.4	420	0.22	0.30	0.39	0.41	0.50	0.50
蛭石板	3.8	240	0.12	0.14	0.35	0.39	0.55	0.54
石棉水泥穿孔板（厚4cm，ϕ9，穿孔率1%）后腔填5cm玻璃棉			0.19	0.54	0.25	0.15	0.02	

6.2.3　共振吸声结构

当吸声材料和结构的自振频率与声波的频率一致时，发生共振，声波激发吸声材料和结构产生振动，并使振幅达到最大，从而消耗声能，达到吸声的目的。因此，共振吸声材料和结构的吸声特性呈现峰值吸声的特点，即吸声系数在某一个频率达到最大，离开这个频率附近的吸声系数逐渐减小，远离这个频率的吸声系数很小。

常见的共振吸声结构一般分为两种：一种是空腔共振吸声结构；另一种是薄板或薄膜共振吸声结构。

(1) 空腔共振吸声结构

空腔共振吸声结构是结构中封闭有一定的空腔，并通过有一定深度的小孔与声场空间连通。

空腔共振吸声结构的吸声机理可以用亥姆霍兹共振器来说明，空腔共振吸声结构示意如图 6.1 所示。

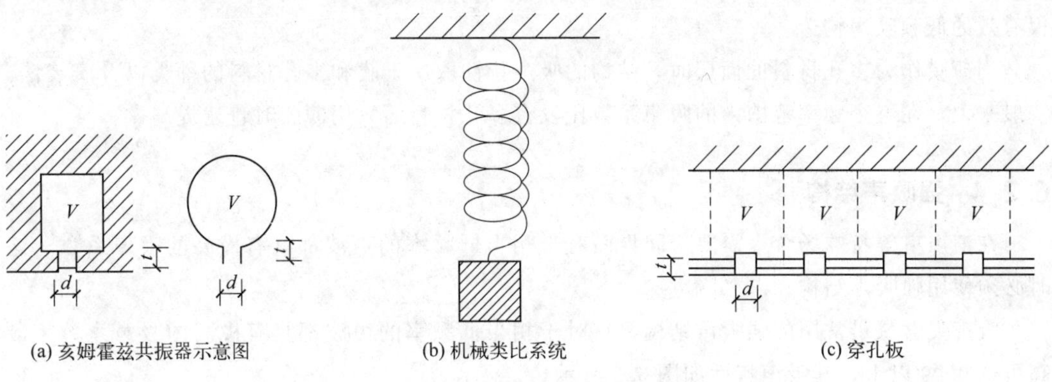

(a) 亥姆霍兹共振器示意图 (b) 机械类比系统 (c) 穿孔板

图 6.1 空腔共振吸声结构

t—孔的深度；d—孔径；V—空腔体积

当孔的深度和孔径比声波波长小得多时，孔径中空气柱的弹性变形很小，封闭空腔的体积比孔径大得多，起着空气弹簧的作用，整个系统类似弹簧振子。当外界入射声波频率与系统固有频率相等时，孔径中的空气柱由于共振而产生剧烈振动，在振动过程中，由于克服摩擦阻力而消耗声能。

穿孔板和微穿孔板就是典型的空腔共振吸声结构。在各种穿孔板、狭缝板背后设置空气层，或在空腔中加填多孔吸声材料，或专门制作带孔的空心砖，或空心砌块等形成的吸声结构，都是工程中最常见的空腔共振吸声结构。它们相当于许多亥姆霍兹共振器并列在一起，而吸声效果则得到了显著加强。这类结构取材方便，并有较好的装饰效果，所以使用较广泛，常用的有穿孔的石膏板、硬质纤维板、石棉水泥板、胶合板、钢板和铝板等。穿孔板结构具有适合于中频的吸声特性，且其吸声特性还受板厚、孔径、穿孔率、孔距、背后空气层厚度的影响。

在厚度小于 1mm 的薄板上钻孔，孔径为 0.8～1mm，穿孔率 P 为 1%～5%，并在薄板后设置空气层，由此构成微穿孔板吸声结构。当板后有一定间距的空气时，能起到穿孔共振吸声结构的作用。由于微孔板的穿孔细小、声阻较大，相比一般穿孔板结构，无论吸声系数还是吸声频带宽度，都有明显的增进，既能代替吸声材料，又能起到共振吸声结构的双重作用，因而是一种良好的宽频带吸声结构，特别适合在高温、高速气流和潮湿等恶劣环境下应用。工程上，常采用不同穿孔率的两层微孔板附带不同深度的两层空气层相复合，以拓宽吸声频带。随着微孔吸声理论的发展以及钻孔技术的提高，微孔板的材质范围已从传统的金属板扩展到塑料板、有机玻璃板、透光性聚合物膜、玻璃纤维织片等。

(2) 薄板或薄膜共振吸声结构

皮革、人造革、塑料薄膜等材料具有不透气、柔软、受拉时有弹性等特点，将其固定在框架上，背后留有一定的空气层，即构成薄膜共振吸声结构。某些薄板固定在框架后，也能与其后面的空气层构成薄板共振吸声结构。

吸声机理：声波入射到薄膜、薄板结构，当声波的频率与薄膜、薄板的固有频率接近时，膜、板产生剧烈的振动，膜、板内部和龙骨间摩擦损耗，使声能转变为机械振动，最后转变为热能，从而达到吸声的目的。

由于低频声波比高频声波容易使薄膜、薄板产生振动，所以薄膜、薄板吸声结构是一种很有效的低频吸声构造。

当薄膜作为多孔材料的面层时，结构的吸声特性取决于膜和多孔材料的种类以及安装法。一般来说，在整个频率范围内的吸声系数比没有多孔材料而只用薄膜时普遍提高。

6.2.4 强吸声结构

在消声室等特殊场合，需要房间界面对于相当低频率的声波都具有极高的吸声系数，这时必须使用强吸声结构。

吸声尖劈是最常用的强吸声结构，它对于相当低频率的声波都具有极高的吸声系数，最高可达 0.99 以上，其吸声特性如图 6.2 所示。

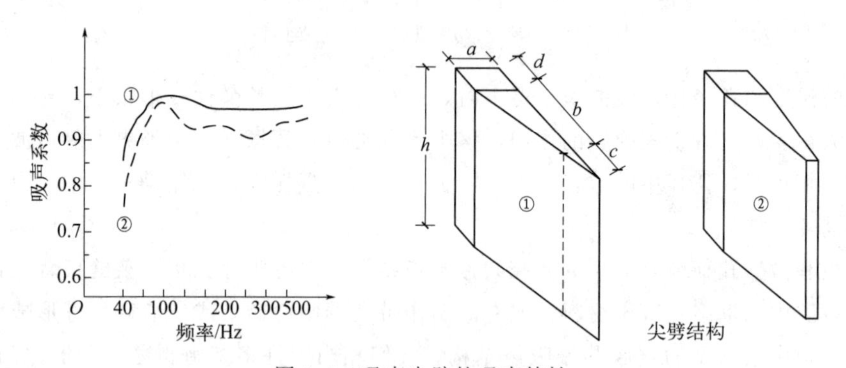

图 6.2 吸声尖劈的吸声特性

材料：玻璃棉；容积密度：40kg/m³；a=20mm，b=125mm，c=38mm，d=15mm

吸声系数要达到 0.99 以上在中高频容易实现，而在低频比较困难，达到此要求的最低频率称为“截止频率” f_c，并以此表示吸声尖劈的吸声性能。

吸声尖劈的截止频率与多孔材料的品种、吸声尖劈形状尺寸和尖劈后有无空腔及空腔尺寸有关。一般 f_c 可用 $0.2c/L$ 来估算，其中 c 为声速，L 为吸声尖劈的尖部长度。按照这个估算方法，L 越长，截止频率越低，即材料高效吸声的频率范围越宽。但实际使用中一般不允许过长以及太尖的吸声尖劈，所以常采用截去部分（10%～20%）尖劈的做法，使吸声尖劈不会占据太大的空间并有利于安全。

一些著名消声室内吸声尖劈的截止频率见表 6.9。

表 6.9 一些著名消声室内吸声尖劈的截止频率

消声室	尖劈材料	结构尺寸	截止频率/Hz
南京大学 (1964 年)	酚醛玻纤板 (容积密度 90kg/m³)	尖劈长 1m，空腔 15cm， 总长 115cm，底部 40cm × 40cm	65～70

续表

消声室	尖劈材料	结构尺寸	截止频率/Hz
哈佛大学（1947年）	甲醛玻纤板（容积密度 $40kg/m^3$）	总长 144cm，底部 20cm × 20cm	70
美国国家标准局（1972年）	玻纤板（尖部容积密度 $48kg/m^3$，基部容积密度 $17.6kg/m^3$）	尖劈长 167.6cm，空腔 10.2cm，总长 177.8cm，底部 61cm × 61cm	50
丹麦技术大学（1968年）	矿渣棉板（容积密度 $120kg/m^3$）	尖劈长 145cm，空腔 5cm，总长 150cm，底部 30cm × 30cm	60
日本通用电讯研究所（1959年）	玻纤板（尖部容积密度 $30kg/m^3$ 基部容积密度 $60kg/m^3$）	尖劈长 80cm，空腔 15cm，总长 95cm，底部 20cm × 20cm	100
西德哥丁根大学（1953年）	玻纤板（容积密度 $150kg/m^3$）	尖劈长 90cm，空腔 12cm，总长 102cm，底部 13cm × 13cm	80
苏联物理技术和无线电研究所（1961年）	玻纤板（容积密度 $150kg/m^3$）	尖劈长 1m，空腔 10cm，总长 110cm，底部 40cm × 40cm	80

强吸声结构中，除了吸声尖劈以外，对于平界面的多孔材料，只要厚度足够大也可做到在宽频带中有强吸收。这时，若从外表面到材料内部其容积密度从小逐渐增大，则可以获得类似尖劈的吸声性能。而对于吸声尖劈，如果填充尖壁的多孔材料的容积密度能从外向里逐步增大，则可以在同样的截止频率下减小尖劈的长度。

6.3 隔声材料

6.3.1 隔声能力的表述与分类

隔声是用隔声材料或结构等把声能屏蔽掉，从而降低噪声辐射危害。如轻轨或公路两侧用于隔断交通噪声的隔声屏、生产车间内部的隔声屏罩等。在民用建筑（如住宅、学校、旅馆、医院等）中，为达到居住或工作时一定程度的环境安静要求，建筑围护结构和特殊部位或构件要求必须具备相应的隔声性能。

一般而言，声能在传播介质中作用于材料表面时，声能一部分会被反射；一部分穿透材料，传播至另一侧；还有一部分由于构件材料的振动或在其中传播时与周围介质摩擦，由声能转化成热能，声能被损耗。声音传入构件材料表面传播路径如图 6.3 所示。

根据能量守恒与转换定律：

$$E_{\lambda}=E_{A}+E_{r}+E_{\tau} \tag{6.4}$$

透声系数能够衡量声能损失的大小，透声系数越小能量损失越大。透声系数的定义为

$$\tau=\frac{E_{\tau}}{E_{\lambda}} \tag{6.5}$$

其中，$\tau<1$。τ 值越小，材料的隔声性能越好，一般隔声构件的隔声系数为 $10^{-1}\sim10^{-6}$。

作为声学中的物理量之一，隔声量和透声量一样，也可以反映一个隔声材料或结构的声学能量传递特性，隔声量按式(6.3) 进行计算。

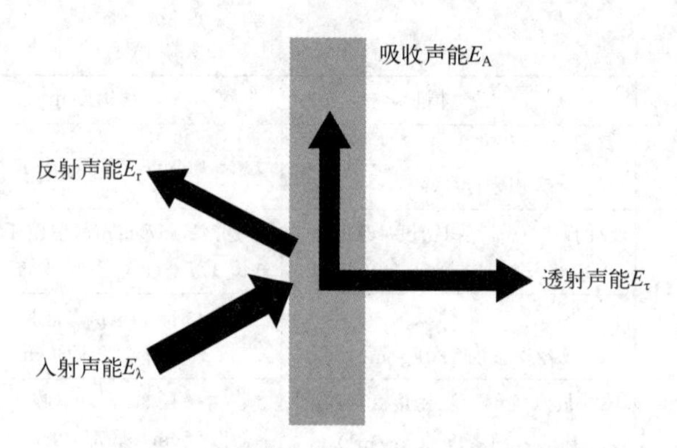

图 6.3　声音传入构件材料表面传播路径

凡是能用来阻断噪声的材料，均统称为隔声材料。严格意义上说，几乎所有的材料都具有隔声作用，其区别是不同材料间隔声能力大小不同。隔声材料与吸声材料存在较大的不同，隔声材料性能主要是减弱透射声能，阻挡声音的继续传播，材质应该是重而密实，所以隔声材料则多为沉重、密实性材料。因此，隔声材料与吸声材料材质的轻质、多孔、疏松性能相反。通常隔声性能好的材料其吸声性能就差，同样吸声性能好的材料其隔声性能较弱。但是，如果将两者结合起来应用，则可以使吸声性能与隔声性能都得到提高。实际工程应用中常采用在隔声硬质基板上铺设高效吸声材料制作隔声墙的方法，以阻挡、吸收声音，使声音能量损耗大幅度提高，从而达到极好的隔声效果。

6.3.2　空气声隔绝

空气声或“空气传声”是由声源的振动引起周围空气质点的振动，并以疏密相间的纵波形式向四周传播，称为空气声。如说话、唱歌、拉小提琴、吹喇叭等都产生空气声。它可以通过走廊、门窗入口、管道、孔洞、缝隙传播到相邻或更远的房间；也可以激发起墙与楼板的振动，而把声能传递并辐射到邻室去。

对于空气声的隔声应选用不易振动的单位面积质量大的材料，如选用密实、沉重的材料(如黏土砖、混凝土、厚重板材等)。同一种材料由于面密度不同，其隔声量也存在比较大差异。隔声量遵循质量定律原则，即隔声材料的单位面密度越大，隔声量就越大，面密度与隔声量成正比例关系。

（1）单层均匀密实墙的空气声隔绝

单层均匀密实墙的隔声性能与入射声波的频率有关，其隔声的频率特性取决于墙本身的单位面积质量、刚度、材料的内阻尼以及墙的边界条件等因素。单层均质墙的隔声频率可以分为以下四个特征区域。

刚度控制区：刚度控制是指在激励力的频率远比受迫振动系统的共振频率低的频段内，振动系统的阻抗主要由系统的刚度决定；振动的位移近似与频率无关，而与刚度成反比。刚度控制区的频率范围从零直到墙体的第一共振频率为止，此区域内，墙板的隔声量与墙板刚度和声波频率的比值成正比，墙板的隔声量随着入射声波频率的增加而以每倍频程 6dB 的斜率下降。在刚度控制的频率范围内，对于隔声构件来说，构件刚性越大，隔声越好。在低频范围内，隔声量与墙体的刚度成正比。

阻尼控制区：当入射声波的频率和墙板固有频率相同时，引起共振，即进入阻尼控制区，此频段区隔声量最小，随着入射声波频率的增加，共振现象越来越弱，离墙板固有频率越来越远，直至共振消失。

质量控制区：随着声波频率的提高，共振影响逐渐消失。在增高频率的声波作用下，墙板的隔声量受控于墙板惯性质量。该频段区域内，隔声量随入射声波频率的增加而以斜率为6dB/倍频程直线上升。

吻合效应区：所有材料都有一定的弹性性能，隔声材料也不例外。当声波入射时便会激发材料振动并在材料或构件内传播。当声波不是以垂直角度入射墙面而是与墙面呈某一角度 θ 入射时，声波波前会依次到达墙板表面，而先到墙面的声波激发墙板弯曲振动，弯曲波沿隔层横向传播，若弯曲波传播速度与渐次到达隔层表面的后续声波速度一致，后续声波便会强化墙板弯曲波的振动，这一现象称为吻合效应。在该特征频段区域内，随着入射声波频率的升高，墙体隔声量反而下降，隔声曲线上出现一个深深的低谷，越过低谷频段后，会以每一倍频程频率下隔声 10dB 的趋势上升，最后隔声量逐渐接近质量控制。理论和试验均表明，具有材质轻、薄、柔等特性的墙体临界频率变高，其吻合效应就弱；而材质具有厚、重、刚等特性的墙临界频率变低，其吻合效应增强。吻合效应的作用因素比较复杂，不仅与材料的面密度有关，还与材料的弹性模量、厚度、泊松比等条件有关。在一定范围内减小面密度，吻合频率会变高，而且吻合效应会变弱，对隔声是有利的。

隔声材料的单位面密度越大，隔声量就越大，面密度与隔声量成正比例关系，通常单位面积质量每增加一倍，隔声量增加 6dB，这一现象通常称为“质量定律”。对于单层重墙，面密度大于 250kg/m^2，如 120mm 厚砖墙，90mm 厚空心混凝土砌块、100mm 厚混凝土墙板等，隔声量可达 45dB 左右，面密度超过 500kg/m^2 的 240mm 厚砖墙、200mm 厚混凝土墙等的隔声量可达 50～55dB。因此，隔声量遵循质量原则。

（2）双层墙的空气声隔绝

从质量定律可知，单层均匀密实墙的单位面积质量增加一倍，如果墙体材料不变，厚度增加一倍，隔声量只增加 6dB，实际上还不到 6dB。显然，通过增加墙的厚度来提高隔声量是不经济的，只是简单地增加了结构的自重，而不是有效的隔声方法。如果把单层墙一分为二，如图 6.4 所示，做成双层墙，之间留有空气层作为隔层，则墙的总质量不变，而隔声性却比单层厚墙有了提高。

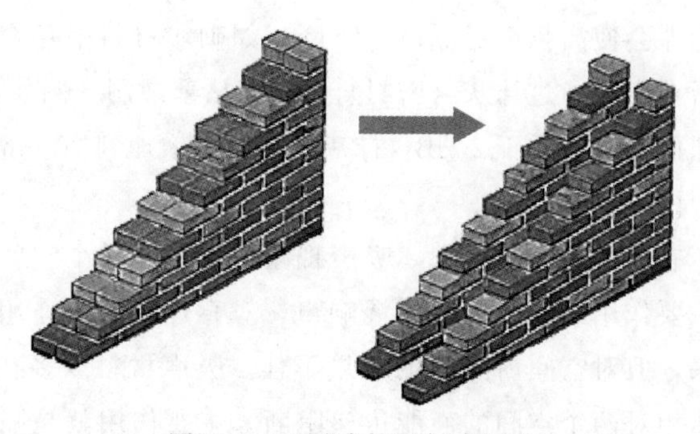

图 6.4　双层墙的空气声隔绝

双层墙可以提高隔声能力的主要原因是空气间层的作用。空气间层可以看作是与两层墙板相连的“弹簧”，声波入射到第一层墙板时，墙板发生振动，此振动通过空气间后传给第二层墙板，再由第二层墙板向另一室振动辐射声能。由于空气间层的弹性变形具有较强的减振作用，故传递给第二层墙体的振动大大减弱，从而提高了墙体的总隔声量。双层墙的隔声量可以用单位面积质量等于双层墙（两侧墙体）单位面积质量之和的单层墙的隔声量再加上一个空气间层附加隔声量表示。

（3）轻型墙的空气声隔绝

由于历史发展原因，以前的建筑隔墙习惯采用黏土砖、混凝土等厚重墙体，如厚度为370mm的黏土砖墙，其隔声量为50dB以上，隔声效果好。随着社会经济及建筑技术快速发展，当今的建筑隔墙已发生了根本性的变化。基于环境保护及经济原因，新型建筑体系的材料应用呈现出轻质、高强、环保的特点，隔墙结构不可避免地趋向于轻薄。轻质墙体的隔声量普遍较低，单层墙一般都达不到50dB。这与传统的黏土砖墙相比隔声效果要差。由于轻质隔墙的面密度受限制，若提高轻质墙的隔声量，则应采用双层或多层复合构造，通过技术性构造来提高其隔声效果，主要措施如下：

① 采用夹层或多层结构，并在两层墙之间留一定空气层间隙，由于空气层具有弹性层作用，可使总墙体的隔声量超过质量定律。若能在夹层中填充吸声性能好的轻质吸声材料则效果更佳，比重质的双层墙效果更为显著。

② 按照不同板材所形成的固有的吻合临界频率而进行合理的搭配组合使用，以避免吻合临界频率落在重要声频（100～2500Hz）的范围内。

③ 轻型板材常需固定在钢件龙骨上，双层墙在空气间层内应尽量避免固体的刚性连接，固体刚性连接易形成声桥。若有声桥存在，则会破坏空气层的弹性层作用，使隔声量下降。如果在板材和龙骨之间垫上弹性垫层，则隔声量会有较大提高。但是，对空心板、空心砌块建筑构件以及砌筑起来的空斗墙等，其内空腔不能误认为是能起隔声作用的空气层。因为这些空腔的周围是刚性连接的声桥，不起空气层的弹性作用。例如同材质的空心板与实心板相比，在面密度相同时，前者的隔声量低于或近似等于后者的隔声量。

④ 提高薄板或结构的阻尼，如在薄板上粘贴厚达3倍左右的沥青玻璃纤维或沥青麻丝等材料，可以有效削弱共振和吻合效应，达到隔声效果。

⑤ 抹灰层增加隔声量，墙体孔洞与缝隙对隔声有极大的不利影响，“漏气”就要漏声，墙体上细微的孔洞、缝隙会使高频声音隔声量下降。如砌块材料中存在大量相互贯通的小孔和缝隙，砌筑成墙体后在表面通过抹灰（密封）处理以堵塞漏洞。例如，某190mm厚陶粒空心砌块砌筑的墙体，裸面隔声量低于20dB，抹灰层的厚度增加到30mm以后，墙体的隔声量达到50dB。

虽然，吸声和隔声有着本质上的区别，吸声现象是指对同一个空间内，通过吸声手段改变室内声场的特性，主要作用是吸收室内的混响声，对直达声不起作用，也就是说吸声可提高音质，实现听音效果，但对空间内降噪的效果不佳。吸声材料以多孔、疏松、透气的材质为主要特征。隔声是指相对两个空间的声能传递阻断，主要作用就是隔断声音从一个空间传播到另一个空间，以达到防止噪声干扰的效果。隔声材料的材质以密实无孔隙、有较大的重量为主要特征。但在具体的工程应用中，常常将二者结合在一起，以发挥综合的降噪效果。从理论上讲，加大室内的吸声量，相当于提高了分隔墙的隔声量。因此在进行降噪处理时都是吸、隔声相结合来治理，即运用隔声隔断外来的噪声，以及防止室内噪声传于外面，再用吸声调解室内的混响声。

简单地说，提高轻型墙隔声量的措施就是多层复合、薄板叠合、弹性连接、加填吸声材料、增加结构阻尼等。

6.3.3 固体声隔绝

如果某种声源不仅通过空气传递声能，而且在固体表面，振动以弯曲波的形式横向传播，便能激发建筑物的地板、墙面、门窗等结构振动，再次向空中辐射噪声，这种通过固体传导的声叫做固体声。例如大提琴声、脚步声以及电动机、风扇等产生的噪声即为典型的固体声或“固体传声”。

此外，撞击声是建筑空间内结构（通常是楼板）在外表面被直接撞击而激发的，楼板因受撞击而振动，并通过房屋结构的刚性连接而传播，并以辐射声能形式向另一空间以空气声传给接收者。因此，固体声的隔绝措施如下：

① 使振动源撞击楼板激起的振动响应减弱，主要通过治理振动源和隔振措施来达到，如在楼板铺设弹性阻尼面层等，常用的材料是地毯、橡胶垫、地漆布、塑料及木质地板等。通常对中高频的撞击声级有较大的改善，如果材料的厚度大且柔性好，则对低频撞击声也有较好的改善作用。

② 阻断振动在楼层结构中的传播途径，如在楼板和承重结构之间设置弹性垫层，通常称为“浮筑楼面”，如图 6.5 所示。浮筑楼面是在楼板面层和结构层之间设置弹性垫层，以减弱面层传向结构层的振动能。浮筑楼面的四周和墙交接处不能做刚性连接，而应以弹性材料填充，整体式浮筑楼面层要有足够的强度和合理的分缝，以防止面层开裂。

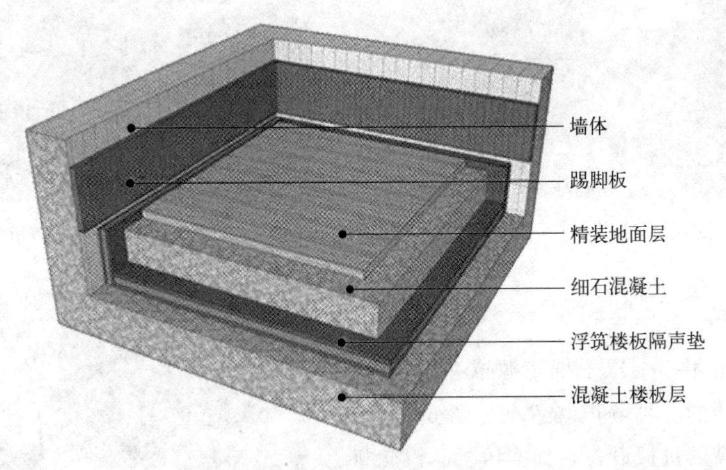

图 6.5　浮筑楼面固体声（撞击声）隔绝

③ 阻断振动结构向另一空间辐射声波，如通常做隔声吊顶，以减弱楼板向下辐射空气声。其隔声可以按质量定律估算。单位面积质量越大隔声效果越好，若吊顶内铺设吸声材料，或楼板与吊顶之间采用弹性连接隔声效果好。

6.3.4 常用隔声结构

（1）隔声间

隔声间是指在噪声强烈的环境中建造的有良好隔声性能的小房间，形成局部空间安静的小室（见图 6.6）。隔声性能良好的小房间内可以通风通电，以便于工作人员在其中操作、控制及观察噪声工作现场的各部分工作。

隔声间的外侧墙体和顶棚材料一般采用隔声性能良好的木板、砖料、混凝土预制板、石膏板或薄金属板等。内侧采用多孔铝板，优质的吸音棉、隔声材料和阻尼涂料等，以提高吸收噪声效果；观察口使用隔声窗，人员进出通道采用隔声门和隔声迷道等。

（2）隔声屏障

为了遮挡声源和接收者之间直达声，在声源和接收者之间插入一个设施，使声波传播有一个显著的附加衰减，从而减弱接收者所在的一定区域内的噪声影响。按材料种类分主要包括全金属隔声屏障、全玻璃钢隔声屏障、耐力板（PC）全透明隔声屏障、高强水泥隔声屏障、水泥木屑复合隔声屏障等。

隔声屏障的作用是阻止直达声的传播，隔离透射声，并使反射声有足够的衰减。声波遇到隔声屏障时，首先会发生声反射，并在障碍物背后一定距离范围内形成“声影区”，其区域的大小取决于声音的频率高低。高频声波波长较短，容易被阻挡，低频声波波长较长，容易绕射过去，所以声屏障对低频噪声的隔声效果是较差的。道路隔声屏障如图 6.7 所示。

图 6.6　隔声间

图 6.7　道路隔声屏障

（3）隔声罩

隔声罩是指用一个罩子把声源罩在内部，控制声源噪声外传的一种隔声装置（见图 6.8）。某些声功率级较高的机械设备，如空压机、汽轮机、风机、球磨机、发电机、汽轮机等，可采用隔声罩降低噪声对环境的影响。隔声罩外壳由一层不透气的具有一定重量和刚性的金属材料制成，一般用 2～3mm 厚的钢板，铺上一层沥青浸透的纤

图 6.8　隔声罩

维材料（用沥青浸渍麻袋布、玻璃布、毡类或石棉绒等）阻尼层。附加阻尼层是为了避免发生吻合效应和低频共振。要求高的隔声罩可做成双层壳，内层较外层薄一些；两层的间距一般为6～10cm，填以多孔吸声材料。罩的内侧附加吸声材料，再覆一层穿孔护面板，以吸收声音并减弱空腔内的噪声。在罩和机器、罩和基础之间，通常填以橡胶垫。对于隔声罩的活门和观察孔等要做好密封以防振动或声音外泄。在隔声罩上需设置散热设备的，其通风管道要有消声结构，或者装消声器。

6.4 声学材料的选用原则

建筑使用功能不同，对声学材料（结构）的要求也不相同。其中，剧场、演讲厅、歌剧院、电影院等这些对声学要求较高的大型建筑，不仅要考虑声学材料及其微观结构对声音的影响，而且要考虑建筑宏观结构及布局对建筑内各接收点音质、音量等的影响，所以，在建筑设计时必须按照室内声学的原理进行考虑。对大多数室内环境来说，声学材料（结构）不但要具备吸声、隔声或声反射的功能，一般还要兼具内装修的功能。同时，要考虑到吸声材料（结构）的耐久性、成本以及与建筑结构的相容性等。因此，对声学材料（结构）的选用要根据具体情况来决定。

如果主要目的是在整个音频范围内获得均匀的混响时间，则选择的内装修吸声材料应能在整个音频范围内产生均匀（不需要很高）的吸声特性。如果采用中频和高频吸声构造（穿孔板共振器或窄缝共振器）的效果较好，可以安装适当数量低频薄板吸声构造来平衡过量的中频和高频吸收。如果需要消除或避免有害的反射声（如回声、延迟时间很长的反射声），则必须用高吸声的材料来处理有害的反射面。

（1）室内声学材料的选用原则

在选择吸声的内装修材料或构造时，除以上所述，下列各方面通常应予以考虑：

① 音频范围内有代表性频率的吸声系数值。

② 耐久性（抗撞击性、机械损失和耐磨损）。

③ 维护、清扫、重新装饰对吸声效果的影响和维护费用。

④ 施工条件（安装吸声材料时的温湿度，以及底面的准备程度）。

⑤ 房间各部件（门、窗、灯具、格棚、散热器等）与吸声内装修的完整性。

⑥ 厚度和自重。

⑦ 要求有适当的隔声能力（在做悬挂吊顶和外围结构的情况下）。

（2）声屏障的声学设计原则

在声屏障设计中应注意的事项如下。

① 用于室内声屏障的一侧或两侧贴衬吸声材料可使降噪效果明显改善。若仅在一侧贴衬吸声材料，吸声面应朝向声源。

② 用于室外的声屏障，例如交通干线两侧，则在面朝道路侧均需贴衬吸声材料。若仅在道路一侧屏障，则附加吸声材料的作用甚微，一般可以省略。

③ 声屏障的隔声设计要适当，因实用声屏障高度均有一定限制，故插入损失值不会太大。

④ 工程设计中只要使屏障结构的隔声量比要求的插入损失值大致高 10dB 已足够。

⑤ 声屏障应该有足够的高度，以利于增大声程差。差值越大，则插入损失也越加明显。

⑥ 声屏障的宽度在室内至少取其高度的 1.5～2 倍，最好是 4～5 倍；而在室外，则最好是 10 倍以上。

⑦ 声屏障的设置应尽量靠近声源。活动式隔声屏与地面的间距应减小到最小尺寸。

（3）隔声罩的设计和选用原则

构件制作中，应选用轻质复合结构，如外壁用薄的金属板或非金属硬板，内侧涂刷阻尼层，并贴敷高效吸声材料层。

隔声罩内壁面与机器设备之间应留出一定空间，通常应留出设备所占空间 1/3 以上。各内壁面与设备空间距离不得小于 100mm。

吸声材料层各频率的平均吸声系数至少为 0.5，还需兼顾防火、防腐、防潮以及化学性气体侵蚀。

避免声源与罩壁之间刚性连接，与地面结合缝应防止漏声。若地坪有较强振动，则罩底周边需垫衬弹性条板，或在声源与地面间采用隔振措施。

体积较大的设备或需经常维修的，可将罩壁制作成组装式单元，但需特别注意到结合处的密封措施。

某些机器设备，必须要有通风散热装置时，需附加通风消声装置，消声量应与罩的隔声效果相当。

思考题

1. 隔声材料的声学特性与吸声材料有何区别？隔声材料的隔声差异与材料的哪些自身构成特性有关？举例说明。

2. 我国城市居民、文教区的昼间环境噪声等效声级是如何规定的？

3. 空气声有何声学特点？试述空气声的隔声选用材料特点及原因。

4. 什么是材料的隔声量？均质墙的质量与隔声之间的有什么关系？

5. 单层均匀密实墙的隔声性能的隔声频率可以分为哪几个特征区域？各有何特点？

6. 什么是质量定律？双层墙为什么能提高隔声能力？

7. 轻型墙的空气声隔绝是否违反“质量定律”？轻型墙的隔声原理是什么？

8. 固体声传播有何特点？隔绝措施有哪些？

9. 隔声间、隔声屏障、隔声罩在结构和功能上各有什么特点？

10. 声学材料的选用原则一般包括哪些？各基于哪些原因？

11. 多孔吸声材料与共振吸声结构各有怎样的吸声机理及特性？

12. 多孔吸声材料吸声性能的影响因素有哪些？

13. 声音的计量从主观和客观上分别有哪些物理量？

14. 多孔性吸声材料必须具备什么样的条件？

15. 浅谈吸水后是如何对吸声材料的吸声性能产生影响的？

参考文献

[1] 马保国，刘军．建筑功能材料［M］．武汉：武汉理工出版社，2004.

[2] 万小梅，全洪珠．建筑功能材料［M］．北京：化学工业出版社，2017.

[3] 马一平，孙振平．建筑功能材料［M］．上海：同济大学出版社，2014.

[4] 王峥，项端祈，陈金京，等．建筑声学材料与结构——设计和应用［M］．北京：机械工业出版社，2006.

[5] 钟祥璋．建筑吸声材料与隔声材料［M］．北京：化学工业出版社，2012.

[6] 柳孝图．建筑物理［M］．3 版．北京：中国建筑工业出版社，2010.

[7] 许健聪．探究声学设计与哈尔滨大剧院室内装饰设计的有机结合［J］．建筑工程技术与设计，2015(34)：332.

[8] 刘伟平，谭泽斌．广州大剧院建筑声学深化设计及室内结构之美［J］．建筑技艺，2012(5)：172-174.

[9] 李韫玉．中央音乐学院附中音乐厅音质设计及模型测定分析［D］．北京：清华大学，2000.

[10] 吴群力，陈峰．中央音乐学院音乐厅的声学设计［C］．全国环境声学电磁辐射环境学术会议，2005：323-324.

[11] 谷杰．音乐厅声学原理及音质调整与维护［J］．天津音乐学院学报，2003(2)：63-66.

[12] 王静波，章奎生．中国音乐学院音乐厅声学设计综述［J］．演艺科技，2010(1)：33-38.

[13] 吴晗．高校小型音乐厅室内音质设计研究［D］．长沙：湖南大学，2018.

[14] 章奎生，宋拥民．音乐厅声学设计实践与关键技术的探讨［J］．声学技术．2012，(1)．24-29.

[15] 章奎生，宋拥民．专业音乐厅声学设计的实践与思考［C］．第十二届全国噪声与振动控制工程学术会议，2011：1-6.

[16] 王静波．中型音乐厅室内声学设计探讨［C］．第十二届全国建筑物理学术会议，2016：334-338.

[17] 王季卿．音乐厅舞台音质与声学设计［J］．声学技术，2015(1)：58-67.

[18] 项端祈．广东星海音乐厅室内乐厅的声学设计［J］．应用声学，2000(3)：7-13.

[19] 邢蓓琪．音乐厅建筑室内设计中声学设计与装饰设计的思考［J］．四川水泥，2019(5)：91.

[20] 曹孝振．悉尼歌剧院音乐厅的声学与室内设计的关系［J］．室内设计与装修 1998(002)：42-45.

[21] 林亦婷．音乐厅建筑观演空间形态设计研究［D］．哈尔滨：哈尔滨工业大学，2011：1-82.

第7章

采光与调光材料

本章学习目标：

1. 掌握不同采光和调光材料对光的作用机制。
2. 了解各种采光和调光材料在应用上的优势和不足。
3. 重点掌握功能玻璃的种类、特点及应用。
4. 充分认知透光混凝土的组成、性能及应用。

7.1 概述

采光是人们对建筑的基本要求，玻璃是一种古老又新兴的建筑光学材料，它拥有约5000年历史，最大的特点是透光性。随着现代科技的发展，光学玻璃逐渐向采光、装饰、调光、节能等多功能方向发展；另外，用于构成建筑结构又具有一定透光性的混凝土即透光混凝土在采光和调光方面也显示出广泛的应用前景。为满足人们对环境舒适度日益增加的需求，创造出更好的光环境，开发出高效节能的建筑采光和调光材料具有重要意义。

光是一种重要的自然现象，我们之所以能看到各种各样斑驳陆离的事物，就在于眼睛看到的物体对光产生不同程度的吸收、透射、反射或散射等现象。

(1) 材料的光学性质

光是一种电磁波，光在传播过程中从一种介质进入另一种介质时，如从空气进入玻璃中，入射光一部分被反射，一部分被吸收，还有一部分通过介质进入另一侧的空间，如图7.1所示。

光的强度单位为W/cm^2，表示单位时间内通过单位面积（与光线传播方向垂直）的能量。设入射到玻璃表面的光束强度为I_0，透射、吸收和反射光的强度分别为I_T、I_A、I_R，则

$$I_0 = I_T + I_A + I_R \tag{7.1}$$

其另一种表达形式为

$$T + A + R = 1 \tag{7.2}$$

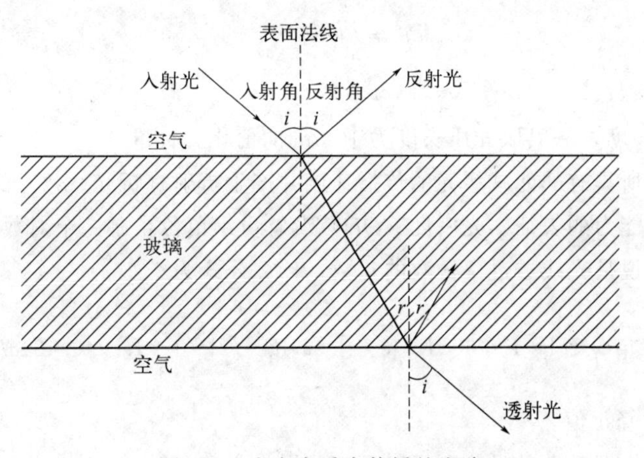

图 7.1　光在介质中传播的光路

式中　T——透射率，$T=I_T/I_0$；

A——吸收率，$A=I_A/I_0$；

R——反射率，$R=I_R/I_0$。

肉眼看到的物体颜色是由反射光的波长决定的。如果物质对可见光是不透明的，那么物质吸收部分光的同时表面会反射其他波长的光，则我们就会看到反射光波长对应的颜色。但是有的物质对可见光可能透明，所以除了物体对光的反射和吸收外，还应考虑光的折射和透射。当光线进入透明材料内部时，因电子极化消耗部分能量致使光速减慢，传播方向发生改变，从而在交界处发生偏折的现象，即光的折射。材料的折射率为光线分别在真空中和介质中的传播速度的比值，折射率不仅与材料有关，还与光的波长有关。由于光速在介质中的减慢是电子极化引起的，因而原子或离子的大小对光速的影响很大。一般来说，原子或离子愈大，电子极化程度愈高，光速愈慢，折射率愈高。

当光线从一种介质进入另一种折射率不同的介质时，即使两种介质都是透明的，也总会有一部分光线在两种介质的界面上反射。当光线垂直界面时，反射率 R 与两种介质的折射率的关系如下：

$$R=[(n_2-n_1)/(n_2+n_1)]^2 \tag{7.3}$$

式中　n_1、n_2——分别为两种介质的折射率。

在非垂直入射的情况下，反射率与入射角有关。当光线从真空或空气中垂直入射到固体上时，因为真空或空气的折射率为 1，则此时的反射率

$$R=[(n_s-1)/(n_s+1)]^2 \tag{7.4}$$

式中　n_s——固体材料的折射率。

由该式可知，固体材料的折射率越高，反射率就越大。由于固体材料的折射率与入射光的波长有关，因此反射率也与波长有关。

此外，不同的光学材料对光的响应也各有差异。

透光材料之所以透光主要是其对光具有透射和反射作用。射入介质的光在穿过介质时被吸收一部分后，达到介质另一面。透射率 T 可按式(7.5) 计算。

$$T=(1-R)^2 e^{-\alpha l} \tag{7.5}$$

式中　α——吸收系数；

l——介质长度，一般取介质长度为10mm的值作为标准。

光密度是材料所具有的能减缓光的传播速度并产生折射（折光）效应的一种复杂的特性。其定义为材料遮光能力的表征。光密度（OD）没有量纲单位，是一个对数值，是入射光与透射光的对数，或者说是光线透过率倒数的对数，计算公式为

$$OD=\lg\frac{1}{T}=\lg[1/(1-R)^2 e^{-\alpha l}]=\alpha l\lg e-2\lg(1-R)=0.434\alpha l+D_r \tag{7.6}$$

式中　D_r——反射修正值。

光密度表示的物理意义是吸收和反射两部分损失之和。

内透射率θ表示光线在透过介质时，只考虑吸收不考虑反射的特征值，

$$\theta=I_0(1-R)e^{-\alpha l}/[I_0(1-R)]=e^{-\alpha l}=T/(1-R)^2 \tag{7.7}$$

吸收系数越大时，θ值就越小，材料的透光性能就越不好。透光材料的透光率一般在80%以上（针对波长范围为380～780nm的可见光而言）。

（2）建筑采光和调光

太阳是巨大的天然光源，在建筑中充分利用太阳的光能，能够有效减少能耗，起到节约资源和保护环境的作用。而且人类在长期的进化过程中，眼睛习惯了自然光带来的舒适感受，在柔和的太阳光下具有更好的视觉效果，而且建筑对于人类来说是重要的生活场所，因此，充分合理地利用天然光，并在建筑中获得最佳的采光效果具有十分重要的意义。

我国古代有相关文献记载：高山太室石阙，将瓦陇略微提高以接纳阳光。中国北方的四合院为了充分接纳明媚的阳光，通常做得比较旷达；南方为了遮阳并快速通风设置了天井。随着科学技术的进步，在“可持续发展”为建筑界所关注的今天，利用天然光达到资源、能源的合理利用是贯彻可持续发展的有效途径。在建筑采光方面，关注人工照明对人体生物节律的影响，鼓励更充分地利用天然采光；利用光纤、光导照明等技术为大进深建筑和地下建筑提供天然采光的解决方案，减少人工照明的电力消耗。同时，对于过量天然光引发的眩光、天然光热效应进行整合，采用相应的采光和调光材料如偏转百叶、可调光玻璃和技术手段如增透、减反等方式以实现对光的可控调节，提高环境舒适度。

玻璃是使用最为广泛的建筑采光和调光材料，它是通过折射、反射、透射等方式传递光能，吸收改变光的强度或光谱分布的无机非晶态光学介质材料。对玻璃表面或内部组成成分进行修饰和改性可以调控其对光的吸收、透射和反射率等，从而达到采光和调光的目的。由于经济发展和空间利用的要求，特别是在人口众多的中国，高层建筑越来越多，自然采光方面便成了问题。随着建筑能耗的日益增加，透光混凝土（LTC）开始引起人们的关注。作为建造建筑使用广泛的承重结构材料，混凝土在建筑行业中起着重要作用，在不影响其承重性能的同时对混凝土进行光学改性，透光混凝土应运而生。相关研究表明，LTC在不影响其抗压强度的条件下可以传输光，能减少光能量消耗高达50%，所以LTC在未来建筑建造中具有广泛的应用前景。

7.2 透光材料

建筑光学材料的主要作用是调控室内照明、空间亮度和光、色的分布，控制眩光，改善视觉工作条件，创造良好的光环境。其中透光材料是对光具有透射或反射作用的，用于建筑采光、照明和饰面的材料。

7.2.1 透光材料的分类

透光材料主要可分为三大类，即玻璃、高聚物和透光复合材料。

玻璃的分子排列是无规则的，其分子在空间中具有统计学上的均匀性，即各向同性，是一种无固定熔点、物理化学性质渐变且可逆的亚稳态结构。其可见光透射率可达98%以上，折射率范围大（1.44～1.94），色散系数范围大（20～90），光学稳定性好，耐磨损。但其密度大（2.27～6.26g/cm^3），耐冲击强度低，加工困难，制造周期长。目前玻璃是制造各种光学元件特别是精密光学元件的主要材料。此外，各种经过特殊加工的玻璃也广泛用于建筑的采光和调光。

高聚物是由一种或几种简单低分子化合物经聚合而组成的分子量大（分子量大于5000）的化合物，又称高分子或大分子等。高聚物透光材料具有质量轻、成本低、制造工艺简单、不易破碎的优点，但同时存在不足，如折射率范围窄，热膨胀系数、双折射和色散大，耐热、耐磨、硬度大、耐湿和抗化学性能差等。高聚物透光材料的透过率已达到90%左右，有些透过率不太高的树脂经过改性，也有透过率达到90%的产品被制造出来，正逐步应用于各种光学仪器及其他用途。

透光复合材料是一种以玻璃纤维或金属细丝增强合成树脂复合制成的新型透光材料，俗称透明玻璃钢，又称透明增强塑料或透明复合材料。透明玻璃钢的透光率可达85%～90%，接近于玻璃，但它有足够的强度和刚度，具有采光和结构材料的特点，是一种既能透光又能承受荷载的多功能玻璃。透明玻璃钢的密度为玻璃的60%～76%，但其拉伸强度、弯曲强度比玻璃高1～8倍，所以使用透明玻璃钢能大大减小采光样品的自身质量，增大产品尺寸；透明玻璃钢属于非均质透光材料，光线透过时能产生散射作用，可使室内光照均匀、无光斑、不眩目；另外其热导率小，隔热性强，成型工艺简单，设计自由度大，但其耐久性差，透明度最高达80%，比玻璃（99%）低很多。

7.2.2 常见透光材料

(1) 平板玻璃

平板玻璃也称白片玻璃或净片玻璃，是将玻璃加工成一定厚度的平板状透光材料。平板玻璃具有良好的透光性能（3mm和5mm厚的无色透明平板玻璃的可见光透射比分别为88%和86%），并具有隔声和一定的保温性能，其抗拉强度远小于抗压强度，是典型的脆性材料。平板玻璃主要用于普通居民家的门窗，经过一定的喷砂、雕磨，再加上一定的腐蚀处理以后，就可以制成屏风、黑板、隔断等。质量比较好的玻璃也可以作为某种深加工的产品进行使用。

（2）钢化玻璃

钢化玻璃是普通平板玻璃的二次加工产品，普通平板玻璃质脆的原因，除脆性材料本身固有的特点外，还由于其在冷却过程中，内部产生了不均匀的内应力。为了减小玻璃的脆性，提高玻璃的强度，通常采用物理钢化（淬火）和化学钢化的方法使玻璃中形成可缓解外力作用的均匀预应力。钢化后的玻璃具有机械强度高，弹性、热稳定性、安全性好的优势，但不可切割，因为钢化玻璃的压应力与拉应力处于平衡状态，任何可能破坏这种平衡状态的机械加工，如切裁、打孔、磨槽等都能使钢化玻璃完全被破坏。

（3）聚甲基丙烯酸甲酯（PMMA）

聚甲基丙烯酸甲酯俗名有机玻璃，是一种高度透明的无定形热塑性聚合物，PMMA的密度为1150～1190kg/m^3，透光率为90%～92%，并能透过紫外线，透过率高达73.5%，折射率为1.49。PMMA的机械强度高、韧性好，拉伸强度为60～75MPa，抗冲击强度为12～13kJ/m^2，具有优良的耐紫外线和大气老化性。而且，PMMA的玻璃化温度为80～100℃，分解温度大于200℃，耐碱，耐稀酸，耐水溶性无机盐、烷烃和油脂，并溶于二氯乙烷、氯仿、丙酮等。另外，PMMA的电绝缘性良好，质量小，成本低，易于成型。

（4）聚苯乙烯（PS）

聚苯乙烯是指由苯乙烯单体经自由基加聚反应合成的聚合物，它是一种无色透明的热塑性材料，具有高于100℃的玻璃转化温度。它具有良好的电绝缘性，又因吸湿性好，可用于潮湿的环境中。而且，它的透光率可达88%～92%。聚苯乙烯硬而脆、无延展性，拉伸至屈服点附近即断裂。聚苯乙烯的拉伸强度和弯曲强度在通用热塑料中最高，但抗冲击强度很小，难以用作工程塑料。聚苯乙烯的热变形温度仅为70～90℃，只可长期在60～80℃范围内使用。聚苯乙烯的热导率低，线膨胀系数较大，可耐一般酸、碱、盐、矿物油及低级醇等。

（5）玻璃纤维增强透光复合材料

国外生产透明玻璃钢的增强材料，主要是玻璃纤维毡，毡片价格低，易浸透树脂，树脂含量高（可达75%），透光率高，厚度对透光率的影响小，但用毡制成的透明玻璃钢强度低、厚度较大、成本较高。而国内生产透明玻璃钢板材除用机械化连续生产的毡外，一般都是用无捻粗纱布。用玻璃纤维布生产的透明玻璃钢强度高、树脂含量少（50%左右），板材的厚度可降低到0.8mm左右，但产品厚度对透光率的影响较大，价格比玻璃毡高。

以上透光材料相关制品的实物图如图7.2所示。

7.2.3 透光材料的应用

不同的透光材料因光学特性有所差异，所以其应用也各有特点。

随着现代建筑技术的不断发展，建筑对玻璃的使用功能要求日益提高，建筑玻璃制品正在向多品种、多功能的方向发展。玻璃的种类很多，主要可分为五大类，即平板玻璃、饰面玻璃、安全玻璃、功能玻璃和玻璃砖。平板玻璃是建筑玻璃中用量最大的一类，主要用于门

图 7.2　各透光材料的相关制品

窗玻璃。饰面玻璃是用作建筑装饰玻璃的统称，用于建筑的外、内饰面墙等。安全玻璃具有力学性能好，抗冲击性和抗热震性强，破碎时碎块无尖利棱角且不会飞溅伤人等优点，主要用于有较高安全要求的建筑。功能玻璃是一类具有建筑采光和调光性能，能改善居住环境，集节约能耗、降噪隔热等多功能的玻璃制品。总体来说，玻璃在生活中应用广泛，影响深远。

高聚物透光材料主要用于医疗器械、通信电信设备、电子产品及工程塑料等方面。

透光复合材料在工业建筑中主要用于天窗采光和墙面侧向采光。在民用建筑中，透光复合材料主要用于大跨度的公用建筑采光，常以各种类型出现，可以是局部点采光，也可以设计成整体屋顶采光；在农、林业生产中，透光复合材料主要是代替玻璃建造各种温室，改良生活环境，克服季节变化及恶劣环境带来的不利影响，实现全年增产丰收；在渔、牧及家禽生产中，用于建造水产养殖的越冬设施，改善生态条件，促进鱼类生长等；在养牛业、养鸡业中，采用透光复合材料建造牛棚和鸡舍；此外，还广泛应用于室内外装修、广告工程、太阳能、化工厂工艺过程中的透明管道和容器、混凝土养护罩、封闭式天井及停车场等。

7.3 反光材料

反光材料，也称逆反射材料、回归反射材料，是一种能够让入射光产生逆反射的光学材料。逆反射是指当一束平行光线照射到物体表面时，反射光线沿着平行于入射光的反方向反射回来的现象。在黑暗或光线不足的环境下，外部光源照射反光材料时，强烈的反射光使其变得非常醒目和易于识别，具有很好的警示性。

反光材料是一种与人的生命财产安全息息相关的科技产品，它能将远方入射光线反射回发光处，不论在白天或黑夜均有良好的逆反射光学性能。尤其是晚上，能够发挥同白天一样的高能见度，解决夜间行车难题，有效减少了事故的发生。

21 世纪以来，我国的公路里程迅速增加，高速化、信息化成为公路交通工程的发展方向，城镇化的建设和发展使得城市环境美化成为要素，全方位、全立交的城市道路越来越多，同时各种车辆的拥有量越来越大，交通繁荣程度与日俱增。随之而来的，交通管理、交通安全被提到了十分重要的地位，加强交通管理，确保交通安全，以确保人民生命财产安全，已经成为人们的共识，而增加交通标志、道路交通安全设施、车辆标识、指示标志的设置是交通安全管理非常重要的环节，反光材料在交通运输中的应用范围不断扩大，为交通运输行业的安全保障作出了应有的贡献。

7.3.1 反光材料的分类

① 按照逆反射原理，反光材料可分为玻璃微珠型（微透镜）反光材料和微棱镜型（微晶格型）反光材料。

玻璃微珠型反光材料的反光原理是利用背面镀有反射层玻璃珠的微透镜技术。由于玻璃与空气折射率不同，光线通过玻璃珠折射、聚焦后，焦点落在玻璃珠背面反射层上，光线经反射、折射，最后光束沿入射方向反射出来。利用这个原理制成的反光材料称为“微透镜型反光材料”。如果玻璃微珠的结构不理想，光束经玻璃珠聚焦后，焦点不能刚好落在反射层上，则不能发生有效的回归反射，如图 7.3 所示。

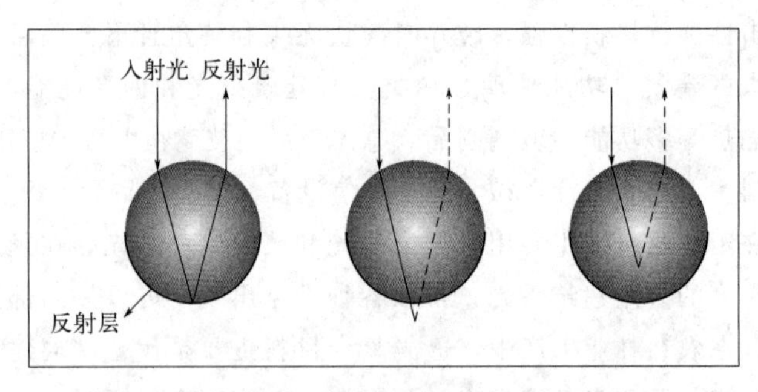

图 7.3 微透镜型反光材料的反光原理

微棱镜型（微晶格型）反光材料的反光原理：光线由棱镜的三个面折射之后朝光源方向返回。每一个微晶格相当于立方体的一个角，入射光线经过微晶格发生全反射，向光源方向反射，如图 7.4 所示。

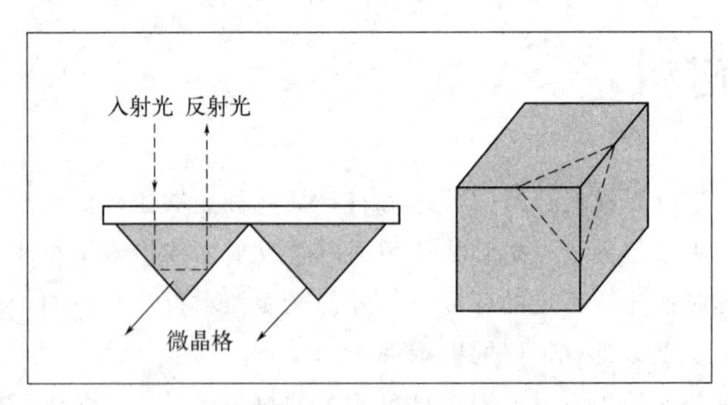

图 7.4 微晶格型反光材料的反光原理

根据棱镜的形式和技术特点，微棱镜型反光材料又可分为远距离逆反射能力好的截角型棱镜反光材料、近距离大角度逆反射性能好的截角型棱镜反光材料，以及兼顾各方面需求的全棱镜反光材料、白天和恶劣气候条件性能都好的荧光型全棱镜反光材料、符合传统工程级逆反射参数的棱镜型反光材料等。

玻璃珠型反光材料主要有两种类型，一种为透镜埋入型反光材料，另一种为密封胶囊型。

② 按广度性能、结构和用途，反光材料可分为以下7类：

Ⅰ类，通常为透镜埋入式玻璃珠型结构，称工程级反光材料，使用寿命一般为7年，可用于永久性交通标志和作业区设施。

Ⅱ类，通常为透镜埋入式玻璃珠型结构，称超工程级反光材料，使用寿命一般为10年，可用于耐久性交通标志恶化作业区设施。

Ⅲ类，通常的密封胶囊式玻璃珠型结构，称高强级反光材料，使用寿命一般为10年，可用于永久性交通标志和作业区设施。

Ⅳ类，通常为微棱镜结构，称超强级反光材料，使用寿命一般为10年，可用于永久性交通标志、作业区设施和轮廓标。

Ⅴ类，通常为微棱镜结构，称大角度反光材料，使用寿命一般为10年，可用于永久性交通标志、作业区设施和轮廓标。

Ⅵ类，通常为微棱镜结构，有金属镀层，使用寿命一般为3年，可用于轮廓标和交通柱，无金属镀层时也可用于作业区设施和字符较少的交通标志。

Ⅶ类，通常为微棱镜结构，柔性材质，使用寿命一般为3年，可用于临时性交通标志和作业区设施。

7.3.2 常见反光材料

（1）全棱镜反光膜

全棱镜反光膜是使用全棱镜结构制备的棱镜型逆反射材料，去除了传统微棱镜结构中不能反光的部分，使反光膜全部由可以实现全反光的棱镜结构组合而成。它结合了远距离和大角度微棱镜反光膜的两种特点，在保持正面亮度大、远距离容易发现的同时，提高了50～250m距离时的大入射角和观测角下的反光亮度。这种全棱镜反光膜突破了棱镜型反光膜不能同时兼顾远距离反光能力和近距离反光能力的技术屏障。它根据车灯光传播的路径和方式，找到了在理想距离内的标志视认需要的角度（入射角和观测角），再确定传统截角微棱镜上的不反光区域，然后将这些不反光区域去掉，从而实现单位面积反光膜上的反光结构面积达到100%，也就是“全反光”。

（2）透镜密封式反光膜

透镜密封式反光膜是一种耐久的玻璃珠型反光膜，业内习惯称其为“高强级”反光膜，采用的是玻璃珠反光技术，由于在产品结构上的创新，它拥有了工程级反光膜不可比拟的反光亮度和角度性能，但由于高强级自身结构也导致了一些难以克服的产品缺陷，如产品脆而易撕裂、起皱、气泡、表面蜂窝突起、生产能耗高、排放大等。玻璃珠技术的局限，阻碍了高强级向更高亮度和更好角度性的改进，其主要用来制作指路标志、禁止标志、警告标志和指示标志等交通主要标志。高强级反光膜问世后，驾驶员识别交通标志的时间缩短，发现前方标牌和障碍的距离显著提前，大大地增加了采取安全防范措施的时间，降低了夜间公路交通事故发生率，提高了交通安全性。

（3）全天候反光道路标线涂料

全天候反光道路标线涂料，顾名思义，这种涂料不仅在晴天的夜晚、白天，而且在雨天的夜晚同样能起到反光的作用，为道路的使用者提示行车线路，有利于降低雨天夜间交通事故的发生率。该涂料使用的反光元素，不再是单一的反光元素结构，而是由两种反光元素（即一种干燥环境下可以完成逆反射的玻璃珠，一种在干燥环境下无法完成逆反射的特制的人工合成的微晶陶瓷微珠）组成的一个逆反射系统，其对光线的反射是有偏角的，需要水膜的参与，使光线回到光源的地方，从而完成逆反射过程。

7.3.3 反光材料的应用

反光材料在各种道路交通安全设施中应用广泛。其中反光膜是一种已制成薄膜并可直接应用的逆反射材料。主要用于道路交通标志、标牌以及一些交通运输设备等。根据交通安全部的统计数据：交通事故的夜间发生概率明显高于白天，事故高峰集中在晚八点到十点这一时段；道路标志及行人着装与事故的相关概率为70％，使用反光材料设置醒目的交通标志、车辆牌照，道路交通工作人员穿戴高可视性警示服，可使交通事故下降30％～40％。反光材料的应用保障了人们生命财产安全。

服装用反光材料最先是在某些道路交通管理、服务人员的职业服装上应用的。具有反光性能的工作服一般是在职业装某些特定部位外表缝制一些服装用反光材料做成，也可以单独制作一件具有反光性能的马甲套在外衣上，这种由逆反射材料制成的反光服装叫做高可视警示服。反光布制成的反光衣服也是一个被广泛应用到交通安全领域的产品。在中国，交通管理人员、消防员、路政人员、清洁人员等已经把该类衣服作为工作服装的一部分。反光布主要分为热敏型、压敏型和缝制型三种。这三种反光布具有共同的特点：反光强度高，优异的洗涤性能和耐磨性能，且安全环保，可以与人体皮肤直接接触。

有关反光材料在道路交通安全方面的应用具体见表7.1。

表7.1　反光材料主要产品类别、性能及运用领域

<table>
<tr><th>分类</th><th colspan="3">产品类别</th><th>产品特征及性能</th><th>运用领域</th></tr>
<tr><td rowspan="8">反光膜</td><td rowspan="4">道路交通标志标牌类反光膜</td><td colspan="2">超强级</td><td>逆反射系数最高，耐候性优异</td><td rowspan="2">高等级公路标识标牌，二级以上公路及照明良好的城市道路的标牌、标志</td></tr>
<tr><td colspan="2">高强级</td><td>逆反射系数低于超强级反光膜，耐候性优异</td></tr>
<tr><td colspan="2">超工程级</td><td>逆反射系数及耐候性低于高强级反光膜</td><td rowspan="2">三、四级和县乡公路，一般城市道路的标牌、标志</td></tr>
<tr><td colspan="2">工程级</td><td>逆反射系数及耐候性低于超工程级反光膜</td></tr>
<tr><td rowspan="4">交通运输设备类反光膜</td><td colspan="2">车牌反光膜</td><td>逆反射系数接近道路交通标识工程级反光膜，具有良好耐弯曲性、抗拉性及耐冲压性</td><td>机动车牌号牌</td></tr>
<tr><td colspan="2">海事反光膜</td><td>逆反射系数略低于高强级反光膜，具有优异的柔韧性、耐霉菌性和耐海水浸泡性</td><td>广泛用于各种水上救生设施，如救生衣、救生筏、救生艇等</td></tr>
<tr><td rowspan="2">车身反光标识</td><td>一级</td><td>亮度高，耐候性好，产品性能类似于超强级</td><td rowspan="2">强制性用于载货类机动车，如中大型车、货车；在微型车上推荐使用</td></tr>
<tr><td>二级</td><td>亮度次之，产品性能类似于高强级</td></tr>
</table>

续表

分类	产品类别		产品特征及性能	运用领域
反光布	高可视性反光布	特殊性能警示服	具有耐洗涤、耐高温或阻燃功能	消防、耐温职业工装
		二级	反光亮度高，综合性能优异	职业防护工装
		一级	反光亮度较低，综合性能较差	
	一般级别反光布		具有反光效果，能与普通面料、织物相区别	一般服饰、箱包等

反光材料作为反光涂料用在建筑外表皮可以提高其反射率，降低建筑外表皮对太阳辐射的吸收，从而降低建筑外墙的温度，节省夏季空调能耗。同时，在城市覆盖物外表皮应用这种对太阳辐射热也具有回归反射特性的材料，使太阳辐射热沿着它本来的方向反射回去，可以抑制街区内物体自身温度的升高，弱化对周围空气的加热能力，从而较好地缓解城市热岛效应。

反光材料在光伏电站中的应用表现为增加光伏组件表面受光面积以提高光伏阵列的发电量。通过考虑试验电站当地纬度及光伏系统运行过程中太阳高度角的变化，设计了一种具有反光结构的太阳光伏系统。光伏系统利用反射原理，设置反光系统，将光伏阵列之间的太阳光充分利用，进而提高光伏组件的功率输出，降低发电成本，提高土地利用率。

有关反光材料的应用如图 7.5 所示。

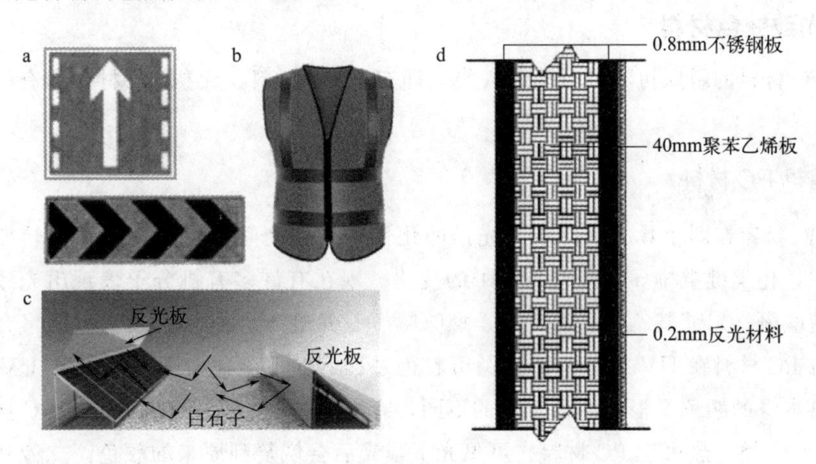

图 7.5　反光材料的相关应用

a—道路交通标志；b—警示服；c—光伏电站发电系统；d—回归反射箱休房墙体结构图

7.4 变色材料

变色材料一般指颜色发生变化的材料，可解释为当外部给予一定刺激如光、热、电场、压力等作用于该材料时表现出明显的颜色变化，通常这种变化是可逆和可控的，则可称其为变色材料。由于变色的特性，变色材料又被称为变色龙材料。

7.4.1 变色材料的分类

因材料的变色现象是由外界刺激引起的，所以可根据外界刺激的种类对变色材料进行分类。主要可分为光致变色材料、热致变色材料、电致变色材料、压致变色材料、溶剂化变色材料等。其中光致变色材料、热致变色材料和电致变色材料这三种材料在采光和调光方面发挥着重要作用，后续将对其进行详细介绍，电致变色（EC）材料详见第8章。

光致变色（PC）材料在受到一定波长和强度的光照射时，可发生特定的化学反应，从状态1变为状态2，此时由于结构发生变化使材料的颜色或对光的吸收峰发生改变，但经热或在另一波长的作用下又可从状态2恢复到原来的分子结构和表观颜色。这一过程的基本特征是状态1和状态2在一定条件下都能稳定存在，且颜色视差明显不同，二者之间的变化是可逆的。其中温度导致的变色材料称为T型；光辐射作用导致的变色材料称为P型，该类材料的消色过程是光化学过程，有较好的稳定性和变色选择性。

热致变色（TC）材料即通过对材料加热或冷却使其温度发生改变，随着温度的变化其颜色发生改变。热致变色的主要应用是用颜色的变化来表示温度的变化。热致变色主要可分为两类：a.通过加热直接改变材料本身的颜色；b.通过加热使材料所在的环境发生变化，从而导致颜色的变化。热致变色可以是可逆的也可以是不可逆的，目前重点研究的是可逆的热致变色材料。

7.4.2 光致变色材料

根据PC材料的组成可将其分为三大类，即有机PC材料、无机PC材料和有机—无机杂化PC材料。

(1) 有机PC材料

有机PC材料在两个具有不同吸收光谱的化学异构体之间发生光诱导结构转变。在分子转化过程中，化学键重排导致结构和电子的变化。现在有许多有机分子表现出光致变色，常见的有俘精酸酐、二芳基乙烯、螺吡喃、螺噁嗪、萘并吡喃、偶氮苯及它们的聚合物。虽然所有的有机PC材料在UV照射下都会经历着色过程，但不能通过简单的去除UV光的方式来恢复材料本身的颜色。根据漂白方法的不同，有机PC材料可分为热不可逆PC材料和热可逆PC材料两大类。热可逆PC材料在可见光下曝光后会恢复到原来的颜色。二芳基乙烯在紫外线照射下其结构改变，发生光环化反应，使材料的颜色从无色变成红色。俘精酸酐类光致变色化合物是芳基取代的二亚甲基丁二酸酐类化合物的统称，其结构通式如图7.6所示，其中A、B、C、D四个取代基中至少有一个是芳香环，而且是芳杂环，杂环上富电子，可作为电子给体，酸酐部分作为受体，因而在分子内部可形成电子给体和受体的6π体系，即己三烯结构的二甲基丁二酸酐的衍生物，当受光照射后，发生光环化反应，形成共轭的有色体，即环己二烯结构。有色体在可见光的照射下又发生逆反应而顺旋开环，重新成为无色体。相反，热可逆PC异构体，包括螺吡喃类、螺噁嗪类、偶氮苯类和萘吡喃类热不稳定，它们

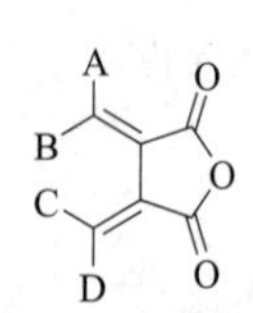

图7.6 俘精酸酐类PC化合物的化学分子通式

的漂白过程可以通过暴露在可见光下或加热来触发。

对于螺吡喃类PC材料，在封闭螺吡喃形态（无色）和开放的茂菁形态（紫色）之间的结构变化，可由光、pH值、压力等触发。在紫外线的照射下，嵌入螺吡喃的聚二甲基硅氧烷（PDMS）膜颜色由透明变为紫色，而紫色膜一旦暴露在HCl气体中就会变成黄色。螺噁嗪与螺吡喃在紫外线照射下的开环过程相似，如图7.7所示。因其在不同染料中具有较高的抗疲劳性能而得到广泛的研究。偶氮苯（及其衍生物）在紫外线照射下发生反式光异构化。偶氮苯基PC材料的性能与其他PC材料截然不同。这种材料在其原始状态下是不透明的，在紫外线照射下则变为透明。

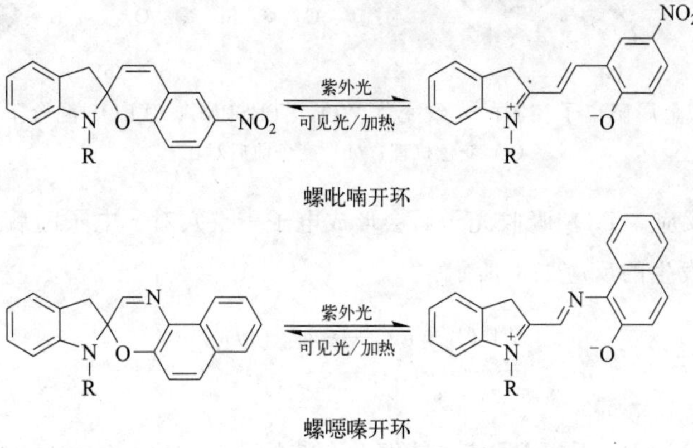

螺吡喃开环

螺噁嗪开环

图7.7　螺噁嗪和螺吡喃在紫外线照射下的开环过程

（2）无机PC材料

无机PC材料包括过渡金属氧化物（TMOs），如WO_3、TiO_2、MoO_3、V_2O_5和Nb_2O_5，金属卤化物，稀土配合物。WO_3和TiO_2是讨论最多的TMO PC材料。WO_3的光致变色原理是不同价态的钨离子之间的电子转移。在光的照射下，WO_3薄膜中形成了一对电子和空穴，该空穴将与WO_3表面吸附的水发生反应，形成氢离子。氢离子、电子和WO_3会进一步反应形成H_xWO_3化合物，并改变膜的颜色。该过程发生的化学反应如下所示：

$$WO_3 + h\nu \longrightarrow WO_3^* + e^- + h^+ \tag{7.8}$$

$$h^+ + 1/2H_2O \longrightarrow H^+ + 1/4O_2 \tag{7.9}$$

$$WO_3 + xe^- + xH^+ \longrightarrow H_xWO_3 \tag{7.10}$$

由于WO_3具有较低的PC活性，光致变色响应范围窄限制了它的应用，可采用形态修饰、元素掺杂和复合等策略来解决这一问题。如图7.8所示，在一种高透明度、具有良好PC性能的WO_3/碳氧化硅/二氧化硅杂化干凝胶中，3-(三乙氧基硅基）甲基丙烯酸丙酯（TESPMA）和四乙氧基硅烷（TEOS）形成干凝胶基质，WO_3纳米颗粒（NPs）均匀分散在基质中。同时在还原反应中，加入Li_2SO_4，通过补偿产生负电荷以促进W^{6+}无色离子还原成蓝色W^{5+}。这种复合材料在黑暗环境下无色透明，经紫外线照射后，材料变成蓝色。

TiO_2由于含量丰富且无毒成为另一种极具竞争力的光致变色材料。目前TiO_2 NPs和TiO_2凝胶是表现光致变色性能的两种形式。与WO_3类似，TiO_2的PC响应归因于Ti^{4+}离子

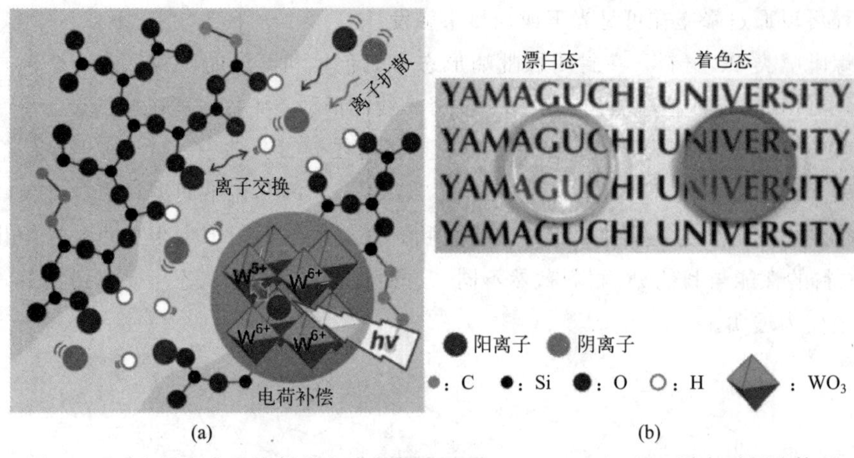

图 7.8 碱金属阳离子控制的光致变色 WO_3/ TESPMA /TEOS 混合干凝胶体系

(a) 变色机理；(b) 变色前后对比

的光诱导氧化还原反应。TiO_2 吸收光子后会形成电子—空穴对。电子随后还原 Ti^{4+} 并产生有色的 Ti^{3+}。该过程发生的反应如下所示：

$$TiO_2 + h\nu \longrightarrow e^-_{CB} + h^+_{VB} \tag{7.11}$$

$$e^-_{CB} + Ti^{4+} \longrightarrow Ti^{3+} \tag{7.12}$$

另外，一种 TiO_2 NPs/丁醇 PC 体系能够在宽波长范围内（400～12000nm）实现 100%～0%的透光率切换。混合体系初始状态为黄色透明液体，在紫外线的照射下，液体变成黑色；然而，液体的颜色不能通过去除紫外线来改变。为了使液体恢复到原来的状态，需要向液体中注入空气或氧气，将黑色的 Ti^{3+} 氧化成 Ti^{4+}。

（3）有机-无机杂化 PC 材料

有机-无机杂化（OIH）PC 材料在物理和化学性质、组成和加工技术方面具有极其广泛的用途，它们为制备特定颜色变化的光致变色材料提供了更多的选择性，最终的反应不仅取决于每个组分的化学性质，而且取决于有机和无机对应物之间的界面和协同作用。在过去的几年里，关于光致变色染料随机嵌入（共价结合或掺杂）到无定形杂化二氧化硅衍生物的纳米粒子、薄膜、纤维和层状结构中的相关研究很多。促进光致变色的方法可将有机染料包含在纳米尺度上分离的无机和有机域的介孔结构材料中。例如，嵌段共聚物/二氧化硅纳米复合材料作为两种光致变色染料（螺噁嗪和螺吡喃）的宿主表现出光致变色性能，响应速度更快，这些嵌段共聚物/二氧化硅也易于加工成任何想要的形状，包括纤维、薄膜、单体、波导结构和光学涂层。以螺吡喃掺杂 PMMA-SiO_2 为基础的类似体系也可发生光致变色，如图 7.9 所示。其中 PMMA（聚甲基丙烯酸甲酯）的存在降低了基体的极性特征，促进了染料的溶解性，改善了特定异构体的稳定性，并增加了杂化物的化学耐久性。

杂化纳米复合材料的合理设计具有重要意义，因为杂化纳米复合材料中染料与基体的相互作用决定了其良好的化学相容性。染料分子在杂化基质中的刚性环境是有益的，例如，可以避免非所需的光致变色转变，这一事实在萘并吡喃掺杂的胺醇-硅酸盐杂化材料中得到详细说明，即膜在光照射/黑暗时呈现快速和完全可逆的着色/透明循环。这一行为与萘并吡喃的

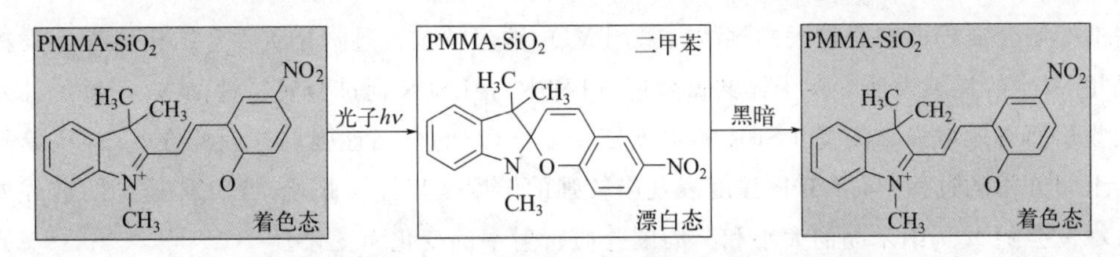

图 7.9 螺吡喃分子在二甲苯浸泡过程中状态变化示意

经典性能形成对比，即萘并吡喃产生两种不同动力学的有色物质，与两种同分异构物质相关联。在这种情况下，结构设计阻止了长寿命的有色物种的形成，得到响应更快且可逆的光开关材料。

7.4.3 热致变色材料

常见TC材料主要包括二氧化钒（VO_2）、离子液体、钙钛矿和液晶、水凝胶等。基于VO_2的纳米晶体（NCs）、离子液体和钙钛矿的变色机理是通过晶体相变调节吸光强度或改变吸收带，液晶和水凝胶则分别是由于晶体取向转变和相分离而依靠反射或散射入射光。

有关TC材料的研究最广泛的是VO_2，它能在临界温度（τ_c）时发生可逆的相结构转变，在τ_c以下，VO_2属于单斜相的半导体，对红外光具有较高的透过率，在τ_c以上，呈四方晶相并表现出金属特性，对红外光的透过率显著降低（见图7.10）。

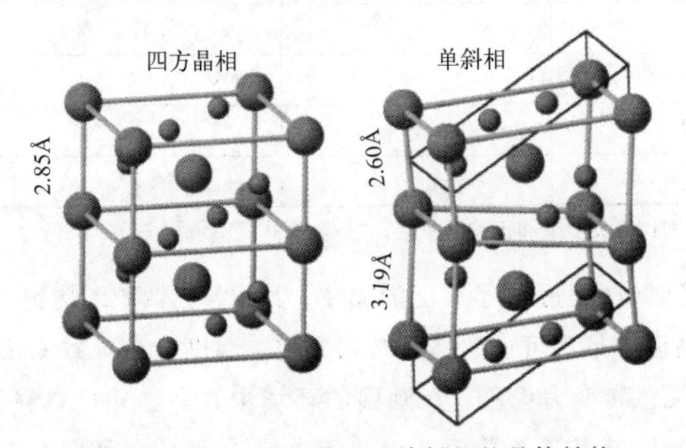

图 7.10 VO_2 四方晶相和单斜相的晶体结构

纯相VO_2块体的临界温度大约为68℃，这个温度显然对建筑相关的应用来说太高，但该临界温度可以通过掺杂W以及其他一些金属元素来降低到合适的温度。基于VO_2的热致变色窗口的挑战是如何在降低相变温度τ_c的同时增强可见光透过率（T_{lum}）和太阳光调制率（ΔT_{sol}）。到目前为止，已经开发了许多方法来解决这个问题，包括掺杂、孔隙和多层结构的构建，VO_2纳米颗粒—透明介质复合物的制备和网格结构的调控等，如图7.11所示。

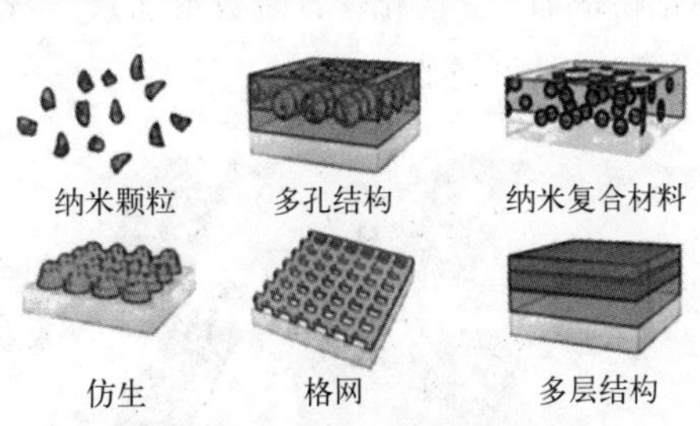

图 7.11 提高基于 VO_2 基 TC 性能的方法

表7.2列出了不同元素掺杂VO_2的可见光透过率、太阳光调制率及临界温度的变化规律。虽然在性能改善方面取得了一定的成果，但是对于VO_2纳米晶特别是100nm以下结构

的精准控制合成仍面临着较大的挑战。采用 VO_2 纳米颗粒—透明介质复合结构能充分发挥四方晶相 VO_2 的局域表面等离子体共振效应（LSPR），LSPR 促进金属特性的 VO_2 对近红外光的吸收从而有效增强 ΔT_{sol}。LSPR 的强度依赖于 VO_2 的金属性强弱，因此在 VO_2 从单斜相转变至四方相的过程中，LSPR 强度表现出较强的温度依赖性。此外，LSPR 诱导的近红外光吸收峰位会随 VO_2 纳米晶的大小和其周围介质折射率的变化而变化。

表 7.2 各元素掺杂的 VO_2 薄膜的热致变色性能

掺杂元素	可见光透过率 T_{lum}	太阳光调制率 ΔT_{sol}	相变温度 τ_c	机制
W^{6+}	↓	↓	↓（～20—26℃/%）	e^- ↑
Ti^{4+}	↑	↑	↑	V^{4+} 半径小
Co^{2+}	—	—	↓	V^{4+} 半径大
Nb^{5+}	↓	↓	↓（～2℃/%）	e^- ↑
Mo^{6+}	↑	↓	↓（～3℃/%）	e^- ↑
Ta^{5+}	—	—	↓	e^- ↑
Mg^{2+}	↑	↑	↓（～3℃/%）	h^+ ↑
Zr^{4+}	↑	↑	↓（～0.4℃/%）	V^{4+} 半径大
Cr^{3+}	↑	↓	↑	h^+ ↑
Sn^{4+}	—	—	↑（～1℃/%）	V^{4+} 半径小
Al^{3+}	—	—	↓（～2.7℃/%）	h^+ ↑
Fe^{3+}	—	—	↓（～6℃/%）	h^+ ↑
Eu^{3+}	↑	↑	↓（～5℃/%）	V^{4+} 半径大
Ce^{3+}	—	—	↓（～4.5℃/%）	V^{4+} 半径大

注：“↓”和“↑”分别代表负掺杂和正掺杂效应；“—”意味着不可用。

近年来，热致变色钙钛矿也引起了广泛的关注。其中，钙钛矿结构铯铅碘/溴（$CsPbI_{3-x}Br_x$，$0 \leqslant x \leqslant 3$）在低温和高温时呈现可逆的晶体结构变化。温度升高导致 $CsPbI_{3-x}Br_x$ 由低温相转变为高温相，颜色由无色转变为橙色。在潮湿的环境中，高温相可以在温度降低时转变为低温相，实现最大可见光透过率 T_{lum} 数值从 35%到 80%的变化（见图 7.12）。另外，甲基碘化铵钙钛矿（$MAPb_{3-x}I_x$）在 25℃时呈黄色，在 60℃时呈橙色。这种颜色变化是由于晶体中的碘化物增加（x 的化学计量数增加），导致吸收边的红移。$MAPb_{3-x}I_x$ 钙钛矿的热致变色性能也被证明是可逆的。

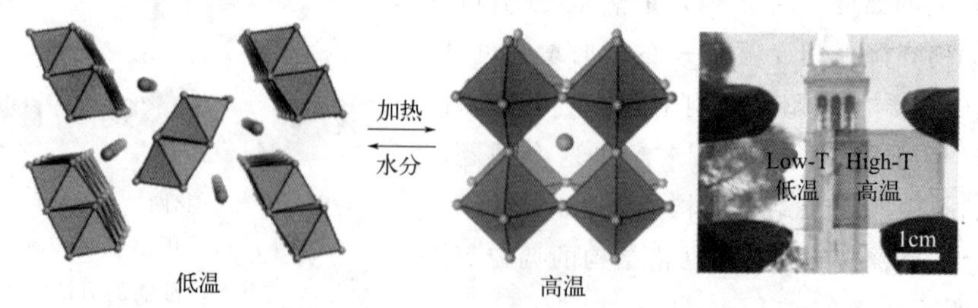

图 7.12 钙钛矿 $CsPbI_{3-x}Br_x$ 通过加热和暴露在潮湿环境时从高温到低温相变的原理

热响应离子液体（IL）也是一种热致变色材料。例如，一种镍—氯基离子液体配合物与

VO_2 纳米颗粒复合成膜后表现出很好的光学特性：高低温太阳光调制率为 26.45%，低温可见光透过率为 66.44%，高温可见光透过率为 43.93%，如图 7.13 所示。此外，随着温度的升高，因离子液体的加入，复合膜的颜色由浅棕色转变为深绿色。这种优异的热致变色性能，使复合膜在功能展示和智能窗应用方面更具优势。

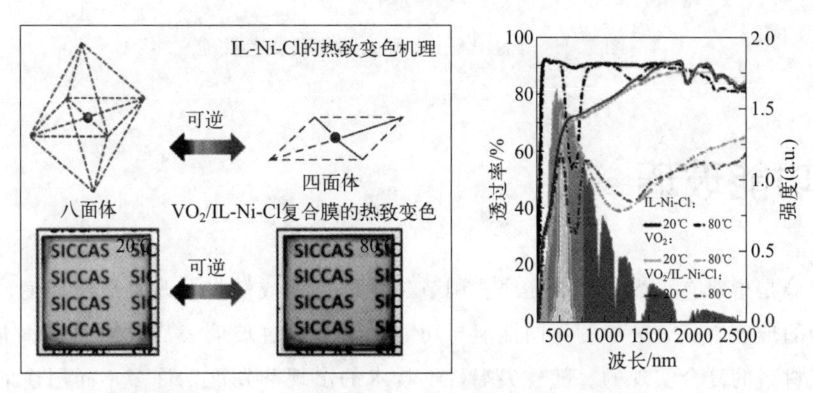

图 7.13　VO_2/IL-Ni-Cl 复合膜的热致变色性能

可调液晶也是热致变色材料之一。TC 液晶在近晶（SmA）和手性向列相（N*）之间呈现可逆的晶体取向转变。液晶基 TC 薄膜由于强光散射效应，在低温下表现出高度透明，而在高温下表现出不透明。为了使材料更易于加工，一种聚合物稳定液晶和聚合物分散液晶共存体系被制备出来，具有很强的剪切强度，如图 7.14 所示。该共存体系具有与聚合物稳定体系相似的热光学机理。基于该系统的 TC 薄膜在可见光谱中有 70%～80%的透射比。另外，一种热响应液晶体系通过与反应中间体混合，具有可控的中尺度结构。这些区域由反应中间体控制，可以是无序的或有序的，促使液晶呈多轴或单轴取向。该体系在低温下是透明的，在高温下可以散射光。

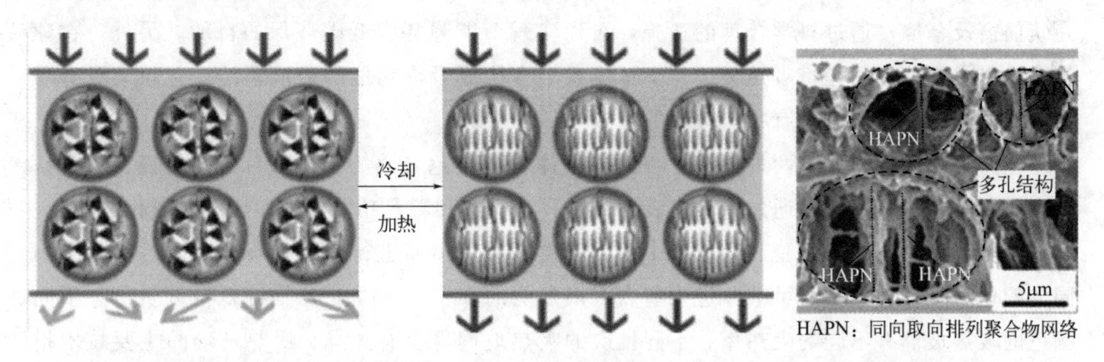

图 7.14　聚合物分散液晶（PDLC）和聚合物稳定液晶（PSLC）共存体系

此外，聚（n-异丙基丙烯酰胺）（PNIPAm）水凝胶也表现出热致变色，在高低温下表现出不同的太阳光透过率，如图 7.15 所示，水凝胶可以使入射光在低温下通过，而在高温下由于聚合的聚合物微粒形成散射中心而使入射光强散射。这种变化是材料在较低的临界溶解温度（LCST）下发生了相变导致的。基于这种水凝胶的薄片可以在低温下由无色高透明可逆地转变为白色，在高温下阻断背景图像。在 20～60℃时，透射率逐渐降低，可见光调制率较强，近红外调制相对较温和。

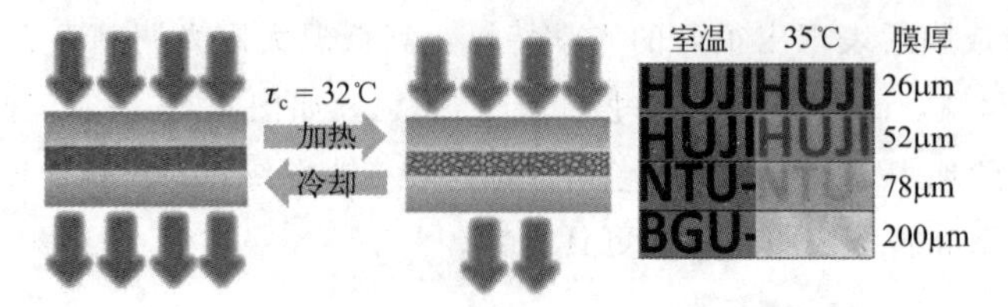

图 7.15　PNIPAm 水凝胶的热致变色性能

7.5 功能玻璃

功能玻璃是指兼有采光、调制光线、调节热量的进入或散失、改善居住环境、节约能源等多种功能的玻璃制品。玻璃的不同性能与功能主要是通过玻璃表面改性、玻璃本体改性和玻璃与功能材料的复合实现的。随着尖端科学技术的出现和发展，许多不同用途的新型玻璃得到了广泛开发和应用，这对房间的天然采光、合理利用太阳光、调节室内空气温度、创造舒适优美的内部状况都起着良好的作用，有望成为建筑节能的重要方式。

7.5.1 吸热玻璃

吸热玻璃因能吸收大量红外线辐射能量而得名，是一种具有较高可见光透过率的平板玻璃，也称为着色玻璃、颜色玻璃。它是在玻璃中添加着色剂以吸收或反射太阳光谱中特定波长的光。吸热玻璃具有控制阳光和热能透过的特点，并有特定的光泽和颜色，在国内外建筑业中已广泛应用。吸热玻璃可按不同的用途进行加工，制成镜面玻璃、钢化玻璃、磨光玻璃、夹层玻璃及中空玻璃等深加工制品。这些深加工制品均有良好的保温隔热性能，可以应用于建筑门窗及幕墙，通过科学合理的选择，可以实现节能降耗、低碳环保的目的。另外，在建筑业中最主要的应用是将吸热玻璃与支承体系结合构成吸热功能的玻璃幕墙，它除了具有幕墙应有的功能外，同时具有吸热玻璃的特点。

生产吸热玻璃主要有两种方法：一是以本体着色颜色玻璃为主，其着色剂为镍、钴、铁等金属或其氧化物；二是通过在玻璃表面镀制具有吸热和着色功能的金属或金属氧化物薄膜。

吸热玻璃的工作原理是利用玻璃中的金属离子对太阳能进行选择性吸收，同时呈现出不同的颜色。吸热玻璃一般可减少进入室内太阳热能的20%～30%，从而降低空调负荷。不同颜色的吸热玻璃有不同的吸热率，不同批次的吸热玻璃也会有差异，吸热玻璃的主要技术指标见表7.3。

表 7.3　吸热玻璃的光学指标参考值

品种	厚度/mm	可见光/%		太阳能/%	
		透过率	吸收率	透过率	吸收率
茶色	3	82.9	9.8	69.3	24.3
	5	77.5	15.6	58.4	35.8
	8	70.0	23.6	46.3	48.4

续表

品种	厚度/mm	可见光/%		太阳能/%	
		透过率	吸收率	透过率	吸收率
茶色	10	65.5	29.3	40.2	54.7
	12	61.2	32.9	35.3	59.8
蓝色	3	73.9	19.4	75.1	18.2
	5	63.9	30.0	65.7	28.2
	8	51.9	43.7	54.5	40.0
	10	44.5	50.4	47.3	47.5
	12	38.6	57.5	41.6	53.5
绿色	3	74.1	19.2	75.5	17.8
	5	64.3	29.6	66.2	27.7
	8	51.9	43.7	54.5	40.0
	10	45.0	49.9	48.0	46.8
	12	39.0	56.1	42.5	52.8

吸热玻璃有以下特点：a. 能吸收太阳的热辐射，吸热玻璃的厚度和色调不同，对太阳的辐射热吸收程度也不同。b. 可吸收太阳光中的可见光能，减弱太阳光的强度，起到防眩作用。c. 吸收太阳光中的紫外线，减轻紫外线对人体和室内物品的损害。d. 吸热玻璃的透明度比普通平板玻璃略低，但能清晰地观察室外景物，且吸热玻璃绚丽多彩，能增加建筑物的美观度，色泽稳定，经久不变。

吸热玻璃通常能阻挡50%左右的阳光辐射，适用于既需采光又需隔热的炎热地区的建筑物门窗或外墙体，以及用作车、船等的挡风玻璃等。吸热玻璃的色彩具有极好的装饰效果，已成为一种新型的外墙和室内装饰材料。在建筑幕墙中，吸热玻璃还可以与其他玻璃组合成中空或多层中空玻璃，实现功能集成化和多样化。

7.5.2 热反射玻璃

热反射玻璃是在玻璃表面镀上金属、非金属及其氧化物薄膜，使其具有一定的反射效果，能将太阳能反射回大气中，从而达到阻挡太阳能进入室内且使太阳能不在室内转化为热能的目的。

热反射玻璃具有良好的隔热性能，对太阳辐射热有较高的反射能力，热透过率低，热反射玻璃的反射率为30%左右，是普通平板玻璃的4倍左右，其导热系数只有透明玻璃的80%，遮挡系数只有它的23%。图7.16比较了平板玻璃与热反射玻璃的能量透过率，由图可以看出，3mm厚的普通透明玻璃对太阳辐射具有87%的透过率，白天来自室外的辐射能量大部分可透过，导致在炎热的夏季空调制冷能耗的增加；6mm厚的热反射玻璃有较强的热反射性能，可有效地反射太阳光线，合计接收能量为33%，在日照时，使人在室内感到清凉舒适。因热反射玻璃主要起隔热作用，其反射率越高说明其对太阳能的控制越强，但是玻璃的可见光透过率会随着反射率的升高而降低，影响采光效果，太高的玻璃反射率也可能出现光污染问题。在夏季光照强的地区，热反射玻璃的隔热作用十分明显，可有效衰减进入室内的太阳热辐射。但在无阳光的环境中，如在夜晚或遇阴雨天气，其隔热作用与白玻璃无异，从节能的角度来看，该玻璃不适用于寒冷地区。

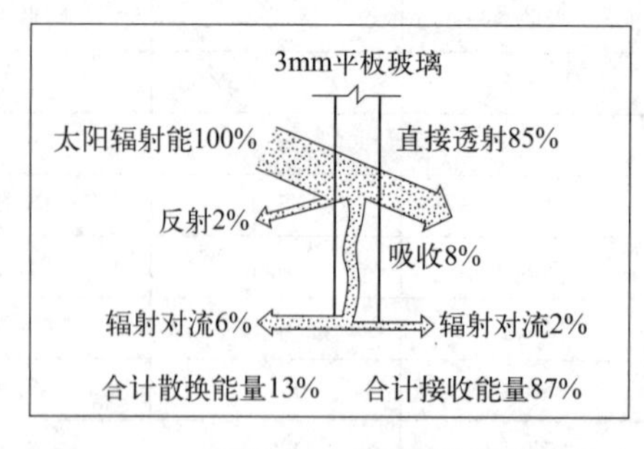

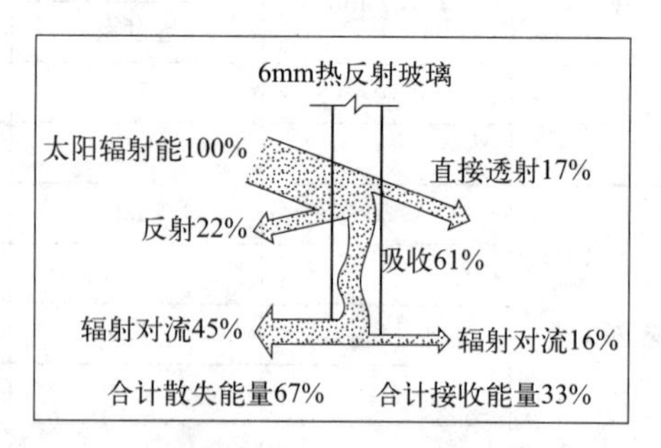

图 7.16　3mm 平板玻璃与 6mm 热反射玻璃的能量透过比较

热反射玻璃的颜色有蓝灰色、茶色、金色、赤铜色、褐色等。镀膜玻璃的颜色多为干涉色，当薄膜的光学厚度与某波长的可见光波长成一定倍数时，主要反射该种可见光的颜色，光学上称为干涉光的颜色，即干涉色。干涉色因薄膜的厚度不同而变化，因此同一种材料通过调节不同的膜厚可以制成不同颜色的热反射玻璃。

热反射玻璃的热反射作用来源于表面镀的反射涂层。制备热反射玻璃的直接方法是在普通（或钢化）玻璃上粘贴或涂覆热反射膜。表 7.4 为部分热反射膜性能比较。

表 7.4　部分热反射膜的性能比较

薄膜类型	材料	特征
金属薄膜	Au、Pt、Pd、Ag、Cu、Al	低透光率，耐久性差
金属薄膜—透明介电膜	$Bi_2O_3/Au/Bi_2O_3$、$TiO_2/Ag/TiO_2$、$SnO_2/Ag/SnO_2$	高透光性，耐久性较差
导电性氮化膜、导电性硼化膜	TiN、ZrN、HfN、LaB_6	低透光率，高耐久性
导电性氮化物膜—透明介电膜	$TiO_2/TiN/TiO_2$、$ZrO_2/ZrN/ZrO_2$、$HfO_2/HfN/HfO_2$	中透过率，高耐久性
透明氧化物半导体膜	掺 Sn 的 In_2O_3、掺 F 的 SnO_2、掺 Al 的 ZnO	高透光率，高耐久性，反射 1～2μm 的长波

从表 7.4 可以看出：金属膜耐久性差；导电膜耐久性好，但红外反射性稍差；其他金属—介电膜和电解质复合膜都属于多层膜，成本较高；透明氧化物半导体膜（即透明导电性氧化膜，简称透明导电膜）结构简单，为单层膜，成本低，各方面综合性能都比较好，是一种用于热反射玻璃的优势明显、前景广阔的膜材料。

热反射玻璃主要用于避免由于太阳辐射而增热及设置空调的建筑，适用于各种建筑物的门窗、汽车和轮船的玻璃窗、玻璃幕墙以及各种艺术装饰。目前国内外还常采用热反射玻璃制成中空或夹层玻璃窗，以提高其绝热性能。

7.5.3　低辐射玻璃

低辐射玻璃又称 Low-E 玻璃，是一种在玻璃表面镀一层或多层有低辐射功能金属银膜以及相关保护膜的镀膜玻璃，它对波长为 4.5～25μm 的红外线具有较高的反射率，而在可见光范围内具有很高的透射率（80%以上）。

Low-E玻璃的节能原理是它的热导率低，能够将远近红外线反射掉。其作用原理是房屋内外远红外线通过热辐射过程进行能量的传播，让太阳辐射的能量大部分进入房屋内，达到一个适宜的环境温度。冬季，它对室内暖气及室内物体散发的热辐射，可以像一面热反射镜一样，将绝大部分的热辐射反射回室内，保证室内热量不向室外散失，从而节约取暖费用；夏季，它可以阻止室外地面、建筑物发出的热辐射进入室内，节约空调制冷费用。Low-E玻璃的可见光反射率一般为11%以下，与普通白玻璃相近，低于普通阳光控制镀膜玻璃的可见光反射率，可避免反射光污染。

低辐射玻璃的种类有很多，各种玻璃有不同的材料结构和制造工艺。按照节约能耗的特征和结构特征，Low-E玻璃可分为高透型Low-E玻璃、遮阳型Low-E玻璃、单银系列Low-E玻璃及双银系列Low-E玻璃。高透型Low-E玻璃具有很高的可见光透过率以及很高的远红外线反射率，是一种采光性能极好、透过太阳热辐射多、绝热性能良好的新型节能玻璃，适用于高通透性及自然采光条件良好的建筑，还适用于我国北方寒冷地区。遮阳型Low-E玻璃的遮阳效果好，对于太阳热辐射来说，进入室内的特别少，绝大多数被阻隔在外面，大大减少夏季室外物体的热辐射，这样的Low-E玻璃适宜应用于南北地区的建筑。单银Low-E玻璃的膜一般有三层，即介质层/银/介质层，一般介质层采用对可见光透过率高及与基片结合力强的材料，如ZnO、SnO_2、TiO_2、Bi_2O_3等。许多低辐射膜系采用ZnO做介质膜，因为Zn的溅射率高，而且价格便宜，但ZnO的抗湿气能力较差，在高湿度环境下长时间放置，膜面会出现白斑，在ZnO中掺入Al可提高ZnO层与银层的附着力，有效防止该膜在湿环境下遭到破坏；另外，普通的Ag基低辐射膜经不起高温热处理，如热弯曲或热强化，当温度高于350℃时就容易受到破坏，在Ag层与介质层之间加入附加稳定剂层，能有效防止膜在热处理过程中被破坏，有些金属如W、Ta、Fe、Ni在热处理过程中不易被氧化，且不与Ag层互溶，是较为理想的稳定剂膜层材料。双银Low-E玻璃是从单银Low-E玻璃的基础上发展而来的，即有两层银质薄膜，这两层银质薄膜之间隔着屏蔽层和介质层。在生产中每层膜的控制要求都非常严格，这对生产条件和生产工艺水平提出了更高的要求。双层膜系的牢固性较差，较难加工处理，但其性能优越，具有更低的辐射率，可使整个膜系的辐射率降低至银的理论极限值，同时具有较低的太阳光透射比，并保持较高的可见光透射比。因此双银低辐射玻璃在冬季具有良好的隔热保温效果，在夏季又有良好的太阳能遮蔽作用，可广泛适用于中高纬度地区。

Low-E玻璃的功能主要包括：a.光学特性。表现为反射太阳中的红外光，窗户一直是建筑物外围护结构中隔热保温的薄弱环节，在炎热的夏天，太阳光谱中的热量分布在380～780nm的可见光区和780nm～3μm的红外区，安装Low-E玻璃后，能遮挡（反射和吸收）太阳光中热能的携带者（红外线）进入室内，从而降低室内温度，可节约空调费用50%以上。另外，玻璃也是冬季室内热量逃逸的屏障，减少室内热量从窗户外散失，起到保温的作用。同时，使用低辐射玻璃的窗户不易结露，减少了冬季室内窗户附近使人不舒服的“冷辐射区”。b.控光功能。主要指对人眼所感知的可见光的控制，体现在两个方面：根据人的喜好和室内性质所要求的采光量，调节室内的光照度；选择适当的透射率可以使Low-E玻璃具有单向透视功能。另外，装饰功能也是Low-E玻璃的外貌特征，它可调节可见光的反射波段，使玻璃呈现不同颜色。c.保护环境。紫外线在太阳光谱中占有3%的比例，它是各种物品褪色老化的主要根源，低辐射玻璃可反射或吸收阳光中的紫外线，延缓衣物、家具和大多数有机装饰材料的老化过程。另外，在减少照明、室内取暖设备和空调的能量消耗的同时，可以减少燃料燃烧时产生的 CO_2 与 SO_2 的排放量，减少对空气的污染，有利于保护环境。

Low-E 玻璃最重要的性能是节能，以辐射率来表现。辐射率是某物体的单位面积辐射的热量同单位面积黑体在相同温度、相同条件下辐射热量之比，用来定义物体吸收或反射热量的能力。辐射率越低其节能性能越好。目前被房市场应用的高透型 Low-E 产品，离线单银 Low-E 的辐射率介于 0.07～0.15，在线 Low-E 的辐射率介于 0.16～0.20。

7.5.4 变色玻璃

变色玻璃又称调光玻璃。它通过调节太阳光透过率达到节能效果。其作用原理是当作用于调光玻璃上的光强、温度、电场或电流发生变化时，调光玻璃的光学性能发生相应的变化，从而可以在部分或全部太阳能光谱范围内实现高透过率状态和低透过率状态间的可逆变化。调光玻璃最初是为汽车工业开发的，近年来人们对其在建筑上的应用进行了不断的探索研究，它在光线传输上的可控性，对于采光和调光应用是一个很有吸引力的特性。调光玻璃也被称为智能玻璃或智能窗，采用遮光元素直接嵌入玻璃中或玻璃上以达到调光的目的。这项技术可以改变我们与外部和日光互动的方式，而且还能根据季节优化利用太阳能，大大节约建筑和车辆的能源。调光玻璃的核心是变色材料，变色材料根据作用原理可分为光致变色玻璃、热致变色玻璃、电致变色玻璃等。其中电致变色（EC）玻璃将在第 8 章详细介绍。

光致变色玻璃可分为无机光致变色玻璃和有机光致变色玻璃。无机光致变色玻璃是由光学敏感材料和基体玻璃组成的，制备方法是在基体玻璃中掺入微量的光敏感材料，经过热处理后沉淀在玻璃熔体中。光学敏感材料主要是银、铜和镉的卤化物或稀土离子等；基体玻璃一般认为采用碱金属硼硅酸盐玻璃，玻璃的光致变色性能较好。有机光致变色玻璃根据光致变色材料的种类可分为俘精酸酐、二芳基乙烯、螺吡喃、螺噁嗪光致变色玻璃等。根据制备方法的不同，可以将有机光致变色玻璃分为贴膜或涂膜光致变色玻璃和光致变色有机玻璃。前者是将光致变色材料制成高分子膜，复合到无机玻璃表面；后者是将玻璃作为基体材料，将光致变色材料在玻璃成型时掺入其中而制备的。光致变色玻璃相比光致变色材料，可以长时间反复变色而无疲劳现象，而且机械强度好，易调控变色材料的量，从而调节热处理温度而改变其激活（变色）波长，激活能量灵敏度、变色速率、漂白波长及半褪色时间等光色互变特性。同时光致变色玻璃有良好的化学、热学和光学性能，制备简单，可制成大型和形状复杂的光学元件。温度足够高时，光致变色玻璃变暗和褪色速度达到了动态的平衡（即相互抵消）时，光致变色玻璃甚至不能变暗。反之，光致变色玻璃在低温时褪色速度会下降，在液氮温度下甚至玻璃不褪色，这就是所谓的光致变色玻璃“热不变色、冷不褪色”的特性。目前光致变色玻璃薄膜常为单层膜，常见制备方法是将光致变色的原料与有机溶剂混合，制备光致变色成膜液后制膜。有机溶剂的使用会在制备过程中造成环境污染，对人体产生毒害；制备出的成品薄膜中存在一定有机溶剂残留，导致应用范围缩小；而且这种光致变色薄膜由于长期暴露在空气中，被紫外辐射后易老化分解。针对上述问题，可采用一种光致变色玻璃双层薄膜的制备方法，通过在玻璃基片表面一次旋涂光致变色溶胶即掺有噻吩乙烯的二氧化钛—氧化锌溶胶，再经退火处理形成微孔，制成 TiO_2/ZnO 双层复合薄膜，使得该双层膜的透过率很高，在可见光下具有很好的稳定性。并且，通过调节退火处理时间可调控该复合膜的光致变色性能，见表7.5。

表7.5 退火处理时间对 TiO_2/ZnO 复合薄膜光致变色性能的影响

样品序号	1	2	3	4	5
退火时间	10min	20min	30min	40min	50min
着色态的积分透射率（380～780nm）	16%	17%	17.5%	19%	21%
褪色态的积分透射率（380～780nm）	66%	63%	65%	66%	63
光学调制（630nm）	80%	76%	83%	80%	76%

为了改善光致变色玻璃的变色性能和耐候性，可采用叠层设计，即第一玻璃基板、光致变色层和第二玻璃基板，光致变色层由光致变色组合物经光固化处理后形成。该制备得到的光致变色玻璃具有良好的耐候性和变色响应速度，并且通过对光稳定剂和表面活性剂的合理选择能够获得透光率高且雾度低的光致变色玻璃。

热致变色玻璃通常是在普通玻璃上镀一层可逆热致变色材料而构成。基于热致变色的智能窗可以根据温度变化调节其透明度，这种机制通常被认为是一种被动的光调制方式，因为这样的智能窗可以根据动态环境温度变化对光进行自适应调制，它是纯材料驱动的，不需要额外的控制系统。对于需要主动控制的应用，如隐私窗口，被动方式可能会成为热致变色智能窗的障碍。为了主动控制热致变色智能窗，开发了与热致变色材料集成的电热器件。通常，高度透明的电极通过施加电压产生焦耳热用于加热热致变色材料。作为研究最多的热致变色材料，VO_2 被用来与电热器件进行组装。该器件通常采用高的可见光透过率 T_{lum} 或低负载的导电材料作透明电极。另外，Ag 纳米线可用于制备透明电极，然后沉积 VO_2 纳米颗粒膜，在6.5～8V的外加电压下，VO_2 膜的近红外光透过率明显下降，进一步增大电压并没有引起 VO_2 膜近红外透射率的明显变化，表现出 VO_2 典型的光学调制特性。Ag-VO_2 系统非常稳定，经过100次开关循环后，透光率没有变化。此外，ITO玻璃被用于电热层，以加热相邻的 VO_2 层来调节玻璃的近红外光透过率。

水凝胶的转变温度（≈40℃）较 VO_2 的转变温度低，因此，只需要一个相对较低的电压来调控基于水凝胶的智能窗。其中，一种基于银网的透明电热电极可与水凝胶基的TC薄片集成，用于主动光学调制。低于2V的电压足以加热该玻璃到它的光调制临界温度，当电压从2V增加到6V时，响应时间从120s减少到40s。

为增强热致变色响应效果，TC材料通常与吸光度高的材料相结合，例如氧化石墨烯（GO）、ATO、Cs_xWO_3 或LSPR材料如金纳米颗粒来产生热量，促使TC材料相变。Cs_xWO_3/水凝胶复合材料是近年来研究较多的光热变色材料之一。与其他吸光材料相比，Cs_xWO_3 选择性地吸收近红外光，对室内照明不造成影响。另外，由于近红外光是影响光热效果的重要因素之一，其对近红外光的阻隔降低了太阳光线引起的加热效应。在光的照射下，Cs_xWO_3/聚丙烯酰胺-聚（N-异丙基丙烯酰胺）（PAM-PNIPAM）复合材料的表面温度可达47℃，比玻璃高约20℃，因此，该复合材料表现出良好的光热效应（见图7.17）。同时该复合材料在稳定状态下的室内温度为25℃左右，明显低于玻璃的温度。

图 7.17　Cs_xWO_3/水凝胶复合材料的光热效应

7.5.5　单向透视调光玻璃

单向透视调光玻璃又称单面镜、双面镜、单向玻璃、单向可视玻璃等，是一种对可见光具有很高反射比的玻璃。当室外比室内明亮时，单向透视玻璃与普通镜子相似，室外看不到室内的景物，但室内可以看清室外的景物。而当室外比室内昏暗时，室外可看到室内的景物，且室内也能看到室外的景物，其清晰程度取决于室外光照度的强弱。单向透视玻璃主要用于监狱、公检法机构审讯室、精神病医院、大学科研机构研究室、大型会议室等特殊场所，其特点是可视却不可被视。

单向透视玻璃主要是在玻璃上贴膜或者镀膜，以改变玻璃两面的反射和透射参数。采用这种贴反射膜结构的单向玻璃存在单向透视效果差，且膜容易遭到破坏、易脱落等缺点。另一种技术是在玻璃表面镀金属层如银或铝，或者镀上化合物膜如二氧化钛（TiO_2）、二氧化硅（SiO_2）等，其中金属层容易从玻璃表面脱离，随着时间的推移，金属层中的金属被氧化，导致该单向透视玻璃的透视性降低，或者该单向透视玻璃无法实现单向透视的功能。另外，目前采用的单向透视镀膜玻璃的镀膜材质主要是二氧化钛和二氧化硅，因其耐磨系数小，容易磨损，且折射率较小，因此相同厚度下透视效果不好。

采用一种新型的单向透视玻璃可解决以上单向透视玻璃的问题，即采用表层为玻璃层，由玻璃层向下依次是氧化锌层、金属镀银层、经过表面处理的聚对苯二甲酸乙二醇酯（PET）层、磁控溅射镀膜层制备的单向透视玻璃。该单向透视玻璃的单向透视效果很好，即使光线强度差异不大也能起到较好的单向透视效果，可视一侧的视觉效果也更加温和。玻璃层与PET层之间夹有聚乙烯醇缩丁醛（PVB）胶片胶合，具有黏结特性，即使某一面玻璃破碎也不会散落一地，具有安全可靠性。

由于单向透视玻璃总体的正面和反面的透过率比值较大，反射率比值较小，需要双面具有较高的亮度差才能发挥良好的单向透视效果。可采用包括玻璃内层和玻璃外层的设计，实现良好的单向透视效果。其中单向玻璃层为多层玻璃，多层玻璃内部或外表面上间隔设有共计两层的单向反射膜。单向反射膜为高聚物复合膜或氟化物镀膜，氟化物镀膜为氟化钇或氟化镨的镀膜。采用该设计制备的单向透视玻璃，其正面透过率较低、反射率较高，反面透过率较高、反射率较低，并且吸热系数较低。所制备的某单向透视玻璃的相关参数见表 7.6。

表 7.6 某单向透视玻璃的光学相关参数

单向透视玻璃	正面	反面
玻璃厚度/mm	10	10
紫外透光率/%	3	25
可见光透光率/%	6	83
可见光反射率/%	93	15
遮蔽系数	0.95	0.25
太阳热能积累系数	0.31	0.06

传统的单向透视玻璃不具备防眩功能，导致隐蔽位置的强光线会在玻璃上进行反射，影响隐蔽位置对观察位置的观察效果，为此发明一种防眩单向透视玻璃是有必要的。防眩玻璃通常是由普通透明玻璃通过化学溶液进行刻蚀而成的，如在制备单向透视玻璃时对第一玻璃基板的一面进行刻蚀液的处理，经过多层膜组装可制备出一种防眩单向透视玻璃。另外，研究者们在改善单向透视性能的同时，也赋予其特殊功能。将电致变色玻璃与单向透视玻璃进行复合，能够结合电致变色开关与单向透视玻璃技术，获得具有电致变色开关的单向透视玻璃，这种玻璃不仅具有变色、防眩和单向透视的功能，同时也增强了玻璃的隐蔽性和智能性，使其能够应用于更多场合。

7.6 透光混凝土

透光混凝土是建筑行业应用的一项新技术，又名半透明混凝土，由半透明材料和细骨料混凝土组成，可使光线通过混凝土传输，提高了能见度，并减少了建筑对光能的需求。过去的研究工作已经证明 LTC 在不影响其抗压强度的条件下可以进行光的传输，能够减少光能量消耗高达 50%。

透光混凝土最早出现于 1935 年一位加拿大人的专利中，2001 年匈牙利建筑师 Aron Losonczi 首次提出了透光混凝土的概念，并在 2003 年成功制作了第一个透明的混凝土块，名为 LiTraCon。LiTraCon 是由光纤和细骨料混凝土组合而成的，具有很好的透光和构造功能。透光混凝土既具有美学价值又存在实用性，是一种可广泛应用于建筑行业的新型材料。透光混凝土的特点见表 7.7。

表 7.7 透光混凝土的特点

优点	不足
(1) 可制造不同尺寸的块体 (2) 透光性使建筑具有美学价值 (3) 减少光能消耗，减少碳排放量	(1) 与普通混凝土相比，光纤的掺入会降低混凝土的强度 (2) 成本高 (3) 制造工序相对复杂，对制造者的操作技巧要求高 (4) 仅适用于预加工或预制混凝土，不允许现场制造

表 7.7 列出了透光混凝土的优缺点，LTC 促进了绿色建筑的制造，并间接减少了碳足迹，尤其是在对人工光源高度依赖的城市地区。而且 LTC 耐紫外线、耐霜和防冻盐。因此，

它在恶劣的天气下是持久的，可在寒冷的国家大量推广。从目前来看，成本高是LTC应用于建筑行业的主要缺点，但作为一种创新的建筑材料，对LTC的广泛应用还有待进一步的研究和探索。

7.6.1 透光混凝土种类

（1）光纤透光混凝土

光纤透光混凝土通常由水泥、砂子、水和透明材料光纤混合而成。

光纤是一种柔韧透明的纤维，由玻璃（二氧化硅）或塑料制成。为了能在混凝土中进行有效的光传输，通常嵌入透光混凝土中的光纤体积分数为2.5%～5%。另外用于制备透光混凝土的透明材料还有玻璃骨料即废玻璃和聚合物树脂。在混凝土原料中加入透明或半透明材料的目的是使光能够透过暗淡的不透明的混凝土，从而降低光能消耗。然而，不同类型的半透明材料有各自的半透明程度、性能、强度和导热系数，这些都会直接影响LTC的整体性能。

在所有的光传输元件中，光纤由于具有优异的透光性能而成为制造LTC最常用的光传输元件。光纤通常由两种材料制成，玻璃或塑料。在混凝土中嵌入光纤传感器，可用于监测混凝土的应变、变形、腐蚀和振动。光纤是通过全内反射机制传输光的。透光混凝土以“纳米光学”为基础，纤维像狭缝一样携带光线，成千上万的光纤从一面延伸到另一面，用来传输光，当光在光密介质中以一个陡峭的角度撞击边界（即大于临界角的边界）时，光线被完全反射，也就是全内反射，具体的工作原理如图7.18所示。

将光纤安装到浇注模具中有几种方式，其中一种方式是将光纤切成特定长度，并将光纤穿过研究工作中专门预制的模板孔，如图7.19所示。

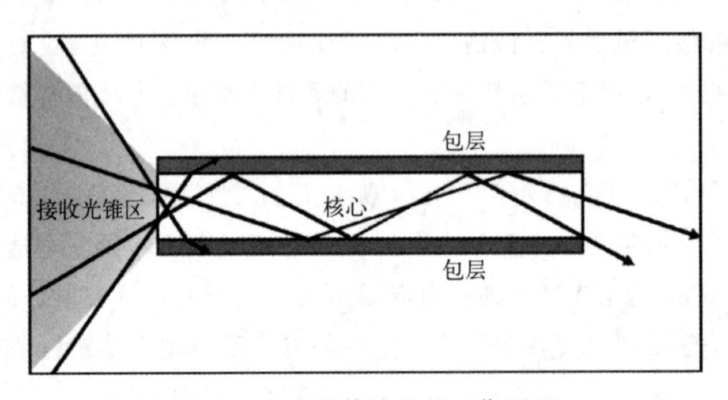

图7.18 光纤传输光的工作原理

另一种方式是对光纤进行纺织加工，使其形成分层织物，然后安装到模板中进行浇注，等混凝土硬化后将混凝土块脱模并切割成特定尺寸。还有一种方式是通过平行排列将光纤嵌入到混凝土基体中，而无需纺织制造过程。由以上制作过程可以看出，相对于传统的混凝土制作方法来说，制作LTC的方法较复杂且专业。

（2）废玻璃透光混凝土

废玻璃通常与自密实胶结材料混合制备LTC，光可以穿过含半透明废玻璃的透光混凝土，前提是废玻璃的两端应在混凝土面板的表面。由于废玻璃是不连续的，使用废玻璃的

图 7.19 将光纤安装到木质模具中的实物照片

LTC 板厚度有限，才能确保有效的透光。在 LTC 中应用废玻璃遇到的另一个问题是碱硅酸反应（ASR）。ASR 是混凝土内部的一种不利反应，混凝土的碱性孔隙溶液与来自玻璃骨料的亚稳态二氧化硅反应形成 ASR 凝胶，并在混凝土内部膨胀并产生裂缝。为了尽量减少或防止在 LTC 中形成 ASR 凝胶，考虑在配合比设计中加入矿物外加剂，如偏高领土、矿渣粉(GGBS)、硅灰或粉煤灰等。

（3）树脂透光混凝土

与玻璃和光纤相比，在人工成本和材料质量方面聚合物树脂是最好的选择。采用 PMMA 树脂制造的透光混凝土可显示出优异的透光性，降低人工光能的消耗（从 72%减少到 41%）。将 PMMA 制作的透光混凝土用于幕墙，同时将钢纤维和聚丙烯纤维也添加到混凝土中，可以提供透光混凝土的韧性，降低其在早期开裂的风险。在制备 PMMA 树脂的 LTC 时，应考虑的参数包括入射光角透过率和树脂取向。因为加入 PMMA 树脂的 LTC 面板的透光率随着入射光角的增加而减小，在 LTC 内，水平排列的树脂比垂直排列的树脂的角透射率略高。总的来说，不同的浇注方法会改变聚合物树脂 LTC 的机械强度。与逐层浇注相比，在浇注过程中使用预制的聚合物树脂导光板或单独的元件可以在纤维—基体界面区提供更好的附着力。虽然聚合物树脂的透光性能与光纤一样好，但透光率受混凝土板厚度和入射光角的限制。从现有文献来看，需要对不同类型的聚合物树脂进行 LTC 的物理性能和耐久性测试，以进行进一步的研究。

其他半透明材料如荧光粉（GiD）、塑料管和玻璃棒也被用来制造 LTC。采用光纤和玻璃棒制备的 LTC，其透光性能的有效性不如纯光纤高。另外，用塑料棒和塑料管代替光纤，降低了制造成本，提高了可施工性和产量。然而，与其他类型的 LTC 相比，在 LTC 中加入塑料棒的研究仍属新领域，这类 LTC 的大部分性质仍有待研究。

7.6.2 影响透光混凝土性能的因素

透光混凝土的性能主要包括力学性能、透光性和耐久性。

（1）力学性能影响因素

对透光混凝土的力学性能影响最大的应该是光纤的掺入。这是由于纤维表面非常光滑，造成了较弱的黏结。随着光纤体积分数的增加，LTC 的抗压强度降低。当纤维体积分数增加且大于 2%时，纤维间距减小，导致微裂纹扩展的连通距离减小，特别是在压缩载荷下。这削弱了混凝土基体界面内的黏结，导致较低的抗压强度。LTC 的抗弯韧性比参照的混凝土板高 11%～12%，说明 LTC 比普通混凝土有更好的延性和能量吸收。无论透光元件的类型如何，透光元件的掺入通常会降低混凝土的抗压强度。

在 LTC 中加入废玻璃可能导致强度降低，因为玻璃颗粒的几何形状较差，玻璃与水泥基体之间的黏结力较弱。这导致了应力作用时半透明的单元—基体界面区产生微裂纹，进而导致混凝土强度降低。

(2) 透光性影响因素

研究表明，LTC 的透光率随光纤体积分数的增加而增加。由于光纤数量较多，光干涉率高，导致 LTC 的透光率高，但是 LTC 的透光率会随着纤维直径的增大而减小。另外，纤维间距的增加会降低混凝土的抗压强度和透光率。这是由于光纤间距的增加减小了具有相干干涉的光波的叠加。光源与 LTC 试样之间的距离也会影响 LTC 的透光性能。除纤维参数外，还应考虑其他环境因素，如能见度、光强、光入射角、纤维降解等，以确定其适用性和耐久性，如此才能安全应用于建筑行业。

(3) 耐久性影响因素

混凝土的耐久性是指混凝土抵抗风化、磨损、化学侵蚀或各种环境条件的退化能力，同时在使用寿命内保持其强度和外观完整性。混凝土耐久性最重要的基本测量指标之一是混凝土的渗透性，它确定了混凝土暴露于周围环境的水、气体或离子时的脆弱性。以 LTC 为例，根据 LTC 中使用的半透明元件的类型进行了耐久性试验。例如，玻璃暴露在碱性环境中很容易受到 ASR 的影响。因此，研究人员对掺入玻璃的 LTC 进行 ASR 测试，以确定混凝土耐久性。对于加入光纤的 LTC，大多数测试集中在混凝土渗透性、混凝土孔隙度和吸水测试。这是因为光纤的加入会在混凝土基体中产生更多的孔隙。除此之外，聚合物光纤易受紫外线辐射的影响，紫外线辐射会改变光纤的化学成分，导致材料的机械强度降低、光的透射率降低。基于已有的研究工作，LTC 受风化或紫外线辐射后的耐久性还有待进一步的研究。然而，LTC 的耐久性是至关重要的，不能被低估，因为它决定了 LTC 在整个使用寿命中抗恶化和保持光传输效率的可持续性。

思考题

1. 光在不同介质中是怎样传播的？反射率与折射率有怎样的关系？
2. 什么是反光材料？反光材料的分类及性质是什么？
3. 反光材料的反光原理是什么？
4. 反光材料中的反光膜有哪些应用？
5. 透光材料的分类及性质有哪些？
6. 常见的透光材料有哪些？有哪些应用？

7. 光致变色材料的变色原理及特征是什么？
8. 热致变色材料的变色原理是什么？请举例说明。
9. 简述 VO_2 作为变色材料的特点及应用举例。
10. 什么是功能玻璃？具体有哪些功能玻璃？
11. 吸热玻璃的制备方法是什么？吸热玻璃有什么特点？
12. 低辐射玻璃的分类及功能是什么？
13. 变色玻璃的核心是什么？主要有哪些核心变色材料？请举例说明。
14. 单向透视玻璃具有什么特点？
15. 透光混凝土有哪些优点？存在哪些不足？
16. 透光混凝土中用于透光的材料有哪些？
17. 什么是 ASR，怎样减少 ASR？
18. 影响透光混凝土的透光性的因素有哪些？

参考文献

[1] 葛玥. 高科技安全材料——反光材料 [J]. 中国个体防护装备，2005.

[2] 何荥，袁磊. 建筑采光 [M]. 北京：知识产权出版社，2019.

[3] 万小梅，全洪珠，王兰芹，等. 建筑功能材料 [M]. 北京：化学工业出版社，2017.

[4] 刘雄亚，欧阳国恩，张华新，等. 透光复合材料、碳纤维复合材料及其应用 [M]. 北京：化学工业出版社，2006.

[5] 求海滨. 反光材料在现代交通运输领域的应用及新趋势 [J]. 交通建设与管理，2013.

[6] Xia H，Xie Kand Zou G. Advances in spiropyrans/spirooxazines and applications based on fluorescence resonance energy transfer（FRET）with fluorescent materials [J]. Molecules，2017，22(12)：2236.

[7] Adachi K，Tokushige M，Omata K，et al. Kinetics of coloration in photochromic tungsten（Ⅵ）oxide/silicon oxycarbide/silica hybrid xerogel：insight into cation self-diffusion mechanisms [J]. ACS Applied Materials & Interfaces，2016，8(22)：14019-14028.

[8] Yamano A，Kozuka H. Perhydropolysilazane-derived silica-polymethylmethacrylate hybrid thin films highly doped with spiropyran：Effects of polymethylmethacrylate on the hardness，chemical durability and photochromic properties [J]. Thin Solid Films，2011，519(6)：1772-1779.

[9] 储新宏，智能窗用 VO_2 基薄膜的磁控溅射法制备与性能研究 [D]. 武汉理工大学博士学位论文，2015.

[10] Cui Y，Ke Y，Liu C，et al. Thermochromic VO_2 for energy-efficient smart windows [J]. Joule，2018，2(9)：1707-1746.

[11] Wang N，Liu S，Zeng X T，et al. Mg/W-codoped vanadium dioxide thin films with enhanced visible transmittance and low phase transition temperature [J]. Journal of Materials Chemistry C，2015，3(26)：6771-6777.

[12] Lin J，Lai M，Dou L，et al. Thermochromic halide perovskite solar cells [J]. Nature Materials，2018，17(3)：261-267.

[13] Zhu J, Huang A, Ma H, et al. Composite film of vanadium dioxide nanoparticles and ionic liquid-nickel-chlorine complexes with excellent visible thermochromic performance [J]. ACS Applied Materials & Interfaces, 2016, 8(43): 29742-29748.

[14] Guo S M, Liang X, Zhang C H, et al. Preparation of a thermally light-transmittance-controllable film from a coexistent system of polymer-dispersed and polymer-stabilized liquid crystals [J]. ACS Applied Materials & Interfaces, 2017, 9(3): 2942-2947.

[15] Zhou Y, Cai Y, Hu X, et al. Temperature-responsive hydrogel with ultra-large solar modulation and high luminous transmission for "smart window" applications [J]. Journal of Materials Chemistry A, 2014, 2(33): 13550-13555.

[16] 董月英. 建筑节能玻璃的设计与选用 [J]. 中国玻璃. 2009, 6: 24-26.

[17] 刘道春, 节能玻璃 [J]. 玻璃与搪瓷, 2011, 39(4): 41-49.

[18] 梁斐. Al_2O_3/Ag/AZO/Al_2O_3 和 Al_2O_3/AZO/Al_2O_3 低辐射膜系的制备及性能研究 [D]. 武汉理工大学. 2017.

[19] Wu M, Shi Y, Li R, et al. Spectrally selective smart window with high near-infrared light shielding and controllable visible light transmittance [J]. ACS Applied Materials and Interfaces, 2018, 10: 39819-39827.

[20] 孟鸿, 陈雯璐. 一种具有电致变色开关的单向透视玻璃及其制备方法 [P]. 中国专利: 111610679. 2020. 9.

[21] Pilipenko A, Bazhenova S, Kryukova A, et al. Decorative light transmitting concrete based on crushed concrete fines [C]//IOP Conference Series: Materials Science and Engineering. IOP Publishing, 2018, 365(3): 032046.

[22] Altlomate A, Alatshan F, Mashiri F, et al. Experimental study of light-transmitting concrete [J]. International Journal of Sustainable Building Technology and Urban Development, 2016, 7(3-4): 133-139.

[23] Chiew S M, Ibrahim I S, Mohd Ariffin M A, et al. , Development and properties of light-transmitting concrete (LTC)-A review [J]. Journal of Cleaner Production, 2021, 284, 124780.

[24] Tuaum A, Shitote S, Oyawa W, et al. Structural performance of translucent concrete façade panels [J]. Advances in Civil Engineering, 2019, 2019.

第 8 章

电性材料

本章学习目标:

1. 理解电致发热材料机理，懂得电致发热材料在工程中的应用。
2. 熟悉路面用导电混凝土的组成材料及其研究与应用现状。
3. 理解电致变色材料的变色机理，了解其应用领域。
4. 熟悉静电的危害及其防治技术措施。

8.1 概述

电性材料是利用物质的导电或电阻特性制造的具有特殊功能的材料。在建设工程领域常用的电性材料主要包括电致发热材料、电致变色材料和抗静电材料等。

各种材料都具有电性，导电材料、电阻材料、电热材料、半导体材料、超导材料以及绝缘材料等都是以它们的电学性能为特点划分的，其中最为重要的是电导率和电阻率。在电流作用下，通电的材料会发生相应的变化。因此在各种材料的制造及使用中都必须了解其电学性能和电流效应。

（1）导电和电阻

导电是指电荷在电场作用下在介质中的迁移，物体传导电流的能力叫做导电性。导体对电流的阻碍作用就叫该导体的电阻。电阻是材料本身的一种性质，电阻越大，表示导体对电流的阻碍作用越大。不同的材料，电阻一般不同。

材料导电性的量度为电导率或电阻率。电导率是用来描述物质中电荷流动难易程度的参数，为电阻率 ρ 的倒数。

电阻 R 与导体的长度 L 成正比，与导体的截面积 S 成反比，即

$$R=\rho\left(\frac{L}{S}\right)=\frac{1}{\sigma}\left(\frac{L}{S}\right) \tag{8.1}$$

式中　ρ——电阻率，Ω·m。

电阻由体积电阻 R_v 及表面电阻 R_s 两部分组成：

$$\frac{1}{R}=\frac{1}{R_v}+\frac{1}{R_s} \tag{8.2}$$

式(8.2) 表示了总绝缘电阻、体积电阻、表面电阻之间的关系。由于表面电阻与样品的表面环境有关，因而只有体积电阻反映材料的导电能力。通常主要研究材料的体积电阻。

电阻率的倒数为电导率 σ。电导率定义为在单位电位下流过每米材料的电流。用式(8.3) 表示：

$$\sigma=IL/VS \tag{8.3}$$

式中 σ——电导率，$S \cdot m^{-1}$；

I——电流，A；

L——样品厚度，m；

V——电位，V；

S——样品面积，m^2。

电导率是变化幅度最宽的几个物理量之一。通常根据电阻率或电导率数值大小，将材料分成超导体、良导体、半导体和绝缘体等。超导体的 ρ 在一定温度下接近于零；导体的 ρ 为 $10^{-8} \sim 10^{-5}\Omega \cdot m$，半导体的 ρ 为 $10^{-5} \sim 10^{7}\Omega \cdot m$，绝缘体的 ρ 为 $10^{7} \sim 10^{20}\Omega \cdot m$。

一般情况下，普通无机非金属材料与大部分高分子材料是绝缘体，部分陶瓷材料和少数高分子材料是半导体，金属材料是导体。但一些陶瓷具有超导性。半导体、绝缘体、离子导电材料的电导率随温度的升高而增加。金属的电导率随温度的升高而降低。表 8.1 为一些材料在室温下的电导率。

表 8.1 各种材料在室温下的电导率

金属和合金	σ/ (S/m)	非金属	σ/ (S/m)
银	6.3×10^{7}	石墨	10^{5}
铜（工业纯）	5.85×10^{7}	碳化硅	10
金	4.25×10^{7}	锗（纯）	0.42×10^{-2}
铝（工业纯）	3.45×10^{7}	硅（纯）	4.3×10^{-4}
Al-1.2%Mn 合金	2.95×10^{7}	电木	$10^{-11}\sim10^{-7}$
钠	2.1×10^{7}	窗玻璃	$<10^{-10}$
钨（工业纯）	1.77×10^{7}	云母	$10^{-15}\sim10^{-11}$
黄铜（70%Cu-30Zn）	1.6×10^{7}	有机玻璃	$<10^{-12}$
镍（工业纯）	1.46×10^{7}	氧化铍	$<10^{-15}\sim10^{-12}$
纯铁（工业纯）	1.03×10^{7}	聚乙烯	$<10^{-14}$
钛（工业纯）	0.24×10^{7}	聚苯乙烯	$<10^{-14}$
不锈钢，301 钢	0.14×10^{7}	合金钢	$<10^{-15}$
镍铬合金（80%Ni-20Cr）	0.093×10^{7}	石英玻璃	$<10^{-16}$

(2) 电流的效应

1) 电流的热效应

电流通过导体时会产生热量，叫做电流的热效应，也称焦耳效应。焦耳定律是定量说明传导电流将电能转换为热能的定律，具体内容：电流通过导体产生的热量跟电流的二次方成正比，跟导体的电阻成正比，跟通电的时间成正比。可用式(8.4) 进行计算：

$$Q=I^2Rt \tag{8.4}$$

式中 Q——热量，J；

I——电流，A；

R——电阻，Ω；

t——时间，s。

对于纯电阻电路，电流所做的功可以全部转化为热能，这时有

$$Q=I^2Rt=\left(\frac{U}{R}\right)^2Rt=\frac{U^2}{R}t \tag{8.5}$$

式中 U——电压，V。

实际生活和生产中，白炽灯照明、电热毯、烤箱、干燥箱等都是利用电流的热效应。

2）电流的化学效应

电流通过导电的液体会使液体发生化学组成与性质变化，生成新的物质——这种效果叫做电流的化学效应。电流的化学效应主要是电流中的带电粒子（电子或离子）参与而使得物质发生了化学变化。

化学变化中往往是这个物质得到了电子，另一个物质失去了电子而产生的变化，最典型的就是氧化还原反应。而电流的作用使得某些原来需要更加苛刻的条件才能发生的反应发生了，并使某些反应过程可逆。归根结底，本章所讲的材料的电致变色，实质上是一种电化学氧化还原反应，电流通过时材料内发生电子或离子迁移，在外观上表现出颜色的可逆变化。

3）电流的磁效应

任何通有电流的导线，都可以在其周围产生磁场的现象，称为电流的磁效应。给绕在软铁芯周围的导体通电，软铁芯就产生了磁性，这种现象就是电流的磁效应。如电铃、蜂鸣器、电磁扬声器等都是利用电流的磁效应制成的。

8.2 电致发热材料

8.2.1 发热机理

电致发热，就是利用电流通过电阻体的热效应，将电能转变成热能，是电能利用的一种形式。与一般燃料加热相比，电加热可获得较高温度，易于实现温度的自动控制和远距离控制，可按需要使被加热物体保持一定的温度分布。电加热能在被加热物体内部直接生热，因而热效率高、升温速度快，在电加热过程中，产生的废气、残余物和烟尘少，可保持被加热物体的洁净，不污染环境。因此，电加热广泛用于生产、科研和试验等领域中。根据电能转换方式的不同，电加热通常分为电阻加热、感应加热、电弧加热、电子束加热、红外线加热和介质加热等。

（1）电阻加热

利用电流的焦耳效应将电能转变成热能以加热物体，通常分为直接电阻加热和间接电阻加热。前者的电源电压直接加到被加热物体上，当有电流流过时，被加热物体本身发热。可直接电阻加热的物体必须是导体，但要有较高的电阻率。由于热量产生于被加热物体本身，属于内部加热，热效率很高。间接电阻加热需由专门的合金材料或非金属材料制成发热元件，由发热元件产生热能，通过辐射、对流和传导等方式传到被加热物体上。由于被加热物体和发热元件分成两部分，因此被加热物体的种类一般不受限制，操作简便。

（2）红外线加热

利用红外线辐射物体，物体吸收红外线后，将辐射能转变为热能而被加热。不同物体对红外线吸收的能力不同，即使同一物体，对不同波长的红外线的吸收能力也不一样。因此应用红外线加热，须根据被加热物体的种类，选择合适的红外线辐射源，使其辐射能量集中在被加热物体的吸收波长范围内，以得到良好的加热效果。

由于红外线具有较强的穿透能力，易于被物体吸收，且一旦被物体吸收，立即转变为热能；红外线加热前后能量损失小，温度容易控制，加热质量高，因此，红外线加热应用发展很快。

（3）介质加热

利用高频电场对绝缘材料进行加热。主要加热对象是电介质。电介质置于交变电场中，会被反复极化（电介质在电场作用下，其表面或内部出现等量而极性相反的电荷的现象），从而将电场中的电能转变成热能。

介质加热使用的电场频率很高。在中、短波和超短波波段内，频率为几十万赫兹到300MHz，称为高频介质加热，若高于300MHz，达到微波波段，则称为微波介质加热。通常高频介质加热是在两极板间的电场中进行的；而微波介质加热则是在波导、谐振腔或者在微波天线的辐射场照射下进行的。介质加热由于热量产生在电介质（被加热物体）内部，因此与其他外部加热相比，加热速度快，热效率高，而且加热均匀。

（4）感应加热

感应加热是指利用导体处于交变电磁场中产生感应电流（涡流）所形成的热效应使导体本身发热。根据不同的加热工艺要求，感应加热采用的交流电源的频率有工频（50～60Hz）、中频（60～10000Hz）和高频（高于10000Hz）。工频电源就是通常工业上用的交流电源，世界上绝大多数国家的工频为50Hz。

感应加热的物体必须是导体。当高频交流电流通过导体时，导体产生趋肤效应，即导体表面电流密度大，导体中心电流密度小。感应加热可对物体进行整体均匀加热和表层加热；可熔炼金属；在高频段，改变加热线圈（又称感应器）的形状，还可进行任意局部加热。

（5）电弧加热

电弧是两电极间的气体放电现象，可以利用电弧产生的高温加热物体。电弧的电压不高但电流很大，其强大的电流靠电极上蒸发的大量离子所维持，因而电弧易受周围磁场的影响。

当电极间形成电弧时，电弧柱的温度可达3000℃以上，适于金属的高温熔炼。

（6）电子束加热

电子束加热是利用电子枪中阴极所产生的电子在阴阳极间的高压（25～300kV）加速电场作用下，被加速至很高的速度（0.3～0.7倍光速），经透镜汇聚作用后，形成密集的高速电子流，高速运动的电子轰击物体表面，使之被加热。

8.2.2 路面用导电混凝土

导电混凝土是指由混凝土和导电组分材料等按一定配合比组成的多相复合材料，其中导电组分作为分散相；水泥混凝土或沥青混凝土作为基体相，导电性能较差。混凝土的导电主要是由分散在基体中的导电组分材料形成网络，并通过隧道效应连通网络间的绝缘而传导。

路面用导电混凝土包括导电沥青混凝土和导电水泥混凝土，二者的主要区别在于基体不同，但所用导电相材料基本相同，都是将适当种类和含量的导电相材料添加入水泥混凝土或者沥青混凝土，当与外部电源接通后，导电混凝土利用电热效应产生热量使路面温度升高。

目前常用于制作导电混凝土的导电组分主要有炭黑、石墨粉、碳纤维、钢纤维及钢屑等，不同组分导电混凝土的力学和导电性能差异较大。

（1）导电相材料

石墨、炭黑作为导电性填料可明显改善混凝土的导电性能。碳纤维可在导电混凝土中发挥导电桥梁作用和短接作用，使其导电性能显著增强。同时，钢渣作为导电性集料取代部分矿物集料也可改善沥青混凝土的导电性能，碳纳米管的导电作用近年来也日渐受到重视。

1）炭黑

炭黑是一种无定形碳，表观为松散的黑色粉末，比表面积非常大，是有机物（天然气、重油，燃料油等）在空气不足的条件下经不完全燃烧或受热分解而得到的产物。炭黑按性能区分有补强炭黑、导电炭黑、耐磨炭黑等。

炭黑原生粒子在生产中经化学键结合熔结成凝聚体，根据粒子间聚成链状或葡萄状的程度，可以将炭黑分为高结构炭黑和低结构炭黑。与低结构炭黑相比，高结构炭黑的分散性更好，电阻率更低，且填充量更低。目前常用吸油值表示结构性，吸油值越大，炭黑结构性越高，就越容易形成空间网络通道，而且不易破坏。另外，高结构炭黑颗粒细、网状链堆积紧密、比表面积大，单位质量颗粒多，有利于在聚合物中形成链式导电结构。电阻率较低的乙炔炭黑作为粉末状导电相材料，其性能指标见表8.2。

表8.2 乙炔炭黑性能指标

项目	粒径/nm	比表面积/(m^2/g)	密度/(g/cm^3)	灰分/%	吸油量/(mL/g)	电阻率/(Ω·m)
炭黑	42	76	1.80	0.1	2.12	2.0

炭黑的不足之处是它的吸水率大，掺入水泥混凝土时需要加大用水量才能达到合适的工作性，而这会对混凝土强度造成不利影响。

2）石墨

石墨是元素碳的一种同素异形体，每个碳原子的周边联结着另外三个碳原子，排列方式呈蜂巢式的多个六边形。每个碳原子均会放出一个电子，且这些电子能够自由移动，因此石墨属于导电体。石墨是一种较易获取的无机材料，它不仅具有良好的导电性、导热性，而且有良好的化学惰性。研究表明，导电混凝土的电阻率随石墨掺量的改变可在 $10^{-1} \sim 10^{6}\Omega \cdot cm$ 的范围内变化，但必须在掺量较高时才能使混凝土具有良好的导电性，这将使混凝土的强度大幅度降低。当石墨掺量为25%时，石墨水泥的电阻率降为 $7.4\times10^{3}\ \Omega \cdot cm$，但其强度不足10MPa。

石墨的工艺特性主要取决于它的结晶形态。结晶形态不同的石墨矿物，具有不同的工业价值和用途。根据结晶形态的不同，工业上将天然石墨分为三类：a.致密结晶状石蟹，又叫块状石墨。其结晶明显、肉眼可见，晶体排列杂乱无载，呈致密块状构造，颗粒直径大于0.1mm，比表面积范围集中在 $0.1 \sim 1m^2/g$。b.隐晶质石墨，又称土状石墨。它是微晶石墨的集合体，表面呈土状，缺乏光泽，其晶体直径一般小于1μm，比表面积范围集中在 $1 \sim 5m^2/g$。c.鳞片石墨。其晶体结构呈现鳞片状特点，晶体粒径一般为0.05～1.5mm，大的晶体粒径可达5～10mm。鳞片石墨规则的晶体结构和适宜的粒径，使其成为良好的导电材料。

鳞片石墨具有较高的导电率，是理想的导电填充材料。相对于其他金属类导电颗粒（铜、铝等），石墨具有耐腐蚀性高的优点。常用鳞片石墨的主要性能指标见表8.3。

表8.3 鳞片石墨性能指标

项目	粒径/nm	比表面积/($m^2 \cdot g$)	密度/(g/cm^3)	含碳量/%	电阻率/($\Omega \cdot m$)
石墨	0.15	5～10	2.26	80	1.05×10^{-5}

3）碳纤维

碳纤维是含碳量高于90%的无机高分子纤维，将适量短切碳纤维掺到混凝土中，不但可以起到增强效果、提高脆性水泥基体的抗拉强度和抗冲击性能、提高韧性的作用，还可以改善混凝土的导电性，使其电阻率从 $10^{9}\Omega \cdot cm$ 降至 $10^{2}\Omega \cdot cm$ 内。研究结果表明，掺入碳纤维或钢纤维均能使混凝土的电阻率降低，且电阻率随纤维掺量的增大而减小。掺入混杂纤维，即通过掺加一定量碳纤维形成相互连通的导电网络，同时掺入适量电阻率低的钢纤维，将获得比单掺碳纤维或钢纤维（体积掺量相同）更好的导电性。

碳纤维的分类方法很多，其中按原材料不同分为沥青基碳纤维和聚丙烯腈基碳纤维。沥青基碳纤维是以燃料系或合成系沥青原料为前驱体，经调制、成纤、烧成处理而制成的纤维状炭材料。沥青基碳纤维属于通用型短切纤维，由于其与沥青的相容性好，价格也相对较低，且相对其他碳纤维在沥青混合料中易于分散，所以导电沥青混凝土较多选用沥青基碳纤维，其性能指标见表8.4。

表8.4 沥青基碳纤维性能指标

项目	单丝直径/μm	长度/mm	含碳量/%	密度/(g/cm^3)	抗拉强度/MPa	电阻率/($\Omega \cdot m$)
指标	12	5	≥90	1.75	≥241	1.25×10^{-5}

4）碳纳米管

碳纳米管是由石墨原子单层绕同轴缠绕而成，或由单层石墨圆筒沿同轴层层套构而成的管状物。其直径一般为一到几十纳米，长度则远大于其直径。碳纳米管具有优异的力学和电学性能，近年来作为一种理想的导电介质加入混凝土中以改善其力学和导电性能。

5）钢纤维与钢屑

钢纤维具有良好的导电性，其电阻率为（1.33～2.44）$\times10^{-5}\Omega\cdot cm$。在混凝土中掺入一定含量的钢纤维，也可以提高混凝土的导电能力。对平均直径为25μm、长度为3mm左右的钢纤维，当体积掺量为1%～5%时，养护28d的电阻率为（31.9～7.4）$\times10^{3}\Omega\cdot cm$。当掺入1.5%～2%钢纤维和10%～20%钢屑，混凝土的电阻率为500～1000Ω·cm，抗压强度为35～40MPa。

6）钢渣

钢渣是钢铁行业在炼钢过程中排出的熔渣，即炼钢过程中利用空气或氧气氧化炉料（主要是生铁）中的碳、硅、锰、磷等元素，并在高温下与熔剂（主要是石灰石）反应而形成。钢渣的主要化学成分是CaO、SiO_2、FeO、Fe_2O_3、Al_2O_3、MgO和P_2O_5，有些还含有V_2O、TiO_2等；主要矿物组成为橄榄石（$2FeO\cdot SiO_2$）、硅酸二钙（$2CaO\cdot SiO_2$）、硅酸三钙（$3CaO\cdot SiO_2$）、铁酸二钙（$2CaO\cdot Fe_2O_3$）和f-CaO、f-MgO等，由于钢渣中含有游离f-CaO、f-MgO等矿物成分而具有膨胀特性，如果控制不好则不能用于水泥混凝土，适合用于沥青混凝土。

钢渣中的导电相为FeO，占钢渣化学组成的25%左右，比例较高。相关研究发现FeO在室温下的电阻率为$5\times10^{-2}\Omega\cdot cm$，远远低于普通集料。钢渣作为骨料可以明显增加沥青混凝土的电子导电能力，使电阻率明显降低。

（2）导电混凝土及其应用

导电混凝土较多应用在三个领域：室内采暖、电力设备接地工程和电热融雪化冰。

室内采暖是利用导电混凝土的电热特性，即通电后产生热量，从而达到采暖目的。导电混凝土作为采暖地面时，热在室内最下方并遍布整个地面，换热效果好。用导电混凝土制作采暖地面，造价低、施工工艺简单、性能稳定。有研究表明，对设计功率为1kW的3.0m×2.6m的导电混凝土地面，每天通电4h即可满足采暖要求。

变电站接地网是保证电力系统安全可靠运行、保证人身及设备安全的重要设施，其接地电阻是接地网的主要技术参数之一。一般说来，在设计土壤电阻率较高的变电站时，接地电阻不太容易满足规程要求，需采取降阻措施。采用导电混凝土接地，通过降低接地电极表面与土壤的接触电阻和电流在地中扩散时所经过路径的电阻，可达到降低接地电阻的目的。该方法具有接地电阻小、接地电阻稳定、使用寿命长等优点，可在高电阻率地区接地工程中广泛推广应用。

导电混凝土最显著的用途是路面的融雪化冰。电热融雪化冰的工作原理：将导电混凝土与外部电源连通，混凝土内产生热量，使路面温度升高（见图8.1）。

当路面温度上升到0℃以上后，路面上的冰雪就会吸热融化成水蒸发、流走，从而保障道路畅通和行车安全。利用导电混凝土的融雪化冰技术，可以无需中断路面交通，及时融雪化冰，并且绿色环保。

许多国家都对导电混凝土用于路面的融雪化冰进行了广泛深入的研究，其中既有导电水泥混凝土也有导电沥青混凝土。国内外研究表明，碳纤维水泥混凝土具有良好的导电性，且通电后发热功率稳定，可利用其电热效应来对混凝土路面、桥面和机场跑道等结构进行融雪

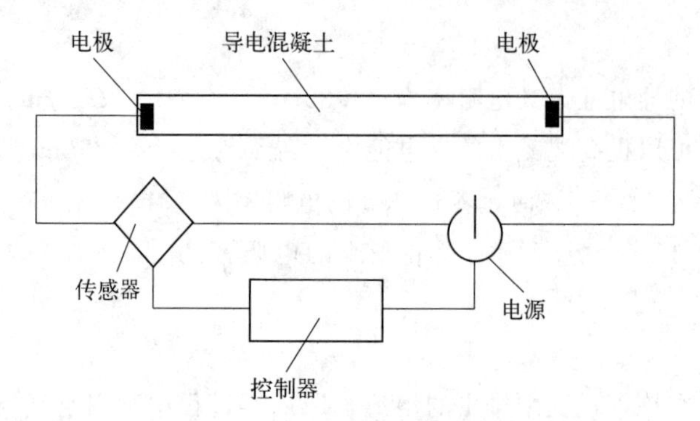

图 8.1　导电混凝土融雪化冰原理

化冰。与导电水泥混凝土相比，目前国内外对导电沥青混凝土的研究则相对较少。Minsk 于 1968 年首次报道了石墨导电沥青混凝土，研制的导电沥青混凝土中石墨的掺量为 25%（质量分数），试验和应用情况表明，试验段在冬天表现出了良好的融雪效果，但电学性能的不稳定性（电阻率显著增加）制约了后期的应用。我国在导电沥青混凝土的研究与应用方面，武汉理工大学的吴少鹏教授做了大量工作，他系统研究了各种导电相、导电沥青混凝土的制备技术，以及导电沥青混凝土用于路面融雪化冰的电学性能要求、电阻特性等。研究发现，对导电沥青混凝土通电 120min，可使其上 10cm 厚的积雪全部融化。

导电混凝土因具有导电性能，且又不失混凝土的几乎一切技术和性能上的优势，因此有着广泛的应用领域，除以上采暖、接地、融雪化冰之外，它还可以替代金属，起到屏蔽无线电干扰、防御电磁波的作用，此外还可以利用它的力—电相关特性，制造机敏智能材料，可用于混凝土结构的非破损检查评估，也可用于高速公路的自动监控、运动车辆的重量称量等。

8.2.3　建筑用电热材料及系统

电采暖是将清洁的电能转换为热能的一种优质舒适、环保的采暖方式。建筑采暖用量最大的电热材料主要包括电热膜、电热片及电热带。电热材料一般很少单独使用，需要与其他元件一起组合使用才能发挥电热作用。

(1) 低热辐射电热膜及供暖系统

1）电热膜

电热膜是一种通电后能够发热的薄膜，是由电绝缘材料与封装其内的发热电阻材料组成的平面型发热元件。其工作时将电能转化为热能，并将热能主要以辐射的形式向外传递。根据《低温辐射电热膜》(JG/T 286—2010)，电热膜封装电阻材料类型及代号见表 8.5，技术要求见表 8.6。

表 8.5　电热膜封装电阻材料类型及代号

电阻材料	代号	备注
金属基电热膜	JM	
无机非金属基电热膜	WM	碳纤维电热膜、油墨电热膜
高分子电热膜	GM	

表 8.6 电热膜技术要求

序号	技术指标	要求
1	工作温度	电热膜在正常工作条件下工作，直至建立稳定工作状态时，其表面的温度不应超过 80℃
2	温度不均匀度	电热膜在正常工作条件下工作，直至建立稳定工作状态时，其表面的最高温度与最低温度之差不应大于 7℃
3	升温时间	电热膜在正常工作条件下，工作从室温通电加热至稳定工作温度 90%时的时间不应大于 10min
4	异常温度	电热膜以 1.24 倍的额定输入功率工作，直至建立稳定工作状态，持续 8h，工作期间最高温度不应超过 90℃，并不应出现破裂、变形、分层等现象
5	绝缘电阻	自限温电热片的热态绝缘电阻和冷态绝缘电阻不小于 50MΩ
6	工作寿命	在规定试验条件下，累计工作时间应不小于 30000h

2）电热膜供暖系统

低温辐射电热膜供暖系统以电热膜为发热体，将大部分热量以辐射形式送入房间，再通过对流换热加热室内空气，并通过独立的温控装置使其具有恒温可调、经济舒适等特点。为了更大限度地发挥电热膜利用效率，要求在电热膜与地板、楼板或墙体之间用隔热材料隔热保温，防止热量向外散失，保温层下部必须设置防潮层（构造示意图如图 8.2 所示）。

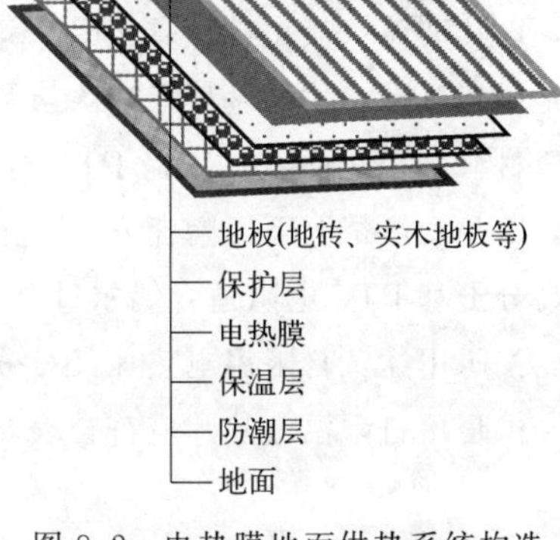

图 8.2 电热膜地面供热系统构造

根据电热膜安装的位置，电热采暖有多种方式可供选择：

① 地面辐射供暖（以下简称“地热”） 被很多人视作最舒适的采暖方式。

② 壁挂式电暖器 对温度变化反应迅速并且加热速度也比较快，采暖的舒适度也很高。

③ 电热天棚采暖 既有适合一般层高建筑物的顶装电热膜，又有在层高较高情况下适合悬挂吊装的高空辐射式加热器。

电热防冻保护系统 包括管道防冻、户外各类区域防冻等等。

(2) 低辐射电热片及供热系统

1）自限温电热片

自限温电热片是一种由电极、正温度系数热敏阻材料（PTC 热敏材料）和电绝缘片层压形成的片状发热原件。它是一种将电能转换为热能，以及自动调节和限制温度的功能产品。

热敏电阻是一种传感器电阻，其电阻值随着温度的变化而改变。按照温度系数不同分为正温度系数热敏电阻（positive temperature coefficient thermistor，PTC thermistor）和负温度系数热敏电阻（negative temperature coefficient thermistor，NTC thermistor）。正温度系数热敏电阻器的电阻值随温度的升高而增大，负温度系数热敏电阻器的电阻值随温度的升高而减小。

PTC 热敏电阻对温度非常敏感，超过一定的温度（居里温度）时，它的电阻值随着温度的升高呈阶跃性的增高（见图 8.3）。自限温正是利用了正温度系数热敏电阻的原理。自限温热敏电阻在使用时两端预设电极（见图8.4），如果通电时产生过负荷，材料温度过高则引起电路中断，达到限制电流的作用，避免损坏电路中的元器件。当故障排除后，温度自动下降，又恢复到低电阻状态；当环境温度处于某一稳定状态时，系统将达到热输出稳定，使其具有温度自限性。它控制温度不会过高亦不会过低，能自动调解，从而达到安全可靠的目的。

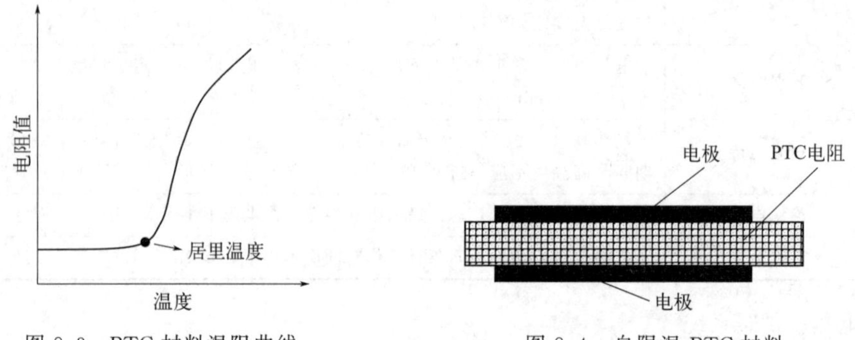

图8.3　PTC材料温阻曲线　　　　图8.4　自限温PTC材料

根据材质的不同，热敏电阻材料可分为陶瓷PTC电阻和有机高分子基PTC电阻。陶瓷PTC电阻是以钛酸钡（或锶、铅）为主要成分，添加少量铌、铋、锑、铅、锰、硅等氧化物，以及玻璃（氧化硅、氧化铝）等添加剂，经过烧结而成的半导体陶瓷。高分子基PTC电阻是以有机聚合物为基体，掺入炭黑、石墨或金属粉、金属氧化物等导电填料而制成的一种复合材料。相对而言，陶瓷PTC电阻即使过电流10万次阻值也无太大变化，仍有PTC效应，因此一般情况下，陶瓷PTC电阻适用于频繁过电流的产品或线路以上所列各种用途，有机高分子基PTC电阻适合偶尔过电流保护产品或线路用途。

按照用途，自限温电热片又可分为供暖用自限温电热片和其他用途自限温电热片两种。

供暖用自限温电热片应符合表8.7所列技术要求。

表8.7　供暖用自限温电热片技术要求

序号	技术指标	要求
1	工作温度	在覆盖和无温度控制时，电热片表面最高温度不小于60℃
2	温度不均匀度	稳定工作状态下，最高表面温度与最低表面温度之差不超过5℃
3	升温时间	稳定工作条件下，不应大于10min
4	过压温度	以1.24倍额定电压工作直至建立稳定工作状态，并持续8h，工作期间最高表面温度不应超过90℃，并不出现破裂、变形和分层等现象
5	绝缘电阻	自限温电热片的热态绝缘电阻和冷态绝缘电阻不小于50MΩ
6	工作寿命	在规定试验条件下，累计工作时间不应小于40000h

2）低温辐射自限温电热片供暖系统

以低温辐射自限温电热片为加热元件，铺设在地面或墙面，通过对流换热加热室内空气，以安全隔离变压器和温控器作为控制元件。当直接与室外空气相邻的楼板或与不供暖房间相邻的地板作为供暖辐射地面时，应采用与电热膜供暖系统类似的构造（图8.2），设置绝热层，绝热层下部必须设置防水防潮层。

自限温电热片供暖系统主要分为地面供暖和墙面供暖两种形式。

(3) 自限温伴热带

电伴热是利用电伴热设备将电能转化为热能，通过直接或间接的热交换，补充被伴热设备通过保温材料所损失的热量，并采用温度控制，达到跟踪和控制伴热设备内介质温度的目的，使之维持在一个合理和经济的水平上。

自限温伴热带是由具有正温度系数电阻率特性的高聚物导电复合材料制成的带状电伴热器，其构造如图 8.5 所示。其中，发热电阻体是由敷设在两平行的导体之间，能够将电能转化为热能的材料；芯带由导体和发热电阻体组成发热元件，外护套是包覆在绝缘外面（有些产品在绝缘层和外护套之间增加一层屏蔽层），由金属或非金属材料组成的均匀连续的包覆层，用来保护和增强自限温伴热带以防损坏。

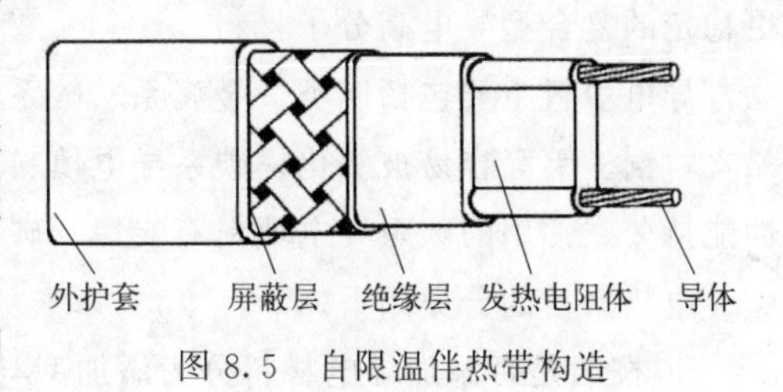

图 8.5 自限温伴热带构造

电伴热带由发热电阻体和两根平行母线外加绝缘层构成，由于这种平行结构，所有自限温电伴热线均可以在现场被切割成任何长度，采用两通或三通接线盒连接正常使用。

在每根伴热线内，母线之间的电路数随温度而变化，当伴热带周围的温度变低时，导电塑料产生微分子的收缩而使碳粒连接形成电路，电流经过这些电路，使伴热带发热。当温度过高时（超过居里温度），导电塑料产生微分子的膨胀，碳粒渐渐分开，引起电路中断。当温度变冷时，塑料又恢复到微分子收缩状态，碳粒相应连接起来，形成电路，伴热带发热功率又自动上升。

自限温伴热带具有其他伴热设备所没有的好处，即它控制的温度不会过高亦不会过低，因为温度是自动调节的。工程中常用自限温伴热带的分类与性能要求见表 8.8。

表 8.8 自限温伴热带的分类与性能要求

序号	分类方法	类型		性能要求
1	按产品工作电压分类	高电压类		工作电压为 380V 以上
		通用类		工作电压为 110～220V
		低电压类		工作电压为 48～80V
		安全电压类		工作电压为 3～36V
2	按照产品用途分类	地面供暖用（代号 CN）		工况温度为 30℃
		生活设施用	外置式（WR）	工况温度为 50℃
			内置式（NR）	
		屋面融雪和路面化冰用（HX）		工况温度为 0℃
3	按绝缘和防护套结构分类	基本型		只能用于安全电压条件下
		屏蔽型		具有接地、均匀传热和增强保护作用
		加强型		具有防腐、阻燃和防水作用

8.2.4 电热涂料

电热涂料是一种施加电压后产生热效应的涂料。由导电材料、成膜物质、颜料等组成，涂敷在金属、塑料、织物等表面，形成涂层。在涂层中预设两个电极，施加一定的电压，产生的热效应使涂层发热。

电热涂料既可以通过高分子材料成膜导电，也可以通过填料导电。导电高分子材料是指自身结构或通过“掺杂”少量“杂质”之后具有导电性，电导率达 1000S/cm 以上的高分子材料。此外，通过表面混合或层压普通聚合物材料和各种导电材料，可获得性能更优，结构更稳定的复合型导电高分子材料。

导电填料主要包括四类：金属系、碳系、金属氧化物系和复合系。金属系中金、银价格昂贵，铜、铝等容易被氧化；碳系导电填料来源广泛、价格低廉，赋予涂料的导电性能良好，性能持久。常用的碳系导电填料有炭黑、碳纳米管、石墨烯、碳纤维等。

电热涂料的分类如下。

① 按照是否添加导电材料分为添加型与非添加型电热涂料。添加型电热涂料的基料不具有导电能力，必须掺加导电填料或导电助剂。非添加型电热涂料的基料自身能够导电，不需要再添加其他导电材料。

② 按黏结剂的种类分为无机系电热涂料和有机系电热涂料。无机系电热涂料属添加型电热涂料，主要采用贵重金属填料、金属氧化物填料、炭黑粉、石墨粉、碳纤维和无机盐类材料等作为导电材料，以碱金属硅酸盐作为黏结剂配制而成；有机系电热涂料需要添加一种或一种以上的有机黏结剂才具有导电性。

③ 按固化条件分为常温固化型、热固化型、高温烧结型及紫外线或高能辐射固化型电热涂料。

④ 按表面发热温度可分为低温型涂料（表面发热温度范围为 50～100℃）、中低温型涂料（表面发热温度为 100～150℃）、中温型涂料（表面发热温度为 150～200℃）、中高温型涂料（表面发热温度为 200～250℃）、高温型发热涂料（表面发热涂料温度为 250℃以上）。

电热涂料利用涂层的导电性将电能转换为热能，可用于如建筑物取暖，建筑物、车辆、飞机、船舶的窗玻璃或反射镜的防结冰、防霜、防雾以及化工、输油管、汽车水箱等防冻领域。

8.3 电致变色材料

电致变色（electrochromism，EC）材料，是在外加电场的作用下发生稳定、可逆的颜色变化的材料，在外观上表现为颜色和透明度的可逆变化，包括材料的透射率、反射率及颜色等在电场作用下发生可逆变化。这种光学特征的可逆变化并不局限于可见光区，还涵盖紫外光、红外光和大部分电磁波波段。

电致变色本质是由电化学氧化和还原引起的化合物的可逆的颜色变化，通过电化学还原从无色氧化态变为有色还原态的物质称为阴极电致变色，而从无色还原态到有色氧化态的化合物称为阳极电致变色化合物，最重要的是这种颜色上的变化具有可逆性。

1969 年 Deb 首次研制出以三氧化钨（WO_3）薄膜为活性层的电致变色器件。众多学者在随后的研究工作中发现很多材料都具有电致变色性质，包含过渡金属氧化物（WO_3、MoO_3、

V_2O_3、Nb_2O_5、NiO 等)、紫罗精、普鲁士蓝类、导电聚合物（聚苯胺、聚吡咯、聚噻吩等）及过渡金属离子的配位化合物等。在过去的几十年里，电致变色材料已经被应用于从智能窗户到信息显示和能源存储设备的各种技术中。

8.3.1 电致变色材料分类

电致变色材料一般有以下三种分类方法。

（1）按变色特性分类

根据材料在正负电压下的变色特性不同，电致变色材料可分为阳极电致变色材料和阴极电致变色材料。阳极电致变色材料在施加正电压时呈着色态（显示更深的颜色），在施加负电压时呈褪色态（显示更浅的颜色），阴极电致变色材料的变色特性与上述相反。

（2）按材料状态分类

根据电致变色材料在电致变色过程中所呈现的状态不同，电致变色材料又可分为薄膜型（在电致变色过程中始终处于固态）、析出型（在电致变色过程中会在固态和液态间相互转化）及溶液型（在电致变色过程中始终保持液态）。

（3）按化学成分分类

常用的是按照化学成分分为无机电致变色材料和有机电致变色材料，其材料种类见表 8.9。

无机电致变色材料的典型代表是三氧化钨，目前，以 WO_3 为功能材料的电致变色器件已经产业化。而有机电致变色材料主要有聚噻吩类及其衍生物、紫罗精类、四硫富瓦烯、金属酞菁类化合物等。以紫罗精类为功能材料的电致变色材料已经得到实际应用。

表 8.9 电致变色材料及其分类

类型	无机电致变色材料			有机电致变色材料		
	过渡金属氧化物	普鲁士蓝类	杂多酸	导电聚合物	紫罗精	酞菁
阳极电致变色材料	氧化钴 氧化镍 氧化铱 氧化铑	普鲁士蓝		聚苯胺 聚吡咯 聚噻吩（多色）	1,1′-双取代基-4,4′-联吡啶	二酞菁合镥（多色）
阴极电致变色材料	氧化钨 氧化钼 氧化铌 氧化钛		磷钨酸 磷钼酸 硅钼酸 十钨酸	聚（3,4-乙烯二氧噻吩）（PEDOT） 聚［3,4-(2,2′-二甲基丙烯二氧基）噻吩］聚噻吩（多色）		二酞菁合镥（多色） 锰酞菁

无机电致变色材料与有机电致变色材料各有优势和不足。在颜色选择、对比度和响应速度等方面，有机电致变色材料很容易通过分子设计获得具有丰富颜色、高对比度、快响应速度的变色材料。但在材料的循环稳定性上，有机电致变色材料因易发生过氧化或过还原，造成部分不可逆变化，使得其稳定性较无机电致变色材料差。在电致变色薄膜的制备方面，无机电致变色材料因需要复杂且昂贵的溅射设备而使加工成本较高。而有机电致变色材料可以

制备成溶液或分散液，具有很好的可加工性。

除此之外，近年来一种有机无机杂化PC材料金属—超分子聚合物（MEPE）也表现出优异的电致变色性能，这些MEPE能够通过改变金属离子中心或周围的有机配体提供多种颜色选择，并表现出很好的循环稳定性和快速的变色响应速度。

表8.10对比了两种商业化电致变色材料PEDOT和WO_3的性能。

表8.10　PEDOT和WO_3的电致变色性能对比表

性能	PEDOT	WO_3
长期稳定性	一般	好
加工性	好	差
响应时间	快（100ms）	慢（5s）
对比度	高	低
着色效率	高	低

从表8.10可见，PEDOT除了长期稳定性稍差外，其他性能均优于WO_3的性能。因此，如何提高有机电致变色材料的稳定性和降低无机电致变色材料的加工成本是目前电致变色材料研究的重点和热点。

8.3.2 电致变色机理

材料所显示出的颜色来源于材料吸收了白光中所显现颜色的互补光，所以材料的不同颜色反映了材料对光的吸收差异。电致变色的根本是材料在不同电压下对光吸收的变化。当然这一光吸收的变化或是吸收光谱的变化并不局限于可见光区城，更可扩展至大部分电磁波的波长范围。不同类型的电致变色材料在电场下产生吸收光谱变化的机理不尽相同。常见的变色机理包括不同电压下离子和电子注入引起的金属离子的价态变化、氧化还原反应引起导电聚合物能带结构的变化及分子间强烈的光电转移引起联吡啶的颜色变化等。下面就不同类型电致变色材料的变色机理分别进行介绍。

（1）无机电致变色材料

无机电致变色材料主要是过渡金属氧化物。过渡金属氧化物中金属离子的电子层结构不稳定，在一定条件下（如交变电场），金属离子的价态可以发生可逆转变，形成具有混合价态离子共存的状态。随着离子价态和浓度的变化，其颜色也会发生改变。过渡金属氧化物（transition metal oxides，TMO）变色过程中的通用反应方程式可写为式（8.6）。

$$MO_x + y(m^+ + e^-) \longleftrightarrow m_yMO_x \tag{8.6}$$

式中　M——W、Ti、V、Ni、Ir、Mo等过渡金属；

m^+——H^+、Li^+、Na^+等电解质中的阳离子；

x、y——与过渡金属氧化物价态有关的量，$0<y<1$；

e^-——电子。

对于阳极电致变色材料，式(8.6)左边呈着色态颜色，对于阴极电致变色材料，式(8.6)右边呈着色态颜色。

在过渡金属氧化物电致变色机理的研究中，以 WO_3 的研究最为充分。目前就其电致变色机理提出了四种模型，分别是色心模型、小极化子模型、自由载流子模型和离子电子双注入模型。其中广为研究者接受的是离子双注入模型。即在 WO_3 着色过程中，电解质中的阳离子（H^+、Li^+ 等）和电子同时注入 WO_3 中（双注入）；在褪色过程中，电子和离子同时从 WO_3 中抽出（双抽取）。在双注入与双抽取过程中，WO_3 中 W 离子的价态在 W^{4+}、W^{5+} 和 W^{6+} 之间的转换是引起 WO_3 电致变色的主要原因。对于更深层次的微观机理解释主要有两种，一种认为伴随离子的注入，电子被局域在 W^{6+} 的 5d 能级上形成 W^{5+}，薄膜变色时的光吸收是 W^{5+} 和 W^{6+} 带间跃迁引起的；另一种解释认为是极化子吸收导致电子局域使 W 变价，在禁带中形成缺陷能级产生的变色。

其他过渡金属氧化物的变色机理也与活性材料在电场作用下离子和电子的注入与抽取有关，并使金属离子价态发生变化，从而产生颜色上的改变。

（2）导电聚合物

导电聚合物电致变色是聚合物在外加电压的作用下发生掺杂/去掺杂的过程，在这个过程中，聚合物主链结构会发生改变，价带和导带之间因为掺杂发生电子的迁移，由于聚合物掺杂的程度不同，电子迁移的过程会有孤子、极化子、双极化子的出现，在这个过程中聚合物的颜色会发生改变。

导电聚合物或称为共轭聚合物（聚苯胺、聚吡咯、聚噻吩、聚呋喃等）的分子具有独特的由单双键间隔排列的共轭结构，其能带结构既与共轭结构有关，又与掺杂程度有关。

通过改变施加在导电聚合物上的电压可以改变其掺杂程度，也改变了导电聚合物的能带结构，从而改变其光吸收特征，从视觉上表现为材料颜色的变化。导电聚合物随着掺杂程度的增加，可以在其价带和导带间逐渐形成具有更小带隙的极化子能级、双极化子能级，甚至双极化子能带等。

图 8.6 所示为聚（3,4-乙烯二氧噻吩）（PEDOT）在不同氧化还原态（中性态、极化子态和双极化子态）时的分子结构与能级结构。这些新能级的建立使得价电子跃迁的能量发生了变化，在光谱上表现为光吸收的变化。除了因为互补光被吸收显示颜色外，导体材料的颜色也可来自材料对低于其等离子共振频率光波的反射。

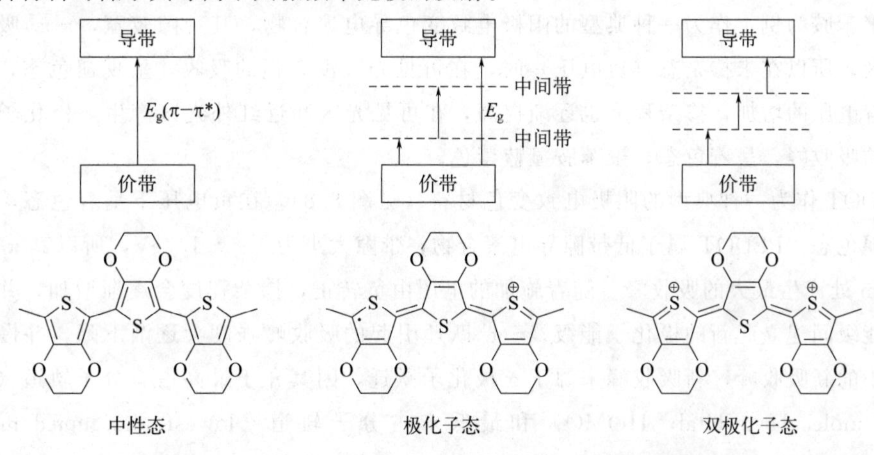

图 8.6　不同氧化还原态下 PEDOT 的分子结构与能带结构

图 8.7 比较了阳极电致变色材料（本征态为高带隙聚合物）和阴极电致变色材料（本征态为低带隙聚合物）在不同氧化态时的吸收光谱。阳极电致变色材料因其本征态的带隙较宽，光吸收主要位于紫外区，所以在不施加电压或负电压时，材料呈褪色态；当施加正电压时，掺杂度增大，带隙变窄，光吸收移入可见区，材料呈着色态。相对地，阴极电致变色材料因其本征态的带隙较窄，光吸收位于可见光区，所以在不施加电压或负电压时，材料呈着色态；当施加正电压时，掺杂度增大，带隙变窄，光吸收移入红外区，材料呈褪色态。

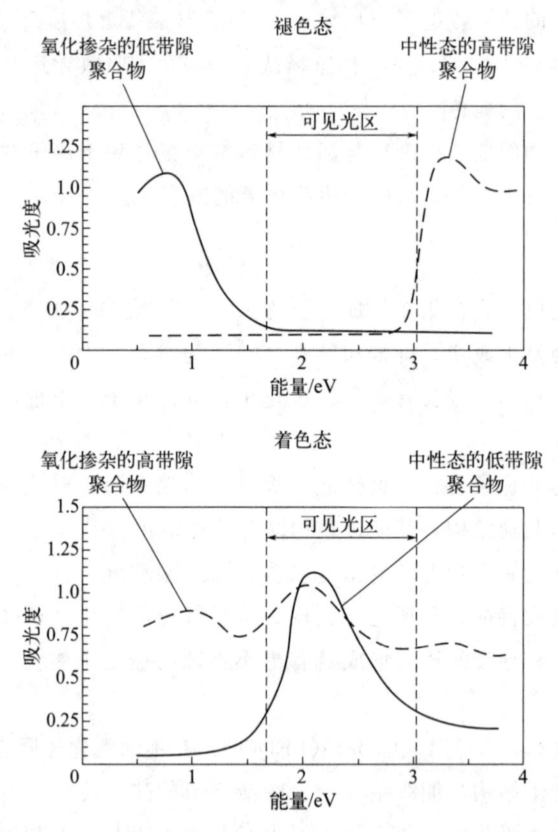

图 8.7　阳极电致变色材料与阴极电致变色材料在不同氧化态时的吸收光谱

以聚苯胺为例，作为一种典型的阳极电致变色导电聚合物，其带隙较宽，π-π^* 吸收峰处于紫外区，所以在未掺杂态（负电压）时，在可见光区没有强的吸收，呈现褪色态，显淡黄色。随着电压的增加，掺杂程度也逐渐提高，在可见光区和近红外光区产生 π 极化子和 π 双极化子的吸收峰，呈着色态，聚苯胺显蓝紫色。

PEDOT 作为一种典型的阴极电致变色材料（见图 8.8），在负电压下呈着色态，在正电压下呈褪色态。PEDOT 属于低带隙导电聚合物，带隙大小为 1.6～1.7eV，所以其 π-π^* 跃迁在 620nm 处产生最大的吸收峰。随着施加的电压由负转正，掺杂程度会逐渐增加，并在价带和导带能级间建立起新的极化子能级。π-π^* 跃迁引起的吸收峰强度会逐渐下降，并慢慢形成一个较小的新吸收峰，新吸收峰来源于 π 极化子跃迁，因其介于最高占有分子轨道（highest occupied molecular orbital，HOMO）和最低未占分子轨道（lowest unoccupied molecular orbital，LUMO），所需能量更小，π 极化子跃迁峰的位置在 1.2eV（约 1000nm）处，同时在近红外区也形成较强的吸收。当电压增加到一定程度时，π-π* 跃迁峰完全消失，在整个可见光区内几乎无明显吸收，此时 PEDOT 呈现很淡的蓝色。中间能级（π 极化子峰）的吸收也随着 PEDOT 进入高掺杂态而开始减弱，全部的吸收都进入红外区。所以无论是阳极电致变色还是阴极电致变色导电聚合物，其电致变色机理都是导电聚合物的能带结构随电压发生可逆变化，产生不同光吸收引起的。

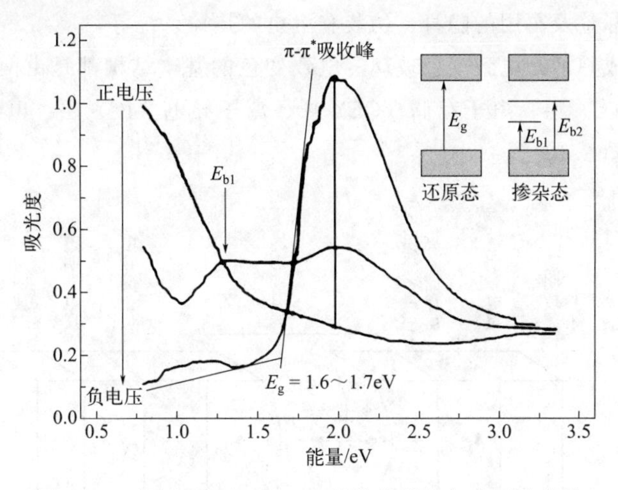

图 8.8　不同电压下 PEDOT 的能带结构与光吸收曲线

（3）紫罗精及其他变色材料

紫罗精类化合物是一种具有优异氧化还原特性的阳离子型有机分子，常被称为 1,1′-双取代-4,4′-联吡啶。在不同电压下，紫罗精表现出 3 种氧化态，分别是中性态、单价阳离子和二价阳离子（见图 8.9）。

紫罗精的颜色产生于分子间存在的光电转移。在中性态时，其分子内部电子迁移是受到禁阻的，因此颜色较浅。随着施加一定电压，中性态失去一个电子而变为单价阳离子态，此时光电荷在+1 价 N 和 0 价 N 之间产生转移，摩尔吸光系数很高，着色强烈，颜色最深；随着电压进一步提高，单价阳离子继续失去电子变为二价阳离子，此时紫罗精的结构最稳定，无阴离子引起光电转移而不显色，呈无色态。同时单价阳离子的颜色还与取代烷基（R 或 R′）有关，当烷基链较短时，材料呈蓝色，随着取代烷基链变长，分子间二聚作用增加，颜色会逐渐变为深红色。

紫罗精（显色）　+e⁻/−e⁻　紫罗精+1价阳离子（显色）　+e⁻/−e⁻　紫罗精+2价阳离子（无色）

图 8.9　不同价态时紫罗精的结构与颜色

除了过渡金属氧化物、导电聚合物和紫罗精外，还有一些材料也具有电致变色诗性，如普鲁士蓝、过渡金属络合物、金属配合物等。普鲁士蓝（亚铁氰化铁）是一种古老的颜料，其颜色强烈浓厚。分子结构（$Fe_4[Fe(CN)_6]_3$）中铁离子的价态可随电压发生变化，从而显现出电致变色特性。

8.3.3 电致变色材料的应用

自20世纪70年代初，Deb研制出第一个薄膜电致变色器件以来，有关电致变色器件应用的研究就从未停止过。20世纪70年代中期到80年代初期，对电致变色器件应用的研究主要集中于电子显示上。电致变色器件按应用领域可分为建筑幕墙、外窗、显示器、汽车天窗、防眩后视镜、电子标签及军用的隐身、伪装和卫星的热控系统等。

目前应用最为成熟的是电致变色玻璃。电致变色的基本结构都是由两片玻璃基材和夹在其中的透明导电（TC）层、离子存储（CE）层、离子导电（IC）层、电致变色（EC）层等薄膜材料构成（见图8.10）。

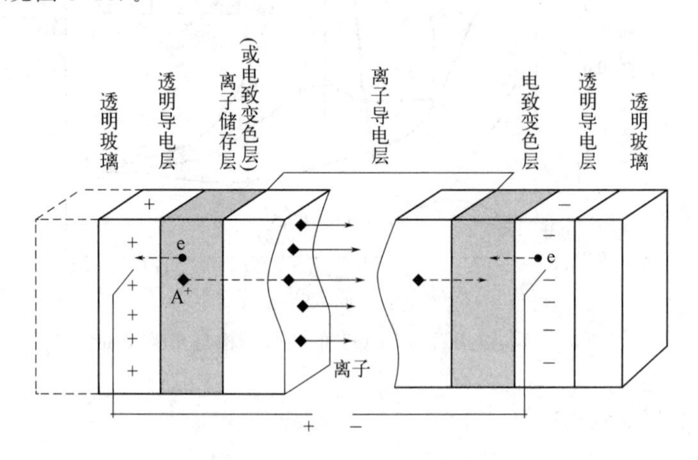

图8.10 电致变色玻璃构造

透明导电（TC）层与玻璃基材一起构成透明导电玻璃作为透明电极，它是一层导电薄膜，需要具有高光通过率、高的电导率，以及较强的耐酸碱能力。

离子储存（CE）层起离子平衡作用，用于提供和储存变色所需的离子，一般使用可逆氧化还原物质。CE层在EC层发生电致变色反应时起到存储反应离子和平衡电荷的作用。CE层电致变色材料是可以与EC层相同的材料，也可以是和EC层极性相反的材料，这样可以起到颜色叠加和互补的作用。

离子导电（IC）层也称为电解质层，用于传导变色反应过程中所需的离子。IC层需要有高离子透过率、低电子透过率，包括液体、凝胶和固体三种。

电致变色（EC）层是整个电致变色玻璃的核心，是变色反应发生层，需要有较大的色光调节范围、较好的循环稳定性和较短的响应时间。EC层材料在电场作用下可以发生颜色改变，也是大多数研究的重点。电致变色材料包括无机过渡金属氧化物（如WO_3、MoO_3、TiO_3等）和有机化合物（如紫精类化合物、聚苯胺等）。其中WO_3是应用较多的电致变色材料。

利用电致变色玻璃可以制备电致变色幕墙和智能窗等产品。

（1）电致变色幕墙

在现代建筑中，玻璃幕墙所占建筑墙体的面积越来越大，同时从玻璃幕墙损耗的暖气（冬天）和冷气（夏天）也越来越多，由此造成了极大的能耗，使得建筑在夏天需要更多的电力用于空调的制冷，在冬天需要更多的热能用于取暖。目前使用最多的 Low-E（低辐射率）玻璃和阳光控制涂层玻璃（solar control coated glass）均具有很好的隔热效果，可以减少冷气的消耗，但这两种玻璃也都有各自的局限性，且均属于被动式的调控手段。而电致变色器件属主动式调节手段，可人为地控制进入室内光线的多少与进出室内热辐射的通量。对于四季光照、温度不尽相同的地区，以电致变色这种主动式调节方法则更显优势。目前，电致变色幕墙已经应用于德国德累斯顿储蓄银行和英国伦敦的瑞士保险大厦等建筑，国内还没有相关报道。

（2）智能窗

智能窗就是采用电致变色原理实现对室内（车内）光、热控制的器件，其工作原理是根据室外（车外）的光强大小给智能窗施加不同电压来控制窗户颜色深浅，达到调节室内（车内）光线及热量的目的。同时还可减少因室内（车内）取暖或制冷所消耗的电能，达到节能的目的。另外，也可通过调节窗户的透光率应用于一些需要保密或私密的场所，如会议室、卫生间等。法拉利汽车公司推出的一款 Superamerica 敞篷跑车就在其顶棚玻璃和前挡风玻璃上使用了电致变色技术。

目前，电致变色玻璃技术颇有发展前景，但也有诸多限制：a. 成本较高，主要是因为 ITO 玻璃作为导电基底；b. 制备工艺要求高，电致变色玻璃的电解质一般是液态，封装困难；c. 稳定性较差，大多数电致变色玻璃只能存在于示范产品；d. 大尺寸变色玻璃还存在响应时间长、变色不同步等问题。这些问题严重制约了电致变色玻璃的广泛应用，还需要进一步的研究和技术突破。

8.4 防静电材料

8.4.1 静电的产生与危害

（1）静电的产生

所谓静电，是一种处于相对稳定状态但不是静止不动的电荷，由它所引起的磁场效应较之电场效应可忽略不计。可由物质的接触与分离、介质极化和带电微粒的附着等物理过程而产生。

两个不同物体经摩擦、接触等机械作用，电荷就会通过接触界面移动，在一个物体上造成正电荷过剩，在另一个物体上则负电荷过剩，并在界面上形成双电荷层，而两物体之外的空间并不呈现静电现象。但当在此接触界面上施加任何机械作用而使两个物体分离，则在各个物体上分别产生静电，并在外部形成静电场。因此，静电是经过接触、点和迁移、双电荷层形成和电荷分离等过程而产生的。带电体的周围存在着电场，相对于观察者为静止的带电体所产生的电场，称为静电场。电场的强度用电场强度 E 来衡量。静电和静电场有三种重要的作用和物理现象，即力的作用、放电现象和静电感应现象。

1）静电力

物体带上静电后，在其周围就形成静电场。位于静电场中的任何带电体都会受到电场所施加的力的作用。按库仑法则，此带电物体单位面积上的吸引或排斥力 $F(\mathrm{N/m^2})$ 为

$$F=\frac{q^2}{2\varepsilon}=\frac{1}{2}\varepsilon E^2 \tag{8.7}$$

式中　ε——带电物体的介电常数，N/V^2；

q——带电物体的表面电荷，C/m^2；

E——带电物体的表面电场强度，V/m。

按式(8.7) 计算，在每平方厘米上静电作用力为数百毫克左右，仅为磁铁作用力的万分之一。因此，仅对毛发、纸片、尘埃、纤维、粉尘等非常轻的物体显示静电力学现象，而对重物则觉察不到。

2）放电现象

静电现象分为两种：正静电和负静电。当正电荷聚集在某个物体上时就形成了正静电，当负电荷聚集在某个物体上时就形成了负静电，但无论是正静电还是负静电，当带静电物体表面的场强超过周围介质的绝缘击穿场强时，因介质电离而使带电体上的电荷部分或全部消失，这一现象被称为静电放电，其实质上属于不同静电电位的物体互相靠近或直接接触引起的电荷转移。

绝缘体的介电常数值很小，因此，当绝缘体带上静电后，尽管所带的静电量不多，但电位却有数千伏，甚至达数万伏之高，特别在一些生产现场，有时静电电位可达数十万伏。

当物体所带电荷在空间所产生的电场强度超过介质的击穿电场强度时，便会出现发光、破裂声响等静电放电现象。例如雷电，就是带电云层聚集的电荷达到一定的数量时，在云内不同部位之间或者云与地面之间形成了很强的电场，电场强度平均可以达到几千伏特每厘米，局部区域可以高达1万V/cm。这么强的电场，足以把云内外的大气层击穿，于是在云与地面之间或者在云的不同部位之间以及不同云块之间激发出耀眼的闪光，并形成强烈的爆炸，产生冲击波，然后形成声波向四周传开。

静电放电形式与带电体的几何形状、电压和带电体的材质有关。

3）静电感应及其危害

即使是完全不带电的导体，只要置于某带电体附近并与大地绝缘，也会出现吸附尘埃等力学现象，并伴有发光等放电现象，这就称为静电感应现象。例如图8.11中有一带电体A，附近有一与大地绝缘的导体B，则A上的正电荷对导体B的负电荷的静电吸引和对正电荷的排斥，使得导体B表面上感应产生的正、负电荷分离。但整个导体B仍处于电荷平衡状态，总带电量为零。导体B的局部表面上，存在着过剩的正电荷或负电荷。

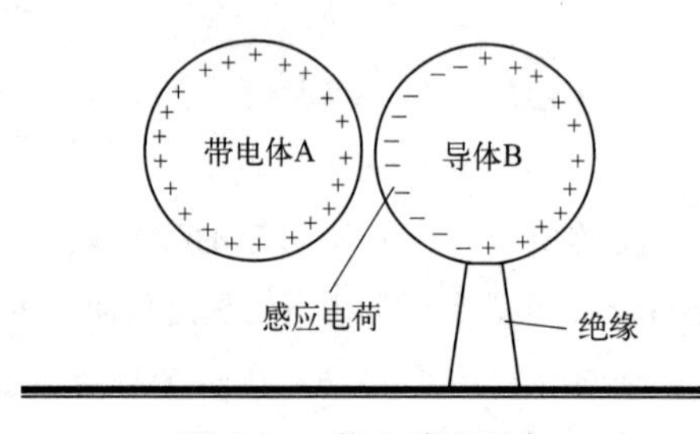

图8.11　静电感应现象

这个感应电荷虽然比带电体的总电荷小，但静电感应电位有时可达几千以至上万伏之高，所以不能忽视。特别是当被感应的物体是电阻很小的金属材料时，容易引起静电放电。

（2）静电的危害

在日常生活和生产中，许多材料在使用过程中容易产生静电积累，造成吸尘、电击，甚至产生火花后导致爆炸等恶性事故。如在纺织工业中合成纤维的生产和加工，电子工业中各种静电敏感性元件的生产、运输、储藏，静电荷的积累往往会造成重大损失。化工、炼油业、采矿业及军事工业中，由各种非金属材料的应用而引起的静电积累所造成的危害也屡见不鲜，在美国塑料电子部件在储运过程中废品率达 50%，损失高达 50 亿美元。我国石化企业静电事故产生的损失高达百万元以上，所以静电的防治已经引起人们的普遍重视。

由静电引起的危害大致可分为生产障碍、火灾和爆炸、电击灾害等。

1）由静电引起的生产障碍

物体由于摩擦、接触等会产生静电，从而产生同性相斥和异性相吸的力学现象，虽然这种静电的作用力只有几百毫克/平方厘米，但在这种静电力的作用下，往往会在实际生产过程中产生各种危害。例如，带有静电荷的粉末堵塞筛网，而使筛分工作无法进行。粉末带静电黏附在管道壁而造成输送不良等。印刷厂中会出现因印刷纸被静电吸引而不能送出，或因油墨带电而使印刷不匀等生产障碍。塑料制品、织物、陶器或瓷器等因表面带电吸附尘埃而被污染。计量容器因静电产生黏附粉末而造成计量误差。粉末静电喷涂和静电涂漆中，由于静电作用而使工件涂膜质量不合格或沉积在工件外壁的涂料过多等。在织物染色整理过程中，静电力会造成染色、印花不匀，织物折叠困难等生产障碍。塑料凳椅或化纤服装及地毯等特别容易吸附灰尘，且不易洗净。

粒子的半径越小，静电力越占优势，所以小粒子更容易引起生产障碍。一般，粒子半径小于 100μm、薄膜厚度小于 50μm 时，容易发生生产障碍。如果从带有数千伏、数万伏高电位的带电体发生脉冲刷形放电或火花放电时，则在瞬间内有数安培离子电流的同时，还会有电磁波发射，从而引起种种生产障碍。例如它能破坏集成电路等半导体元件，从而使电子装置、机器等的动作失调，发生故障。静电放电时产生的电磁波进入接收机后会产生杂声，以致降低了信息的质量，或引起信息差错。在制造或使用集成电路、半导体等元件的电子通信工业中，由于操作者带有静电，或包装半导体元件用的塑料材料和薄膜等带电，也会造成元件破坏等事故。例如飞机内人体在地毯上行走所产生静电，会由于火花放电对机内无线电通信设备造成干扰、杂声，严重时会引起可燃气体点燃和爆炸。在计算机房内，由于操作者、磁卡片或其他用品带电，会发生计算机停机或动作失误，从而使应用计算机来控制和管理工业生产过程的场合，发生产品质量下降、停工等生产障碍。由于静电放电时的发光，使照相感光胶片、X 光胶片曝光而造成废品等。

2）静电放电引起的爆炸和火灾

当物体带有静电荷所产生的电场强度超过击穿场强时，则会发生静电放电，从而发生爆炸和火灾。

一般发生爆炸和火灾，需具备两个基本条件：首先要有可燃性物质的存在，这种可燃性物质与空气混合，形成可燃或爆炸性混合气体。另一个则要有点火源存在，这个点火源放出的能量必须大于点燃可燃性混合气体所必需的最小点火能量。不同可燃性气体与空气混合的爆炸浓度界限或爆炸浓度范围不同，只有当可燃性气体浓度达到其爆炸浓度界限，而点火源释放出的能量又达到燃烧或爆炸混合气体的最小点火能量时，才会发生燃烧爆炸。除某些气体和易挥发物质的蒸气外，许多生产和处理粉尘的场所，也会发生爆炸和火灾事故。2015 年 6 月中国台湾新北游乐园发生粉尘爆炸事故，其原因就是活动中抛洒玉米粉，在爆炸前空气中的粉尘浓度已达爆炸下限，每立方米超过45g。由于人群的跳跃、风吹，加上工作人员不断以二氧化碳钢瓶喷洒玉米粉，才会让燃点为430℃的玉米粉接触到表面温度超过400℃的电灯，引发火势。

（3）防静电

防静电是抗静电、导静电和静电屏蔽等措施的统称。工程中防静电最常用的方式是利用导静电材料。

抗静电是材料相互之间即使产生摩擦等作用，也不会产生静电。

导静电则是利用材料的导电性，使得产生的静电在很短时间内（一般为几十纳秒）通过其内部或表面等途径部分或全部消失的现象，也被称为泄放静电。导静电材料的表面电阻或体积电阻一般为$2.5\times10^{4}\sim1.0\times10^{6}\Omega$，具体到不同材质要求也会有所区别。

静电耗散：与导静电在几十纳秒内完成静电泄漏不同，静电耗散是相对缓慢地释放静电。静电耗散材料的表面电阻或体积电阻一般为$1.0\times10^{6}\sim1.0\times10^{9}\Omega$，属介于导体和绝缘体的一种材料。

静电屏蔽：把带电体或非带电体置于接地的封闭或近乎封闭的金属外壳或金属栅网内，限制静电场穿过的措施。静电屏蔽材料的表面电阻或体积电阻一般小于$1.0\times10^{3}\Omega$。

静电中和：带电体上的电荷与其内部或外部异性电荷结合而使所带静电电荷部分或全部消失的现象。

8.4.2 抗静电剂

塑料与橡胶是工程常用材料中两种最主要的高分子材料，都属于电的不良导体，因而很容易产生静电问题。抗静电剂是添加在塑料或橡胶之中，或涂敷于塑料或橡胶制品的表面，以达到减少静电积累目的的一种添加剂。通常根据使用方法不同，抗静电剂可分为外涂型和内加型两大类，用于塑料或橡胶的主要是内加型抗静电剂。也可按抗静电剂的性能分为暂时型和永久型两大类。

（1）外涂型抗静电剂

外涂型抗静电剂是指涂在塑料或橡胶制品表面所用的一类抗静电剂。一般使用前先用水或乙醇等将其调配成一定浓度的溶液，然后通过涂布、喷涂或浸渍等方法使之附着在塑料或橡胶表面，再经过室温或热空气干燥而形成抗静电涂层。此种多为阳离子型抗静电剂，也有一些为两性型和阴离子型抗静电剂。

将此类抗静电剂溶解到水中，当用此溶液浸渍塑料或橡胶制品时，抗静电剂分子中的亲油基就会吸附于制品表面。浸渍完后干燥，脱出水分后的塑料或橡胶制品上，抗静电剂分子中的亲水基都向着空气一侧排列，易吸附环境中的水分，或通过氢键与空气中的水分相结合，形成良好的导电层，使产生的静电荷迅速泄漏而达到抗静电目的。

（2）内加型抗静电剂

内加型抗静电剂是指在塑料或橡胶加工过程中添加到材料内的一类抗静电剂。常将规定添加量的抗静电剂与材料先机械混合后再加工成型。此种以非离子型和高分子永久型抗静电剂为主，阴、阳离子型在某些品种中也可以添加使用。各种抗静电剂分子除可赋予高分子材料表面一定的润滑性、降低摩擦系数、抑制和减少静电荷产生外，不同类型的抗静电剂不仅化学组成和使用方式不同，而且作用机理也不同。

在高分子材料成型过程中，如果其中含有足够浓度的抗静电剂，当混合物处于熔融状态时，抗静电剂分子就在树脂与空气或树脂与金属（机械或模具）的界面形成最稠密的取向排列，其中亲油基伸向树脂内部，亲水基伸向树脂外部。待树脂固化后，抗静电剂分子上的亲水基都朝向空气一侧排列，形成一个单分子导电层。在加工和使用中，经过拉伸、摩擦和洗涤等会导致材料表面抗静电剂分子层的缺损，抗静电性能也随之下降。但是不同于外涂敷型抗静电剂，经过一段时间之后，材料内部的抗静电剂分子又会向表面迁移，使缺损部位得以恢复，重新显示出抗静电效果。由于以上两种类型抗静电剂是通过吸收环境水分、降低材料表面电阻率达到抗静电目的的，所以对环境湿度的依赖性较大。显然，环境湿度越高，抗静电剂分子的吸水性就越强，抗静电性能就越显著。

以上两种抗静电剂在使用过程中，效力只是暂时的，使用过程中容易与溶剂接触或与他物摩擦很容易失掉。

（3）永久型抗静电剂

永久型抗静电剂的性能相对较好且稳定持久。高分子永久型抗静电剂是近年来研究开发的一类新型抗静电剂，属亲水性聚合物，当其和高分子基体共混后，一方面由于其分子链的运动能力较强，分子间便于质子移动，通过离子导电来传导和释放产生的静电荷；另一方面，抗静电能力是通过其特殊的分散形态体现的。研究表明：高分子永久型抗静电剂主要是在制品表层呈微细的层状或筋状分布，构成导电性表层，而在中心部分几乎呈球状分布，形成所谓的“芯壳结构”，并以此为通路泄漏静电荷。因为高分子永久型抗静电剂是以降低材料体积电阻率来达到抗静电效果，不完全依赖表面吸水，所以受环境的湿度影响比较小，并且具有永久抗静电性能。

永久型抗静电剂可分为聚醚型和离子型两类。聚醚型包括聚酰胺或聚酯酰胺的聚氧乙烯醚体系，甲氧基聚乙二醇甲基丙烯酸酯共聚物等；离子型是通过高分子化学反应将小分子盐类引入高分子侧基得到的，如季铵盐型和磺酸盐型。

与低分子量的表面活性剂类抗静电剂相比，永久型抗静电剂具有良好的永久性和及时性，在低湿度环境下也具有良好的抗静电效果。不过，永久型抗静电剂目前普遍存在添加量大（一般用量为15%～25%）、成本高，以及影响制品本体性能等问题，尚不能完全取代普通抗静电剂。

8.4.3 防静电涂料

防静电涂料是一种利用内含的导电材料及时将静电消除的特殊涂料。防静电涂料主要是将导电性材料作为填充材料与涂料复合而成，使用过程中将其涂敷于材料表面，通过其中的导电材料使得静电产生后快速泄放不至于积累。

在生活中，塑料贴面家具以及合成纤维制成的地毯、衣服，往往因表面积累静电而吸尘难以清洗，严重的可以致人触电。电影胶片当静电压大于4000V时，可产生火花，使胶片感光和曝光而造成报废，合成纤维接触乙醚等易燃物会引起爆炸伤人。工业中采用玻璃钢管道输送液体、固体物料时，常因摩擦产生的静电荷，使物料黏附管道内壁，而影响正常输送。高压电机及大型电机，在绕组端部和槽部因静电甚至可能烧坏绕组件。如果在合成纤维、日用塑料、工业管道、电机绕组、电子器件等产品表面涂刷防静电涂料，可以大大减少静电的危害，可使静电电压由 2000～4000V 下降至 500V 以下，使表面电阻率从 $10^{10\sim13}\Omega$ 下降至 $10^{3\sim6}\Omega$。

国内对防静电涂料的研究近年来相当活跃，其大致可分为两类：a. 本征型：通过分子设计制备一具有共轭 π 键的大分子而获得导电性，如聚乙烯、聚吡咯、聚苯硫醚、聚苯胺等；b. 添加型：通过往高分子材料中添加导电物质而获得导电性。如炭黑、石墨、金属粉末等。

合成具有共轭 π 键的本征型导电高分子材料的研究目前较为活跃，但尚未从实验室走向实用阶段，其主要问题是制造成本高、制备工艺复杂、难控制。添加型防静电涂料是目前最为普遍的一种，且部分种类已实现商品化。常见添加型防静电涂料的各种导电填充料及其特点见表 8.11。

表 8.11　添加型防静电涂料的各种导电填充料及其特点

体系	类别	品种	主要特点
碳系	炭黑	乙炔炭黑、炉法炭黑、热裂法炭黑、槽法炭黑	导电性好、纯度高、粒径小，可用于着色，但色彩单调
	碳纤维	沥基基	导电性好，成本高，加工困难
	石墨	天然石墨人造石墨	导电性随产地而异，难粉碎，导电性随生产方法而异
金属系	金属粉	铜、银、镍、铁、铝等	易氧化变质，银的价格昂贵
	金属薄片	铝箔	色彩鲜艳，导电性好
	金属纤维	铝、镍、铜、不锈钢纤维	导电性好，但铝、铜等易氧化

目前最常添加的两种导电填料为碳系和金属系。以碳系列为主要导电填料的防静电涂料，由于具有良好的导电性而在各个领域得到广泛运用，但其附着力和耐油性差；以金属粉末为主的防静电涂料目前主要的缺点是价格昂贵。

8.4.4 防静电贴面板

防静电贴面板是由多种树脂合成制造的，具有永久性防静电性能的贴面板，一般用来保护电子产品不受静电破坏，保护台面、墙面干净，不积灰尘。其材质主要有两大类：聚氯乙烯（PVC）防静电贴面板和三聚氰胺（HPL）防静电贴面板。

（1）聚氯乙烯防静电贴面板

聚氯乙烯防静电贴面板由聚氯乙烯树脂、增塑剂、填料、稳定剂、偶联剂及导电材料（金属粉、碳、导电纤维等）等混合进行改性，并用物理方法使其具有防静电性能。

① 按延续时间，可将聚氯乙烯防静电板分为两类：长效型防静电贴面板和短效型防静电贴面板。

防静电性能延续时期与贴面板使用时期相同，在延续时期内防静电性能不改变的称为长效型防静电贴面板。防静电性能延续时期小于贴面板使用时期，在延续时期内防静电性能会改变的贴面板称为短效型防静电贴面板。有的聚氯乙烯防静电贴面板的导电材料不是采用金属、炭、导电纤维等混合物，而是采用易挥发的导电溶液，在使用过程中，尤其是在有阳光直射的地方，导电溶液会逐渐挥发，聚氯乙烯贴面板的防静电性能逐渐下降，一旦导电溶液全部挥发完毕，聚氯乙烯贴面板就不再具备防静电性能。有的聚氯乙烯防静电贴面板在普通贴面板的表面用涂敷、浸渍等方法形成一层抗静电剂涂层，这种方法简单易行，几乎不受类型和制品特性的限制。然而抗静电剂涂层在使用中容易经摩擦或水洗等操作而脱落，缺乏耐久性。

② 按质地软硬，可将聚氯乙烯贴面板分为硬质贴面板和软质贴面板。

硬质聚氯乙烯贴面板，是在聚氯乙烯材料中增加碳粉颗粒，压缩成型，多铺设在地面上；软质聚氯乙烯贴面板，是在聚氯乙烯中增加了橡胶和导电剂，压缩成型，具有柔软性、抗断裂和耐寒性等特点，多铺设在防静电工作台、防静电货架上等。

③ 按电阻值不同，可将聚氯乙烯防静电贴面板分为静电耗散型和导静电型两种。两者的区别在于导电性能，导静电型属于导体，静电耗散型从材料上来说是指介于导体和绝缘材料的一类材料，导体之间会在几十纳秒内完成放电过程，而静电耗散则是指延长静电放电速率，相对缓慢地释放静电，绝缘材料几乎不会放电。

不同聚氯乙烯防静电贴面板的分类及代号见表 8.12，不同类别的防静电性能见表 8.13。

表 8.12　聚氯乙烯防静电贴面板分类及其代号

序号	按延续时间分类		按电阻值分类	
	名称	代号	名称	代号
1	长效型	Y	导静电型	D
2	短效型	L	静电耗散型	H

表 8.13　不同类别聚氯乙烯防静电贴面板防静电性能

序号	按电阻值分类	防静电性能/Ω	
	名称	表面电阻	体积电阻
1	导静电型	$1.0\times10^4\sim1.0\times10^6$	$1.0\times10^4\sim1.0\times10^6$
2	静电耗散型	$1.0\times10^6\sim1.0\times10^9$	$1.0\times10^6\sim1.0\times10^9$

（2）三聚氰胺防静电贴面板

三聚氰胺防静电贴面板，是由纸浸渍添加防静电材料的三聚氰胺树脂和酚醛树脂后，经高温、高压而成，简称为 HPL 防静电贴面板。

三聚氰胺防静电贴面板与聚氯乙烯防静电贴面板具有相同的分类方法，根据防静电延续时间要求不同，三聚氰胺防静电贴面板可分为短效型防静电贴面板（代号 L）和长效型防静电贴面板（代号 Y）两种。根据按电阻值不同，根据相关国家标准规定，可将 HPL 防静电贴面板分为静电耗散型（代号 H）和导静电型（代号 D）两种。

三聚氰胺防静电贴面板的防静电性能见表 8.14。

表 8.14 三聚氰胺防静电贴面板的防静电性能

序号	材料名称	防静电性能/Ω	
		表面电阻	体积电阻
1	导静电型	$1.0\times10^4\sim1.0\times10^6$	$1.0\times10^4\sim1.0\times10^6$
2	静电耗散型	$1.0\times10^6\sim1.0\times10^9$	$1.0\times10^6\sim1.0\times10^9$

与聚氯乙烯防静电贴面板相比，三聚氰胺防静电贴面板的防火性能相对要差，不过三聚氰胺贴面板的耐磨性要好于聚氯乙烯贴面板。

8.4.5 防静电地面材料

工程中使用防静电材料较多的部位是台面、台垫及地面等，相对而言防静电材料用于地面的更多。对于化工、电子等行业需要进行防静电的工程设计中，地面（或楼面）必须设置成防静电地面，应根据不同的基础条件及防静电目标合理地选择防静电材料。

防静电地面工程主要通过以下三个电学性能参数评价防静电材料：

① 点对点电阻　在给定通电时间内，施加在材料表面两点间的直流电压与通过这两点间直流电流之比。

② 对地电阻　被测物体表面一点与接地连接点或者防静电接地装置之间的电阻。

③ 人体电压　也称为行走电压，是在工作环境中，人体由于自行行动或与其他带电物体接触或相接近而在人体上产生并积累的静电。

（1）防静电陶瓷砖

防静电陶瓷砖是一种新型防静电材料，克服了三聚氰胺、聚氯乙烯等防静电板以及防静电橡胶板等高分子材料易老化、不耐磨、易污染、耐久性和防火欠佳的问题，兼容了陶瓷砖的优点。

防静电陶瓷砖是在生产过程中，加入耐高温的导电材料进行物理改性，经高温烧制而成的具有导静电性能的板材。其表面电阻为 $5\times10^4\sim1\times10^9\Omega$，体积电阻为 $5\times10^4\sim1\times10^9\Omega$，吸水率为 $0.5\%\leqslant E\leqslant3\%$，其表面电阻为 $1\times10^5\sim1\times10^9\Omega$、体积电阻为 $1\times10^6\sim1\times10^9\Omega$。

在防静电陶瓷砖煅烧中添加的导电材料主要包括两类：导电粉末和导电纤维，常用的导电粉末主要有 ATO、AZO、ZrB2、TiC、SiC 等。ATO 是常见的导电粉末，具有良好的导电性。而新出现的 ATO 的替代材料 AZO 则具有更优良的性能，电阻率小（目前制得的 AZO 薄膜样品的电阻率已经达到了 $8\times10^{-4}\Omega\cdot cm$），热稳定性好；导电纤维一般指电阻率小于 $10^8\Omega\cdot cm$ 的纤维，其电阻率为 $10^2\sim10^5\Omega\cdot cm$ 甚至小于 $10\Omega\cdot cm$。碳纳米管（CNT）、石墨烯都是性能优良、应用广泛的导电纤维。

防静电瓷砖分为防静电釉面砖（包含仿古砖）和防静电抛光砖两种。防静电釉面砖采用表面上釉的技术，表面有釉面层保护，抗污能力强。防静电抛光砖是在防静电釉面砖基础上抛光加工而成的，其优点是光泽性比较好，缺点是不耐污。

防静电陶瓷砖生产的关键是导电粉，导电粉一般要求是耐高温、化学性质稳定、电阻小，掺入陶瓷中可导静电的无机粉末材料。

防静电陶瓷砖与其他类型的地板相比较，具有以下特点：

① 防静电性能稳定；

② 具有耐磨、耐腐、耐老化、不发尘、防火等优点；

③ 装修时可一次完成地面作业，降低成本。

需要强调的是，防静电陶瓷砖应用时无论是直接铺地（直铺式）还是架空，都需要有良好的接地措施。

（2）防静电地坪涂料

防静电地坪涂料是以防静电树脂类材料配制的地坪用涂料。根据成膜物质是否具有导电性可以分为两大类：非添加型防静电地坪涂料和添加型防静电地坪涂料。非添加型防静电地坪涂料又称本征型防静电地坪涂料，其基料具有导电性能，不需要添加其他导电材料。本征型导电聚合物主要有聚苯胺、聚乙炔、聚噻吩、聚咯等。但是上述导电高聚物制造和加工的难度大、成本昂贵，因此其应用受到很大限制。添加型防静电地坪涂料是指在绝缘高分子材料中添加导电材料，如炭黑、石墨、金属或导电的金属氧化物粉末、抗静电剂等。

目前广泛应用的防静电地坪涂料主要属于添加型防静电地坪涂料。其防静电性能来自两个方面：一是导电粒子在涂层中相互接触形成链状的导电通路，使复合涂层得以导电；二是在电场作用下，电子越过很小的势垒，穿过较薄的聚合物包覆层而使涂层导电，即隧道效应。隧道效应认为，任何两个靠近的导体颗粒间都存在着不连续通导的势垒，电子借隧道效应从一导体向另一导体跃迁传导，如图 8.12 所示。

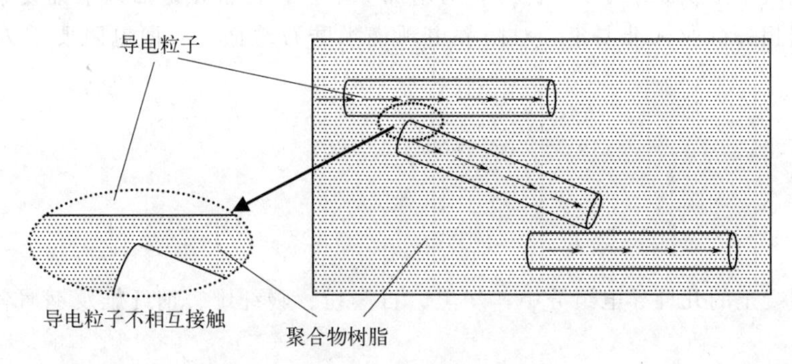

图 8.12　添加型防静电涂层导电原理

一般来讲，添加型防静电涂层导电通道的形成是导电粒子直接接触和隧道效应综合作用的结果。

防静电涂料的成膜基料树脂是形成防静电涂层的骨架，是导电粒子的载体。基体树脂对涂层的抗静电性能影响很大。目前，适合地坪涂料的基料树脂有环氧树脂、聚氨酯树脂、丙烯酸树脂等。其中，环氧树脂对各种基材均有良好的附着力，且化学性能、物理性能等综合性能较好，同时电阻值相对较小，选用最多。

导电材料是防静电地坪涂料的关键组分，决定了涂料的导电和防静电性能，常用的导电材料一类是各种导电填料；另一类是抗静电剂。导电填料一般加入量较大，但是价格相对低廉，导电性比抗静电剂要持久、稳定。常用的导电填料包括碳系填料（如石墨、碳纤维和炭黑等）、金属填料、无机复合型填料等（如导电云母粉）等。

防静电地坪涂料的分类及防静电性能指标要求见表 8.15。

表 8.15　防静电地坪涂料的分类及防静电性能指标

<table>
<tr><th rowspan="2">序号</th><th rowspan="2">类型名称</th><th rowspan="2">代号</th><th colspan="3">防静电性能指标</th></tr>
<tr><th>点对点电阻/Ω</th><th>对地电阻/Ω</th><th>人体电压/V</th></tr>
<tr><td>1</td><td>防静电自流平地坪</td><td>S</td><td rowspan="4">$5.0\times10^4\sim1.0\times10^9$</td><td rowspan="4">$5.0\times10^4\sim1.0\times10^9$</td><td rowspan="4">$<100$</td></tr>
<tr><td>2</td><td>防静电树脂薄涂或涂层</td><td>C</td></tr>
<tr><td>3</td><td>防静电树脂砂浆</td><td>M</td></tr>
<tr><td>4</td><td>防静电多层地坪</td><td>M-L</td></tr>
</table>

（3）防静电水磨石

防静电水磨石是具有防静电功能的水磨石。水磨石是以水泥或水泥和树脂的混合物为胶黏剂、以天然碎石和砂或石粉为主要骨料，经搅拌、振动或压制成型，表面经研磨和/或抛光等工序制作而成的建筑装饰材料。

按生产方式分为预制水磨石和现浇水磨石；按使用功能分为常规水磨石、防静电水磨石、不发火水磨石（在一定的摩擦、冲击或冲擦等机械作用时，不会产生火花或火星）和洁净水磨石（使用中发尘量小的水磨石），按表面加工程度分为磨面水磨石，抛光水磨石；按黏结剂分为水泥基水磨石、树脂—水泥基水磨石等。

水磨石用于防静电材料时，常通过在其中添加无机类导静电粉达到导静电的效果，导静电粉的体积电阻小于 $1.0\times10^5\,\Omega$。此外，为增加导电性，常常在地面以下铺设钢筋作为导静电地网。根据相关行业标准要求，对防静电现浇水磨石地面，表面电阻要求为 $1.0\times10^5\sim1.0\times10^7\,\Omega$。

思考题

1. 导电混凝土的几种导电组分中，炭黑、石墨粉、碳纤维、钢纤维及钢屑各有何优点和缺点？

2. 导电混凝土分别用于路面除冰化雪、室内采暖和电力设备接地工程时，需要注意哪些事项？

3. 几种用于建筑采暖用的电热材料：电热膜、电热片及电热带，其各自的优缺点是什么？

4. 什么是 PTC 热敏材料，其基本原理是什么？

5. 无机电致变色材料和有机电致变色材料各自的特点是什么？

6. 几种主要的抗静电材料：抗静电剂、抗静电涂料和抗静电贴面板，其各自的适用范围是什么？

7. 请简述添加型防静电涂层的导电原理。

参考文献

[1]　彭小芹，王冲，李新禄. 材料性能学基础 [M]，重庆：重庆大学出版社，2020.

[2] 吴少鹏，刘全涛. 导电沥青混凝土及其应用 [M]，北京：科学出版社，2017.
[3] GB/T 29470—2012. 自限温电热片.
[4] JGJ/T 479—2019. 低温辐射自限温电热片供暖系统应用技术标准.
[5] JGJ/T 319—2013. 低温辐射电热膜供暖系统应用技术规程.
[6] JG/T 286—2010. 低温辐射电热膜.
[7] 赵择卿，陈小立. 高分子材料导电和抗静电技术及应用 [M]，北京：中国纺织出版社，2006.
[8] 袁亚飞. 防静电工程 [M]，北京：电子工业出版社，2018.
[9] 熊善新. 导电聚合物电致变色材料与器件 [M]，北京：科学出版社，2015.

第9章

加固与修复材料

本章学习目标：

1. 了解土木工程中常用加固和修复材料的种类及适用范围。
2. 懂得不同加固和修补材料的优缺点。
3. 在不同的工程中知道如何选择合适的修补加固材料。

9.1 概述

世界各个国家的土木工程行业发展，均可分为三个阶段：大规模兴建阶段、新建与改造并重阶段、既有工程维修及加固阶段。改革开放以来我国基础设施建设和城市开发高速发展，很多建筑物在未达到使用年限却已破坏时往往拆除重建。党的二十大报告中专门提出“中国式现代化”，其中特别强调“坚持节约优先、保护优先、自然恢复为主的方针”，因此未来工程建设必将加大维修加固的权重，对土木工程进行及时、有效的修复，以显著改善工程使用状况，延长工程服役寿命。

（1）土木工程在服役环境中的劣化

各类土木工程（钢筋混凝土、钢结构、木结构、砖结构等）由于长期暴露在大气环境或与其他外部介质紧密接触，以及作为主要承重结构而受到各种复杂外力作用，其耐久性问题也相伴而生。以钢筋混凝土结构为例，它是目前土木工程领域内应用最为普遍、范围最广的结构形式。对导致钢筋混凝土结构劣化的外界作用进行简单的长期作用和短期作用的分类，如图9.1所示。

结构在服役过程中所受到的短期作用主要是由自然灾害和人为极端事件造成的，例如地震、火灾等。火灾后混凝土的微观结构会发生显著变化：各种水分逃逸，水化硅酸钙干缩甚至分解，水泥石与骨料受热变形不一致导致集中应力和微裂缝出现甚至严重开裂等。此外，钢筋力学性能下降，以及钢筋与混凝土之间黏结力下降等均会使混凝土的强度、弹性模量及塑性降低。

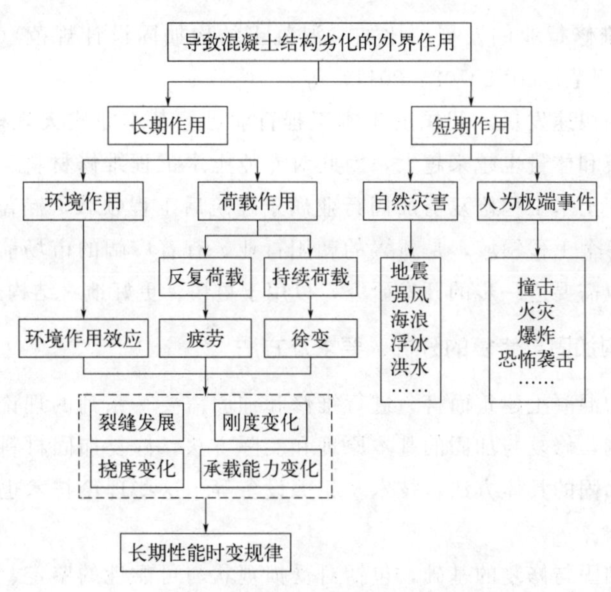

图 9.1　导致混凝土结构劣化的外界作用分类

结构在服役过程中所受到的长期作用可分为环境作用和长期荷载作用，长期的环境作用包括雪荷载、风荷载、自然腐蚀、温湿度变化、化学介质侵蚀、某些动植物生长造成的破坏等等。长期的荷载作用包括结构自重以及由运输引起的荷载等，劣化形式包括表面损耗、混凝土构件承载力不足失效、地基不均匀下沉造成的受力结构破坏、变形约束造成的劣化等。最终导致的病害主要表现为钢筋锈蚀、混凝土碳化、混凝土腐蚀，混凝土构件截面减损、开裂，结构倾斜偏移等。

（2）国内外混凝土结构加固与修复现状

土木工程的加固与修复是现代土木工程技术的重要组成部分，备受国内外的高度重视，在 20 世纪 60 年代，欧美国家就已经进入大规模土木工程修复阶段，在这些国家中目前用于土木工程修复的投资已占国家土木工程行业总投资的 1/2 以上。据统计，美国对第二次世界大战前后兴建的混凝土工程，使用 30～50 年后维修加固所投入的费用占建设总投资的 40%～50%以上。1980 年英国的土木工程维修改造工程，已占其土木工程总量的 1/3，仅 1996 年钢混结构年维修费便达 5.5 亿英镑。

我国作为世界上最大的发展中国家，每年都兴建大量的基础设施，特别是 20 世纪 70 年代末实行改革开放后，各种房屋、道路、桥梁、大坝、隧道以及城市设施数量急剧增加，这些早期建造的大量的工业及民用建筑，服役期大多超过了 50 年，面临拆迁或修补加固。同时许多存在了成百上千年的有价值和历史意义的古建筑和民族特色建筑都需要诊断、修复和加固。据国家数据统计显示，中国目前现存既有城乡建筑总面积达到 400 亿 m^2，同时每年以 20 亿 m^2 左右的速度增长，仅 2021 年上半年房屋建筑施工面积累计便达到了 11.93 亿 m^2，大量新修的建筑在未来同样面临修补加固的难题，这些新建及现有工程项目中存在的质量安全隐患，以及每年各种自然灾害带来的建筑结构损坏，都使得建筑修复加固领域存在巨大市场。国家每年投入大量资金进行维护加固，“一五”期间，我国更新改造资金只相当于同期基本建设投资的 4.2%，“三五”期间为 27%，“七五”期间已达到 54%。同时相关国家规范的出台也促进了建筑加固维修行业的发展，比如《混凝土结构加固设计规范》(GB 50367—2013)、《砌体结构加固设计规范》(GB 50702—2011) 等。

随着中国经济的快速发展，我国的土木工程行业已经基本完成大规模、快速新建阶段，土木工程的存量规模和体量也越来越大，因此对专业土木工程维修材料、维修技术和维修服务的需要越来越多。土木工程修复与加固行业属于建筑后工程领域，涵盖了房屋、道路、桥梁、大坝、隧道等各个工程领域，是新兴的朝阳行业，有着广阔的市场前景，同时性能更优良的修复加固材料也需要进一步的开发研究，以用于更快、更好地对结构进行修复和加固。

(3) 混凝土结构加固与修复的分析、要求及方法

对已劣化受损的混凝土建筑而言，进行维修和加固需要一系列的理论与技术参与，包括建筑受损劣化的检测，修复与加固的基本原理和实际方法，修复加固材料的选用及新材料的开发应用，修复与加固的具体方法、技术及相关设备等。这些理论技术也是未来建筑维修与加固的主要发展方向。

评估与分析是加固与修复的基础，包括对受损现状与可靠性的鉴定、受损历史与原因的分析，以及对未来使用状态与寿命的评估等。其中，利用多种检测技术对混凝土建筑进行原位或取样检测，是合理评估和分析的前提，它们的开发和利用决定着混凝土建筑可靠性鉴定的水平。对于混凝土建筑的劣化受损需要进行进一步综合评定，可以从其安全性、耐久性、使用性等角度对其进行评价，在时变可靠度理论的基础上判断技术性使用寿命、功能性使用寿命、经济型使用寿命等。混凝土建筑在服役过程中，不仅需要对其力学性能进行结构层面的性能评估，对其进行材料层面的性能劣化评估也尤为重要。

当前加固与修复方法技术较为丰富，可以概括为上部结构的加固修补技术和受损构件的修复防护技术。想要提升修复效率，减少材料浪费降低成本，满足工程需求，最关键的是依据结构材料现状和所处环境正确挑选加固修复技术和材料。基体混凝土与修复材料的相容性对于修复效果来说至关重要，相匹配的强度特性、收缩状态、弹性模量、润湿性和热膨系数等都是修复界面的影响因素。已经加固或修复的混凝土建筑，对其加固修复效果进行评估最直接的方法是测定相应指标是否满足国家相应规范要求，对于实际工程来说还需进一步验收合格后才能重新投入使用。

9.2 水泥基加固修补材料

普通硅酸盐水泥是目前国内外土木工程中最常用的水泥品种之一，其具有生产成本较低、材料性能高等特点，常被用于高强混凝土、钢筋混凝土以及预应力混凝土材料。但是，普通硅酸盐水泥水化反应后会产生较多的 $Ca(OH)_2$，导致硅酸盐水泥混凝土耐酸性差、抗化学侵蚀性差等。而硫铝酸盐水泥和磷酸盐水泥因凝结硬化速度快、耐高温性好、耐硫盐酸腐蚀性强、不析出游离的 $Ca(OH)_2$ 等优点被广泛应用于一些工期紧急的工程和抢修工程中。

9.2.1 硅酸盐水泥基修补砂浆

硅酸盐水泥基修补砂浆由硅酸盐水泥、细骨料、水、外加剂和矿物掺合料等配制而成。

硅酸盐水泥基修补砂浆的性能主要取决于各组成材料的特性。因此，在进行原材料遴选时，应熟悉各组成材料的特性、作用机理以及品质要求。通常，依据建筑物的工程概况、设计要求和施工条件等遴选原材料的品质、质量以及消耗量。硅酸盐水泥基修补砂浆作为“混凝土修复系统”的一部分，因其生产工艺简单、经济，被广泛应用于隧道、桥梁、地下停车场等钢筋混凝土结构的修补和复原工程。

硅酸盐水泥基修补砂浆的优点与硅酸盐水泥混凝土类似。相较于水泥混凝土，水泥基修补砂浆收缩较大，为此，常在拌制砂浆的过程中掺入适量减水剂和膨胀剂等外加剂。在砂浆中掺入适量外加剂还能够提高硅酸盐水泥基修补砂浆的早期抗压强度和其他性能。在不考虑修补截面的厚度问题时，硅酸盐水泥基修补砂浆可以应用于大部分混凝土结构，如可用于修补钢筋锈蚀膨胀导致的混凝土保护层脱落，以及修补大小不一的洞穴、模板钢筋孔洞、大部分可收缩孔穴。硅酸盐水泥基修补砂浆还可以对相对隐秘的微小切开裂缝进行填塞，但是，对于可移动的微小裂缝不建议使用该方法进行修补。如果考虑修补区域与混凝土结构的颜色相协调问题，可以适当将一些灰色和白色的硅酸盐水泥混合使用。

对于特殊的修补工程应用，硅酸盐水泥基修补砂浆的配合比设计一定得满足相应的流动性、强度、密实度和耐久性要求。为了减少收缩裂缝的数量，硅酸盐水泥基修补砂浆一般需选择较小水胶比和较高的细骨料使用量。为保证硅酸盐水泥基修补砂浆具备较高的抗冻耐久性以及抗盐冻的能力，其应具备更高的含气量，但过高的含气量会降低砂浆基体强度。因此，硅酸盐水泥基修补砂浆应用于严寒及寒冷地区时，应掺入适量的引气剂。

9.2.2 硫铝酸盐水泥修补砂浆

硫铝酸盐水泥主要是以无水硫铝酸钙（$C_4A_3\overline{S}$）和硅酸二钙（C_2S）为主要矿物组成的新型水泥。20 世纪 70 年代发明了硫铝酸盐水泥，80 年代又首次实现了铁铝酸盐水泥的工业化生产。如果说，我们把硅酸盐水泥系列产品通称为第一系列水泥，把铝酸盐水泥系列产品通称第二系列水泥，那么，我们可以把硫铝酸盐水泥和铁铝酸盐水泥以及它们派生的其他水泥品种通称为第三系列水泥。

硫铝酸盐水泥作为第三系列水泥，其与其他系列水泥相区别的最根本特点在于该系列水泥的矿物组成中含有大量 $C_4A_3\overline{S}$，也正是这种矿物组成构成了第三系列水泥的早强、高强、高抗渗、高抗冻、耐蚀、低碱和生产能耗低等基本特点，根据这些基本特点，又进一步对硫铝酸盐水泥品种进行了分类，如早强、高强、膨胀和自应力硫铝酸盐水泥，但总的来说它们都是由含 $C_4A_3\overline{S}$ 和 C_2S 等矿物的熟料与 $CaSO_4 \cdot 2H_2O$（石膏）或 $CaSO_4$（无水石膏）混合而成，各品种在组成上仅是石膏掺量不同而已。

硫铝酸盐水泥具有早强高强性能，且长期性能表现优异，同时具有良好的抗冻性，对海水、氯盐（NaCl、$MgCl_2$）、硫酸盐［Na_2SO_4、$MgSO_4$、$(NH_4)_2SO_4$］以及它们的复合盐类（$MgSO_4$＋NaCl）等均具有极好的耐蚀性。此外硫铝酸盐水泥还有良好的抗渗透性能以及耐钢筋腐蚀性能。因其自身的特点，硫铝酸盐水泥广泛应用于房屋建筑、桥梁、码头、机场、市政设施和工矿建设，且在冬季施工工程、快速施工工程、抗渗与防水工程、海洋与耐腐蚀工程、自应力水泥制品和玻璃纤维增强混凝土制品等方面有着独特的优势，在众多水泥品种间有很强的竞争力，其优异的性能使其在工程中的应用越来越广泛。

硫铝酸盐水泥在修补砂浆方面的研究以及应用正在稳步发展，目前仍存在一些问题，如修补材料的改性方面，改性后材料的微观水化机理、耐久性、与待修复界面的黏结性能及其结构性能等方面的研究目前还很少。在硫铝酸盐水泥的外加剂选择方面，其种类繁多且使用尚未规范化，考虑到未来硫铝酸盐水泥在修补结构乃至多场景下新建结构的大规模应用，水泥本身的稳定生产及其外加剂的规范化选择、应用都是亟需解决的问题。

9.2.3 磷酸盐水泥基修补砂浆

磷酸盐水泥基修补砂浆是一种新型水泥基修补材料，是由磷酸盐水泥、矿物掺合料、细骨料、添加剂以及根据性能确定的其他组分，按适当配比配制而成的用于各类构筑物与建筑物的超快速修补用的水泥砂浆。磷酸盐水泥基修补砂浆具有一系列优异的性能，其早期强度发展较快、收缩变形较小、黏结强度较高，与待修补材料（混凝土结构）膨胀系数和弹性模量相近。当然其最显著的优势是在负温下仍可以继续水化快速发展强度，因此，磷酸盐水泥基修补砂浆是快速修补材料的最佳选择之一。

磷酸盐水泥是磷酸盐水泥基修补砂浆的主要胶凝材料，家族成员有磷酸镁、磷酸铝、磷酸锌与磷酸钙等，其中又以磷酸镁与磷酸铝为主要发展对象，并且已经商业化。起初通过铝、铬、镁及锆的氧化物与磷酸发生化学反应形成黏结材料，在这些阳离子中，镁和铝的氧化物更容易发生反应，因此，以后多用其与磷酸或磷酸盐反应制成。1970 年磷酸盐水泥开始作为结构加固、快速修补材料等受到大家的关注。

磷酸盐水泥具有早期强度高、强度发展快、收缩变形小、不需要养护等显著优势，被广泛用于混凝土路面、公路、桥梁、飞机跑道及工业厂房等的快速修复。辽宁省高速公路服务区及收费广场破损路面采用该类材料修补的时候，在修补之后的一个小时，路面就能够达到使用要求。在高速公路沥青路面的修复中也可以运用磷酸盐水泥材料，实现裂缝、坑槽、车辙等沥青路面常见病害的修补。但该材料目前仍存在一个不足之处，即其水稳定性只能基本满足半干区对普通沥青混合料水稳定性的要求，尚难以满足湿润区或潮湿区对水稳定性的要求，有待进一步提高。

9.3 聚合物水泥加固修补材料

聚合物水泥加固修补材料，是将聚合物通过浸渍、掺入等方式加入水泥砂浆或混凝土中而制得。与聚合物复合后的水泥基材料的脆性得到改善，修补加固效果更好。目前，聚合物改性水泥基修复材料主要包括聚合物改性水泥混凝土、聚合物浸渍水泥混凝土、聚合物改性水泥砂浆等。聚合物改性水泥基材料中常用的聚合物种类如表 9.1 所示。

表 9.1 聚合物改性水泥基材料常用的聚合物种类

水溶性聚合物	聚乙烯醇（PVA）
	聚丙烯酰胺（PAM）
	丙烯酸盐

续表

类别	子类	细分	品种
水溶性聚合物			纤维素衍生物
			呋喃苯胺树脂
聚合物乳液	橡胶乳液		天然橡胶乳液
		合成乳胶	丁苯乳胶（SBR）
			氯丁乳胶（CR）
			甲基丙烯酸甲酯-丁二烯胶乳（MBR）
	热塑性树脂乳液		聚丙烯酸酯乳液（PAE）
			乙烯-乙酸乙酯共聚乳液（EVA）
			聚乙酸乙烯酯乳液（PAVc）
			苯丙乳液（SAE）
			聚丙酸乙酯乳液（PVP）
			聚乙烯-偏氯乙烯共聚乳液
	热固性树脂溶液		环氧（EP）树脂乳液
			不饱和聚酯（UP）乳液
	沥青乳液		乳化沥青
			橡胶改性乳化沥青
	混合乳液		—
可再分散乳胶粉			乙烯-乙酸乙烯共聚物（EVA）
			乙酸乙酯-支化羧酸乙烯基酯共聚物（VA-VeoVa）
			苯乙烯-丙烯酸酯共聚物（SAE）
液体聚合物			环氧（EP）树脂
			不饱和聚酯（UP）树脂

9.3.1 聚合物浸渍混凝土

聚合物浸渍混凝土是采用聚合物浸渍液浸渍处理已经水化硬化的混凝土及其制品，并用加热或者辐射等方法使聚合物浸渍液在混凝土内部进行聚合而形成的一种有机—无机复合材料。

聚合物浸渍混凝土的组成主要包括基材和浸渍液两部分。基材主要指水泥混凝土及其制品；浸渍液主要包括单体类浸渍液和聚合物类浸渍液两类，常用的单体类浸渍液包括甲基丙烯酸甲酯（MMA）、苯乙烯（ST）、丙烯腈（AN）、丙烯酸酯（AC）等乙烯基单体及有机硅单体等；常用的聚合物类浸渍液包括环氧树脂（EP）和不饱和聚酯树脂（UP）等。

按照浸渍方式的不同，可以将 PIC 的浸渍工艺分为蓄液浸渍和密封浸渍；按照浸渍压力的不同，可以将浸渍工艺分为常压浸渍、高压浸渍和负压浸渍。

聚合物通过不同浸渍工艺渗透到混凝土内部，在一定深度范围内聚合而填充混凝土内孔隙和微裂纹，提高混凝土的抗压和抗拉强度。此外，聚合物渗透到混凝土毛细孔中发生聚合作用而对毛细孔产生一定的封闭效果，阻碍水分和侵蚀性介质向混凝土内部扩散、渗透，提升混凝土的耐久性。

聚合物浸渍混凝土可以应用于旧混凝土的修复加固、破损混凝土修复提升耐久性等方面，

1980 年采用聚合物浸渍混凝土对葛洲坝二江泄水闸的磨损部位进行修补，取得了较好的修复效果；对青藏铁路受盐湖影响比较严重的察尔汗地段，采用聚合物浸渍混凝土砌块作为涵道基础，有效避免了盐侵蚀问题，延长了青藏铁路的服役寿命。

9.3.2 环氧乳液水泥砂浆

环氧乳液水泥砂浆是将水泥、水、骨料、具有胶结性质的环氧乳液以及外加剂等按照一定比例混合，经水泥水化、硬化和环氧乳液的交联固化而形成的一种有机-无机复合的聚合物水泥砂浆。

环氧乳液水泥砂浆的性能如下：

① 施工性能　环氧乳液水泥砂浆的黏度和工作性可以调控，并能够在潮湿的基面上直接施工，操作方便；

② 力学性能　通过调整合适的聚灰比（环氧乳液和水泥的质量比），可以使环氧乳液交联固化与硬化水泥石形成比较致密的微结构，提高环氧乳液水泥砂浆的力学性能；

③ 抗裂性能　环氧乳液能有效改善砂浆的柔韧性，提高砂浆的抗裂性能；

④ 黏结性能　环氧乳液水泥砂浆与混凝土基材之间具有优异的黏结性能，不易从被黏结的混凝土基材表面脱落，可以应用于混凝土修补工程；

⑤ 抗渗性能　环氧乳液交联固化可有效封闭水泥砂浆的连通孔隙，提高环氧乳液水泥砂浆的抗渗性能，可以用于水利、地下人防工程等混凝土结构的防渗补漏材料；

⑥ 体积稳定性　环氧乳液能够改善水泥砂浆的体积稳定性，抑制砂浆开裂；

⑦ 耐化学腐蚀性能　环氧乳液水泥砂浆具有良好的耐水、耐碱和耐盐侵性能。

环氧乳液砂浆主要用于以下工程：

① 环氧乳液水泥砂浆具有较好的黏结性能，可以用作瓷砖、大理石和花岗岩等装饰材料的黏结剂，也可用作新、老混凝土的界面黏结材料；

② 环氧乳液水泥砂浆具有优异的抗渗性、耐水性和耐腐蚀性能，可以作为地下室、隧道、卫生间、游泳池等潮湿部位的防水抗渗材料；也可以作为海洋环境、盐碱地区及化工厂等腐蚀环境的修补、防护材料。

9.3.3 聚丙烯酸酯乳液水泥砂浆

聚丙烯酸酯乳液水泥砂浆是丙烯酸酯共聚乳液改性的聚合物水泥砂浆，也称为丙乳砂浆，是一种新型的混凝土建筑物修补材料。

聚丙烯酸酯乳液水泥砂的性能如下：

① 工作性　聚丙烯酸酯乳液由于表面乳化剂而具有一定的减水效果，能够改善水泥砂浆的工作性；

② 力学性能　聚丙烯酸酯的抗压弹性模量远低于硬化水泥石，且会引入一定量的气泡，导致聚丙烯酸酯乳液改性水泥砂浆的抗压强度随着乳液掺量的增加而降低；

③ 体积稳定性　聚丙烯酸酯乳液可以有效抑制水泥砂浆的收缩，提高抗裂性能。有数据表明，聚丙烯酸酯水泥砂浆的抗裂系数约为普通水泥砂浆的 12 倍；

④ 黏结性能　聚丙烯酸酯乳液水泥砂浆与旧砂浆之间的黏结力随着聚丙烯酸酯乳液掺量

的增加而逐渐提高；

⑤ 吸水、抗渗性能　聚丙烯酸酯乳液水泥砂浆的吸水率随着乳液掺量的增加而显著下降，抗渗性能随着乳液掺量的增加而提高；

⑥ 耐化学腐蚀性能　聚丙烯酸酯乳液水泥砂浆的耐化学腐蚀性能随着乳液掺量的增加而提高。

聚丙烯酸酯乳液水泥砂浆的应用领域如下：

① 聚丙烯酸酯乳液水泥砂浆可以作为新旧混凝土的界面黏结材料和混凝土裂缝灌浆修补材料；

② 适用于工业和民用建筑混凝土结构的防水、防渗、防潮及渗漏修复工程；

③ 聚丙烯酸酯乳液水泥砂浆可以作为修补防护砂浆，抑制离子向混凝土内部传输，提升严酷环境下混凝土的耐久性。

9.3.4 丁苯乳液水泥砂浆

丁苯乳液水泥砂浆是以水泥、水、砂、具有胶结性质的丁苯乳液和外加剂为原材料，按照一定比例混合制备的一种聚合物水泥砂浆。

丁苯乳液水泥砂浆性能如下。

① 工作性　丁苯乳液具有一定的减水效果，且会引入一定量的微小气泡，降低水泥浆体内颗粒间的摩擦阻力，改善水泥砂浆的工作性。

② 力学性能　水泥砂浆的抗压强度随丁苯乳液掺量的增加而逐渐降低，但丁苯乳液可以有效改善水泥砂浆的柔韧性能。

③ 黏结性能　水泥砂浆的抗拉黏结强度随着丁苯乳液掺量的增加而逐渐提高，但丁苯乳液的掺量过高，则可能由于聚合物聚集而降低黏结性能。

④ 吸水和抗渗性能　随着丁苯乳液掺量的增加，水泥砂浆的吸水率显著降低，氯离子扩散系数逐渐下降，说明丁苯乳液改善了水泥砂浆的抗渗性能，提升了耐久性。

⑤ 耐磨性　一方面，随着丁苯乳液掺量的增加，砂浆的抗压强度降低，表面微结构相对疏松，导致砂浆的耐磨性下降；另一方面，丁苯乳液有利于增加砂浆的黏结性能，阻碍表面物相脱落，改善耐磨性能。因此，合理的丁苯乳液掺量，可以改善水泥砂浆的耐磨性能。

⑥ 耐腐蚀性能　丁苯乳液在水泥砂浆内成膜后，可以抑制腐蚀性介质向砂浆内部的传输，阻碍侵蚀性介质和水泥水化产物的直接接触，提高水泥砂浆的耐腐蚀性能。

丁苯乳液水泥砂浆的应用领域如下：

① 丁苯乳液水泥砂浆可用于水泥混凝土路面结构层间的界面处理、新旧混凝土修补的界面黏结等；

② 可以用作地下室、卫生间、蓄水池等长期潮湿和浸水环境的防水、防渗材料；

③ 可以用于市政工程和海洋环境等混凝土的修补，提升混凝土耐久性。

9.3.5 其他聚合物水泥基修补材料

近十多年来，水泥-乳化沥青（CA）砂浆伴随着我国高速铁路的快速发展而得到广泛应用，主要是由水泥、水、乳化沥青、砂、消泡剂和外加剂等按照一定比例制备而成的一种聚合物水泥砂浆。其主要应用于如下领域：

① 作为高速铁路轨道板和混凝土底座之间的垫层材料，水泥—乳化沥青砂浆性能会随着

服役时间的延长而出现性能劣化现象，可以采用新拌的水泥—乳化沥青砂浆对既有结构进行修复加固；

② 水泥-乳化沥青砂浆具有“刚柔并济”的特点和较好的阻尼性能，采用水泥—乳化沥青砂浆对沥青路面的车辙部位进行修复，可以保证路面具有较高的承载能力和一定的柔韧性能，提高行车舒适性；

③ 水泥-乳化沥青砂浆具有较低的吸水率、优异的抗渗性能和耐硫酸盐腐蚀性能，可以作为海洋、盐湖和化工厂等严酷环境下混凝土工程的防护砂浆使用，提升混凝土的耐久性。

此外，还可以采用硅烷乳液、乳胶粉等制备聚合物水泥砂浆，使其具备防水、抗渗、防腐等性能，用于不同环境下混凝土工程的修补和防护等领域，改善混凝土的耐久性能。

9.4 纤维增强复合加固修补材料

9.4.1 纤维增强复合材料

(1) 纤维增强复合材料的概念与组成

纤维增强复合材料（fiber reinforced polymer，FRP）以其诸多优点，广泛应用于既有建筑结构加固改造与新建结构中。它是一种由高性能纤维材料与基体材料按一定比例经过一定加工工艺而形成的复合材料。FRP具有较高的比强度和比模量，其纤维和基体是化学性能稳定的非金属材料，具有耐腐蚀特性。FRP材料具有良好的抗疲劳性能以及根据纤维铺层的可设计性特征，这是传统材料所不具备的。其透电磁波、绝缘、隔热等特性，使得FRP在一些需要实现特殊功能的结构物中广泛使用。此外，由于FRP材料结构特性几乎为线弹性，在承受其强度范围内往复荷载具有极小残余变形。

粘贴复合材料补强方法最早始于20世纪70年代的航空工业领域，随着研究的不断深入和拓宽，其应用范围逐渐从航空业拓展到土木工程领域。纤维增强复合材料轻质高强、抗疲劳和耐腐蚀性能好，同时便于施工，在结构修复加固领域具有广阔的应用前景。目前碳纤维增强复合材料（carbon fiber reinforced polymer，CFRP）在工程中应用最多，研究和应用工程经验也较多。CFRP不仅具备各类FRP材料共有的优良特性，而且其耐酸、耐高温、抗燃持续特性显著。因此，有较高性价比的CFRP材料在混凝土补强加固中被广泛采用。

(2) 纤维增强复合材料的力学性能

纤维增强复合材料用于修复加固混凝土结构，其主要力学性能指标应满足表9.2～表9.4的规定。

表9.2 纤维布主要力学性能指标

纤维布类型和等级		抗拉强度标准值(≥)/MPa	弹性模量(≥)/GPa	延伸率(≥)/%
高强度型碳纤维布	Ⅰ级	2500	210	1.3
	Ⅱ级	3000	210	1.4
	Ⅲ级	3500	230	1.5
高弹性模量型碳纤维布		2900	390	0.7

续表

纤维布类型和等级		抗拉强度标准值(≥)/MPa	弹性模量(≥)/GPa	延伸率(≥)/%
玻璃纤维布	Ⅰ级	1500	75	2.0
	Ⅱ级	2500	80	2.3
芳纶布		2000	110	2.0
玄武岩纤维布		2000	90	2.0

表 9.3　单向 FRP 板的主要力学性能指标

纤维板类型	抗拉强度标准值(≥)/MPa	弹性模量(≥)/GPa	延伸率(≥)/%
高强度型 CFRP 板	2300	150	1.4
GFRP 板	800	40	2.0

表 9.4　FRP 筋的主要力学性能指标

类型	抗拉强度标准值/MPa		弹性模量(≥)/GPa	伸长率(≥)/%
CFRP 筋	≥1800		140	1.5
GFRP 筋	$d\leqslant 10$mm	≥700	40	1.8
	22mm$\geqslant d>$10mm	≥600		1.5
	$d>$22mm	≥500		1.3
AFRP 筋	≥1300		65	2.0
BFRP 筋	≥800		50	1.6

(3) FRP 片材与基材界面的黏结性能

FRP 片材加固修复混凝土结构质量的关键在于 FRP 片材与混凝土表面之间有可靠的黏结度，保证 FRP 材料能够与混凝土共同受力。用碳纤维材料加固钢筋混凝土构件时，往往通过环氧树脂将碳纤维材料贴于混凝土构件受拉区表面。FRP 与混凝土/钢表面的黏结过程是一个复杂的物理、化学过程。黏结力的产生，不仅取决于黏结剂和基材表面及 FRP 材料表面的结构与状态，而且和粘贴工艺密切相关。目前已有大量有关 FRP-混凝土和 FRP-钢的界面黏结行为研究，最为常用的界面黏结性能试验装置如图 9.2 所示。

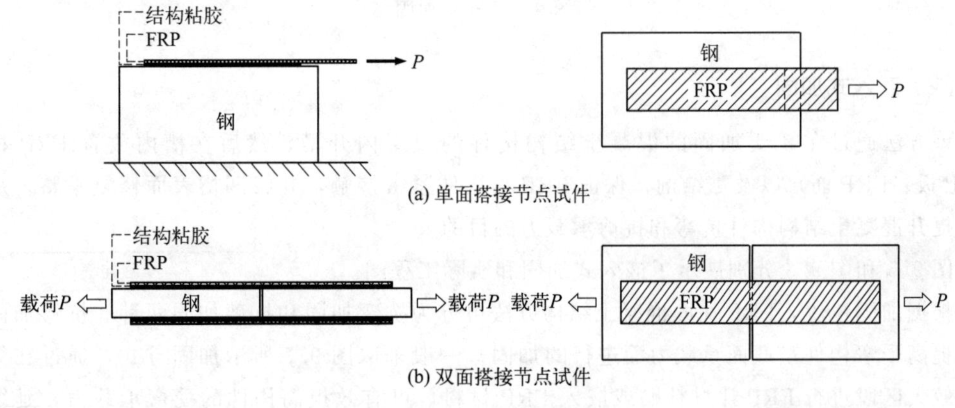

(a) 单面搭接节点试件

(b) 双面搭接节点试件

图 9.2　常用界面黏结性能试件

对于FRP-混凝土界面和FRP-钢界面，其在拉伸荷载的作用下会发生不同的破坏模式。在FRP-混凝土黏结体系中，混凝土材料相较结构黏胶和FRP材料强度较低，因此，界面破坏一般发生在离开混凝土/黏结材料界面一定距离外的混凝土中，最终FRP连带一层较薄混凝土层发生剥离破坏。在FRP-钢黏结体系中，结构黏胶相较FRP和钢材料强度较低，可能发生多种破坏模式，包括胶层内破坏、FRP和结构黏胶界面破坏、钢和结构黏胶界面破坏、FRP层剥离-破坏、FRP断裂破坏、钢屈服破坏。

9.4.2 纤维增强复合材料加固混凝土结构

FRP结构加固和修复技术是从欧美国家发展而来的，在工程中已经具备广泛的使用价值。经过多年的应用，我国的FRP加固技术整个体系逐渐发展成熟。FRP加固技术主要是将裁剪好的FRP用专用浸渍粘贴胶粘贴或嵌入构件需要加固的部位。

常用的FRP加固混凝土结构方法主要有外贴加固（externally bonded EB）和嵌入式加固（near-surface mounted，NSM）。

（1）外贴加固

该方法主要是通过结构胶在精细的施工工艺下将纤维增强复合片材（FRP布、FRP板、FRP网格）粘贴在抛光过的待加固混凝土结构表面，也被称作外贴纤维复合材料法。外贴加固法可在多种形状的结构构件上使用，工程中常用的外贴加固方法主要有侧面粘贴、U形粘贴以及包裹粘贴。图9.3展示了外贴加固法。对于外贴加固，可能会出现图9.4所示的7种破坏模式。

图9.3　外贴加固

（2）嵌入式加固

该方法通过在需要加固的混凝土结构构件的表层内开槽，然后在槽内放置FRP材料（FRP板、FRP筋）以及黏结剂，保证FRP与构件紧密接触，并将凹槽表面修复平整，从而达到提升混凝土结构构件抗弯和抗剪承载力的目的。

图9.5和图9.6分别展示了嵌入式加固和实际工程图。

根据加固位置，FRP加固混凝土结构方法可分为抗弯加固和抗剪加固两种。抗弯加固是指为提高受弯构件正截面承载力而进行的加固。一般采取图9.7所示加固方式，通过在梁底弯矩较大区段进行FRP片材粘贴或嵌入FRP材料，可有效提高构件的受弯承载力，延缓裂缝的延伸和开展，保证梁的整体刚度。

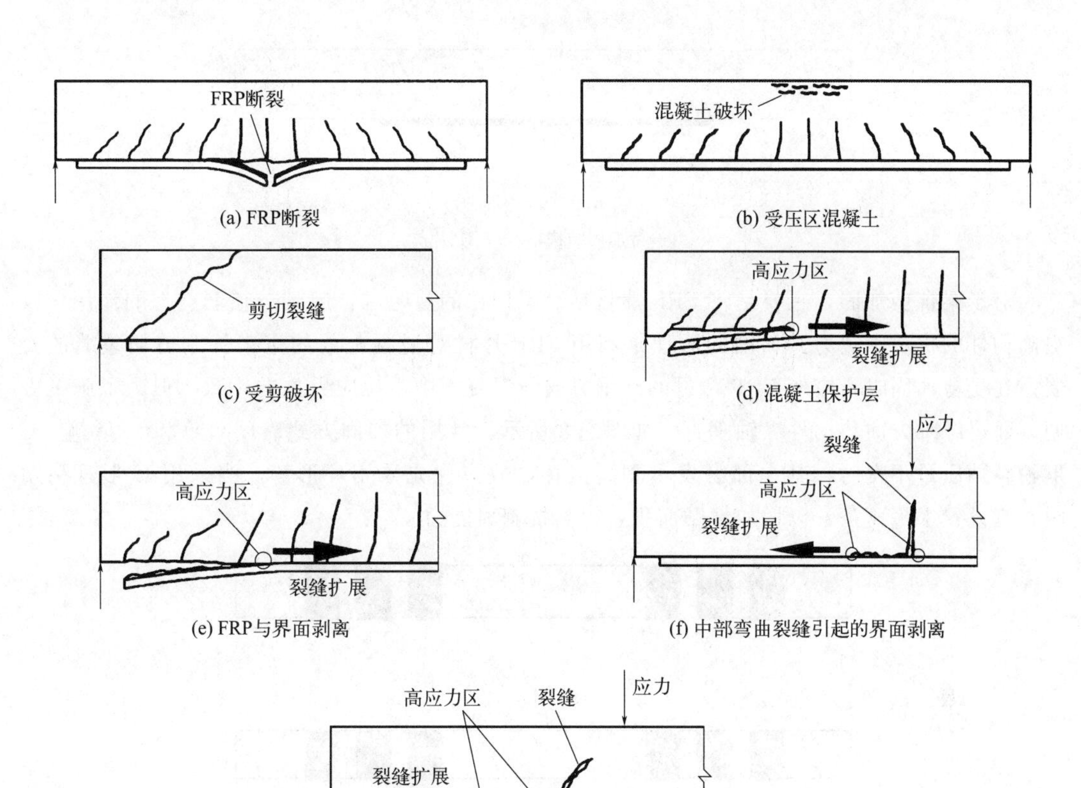

图 9.4 外贴加固破坏模式

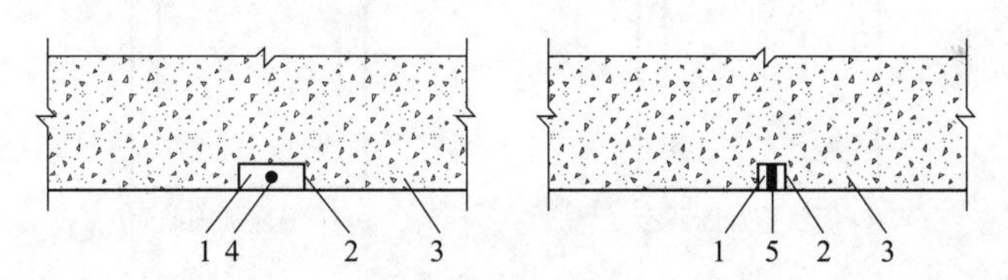

图 9.5 嵌入式加固

1—黏结剂；2—槽；3—待加固结构；4—FRP 筋；5—FRP 板

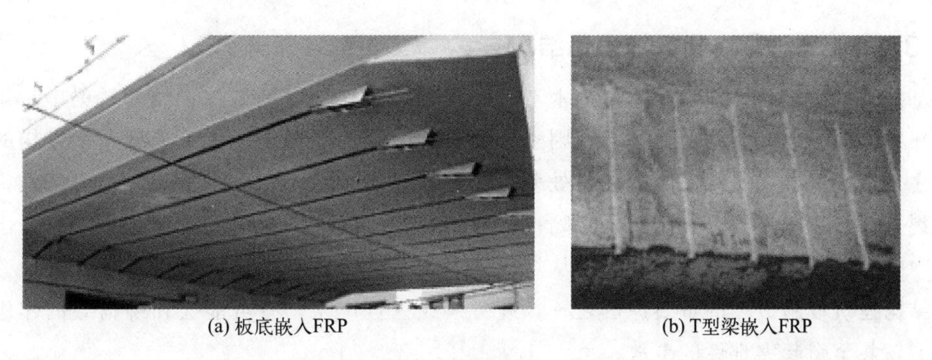

图 9.6 嵌入式加固实际工程照片

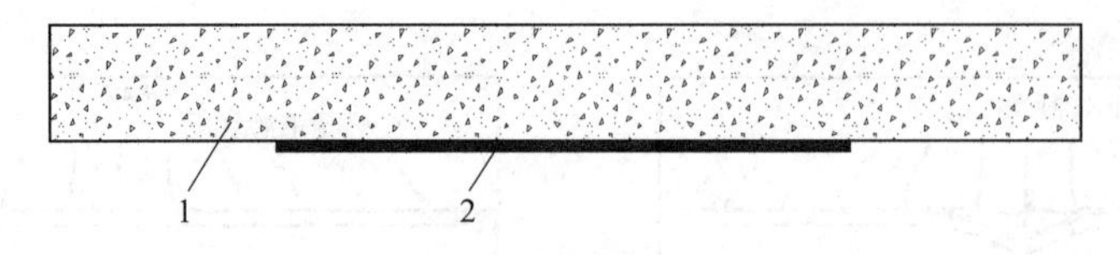

图 9.7 抗弯加固
1—待加固结构；2—FRP 片材

对于梁抗剪加固，主要是将 FRP 片材粘贴于构件的剪跨区，起到与箍筋类似的作用，以提高构件的抗剪承载力。加固的原理是利用 FRP 片材对混凝土的约束来抑制剪切裂缝的发展。在受剪加固时，应使 FRP 片材的纤维方向与混凝土中主拉应力方向一致，但为了施工方便，建议纤维方向与构件纵轴垂直。如图 9.8 所示，常用的加固方式有闭口箍和 U 形箍。U 形箍粘贴质量不良时，其端部易发生剥离破坏，故应优先采用环形箍。当采用 U 形箍粘贴时，宜设置水平压条，以增加粘贴面积，提高抗剥离能力。

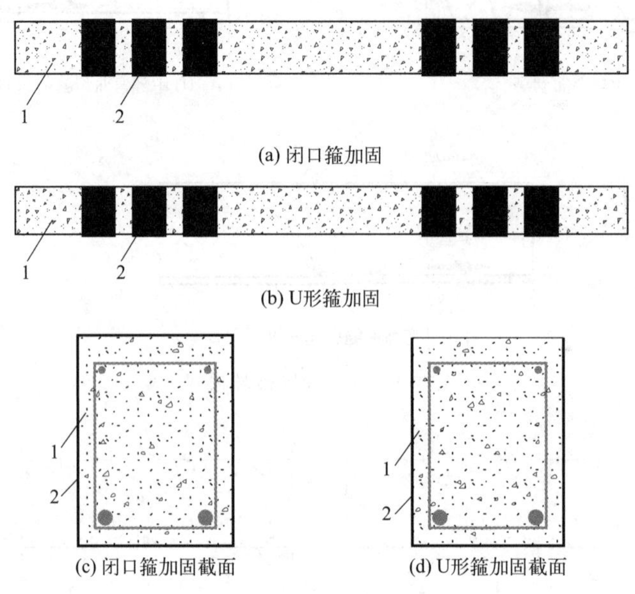

图 9.8 抗剪加固
1—待加固结构；2—FRP 片材

9.4.3 纤维增强复合材料加固钢结构

基础结构设施的维护和修缮是土木工程的重要组成部分。例如在钢结构桥梁中，年久失修、环境锈蚀和车辆荷载增加等多种因素都会引起结构性能退化。疲劳荷载是钢结构的常见荷载之一，疲劳裂纹通常在应力集中处萌生。尤其在焊接结构中，由于焊缝本身特性，往往存在裂纹、气泡和夹渣等多种初始缺陷；焊缝的位置往往也是结构的不连续处，容易出现应力集中的现象。因此，疲劳裂纹更易从焊缝处萌生扩展。既有事故调查结果表明，疲劳破坏是钢结构建筑设施破坏的重要原因之一，疲劳裂纹一旦产生，有可能会在外荷载的作用下不断扩展，甚至引起灾难性的事故。

传统钢结构维修方法中最常用的为机械补强法和止裂孔法。机械补强法是在钢构件损伤部位通过螺栓连接或者焊接连接替换损伤钢板或增加新钢板，止裂孔法通过在裂纹尖端钻孔，降低裂纹尖端应力强度因子。此类传统方法存在如下问题：机械补强法会增加恒荷载，新增或替换的钢板仍然存在环境因素导致腐蚀的风险，同时在施工过程中引入的螺孔或焊缝，易成为新的疲劳源，进一步引起新的破坏，施工起来较为复杂；而止裂孔法则会削弱构件截面，可能引起承载力不足，同时开孔产生新的应力集中，可能成为新的疲劳源。

近年来，粘贴CFRP材料补强方法渐渐兴起，成为传统方法之外的一个新选择。不同于传统补强方法，粘贴复合材料补强技术可以有效避免机械修补引起的应力集中和止裂孔导致的构件截面损失等问题，同时具有施工方便和质轻高强的特点，可以快速修复并不增加结构自重。CFRP材料补强钢构件所使用的材料主要包括纤维增强复合材料和黏结材料。典型的补强示意图如图9.9所示。

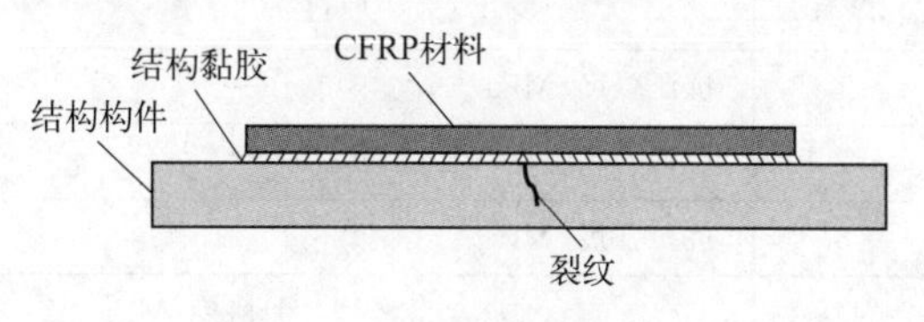

图9.9　CFRP补强钢结构

目前一般采用板式试件、梁式试件和焊接接头试件。在焊接接头中，主要集中在承重/非承重十字形焊接接头、平面外纵向焊接接头、交通指示牌中常见的K型铝制圆管焊接接头和薄壁方钢管焊接节点等。焊接接头试验研究中，由于应力集中，且焊缝中存在缺陷，在焊趾处萌生裂纹，并扩展至构件破坏。在钢板和钢梁构件中，通过采用各种人工缺陷来模拟钢构件在服役寿命中由于荷载或外界因素造成的损伤。人工缺陷类型一般可以分为受拉翼缘处缺口、钢板中心圆孔结合线裂纹和钢板两侧边缘缺口等。

CFRP材料强度很高，极限抗拉强度可达1000～3700MPa。因此，可以在粘贴之前对CFRP材料施加预拉力，然后对钢构件进行补强。除此之外，学者们在试验设计中考虑了CFRP几何参数、力学性能和补强形式等多种参数影响，如粘贴长度、粘贴宽度、粘贴层数、单/双面粘贴、粘贴位置等。

9.5 化学灌浆材料

化学灌浆是将一定的化学材料配制成浆液，用压送设备将其灌入混凝土裂缝中，浆液在缝隙内扩散、胶凝，直至固化，填充缝隙并补强加固。此方法可根据工程需要调节浆液的胶凝时间和起始黏稠度，因此对混凝土细微裂缝和较宽裂缝均可使用。其灌浆液渗透能力较强，适用于灌注较深的裂缝（$0.5H \leqslant h < H$）和贯穿裂缝，或者裂缝宽度小于2mm的裂缝。化学灌浆材料主要包括环氧树脂、甲基丙烯酸甲酯类、聚氨酯类、木质类、丙烯酸盐类等。

9.5.1 环氧树脂灌浆料

环氧树脂是指高分子链结构中含有两个或两个以上的环氧基，以脂肪族、脂环族或芳香族化合物等为基本骨架，通过环氧基团之间的各种反应形成的热固性的高分子低聚体。其主要优点是黏结力强、在常温下可固化、固化后收缩小、机械强度高、耐热性及稳定性好，是混凝土的主要补强修复材料。缺点是黏度较高、可灌注性不强，工程应用时可以借助有机溶剂对环氧树脂类材料进行改性。

工程商用环氧树脂灌浆材料指以环氧树脂为主，加入固化剂、稀释剂、增韧剂等组分所形成的A、B双组分商品灌浆材料。A组分是以环氧树脂为主的体系，B组分为固化体系。可操作时间和初始黏度是环氧树脂类修补材料可灌性的重要指标，按初始黏度把产品分为低黏度型（L）和普通型（N）（见表9.6），按固化物力学性能分为Ⅰ级和Ⅱ级（见表9.5）。

表9.5 环氧树脂灌浆材料固化物性能指标

序号	项目			Ⅰ级	Ⅱ级
1	抗压强度/MPa		≥	40	70
2	拉伸剪切强度/MPa		≥	5.0	8.0
3	抗拉强度/MPa		≥	10	15
4	粘接强度	干粘接/MPa	≥	3.0	4.0
		湿粘接/MPa	≥	2.0	2.5
5	抗渗压力/MPa		≥	1.0	1.2
6	渗透压力/MPa		≥	300	400

表9.6 环氧树脂灌浆材料性能

项目		L型	N型
浆液密度/(g/cm^3)	>	1.00	1.00
初始黏度/(mPa·s)	<	30	30
可操作时间/min	>	30	30

环氧树脂灌浆材料得到广泛的应用，主要由于其具有以下特点。

① 力学性能好 环氧树脂具有很强的内聚力，分子结构致密，所以它的力学性能高于酚醛树脂和不饱和聚酯树脂等通用热固性树脂。

② 黏结性能优异 环氧树脂固化体系中有活性极大的环氧基、羟基以及醚键、胺键、酯键等极性基团，赋予了环氧固化物极高的黏结强度。再加上它有很高的内聚强度等力学性能，因此，其黏结性能特别强，可用作结构胶。

③ 固化收缩率小 环氧树脂在液态时就有高度的缔合，固化过程中没有副产物的生成，因此固化收缩率小。环氧树脂在热固性树脂中收缩性是最小的，线膨胀系数也很小，一般为6×10^{-5}℃$^{-1}$。所以其产品尺寸稳定，内应力小，不易开裂。

④ 稳定性好 未固化的环氧树脂是热塑性树脂，可溶于丙酮、二甲苯等有机溶剂中，如不与固化剂相混合，自身不会固化，可以较长期存放而不变质。

⑤ 化学稳定性好 固化后的环氧树脂含有稳定的苯环、醚键以及不与碱反应的脂肪酯，故化学稳定性好，能耐一般的酸、碱及有机溶剂，特别是耐碱性优于酚醛和聚酯树脂。

环氧树脂化学灌浆材料在20世纪60年代就已用于水电大坝混凝土灌浆补强，后来逐步推广到交通和土木工程行业，至今仍然是混凝土裂缝堵水补强、缺陷修复用量最大的一种材料，其性能也在针对不同工程应用环境及性能要求而进行的改性研究中不断提升。如针对水下混凝土裂缝，研发出了水下环氧灌浆材料；又如针对高寒地区温差大、混凝土裂缝补强需要柔韧性好的要求，研究出了具有柔韧性好、抗拉强度超过20MPa的环氧灌浆材料；再如针对渗水的微细裂缝研究出的高渗透环氧灌浆材料、为满足环保要求而研究出的低黏度无溶剂环氧灌浆材料、针对冒水裂缝而研究出的可直接堵水补强的环氧灌浆材料、解决隧道掘进过程中不良地质缺陷的超前灌浆材料等等。

9.5.2 甲基丙烯酸甲酯类浆液

甲基丙烯酸甲酯类浆液（甲凝浆材）是以甲基丙烯酸甲酯、甲基丙烯酸丁酯为主要原料，加入过氧化苯甲酰、二甲基苯胺和对甲苯亚磺酸等组成的一种低黏度灌浆材料。其黏度比水低，渗透力很强，可灌入 0.05～0.1mm 的细微裂隙，在 0.2～0.3MPa 压力下，浆液可渗入混凝土内 4～6cm 深处，灌入混凝土干裂缝能恢复混凝土的整体性。

（1）甲基丙烯酸甲酯

甲基丙烯酸甲酯，化学式为 $C_5H_8O_2$，化学式量为 100.12，是一种有机化合物，又称 MMA，简称甲甲酯。其分子结构如图 9.10 所示。

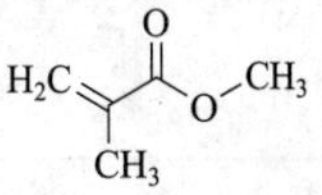

图 9.10 甲基丙烯酸甲酯分子结构

外观与性状：无色易挥发液体，并具有强辣味，易燃。溶解性：溶于乙醇、乙醚、丙酮等多种有机溶剂，微溶于乙二醇和水。其物理性质见表 9.7。

表 9.7 甲基丙烯酸甲酯物理性质

蒸汽压/kPa	闪点(开杯)/℃	熔点/℃	沸点/℃	密度/(g/cm^3)	折射率	爆炸极限/%
5.33（25℃）	10	−48	100.05	0.944	1.4142	2.1～12.5

（2）甲基丙烯酸丁酯

甲基丙烯酸丁酯，简称 BMA。分子式为 $C_8H_{14}O_2$，化学分子量为 142.2，是一种无色、具有甜味和酯气味的液体，不溶于水，可混溶于醇、醚等多数有机溶剂。其分子结构图如图 9.11 所示。

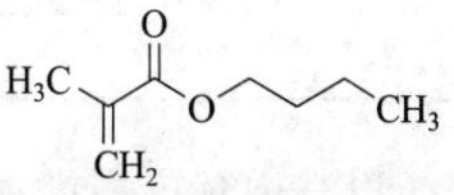

图 9.11 甲基丙烯酸丁酯分子结构

甲基丙烯酸甲酯类浆液具有三维交联结构，制备工艺复杂，为了调节固化产物的结构性能，需要掺入大量的外加剂。甲基丙烯酸甲酯类浆液材料的组成成分、作用及材料名称见表 9.8。

表 9.8 甲基丙烯酸甲酯类浆液材料的组成成分、作用及材料名称

组成成分	作用	材料名称
主剂	具有黏度低、可灌性好、聚合体黏结强度大的特点，特别是其聚合固化后有很好的物理性能。适用于混凝土裂缝补强，特别是细裂缝的补强灌浆，能灌入的细微裂缝	甲基丙烯酸甲酯（MMA）
引发剂	单体合成预聚物一般采用热聚合引发剂引发单体聚合。引发剂容易受热分解成自由基，可用于引发烯类、双烯类单体的自由基聚合和共聚合反应	过氧化二苯甲酰（BPO）
促进剂	促进剂是能缩短胶凝时间的添加剂，加入少量的促进剂，便能大大加速固化反应，降低固化温度，缩短固化时间，还能改善物理机械性能	二甲基苯胺
除氧剂	对甲苯亚磺酸主要用作灌浆材料固化剂，储存于阴凉、干燥、通风良好的库房。远离火种、热源。防止阳光直射	对甲苯亚磺酸

续表

组成成分	作用	材料名称
阻聚剂	焦性没食子酸用在高分子化学中可作为阻聚剂，可有效地抑制橡胶的氧化降解，改善其加工性能	焦性没食子酸
改性剂	能增加浆液的亲水性和聚合后的柔性，提高灌注有水裂缝的黏结强度	甲基丙烯酸、甲基丙烯酸丁酯、丙烯酸、醋酸乙烯酯、不饱和聚酯树脂

配制甲基丙烯酸甲酯类浆液，先量取主剂和改性剂，然后加入引发剂、除氧剂。必要时再加入阻聚剂，用搅拌棒拌匀（如有条件可通入氮或二氧化碳进行搅拌，以减少氧的影响）。待固体成分完全溶解后，再加入促进剂。甲基丙烯酸甲酯类浆液组成配比见表 9.9。

表 9.9　甲基丙烯酸甲酯类浆液组成配比

组成成分	材料名称	性状	用量/%
主剂	甲基丙烯酸甲酯（MMA）	无色液体	100
引发剂	过氧化二苯甲酰（BPO）	白色液体	1～1.5
促进剂	二甲基苯胺	淡黄色液体	0.5～1.5
除氧剂	对甲苯亚磺酸	白色固体	0.5～1.0
阻聚剂	焦性没食子酸	白色固体	0～0.1
改性剂（可选 1～2 种）	甲基丙烯酸	无色晶体或液体	0～10
	甲基丙烯酸丁酯	无色液体	0～25
	丙烯酸	无色液体	0～20
	醋酸乙烯酯	无色液体	0～15

甲基丙烯酸甲酯灌浆材料的可行性主要取决于以下几个方面。

① 较低的初始黏度　黏度决定了浆液的可灌性，浆液的初始黏度越低，其可灌性也就越好，对于 0.1～0.2mm 的细微裂缝，浆液的初始黏度最好不超过 15Pa·s。

② 适当的胶凝时间　一般情况下浆液的胶凝时间不宜过短，如果胶凝时间过短浆液可能在未被灌注完之前就凝固；胶凝时间也不能过长，否则可能会影响修补工程的后续工作。根据工程的需要，浆液适合的胶凝时间一般在 1h 之内。

③ 良好的力学性能指标　主要考虑浆液固结体与混凝土的黏结强度以及浆液固结体本体的抗压强度。黏结强度过低，修补的裂缝有可能再次被拉开，达不到预期的目的，浆液固结体本体的抗压强度最好比混凝土的设计强度高出一个等级。

9.5.3　聚氨酯类化学灌浆料

聚氨酯灌浆材料俗称“氰凝”，凝结时间从几分钟到几十分钟不等，主要是由多羟基化合物与多异氰酸酯进行聚合反应形成的“—NCO”封端的聚氨酯预聚体。该预聚体遇到含活泼氢的化合物（如 H_2O）时会迅速发生化学反应形成交联网络结构，释放出大量的 CO_2 气体，灌浆材料会在 CO_2 的压力下体积膨胀，对周围的细微裂缝进行填充，从而更好地达到止水堵漏、补强加固的效果。

$$2RNCO + H_2O \longrightarrow RNHCONHR + CO_2\uparrow \tag{9.1}$$

根据亲水性的不同可分为水溶性聚氨酯灌浆材料和油溶性聚氨酯灌浆材料。水性聚氨酯灌浆材料（又称亲水性聚氨酯灌浆液）主要是由甲苯二异氰酸酯与高分子量亲水性聚酸多元醇反应生成的预聚体，与丙酮、增塑剂等助剂所组成的单组分聚氨酯灌浆材料。但其实这种浆液本身不能溶于水，只不过所用聚醚多元醇具有亲水性、固结体能吸收水分溶胀。油溶性聚氨酯灌浆材料（又称疏水性聚氨酯灌浆液）主要是由多亚甲基多苯基多异氰酸酯与一种或几种聚醚多元醇反应产生的预聚体，与丙酮、增塑剂、表面活性剂、催化剂等助剂所组成的单组分聚氨酯灌浆材料。其中聚氨酯 PU 预聚体是由低相对分子质量的聚氧化丙烯多元醇（如 N330、N240 等）与多异氰酸酯（如甲苯二异氰酸酯 TDI、二苯基甲烷二异氰酸酯 MDI 和多亚甲基多苯基多异氰酸酯 PAPI 等）反应而成。

聚氨酯灌浆材料的特点如下。

① 浆液外观呈浅橙黄色透明液体，不遇水是稳定的，遇水开始反应，所以受外部水或水蒸气影响较大，在存贮或施工时应防止外部水入浆液中，密封贮存可达半年以上。

② 浆液黏度可调，具有良好的可灌性和渗透性，固结体有较高的强度，黏结力大、压缩变形大，可与水泥注浆相结合，建立高标准的防渗系统。

③ 在含大量水的地层处理中，可选择快速固化的浆液，它不会被水冲稀而流失，形成的弹性固结体，能充分适应裂缝和地基的变形。

④ 浆液在压力下灌入裂缝，同时向裂缝四周渗透，由于浆液中含有未反应的异氰酸酯基团，遇水发生反应，放出大量的二氧化碳，使体系发泡的同时，发泡压力会使浆液产生二次压力，进一步压紧疏松地层的孔隙，使多孔性结构或地层完全充填密实，从而获得范围更为广泛的浆液渗透，形成体积更大的不溶于水的聚合物固结体。

⑤ 由于交联反应的发生，反应物的黏度逐渐增大，形成的固结体呈网络结构，密度小、抗渗性能好。

⑥ 非水溶性聚氨酯浆液固结体具有疏水性质，化学稳定性高、耐酸、耐碱、耐盐和有机溶剂，表面光滑耐磨、不长霉，固结体具有良好的耐久性。

⑦ 浆液的固化速度调节简便，施工比较方便，投资费用少，绿色环保。

化学灌浆修复手段对于修复结构裂缝、渗水漏水部位、提高结构强度已是不可或缺的。

表 9.10 为常用的有机类修补材料的性能评价。

表 9.10 常用有机类修补材料性能评价

材料类别	优点	缺点
环氧树脂类	黏附力强，强度高，收缩小	延伸率低，脆性大
聚氨酯类	优异的耐疲劳性、抗震动性、抗低漏性	耐高温性能一般、耐湿热性能差、不耐强极性溶剂和强酸碱介质
烯类	黏度低、固化时间短、透明性好，胶结强度高，气密性好，耐久性好，强度高	价格较高，抗冲击性能较差

9.6 钢筋锈蚀抑制与修复

近年来大量的钢筋混凝土结构遭受钢筋锈蚀病害而达不到预期的耐久性，因钢筋锈蚀破坏问题而需要进行不同程度的修补乃至重建，既造成巨大的经济损失，又造成资源的极度浪费和环境的进一步破坏。钢筋锈蚀堪称“混凝土结构耐久性危机”，已成为土木工程建设领域的一大病害。

目前对于已锈蚀的钢筋建筑物，人们常用物理或化学的方法进行加固和修复，以维持建筑物的正常使用以及延长其使用寿命，其中主要包括添加迁移型阻锈剂、电化学除氯和再碱化、修补、替换和表面处理等技术。迁移型阻锈剂突破了传统内掺型阻锈剂的局限，使用时仅需涂抹在建筑物表面，借助迁移力，如虹吸作用、扩散作用、离子化合物的定向移动和电场作用等，迁移到钢筋表面形成保护层，避免钢筋进一步锈蚀。电化学除氯和再碱化方法利用电化学手段提高混凝土保护层的 pH 值，重新形成钝化膜以阻止钢筋的进一步锈蚀，同时利用电场作用将内部 Cl^- 驱离出来，进一步排除氯盐污染。钢筋修补、替换和表面处理方法是通过去除和替换锈蚀钢筋表面的混凝土，并采用阻锈剂涂抹钢筋的方法，对建筑物进行修复。

9.6.1 迁移型钢筋阻锈剂

钢筋阻锈剂能够抑制混凝土中钢筋表面的阳极或阴极反应，通过物理或化学反应的方式在钢筋表面形成保护膜，起到阻止钢筋锈蚀的产生与发展的作用。传统的钢筋阻锈剂多为亚硝酸盐类内掺型钢筋阻锈剂，这类阻锈剂大多会影响混凝土的凝结时间、强度等性能，而且有毒、污染环境，对服役混凝土的钢筋防护与修复也较为困难。新型的迁移型钢筋阻锈剂（migrating corrosion inhibitor，MCI）多为有机阻锈剂，其环保、阻锈性能好且易于改性。这类阻锈剂能够有效解决电化学除盐后钢筋的二次腐蚀问题，从而提高混凝土结构的耐久性，延长钢筋混凝土工程的使用寿命。《钢筋阻锈剂应用技术规程》(JGJ/T 192—2009）中对迁移型阻锈剂的定义为：涂于混凝土或砂浆表面，能渗透到钢筋周围对钢筋进行防护的钢筋阻锈剂。1997 年，迁移型钢筋阻锈剂被欧洲标准化委员会确认为控制钢筋腐蚀的一种有效的保护修补材料。

迁移型阻锈剂按照迁移动力的不同可以分为自迁移型阻锈剂和电迁移型阻锈剂。针对自迁移型阻锈剂的研究相对较早，亚硝酸钙、单氟磷酸钠等是较早开始研究的迁移型阻锈剂，亚硝酸钙在国外很早就被应用于除冰盐作用后的路桥面混凝土以及海砂混凝土的钢筋腐蚀防护。但是，这类无机盐作为迁移型阻锈剂迁移能力相对较差且存在环保问题，故其应用范围逐渐受到限制。相比之下，有机迁移型阻锈剂因为环保、性能可设计等优点而成为研究热点。美国 Cortec 公司最早开始应用有机迁移型阻锈剂进行现役混凝土的钢筋防护，其主要成分为胺基羧酸盐。随着研究的深入，到目前为止，有机迁移型阻锈剂产品丰富，其主要成分大多为醇、醇胺和二者的盐或酯。不同成分迁移型阻锈剂产品见表 9.11。

表 9.11 不同成分迁移型阻锈剂产品

主要物质	醇胺	羧酸胺	氨基酯
MCI 产品	MuCis mia 200、 MuCis ad 19L/D 等	MCI2020 型、 MCI2006NS 型等	Rheocrete 系列

有机迁移型阻锈剂产品一般为混合型水溶液或水乳液体系，使用时直接涂覆于钢筋混凝

土表面。在混凝土毛细管道的毛细作用下迁移型阻锈剂分子以水为载体扩散至混凝土的内部孔隙。当水分蒸发后，阻锈剂分子开始挥发，形成高浓度气相并进一步扩散至混凝土的内部。如图 9.12 所示，迁移型阻锈剂分子通过气相扩散、液相扩散迁移至钢筋表面后，其含氮的极性基团会通过物理或化学吸附的方式将水分子和氯离子排挤出去，并形成一层单分子或多分子保护膜，对钢筋起到良好的保护作用。此外，迁移型阻锈剂分子的烷基等非极性基团在钢筋表面定向排布形成一层疏水层，能够有效阻止氯离子、水和氧气等向金属表面渗透，起到阻锈作用。

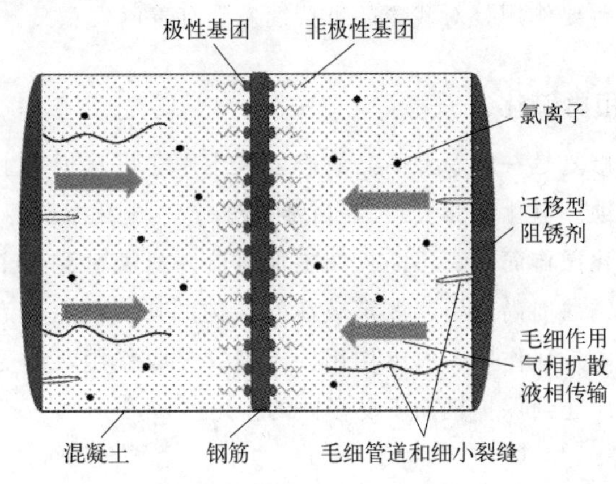

图 9.12　迁移型阻锈剂在钢筋混凝土中的作用原理

一些自迁移型阻锈剂存在迁移效率低、渗透深度不足、作用效果慢的问题，而通过电场作用后可以有效驱使阻锈剂分子向混凝土内部钢筋迁移。阳离子迁移型阻锈剂如胺、醇胺、咪唑啉衍生物等常用作电迁移型阻锈剂，它们的水溶液能够离子化，且离子化后的阻锈基团为阳离子。电迁移型阻锈剂在应用过程中需要设置附加阳极，如图 9.13 所示，该阳极处于含阻锈剂的电解质溶液当中，而混凝土内的钢筋作为阴极。在外加电流作用下，阻锈剂的阳离子阻锈基团迁移至钢筋表面，并置换出氯离子，实现对钢筋的防护作用。

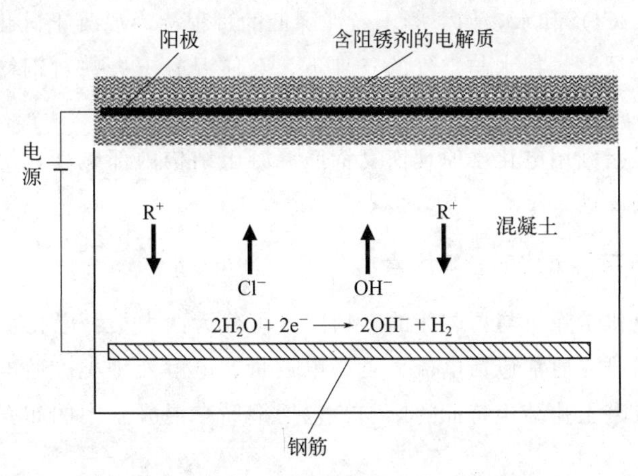

图 9.13　电迁移型阻锈剂作用

迁移型阻锈剂的阻锈能力和迁移能力是评价其性能的两个主要方面。对于其阻锈性能，目前常用的检测方法包括电化学综合试验方法、盐水浸渍法、干湿冷热循环试验等，通过这些检测方法可以定性评价阻锈剂对钢筋的阻锈效果。而迁移型阻锈剂在混凝土内迁移的能力，目前主要通过检测阻锈剂渗透深度来评价。已有的研究包括放射性同位素示踪法、X射线电子能谱法、二次中性粒子质谱法、氨气敏电极法、电化学试验等。

目前，迁移型阻锈剂在混凝土结构耐久性修复工程中已有不少应用。迁移型阻锈剂非常适合应用于恶劣环境下混凝土钢筋的阻锈与修复，如混凝土桥墩、海上钻井平台、混凝土桩等工程结构都适用迁移型阻锈剂进行防护。随着研究的深入，迁移型阻锈剂和电迁移阻锈剂防护技术都被认为有着巨大的发展前景，其研究和应用对于延长混凝土结构的寿命、减少腐蚀造成的资源浪费有着重要作用，对我国的可持续发展有着巨大意义。

9.6.2 电化学除氯和再碱化

钢筋混凝土电化学修复是一种新型的高效修复技术，它可从根本上制止碳化或氯化物污染引起混凝土中钢筋腐蚀。电化学修复技术包括阴极保护、电化学除氯与再碱化、双向迁移，其中电化学除氯与再碱化操作简单，不需长期施加电流，只需对混凝土进行短时间的电化学处理，尤其适用于钢筋锈蚀但尚未引起严重破坏的结构。其基本原理为在直流电作用下，通过同时进行电解作用、电迁移作用、电渗作用、毛细管吸收作用，使受腐蚀的混凝土得到修复，重新恢复碱性，从而起到保护钢筋不受侵蚀的作用。

（1）电化学除氯

混凝土电化学除氯（electrochemical chloride extraction，ECE）是在钢筋混凝土阴极保护技术的基础上发展起来的一种除氯方法。这种方法属于非破损维修方法，其优点是可以在不清理钢筋周围混凝土层或稍加清理的情况下，即可对混凝土结构实施无损修复，不影响结构的正常使用。

（2）电化学再碱化

空气中的CO_2气体通过混凝土细孔渗透到混凝土内，与其碱性物质$Ca(OH)_2$发生化学反应后生成碳酸盐$CaCO_3$和水，使混凝土碱性降低的过程称为混凝土碳化，又称中性化。当碳化超过混凝土保护层时，在水与空气的条件下，会使混凝土失去对钢筋的保护作用，钢筋开始锈蚀。

电化学再碱化是指利用电化学原理恢复钢筋混凝土结构内部碱度，使钢筋再钝化的有效方法，可以抑制钢筋腐蚀。

（3）电化学除氯与再碱化的影响因素

一般情况下，电化学除氯与再碱化的影响因素可分为两大类：电化学参数与混凝土材料特征。电化学参数的研究通常包括电流密度、电通量、电解液种类、通电时间等。混凝土材料参数可归纳为对混凝土孔结构特征的影响，包括钢筋在混凝土中的布置情况、水灰比、掺合料、养护龄期等。

对于电化学除氯来说，混凝土内部初始的氯离子含量也会对除氯效率产生明显的影响，混凝土内部和外部的氯离子浓度差越大，氯离子排除效率越高。

（4）电化学除氯与再碱化对混凝土性能的影响

电化学除氯与再碱化过程中，混凝土中的阴阳离子在电场力的作用下会发生定向迁移并重新再分布。离子的富集会引起混凝土性能的改变，进而影响混凝土结构的耐久性。钢筋附近富集的钾钠离子结合氢氧根反应生成碱性氢氧化物，这些氢氧化物与硅酸钙发生反应导致水泥产物软化，会导致钢筋与混凝土的黏结力下降。同时电化学修复会引起混凝土中离子的迁移与富集，导致混凝土的孔结构发生变化，一定程度上引起混凝土密实性的增加，提高混凝土的抗渗性能。

9.6.3 修补、替换和表面处理

钢筋的锈蚀程度决定了混凝土的耐久性以及修复后的可靠性。因此，要研究锈蚀机理，了解锈蚀与相关因素的具体关系，通过采取相应锈蚀防护的方法尽可能减小钢筋锈蚀带来的危害。

（1）修补

1）碳化引起的钢筋锈蚀修补技术

① 用砂浆进行修补　明显提高对已锈蚀钢筋的保护能力，阻止钢筋的继续锈蚀，但修补后的建筑物的耐久性与砂浆的种类及特性有关。

② 用全树脂类材料修补　树脂材料本身耐腐蚀性能好，可抵御强酸、强碱及盐的侵蚀。但其造价高、收缩性大、施工难，不适宜在湿度大的潮基面上施工。

③ 补丁修补法　对于由碳化引起的钢筋混凝土腐蚀，一般要求将碳化混凝土铲除至露出腐蚀钢筋，然后在除锈处理后的钢筋表面涂抹防锈剂并用新拌和料修补表面混凝土。

2）氯离子侵蚀引起的钢筋锈蚀

对于由氯化物引起的钢筋混凝土腐蚀，如不辅以阴极保护法保护钢筋，则需要将分层开裂区域附近的混凝土全部铲除，使被腐蚀的钢筋完全暴露出来，除去表面上所有的铁锈、蚀坑及氯化物，最后对铲除混凝土后的凹坑进行修复平整。此方法主要适用于结构物中钢筋发生局部锈蚀的情况，同时要求修复材料的收缩率应较小，对新填的混凝土或砂浆应进行良好的养护，以尽量减少新填补区域开裂的危险。

（2）替换

1）新型碳纤维材料成功替代钢筋

碳纤维筋（见图 9.14）是采用特殊拉挤工艺，将碳纤维与树脂结合制成形似钢筋的新型高性能复合材料，具有强度高、重量轻、耐腐蚀等优点。

2）玻璃纤维增强塑料筋（FRP）

玻璃纤维增强塑料筋，俗称玻璃钢，主要包括“玻璃纤维钢筋”（见图 9.15）和“玄武岩纤维钢筋”。

3）用 HRS 筋棒取代钢筋混凝土中的钢筋

HRS 筋棒由两部分组成，一是芯棒，二是周边纤维。芯棒由圆钢（也有用铝棒）担任，四周有各种纤维布（纤维束）围绕，常用的包括碳纤维或玻璃纤维。HRS 的定义是用两种以

上材料组合成整体筋棒，置于混凝土构件中，与混凝土共同受力。它可以用作为置筋，也可以用作体外筋。

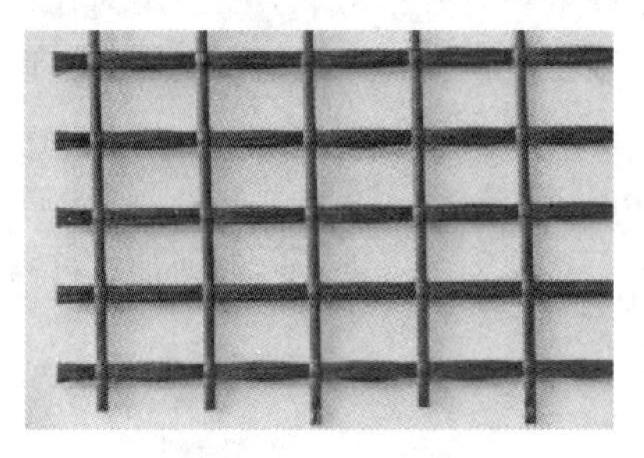
图 9.14　碳纤维筋

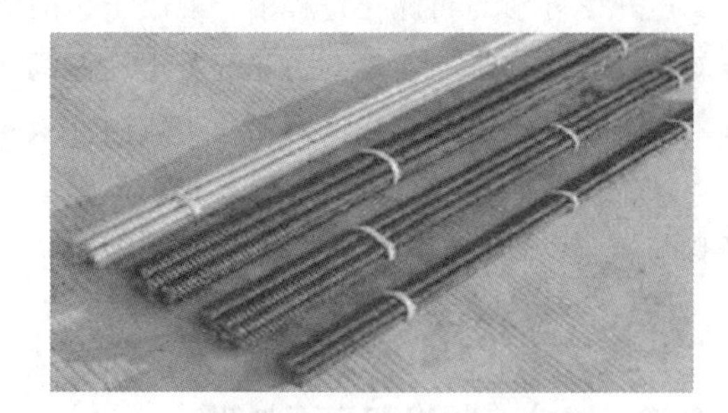
图 9.15　玻璃纤维钢筋

（3）表面处理

1）混凝土表面处理

针对混凝土结构所处的环境采取保护和修补措施，包括在其表面涂刷保护涂料、使用憎水剂。通过提高混凝土结构本身的抗渗性和密实度，达到抵抗外界侵蚀的目的。一般来讲，混凝土表面处理防护涂料按照作用机理不同可以分为三类：非表面渗透型涂料（即表面成膜型涂料）、表面渗透型涂料、半渗透型表面涂料。

2）钢筋表面处理

对于混凝土表面侵蚀严重且钢筋外露的腐蚀，可清除表面松动混凝土，对钢筋表面进行喷丸处理或涂抹聚氨酯等材料进行表面覆盖处理。对于表面混凝土完整的腐蚀，可采用侵入式阻锈剂或阴极保护法等方法阻止钢筋的进一步腐蚀。

9.7 古建修复材料

建筑文化遗产是人类文明发展史的见证，凝结了人类文明的智慧，也为当代人回望历史、展望未来留下了宝贵的精神财富。因此，保护建筑文化遗产对于人类文明的延续、文化多样性的保持以及人类社会的可持续发展具有重要意义。中国是历史文明古国，拥有数量众多、类型丰富、价值珍贵的建筑文化遗产。对于建筑文化遗产保护，习近平总书记多次作出重要指示和全面部署，文化遗产保护事业受到社会各界的高度重视。同时，建筑文化遗产受到全球生态环境变化、城市建设发展、传统材料和技术的缺失等因素影响，正面临着不同程度的挑战。建筑文化遗产保护修复工作不仅需要继承传统技术，还需要运用现代科学技术在新材料、新技术、新工艺等领域的最新发展成果。

《中国文物古迹保护准则》在关于修整和修复的部分指出：“凡是有利于文物古迹保护的技术和材料，都可以使用，但具有特殊价值的传统工艺和材料，则必须保留。”同时特别强调：“修整应优先使用传统技术。”近年来，“尽可能地使用原来的材料和工艺技术”已成为文化遗产保护的一项共识。本节将从改性传统复合灰浆、水硬性石灰和有机类修复材料三方面对建筑遗产修复材料进行概述。

9.7.1 改性传统复合灰浆

（1）传统灰浆

石灰是一种古老的土木工程材料，从人类有建造行为起就存在。由于它容易获得、易加工，是人类文明史上最广泛应用的材料之一。石灰在我国应用广泛，古建工程中有“九浆十八灰”之说，常见于建筑基础、墓葬工程、砌筑、粉刷、地面铺装、灌浆和勾缝等工程。在欧洲，石灰没落于第二次世界大战期间，并被水泥所取代。第二次世界大战后，由于历史建筑修复的兴起，欧洲人意识到水泥作为修复材料，不仅容易造成二次破坏，而且用水泥修缮与老建筑在美学上亦不匹配。石灰比水泥更适用于古建筑修复。

与水泥相比，石灰具有更透气、具有柔性和自愈性、强度与老建筑更匹配、适用于土体或石灰岩类的加固、具有抑制植物霉菌生长的作用等优点。而且，石灰是一种生态环保性材料，主要体现在生产能耗低，二氧化碳排放量少，在保温、绝缘、吸声方面表现出色等。

在我国古代的营造活动中，因为施工部位和所起功用不同，古人依据经验总结在石灰和黄土混合形成灰土的基础上，继续掺加各种掺合料，形成了丰富的灰土和灰浆配方。灰土多用于建筑基础和墓葬工程，灰浆则用于砌筑、粉刷抹灰、地面铺装和防水防渗勾缝等。灰浆中常用的有机添加物包括糯米汁、桐油、动物血、蔗糖和蛋清，这些有机添加物均会对灰浆的结构和性能产生影响。

与普通灰浆相比，糯米灰浆的抗压强度、表面硬度和弹性模量均有较大程度的提高，并且在保持良好透气性的同时，防水性能得到了提高。桐油灰浆具有更好的力学性能，其抗压强度和表面硬度也有较大程度的提高，黏结效果优异，具有良好的防水密封性和憎水作用。桐油灰浆在微观上呈层状堆积的片状体，结构致密，比普通石灰的孔隙率大大降低，这是桐油灰浆强度、耐水性和耐冻融性能提高的原因之一。传统血料灰浆相比普通灰浆具有更好的黏结性、平整性、防水性和耐候性。此外，它的快速固化性能对于灰浆方便施工具有重要意义。蔗糖对石灰浆有明显减水作用，蔗糖灰浆可以有效降低收缩开裂的风险。但是，蔗糖含量进一步提高会影响灰浆的强度性能，建议添加量在4%以下。蛋清作为添加剂可以有效防止灰浆开裂，并且对提高灰浆黏结强度有一定促进作用，但是对灰浆的抗压强度和表面硬度有一定负面作用。

（2）改性传统灰浆

单纯的灰浆固化速度缓慢、强度较低、易开裂，无法满足现代施工工艺的要求。传统糯米灰浆的制备方法是在粉状或膏状氢氧化钙（陈化石灰）中混入填料，加入糯米汁后搅拌均匀，但糯米灰浆也存在“工艺复杂、固化慢、收缩大、强度偏低”等问题，可以从石灰、填料和添加物方面进行改进。

石灰粒径的减小可以改善灰浆的整体性能，因此，对灰浆的改进首先可从石灰入手。二次煅烧形成的生石灰简称“二次石灰”，是减小石灰粒径的方法之一。二次石灰是通过称取适量分析纯氢氧化钙于坩埚中，在650℃下用马弗炉煅烧1.5h后获得。当将二次石灰消化成氢氧化钙后，晶形发生转变，成为一种大小十分均匀的扁平椭圆状纳米氢氧化钙颗粒，粒径为200～300nm。消石灰脱水法制备的二次石灰及其消化产物二次熟石灰是一种纳米材料，比表面积的增加使其反应活性大大提高。“二次石灰”技术在文化遗产保护领域具有广泛的应用前景。采用二次石灰制作的糯米灰浆具有更致密的结构和更高的强度。

也可以通过填料和添加物对糯米灰浆进行改性，例如：基准型改良糯米灰浆由食品级氢氧化钙、级配碳酸钙集料、预糊化糯米淀粉、减水剂和纤维素组成，其中减水剂和纤维素之和占干混灰浆的质量百分数小于1%，方解石是灰浆唯一的硬化产物。早强型改良糯米灰浆中掺有占干混灰浆总质量2%～5%的景德镇煅烧瓷土，灰浆中引入了适量的石英和偏高岭土矿物。

(3) 特种石灰

纳米石灰是指颗粒最大轴向达到纳米级别的氢氧化钙，由金属钙与有机醇类经过聚合生成醇化钙 $Ca(C_2H_5O)_2$，再由醇化钙水解可得到直径为50～250nm的细颗粒的纳米级石灰。一般使用乙醇、丙醇等作为溶剂，纳米氢氧化钙颗粒分散于其中，浓度介于5～50g/L。微米石灰的氢氧化钙颗粒则比纳米石灰大，仅达到微米级别。纳米—微米石灰的化学作用机制与传统石灰相同，通过与空气中的水蒸气和二氧化碳反应生成碳酸钙，起到防水、加固或黏结的作用。而氢氧化钙的强碱性也使石灰在对材料进行加固的同时，具有杀菌防霉以及中和酸性腐蚀物质的功效。

传统石灰的颗粒较大，渗透缓慢，容易聚集在所加固的材料表面，使表面发白。纳米—微米石灰克服了这一缺点，因其颗粒较小且具有更好的渗透性，可以不受阻碍地顺着材料的毛细裂隙或孔隙渗入材料深层的病害部位进行加固和黏结，同时由于醇类溶剂蒸发迅速，纳米—微米石灰的纯度很高，在病害区域的硬化反应更为高效快捷。

9.7.2 水硬性石灰

(1) 天然水硬石灰的特点

天然水硬石灰采用含有5%～25%的泥质（包括石英硅质，白云石、长石、铁化合物等，化学成分特点：SiO_2 为4%～16%，Al_2O_3 为1%～8%，Fe_2O_3 为0.3%～6%）的石灰岩，破碎成大小为1～20cm的颗粒，经800～1200℃烧制，再喷淋适量水消解后，粉磨而成。由于CaO与黏土发生反应放热，天然水硬石灰烧制温度较低。

在矿物成分上，天然水硬石灰成分主要由硅酸二钙（$2CaO \cdot SiO_2$，简写成 C_2S）、熟石灰 $Ca(OH)_2$、部分生石灰CaO、部分没有烧透的石灰石 $CaCO_3$ 及少量黏土矿物、石英等组成。部分天然水硬石灰中还发现硅酸三钙（$3CaO \cdot SiO_2$，简写成 C_3S）、部分铝钙石、铁钙石等。

天然水硬石灰颜色呈灰色或灰白色，白度比高纯度的消石灰低，初凝时间介于3～12h（水泥一般为3h内）。

天然水硬石灰在成分、固化强度及固化速度上与硅酸盐水泥存在区别，见表9.12。

表9.12 天然水硬石灰与硅酸盐水泥的区别

项目	硅酸盐水泥	天然水硬石灰
原料	黏土石灰石煅烧的熟料加矿渣、煤灰等研磨	含有泥质和硅质的石灰岩

续表

项目	硅酸盐水泥	天然水硬石灰
烧制温度	煅烧温度高，达到1450℃	煅烧温度低，最佳温度为1000～1100℃
研磨过程	球磨，能耗高	先喷水消解后研磨或不需研磨，或先研磨后喷水消解，能耗低
石灰含量	含有一定 $Ca(OH)_2$，少量游离 CaO	含 20%～50%的 $Ca(OH)_2$（所以仍称石灰）
水硬组分	硅酸三钙（C_3S）、铝酸三钙（C_3A）、铁铝酸四钙、二钙硅石（C_2S）、(低热水泥除外)	缓慢水化的二钙硅石（C_2S）为主
石膏	生产过程中必须添加石膏，而石膏在后期可能会对材料本体产生损害	不添加任何外来物质
强度	高	初始强度较低，最终强度接近低标号水泥

（2）天然水硬石灰的固化机理

纯天然水硬石灰的固化是个复杂过程，归纳起来可分两个阶段：第一阶段为水硬性组分遇水后发生水化反应，形成水化硅酸而凝结，如硅酸二钙（$2CaO \cdot SiO_2$），反应过程如下：

$$2CaO \cdot SiO_2 + nH_2O \xlongequal{} xCaO \cdot SiO_2 \cdot yH_2O + (2-x)Ca(OH)_2 \tag{9.2}$$

第二阶段为消石灰 $Ca(OH)_2$ 的碳化而完全固化，这个反应过程也需要水，大约需要 6 个月甚至数年时间反应才能完全结束。

天然水硬性石灰的完全固化需要 0.5～1 年的时间，甚至更长。28d 的强度只占最终强度的 10%左右，其最终强度一般可以达到 10～20MPa。天然水硬石灰的强度除与石灰类型有关外，也与添加的骨料有关。

固化过程的环境对最终强度也有影响。养护时先干燥，使水硬石灰中的水分扩散出去，而后采取干湿交替的环境，这样有利于天然水硬石灰强度正常增长。完全干燥的环境或完全潮湿的（相对湿度保持在 95%以上）环境都不利于天然水硬石灰强度增加，建议当相对空气湿度低于 50%时，喷水养护。环境温度对天然水硬石灰强度的影响不明显。

9.7.3 其他有机类修复材料

（1）硅酸乙酯水解聚合物

硅酸乙酯是一种广泛使用于文物遗产保护的现代材料，对硅酸盐、炭化物、无机氧化物等物质具有良好的黏合性，能够对石材、砖、生土等建筑材料进行增强和固化。在酸或碱的催化作用下，硅酸乙酯能够与空气中的水蒸气反应，当副产物乙醇挥发掉以后，生成以 Si—O 为主键的硅胶，后者填塞了材料颗粒之间的空隙，使颗粒紧密固结，材料的强度因此得以增强。硅酸乙酯固结增强化学反应为

$$Si(OC_2H_5)_4 + 4H_2O \xlongequal{} SiO_2(aq.) + C_2H_5OH \tag{9.3}$$

同时，生成的胶体二氧化硅还能继续与建筑石灰发生反应，形成类似水泥的钙的硅酸盐水合物，生成以 Si—O 为主键的具有三维立体结构的多聚硅酸等物质，进一步对遗产进行加固。

硅酸乙酯有很好的渗透性，良好的渗透性保证了增强剂能够到达深度病害的基部，生成

和原始材料兼容的无机黏结剂，对材料进行加固，提升材料的强度。反应的副产物乙醇无毒无害，不会引起泛碱和起壳等其他病害。反应生成的胶体二氧化硅抗老化性能好、耐久性好，并耐紫外线、耐风化，经处理后仍然能够为实施其他保护技术提供可能性。正硅酸乙酯在文物保护中的应用有不少成功的案例。例如，在西安大雁塔（青砖）、重庆大足石刻（砂岩）、陕西彬市大佛寺石窟（砂岩）、西安半坡遗址（生土）等全国重点文物的保护工程中，均取得了较好的效果。近来陕西彬市大佛寺的保护、含元殿复原夯土墙的加固、半坡遗址加固等工程中都采用硅酸乙酯为主体的保护剂。

（2）丙烯酸树脂

丙烯酸树脂，是指由丙烯酸酯类、甲基丙烯酸酯类和其他烯类单体共聚制成的一种合成高分子树脂。通过选择不同的配方（包括单体、引发剂、助剂等）、树脂结构、生产工艺和溶剂组成，可以合成不同种类、性能和不同应用场所的丙烯酸树脂。

其主链为C—C键链，是很强的化学键，因而其产品有很强的光、热和化学稳定性。以丙烯酸酯树脂为基本成膜剂而制成的涂料称为丙烯酸酯涂料，主要由丙烯酸酯树脂、溶剂和颜料、填料以及助剂组成。所以丙烯酸酯涂料具有很好的耐候性、耐污染性、耐酸性、耐碱性等，广泛用于外用面漆，例如汽车面漆、建筑外墙涂料、其他外用的工业涂料等。

丙烯酸树脂具有色浅、透明度高、光亮丰满、涂膜坚韧、附着力强、耐腐蚀等特点，是常用的涂层成膜材料。同时，丙烯酸树脂也在一定程度上存在成膜温度高、胶膜硬度低、抗回黏性差、耐水性不好、附着力差等缺点，限制了其在文物保护领域中的应用。因此，需要对其进行改性以便达到与文物更好的相容性。近年来，多种改性丙烯酸树脂和复合丙烯酸树脂也得到较好的应用。

9.8 自修复材料

传统裂缝修复方式主要是后期人工修复，如表面修补法、压力灌浆法、结构补强法和混凝土置换法等，不仅耗时耗力，而且部分微细裂缝以及复杂结构裂缝由于检测困难而无法及时修复。因此，开发具备裂缝及时自感知和自修复功能的智能混凝土材料对延长混凝土结构服役寿命具有重要意义，并且符合现代社会对土木工程材料和结构智能化的要求。

实际上，混凝土在自然环境中本身就具备一定的自修复能力，这种依靠自身作用形成的自修复被称为自然自修复或本征自修复。混凝土本征自修复的主要机理是裂缝中未水化水泥颗粒的继续水化以及$Ca(OH)_2$的碳化作用，分别生成水化硅酸钙凝胶和$CaCO_3$沉淀修复产物。此外，裂缝中水泥水化产物的膨胀、$Ca(OH)_2$晶体的再结晶、水中杂质及混凝土裂缝边缘松散颗粒的沉积也有助于裂缝的自修复。然而，混凝土本征自修复能力比较微弱，无法满足实际工程需要。受自然界有机生命体损伤后所展现的天然自修复能力的启发，近年来研究者提出了多种改善混凝土裂缝自修复能力的仿生技术，相应开发了系列新型自修复材料。这些自修复材料在混凝土拌合成型的过程中引入基体，当混凝土出现裂缝时，预埋的自修复材料通过化学、生物学以及物理学原理的单一或者共同作用，原位实现裂缝的高效自修复。

9.8.1　基于黏结剂的自修复材料

基于黏结剂的自修复材料体系是将液体黏结剂组分封装后预先埋入混凝土基体中，当混凝土开裂触发封装载体破裂时，释放出黏结剂组分，在毛细管力或重力作用下自动流入裂缝，固化后填充裂缝并将裂缝断面黏结起来，实现自修复。采用的黏结剂组分需要满足黏结强度高、固化条件简单、黏度较小、流动性好、化学稳定性好、成本低以及环境友好等要求。黏结剂通过与事先均匀分散在混凝土基体中的固化剂接触而固化，也可以与空气接触而发生自固化，或者与混凝土基体直接反应而发生固化。封装黏结剂的载体种类主要为微胶囊或中空玻璃管。无论是采用微胶囊或中空玻璃管作为封装载体，都需要对封装载体的材料种类及几何参数进行合理选择和设计，以保证其在搅拌成型过程中不被破坏，而当基体材料产生裂缝时，可以有效破裂而释放出足够的修复剂。

基于黏结剂的自修复材料的裂缝修复效果受黏结剂的种类、封装技术、封装载体掺量以及封装载体与混凝土基体材料的匹配性等因素的影响。设计合理时，裂缝修复后混凝土力学性能恢复效果较好，但是，仍然存在一定的局限性，如封装载体搅拌易破裂，无法实现裂缝二次修复，有机高分子修复材料易老化、不够环保等。

9.8.2　基于微生物矿化的自修复材料

微生物诱导碳酸钙沉积（MICP）是一种普遍的自然现象，即特定微生物可以根据自身生命活动形成 $CaCO_3$ 矿化沉淀，近年来被创新性地用于混凝土裂缝自修复。基于微生物矿化的自修复材料体系是将具有矿化能力的耐碱微生物、营养物以及特定矿化前体物质在拌合时预先埋入混凝土中，一旦混凝土开裂，水分及氧气的进入激活休眠的微生物，经过一系列生物化学反应，将混凝土中预埋的矿化前体物质代谢转化为碳酸钙矿化沉淀，填充裂缝从而实现自修复。基于微生物矿化的自修复技术由于环境友好性和自修复潜力，近年来受到广泛关注。

目前，国内外研究者已经选育出了多种混凝土裂缝自修复用微生物，比较典型的有脲酶菌和耐碱芽孢杆菌。这两种微生物诱导碳酸钙沉积的途径不同。脲酶菌是通过将尿素水解为碳酸根离子和铵根离子，然后碳酸根离子与周围溶液中的钙离子反应生成碳酸钙沉淀。该途径最大的特点就是尿素水解易于控制且生成碳酸钙的效率高，不足之处就是会产生氨气，造成环境污染。耐碱芽孢杆菌是利用有氧呼吸作用代谢分解有机酸钙，形成碳酸钙沉淀和二氧化碳，在混凝土裂缝环境中，二氧化碳继续与氢氧化钙反应生成额外的碳酸钙沉淀。这种途径最大的好处就是没有有害副产物的产生，不足之处就是碳酸钙的沉积速率相对较慢。在上述两种途径中，细菌同时为碳酸钙的沉积提供了成核位点。尽管所选育的混凝土裂缝自修复用微生物已经具备较强的耐碱能力，但直接添加时仍然无法抵抗混凝土内部高碱性且物理空间受限的苛刻条件，需要进行载体保护。所采用的载体不仅要有较好的微生物保护效果，还需要与混凝土具有良好的相容性，不能对混凝土工作性能、力学性能及耐久性能等产生较大的负面影响，且载体的制备及微生物负载过程应经济环保。微生物矿化自修复材料的裂缝修复效果受到养护方式、裂缝宽度、开裂时间等多种因素的影响。其主要的评价手段包括基于裂缝几何尺寸变化的直观评价方法（如裂缝长度、宽度及面积修复率）、基于抗渗性能恢复的评价方法（如抗水渗透、抗氯离子渗透及抗气体渗透）以及基于力学性能恢复的评价方法

（如强度恢复率、动弹性模量恢复率）。基于微生物矿化的混凝土裂缝自修复需要水的参与，比较适用于水工混凝土结构。

9.8.3 基于活性矿物的自修复材料

基于活性矿物的自修复材料体系是在混凝土中预先添加特定活性矿物组分，当混凝土开裂时，新鲜裂缝断面中未反应的活性矿物组分可以与渗入裂缝的水、水中携带的离子以及混凝土基体中溶出的离子发生反应，生成产物而填充裂缝。常用的活性矿物组分包括硫铝酸盐类膨胀剂、氧化钙类膨胀剂、氧化镁膨胀剂、活性二氧化硅、碳酸盐（$NaHCO_3$、Na_2CO_3、Li_2CO_3 等）、渗透结晶材料、岩土材料（蒙脱石、长石和石英）等。

活性矿物自修复材料主要通过化学膨胀反应、结晶产物形成以及吸水肿胀作用等来有效促进裂缝自修复。例如，氧化镁在裂缝中与水反应产生氢氧化镁，体积发生膨胀，有助于裂缝的自修复。此外，水分与二氧化碳通过裂缝进入混凝土内部后，与氧化镁及水化产物反应，生成稳定的钙、镁、铝复合型产物填充在裂缝中，达到自修复的效果。活性二氧化硅可以和混凝土基体中溶出的氢氧化钙反应生成 C-S-H 凝胶来修复裂缝。碳酸盐可以与混凝土基体中溶出钙离子反应生成碳酸钙，促进裂缝自修复。渗透结晶材料可以通过沉淀反应结晶机理或者络合—沉淀反应机理促进结晶产物在裂缝中形成，以此来提升裂缝自修复效果。此外，某些岩土材料在湿润的条件下可以吸收远大于自身质量水，从而在修复过程中通过吸水产生的物理性“肿胀”来促进裂缝愈合。活性矿物自修复材料本身大都与混凝土具有较好的相容性，直接添加时对混凝土性能的影响一般较小。但是，部分活性矿物自修复材料如果没有封装就直接添加到混凝土中，会在拌合过程中就与混凝土组分发生反应而提前消耗，影响后期自修复功能的发挥。因此，有必要对这部分活性矿物自修复材料包覆封装之后再加入混凝土中。

9.8.4 其他自修复材料

（1）形状记忆合金或聚合物自修复

形状记忆合金或聚合物自修复是将形状记忆合金或形状记忆聚合物材料埋入混凝土受拉区，当混凝土结构出现一定程度的裂缝破坏时，对形状记忆合金或形状记忆聚合物材料施加激励（如加热），在材料自身特性的作用下形状记忆合金或形状记忆聚合物材料会产生收缩力，从而通过物理的方式使得裂缝宽度渐渐减小甚至闭合。形状记忆合金或形状记忆聚合物可以有效实现裂缝闭合，但是目前价格较高，影响了其在实际工程中的应用。

作为一种能对外界环境变化做出相应“反应”的材料，形状记忆合金的特性与应用详见第 12 章。

（2）工程水泥基复合材料自修复

工程水泥基复合材料（ECC）是一类具有极高拉伸应变能力的新型纤维增强复合材料。超高韧性和独特的开裂模式是 ECC 材料的典型特征。ECC 材料在承受直接拉伸荷载时，试件中形成的是均匀分布的多条细密裂缝。ECC 材料这种对裂缝的自控能力为裂缝的自修复提供了有利条件。依靠水泥基材料本身所具备的自修复能力，可形成 C-S-H 凝胶及碳酸钙晶体等修复产物，实现微细裂缝自修复。此外，ECC 材料中的纤维具有亲水特性（如聚乙烯醇纤维），可以为裂缝处自愈合产物的生成提供成核位点，促进自愈产物的形成与生长。ECC材料的自修复效果除了受裂缝宽度和养护修复条件影响外，其组成材料中的辅助胶凝材料（SCM）也对自修复能力有很大影响。

（3）电化学沉积自修复

电化学沉积自修复技术主要用于水工混凝土裂缝的修复。其工作原理是以混凝土结构中的钢筋为阴极，同时在混凝土周围水环境中设置阳极，两者之间施加电流，在电位差的作用下正负离子分别向两极移动，并发生一系列的反应，最后在混凝土结构表面生成一层沉积物（碳酸钙、氢氧化镁、氧化锌等），修复混凝土表面裂缝，降低混凝土渗透性，提高混凝土耐久性能。电化学沉积修复混凝土裂缝的效果受电沉积溶液条件、电流密度、电极种类以及混凝土本身参数等因素的影响。

思考题

1.磷酸盐水泥基修补材料的特点是什么？

2.请阐述聚合物水泥基材料水化和微结构形成的过程。

3.比较不同的浸渍压力对混凝土浸渍效果的影响。

4.纤维增强复合材料的分类有哪几种？分别是什么？

5.纤维增强复合材料与基体的黏结性能的影响因素有哪些？

6.简述化学灌浆材料的作用机理。

7.请根据形状记忆合金材料特性，谈谈其在土木工程领域可能的应用场景。

8.请阐述钢筋锈蚀加固与修复的常见方法和特点。

9.请思考在选择牺牲阳极材料时应考虑哪些主要性能？

10.与水泥相比，石灰类材料在古建修复中有哪些优点？

11.简述气硬性石灰与水硬性石灰的区别。

12.简述混凝土本征自修复机理。

13.简述基于微生物矿化的自修复材料作用机理。

参考文献

[1] 李惠强．建筑结构诊断鉴定与加固修复［M］．武汉：华中科技大学出版社，2002.

[2] 许本东．既有建筑物结构检测鉴定技术及加固措施研究［D］．成都：西南交通大学，2005.

[3] 冯硕．水泥基修复材料及其与老混凝土界面性能研究［D］．哈尔滨：哈尔滨工业大学，2019.

[4] 李娟．高贝利特硫铝酸盐水泥的研究［D］．武汉：武汉理工大学，2013.

[5] 何立斌．寒冷地区硫铝酸盐基水泥混凝土路面修补材料及性能研究［D］．哈尔滨：哈尔滨工业大学，2016.

[6] 洪鑫．聚乙烯纤维硫铝酸盐水泥复合材料及其修复混凝土的研究［D］．深圳：深圳大学，2019.

[7] 宋阳. 水性环氧基聚合物混凝土的基本力学性能试验研究 [D]. 长春：吉林大学，2019.

[8] Ю. С. 契尔金斯基. 聚合物水泥混凝土 [M]. 北京：中国建筑工业出版社，1987.

[9] 戴海旭. 真空浸渍混凝土修补加固技术研究 [D]. 北京：中国水利水电科学研究院，2012.

[10] 徐峰，刘林军. 聚合物水泥基建材与应用 [M]. 北京：中国建筑工业出版社，2010.

[11] 刘芝敏. 聚合物改性水泥混凝土/砂浆在海洋工程防腐与修复中的应用研究 [D]. 济南：山东交通学院，2019.

[12] 徐峰，刘林军. 聚合物水泥基建材与应用 [M]. 北京：中国建筑工业出版社，2010.

[13] 李炜. 水泥—乳化沥青交互作用及其机理研究 [D]. 南京：东南大学，2018.

[14] 毛子铭. 阳离子乳化沥青对水泥浆体微结构、力学及耐久性能的影响 [D]. 扬州：扬州大学，2020.

[15] 代前前. GFRP 筋与混凝土粘结性能试验研究 [D]. 大连：大连理工大学，2017.

[16] 李秋香. GFRP 与 FRCC 粘结-滑移分析及其非局部性能研究 [D]. 南昌：南昌大学，2020.

[17] 冯鹏，陆新征，叶列平. 纤维增强复合材料建设工程应用技术：试验，理论与方法 [M]. 北京：中国建筑工业出版社，2011.

[18] Teng JG, Chen JF, Smith ST, Lam L. FRP-strengthened RC structures [M]. John Wiley & Sons; 2002.

[19] Horiguchi T. Effect of test methods and quality of concrete on bond strength of CFRP sheet [C]; proceedings of the Non-Metalic (FRP) Reinforcement for Concrete Structures, Proc of the Third International Symposium, F, 1997.

[20] FISHER J W, KAUFMANN E J, WRIGHT W, et al. Hoan bridge forensic investigation failure analysis final report [R]. Madison: Wisconsin Department of Transportation and the Federal Highway Administration, 2001.

[21] OCEL J M, DEXTER R J, HAJJAR J F. Fatigue-Resistant design for overhead signs, aast-arm signal poles, and lighting standards [R]. St. Paul: Minnesota Department of Transportation, 2006.

[22] BAKER A A, ROSE L R F, JONES R. Advances in the bonded composite repair of metallic aircraft structures [M]. Amsterdam: Elsevier, 2003.

[23] 张宁，岳清瑞，杨勇新，等. 碳纤维布加固钢结构疲劳试验研究 [J]. 工业建筑，2004，34(4)：19-21.

[24] SUZUKI H. Experimental study on repair of cracked steel member by CFRP strip and stop hole: ECCM 11: proceedings of the 11th European conference on composites materials, Rhodes, May 31-June 3, 2004 [C].

[25] 谈笑. FRP/SMA 复合材料的基本力学与可回复性能研究 [D]. 南京：东南大学，2019.

[26] 戴仕炳，钟燕，胡战勇. 灰作十问：建成遗产保护石灰技术 [M]. 上海：同济大学出版社，2016.

[27] 戴仕炳，胡战勇，李晓. 灰作六艺：传统建筑石灰知识与技术体系 [M]. 上海：同济大学出版社，2021.

[28] 方小牛，唐雅欣，陈琳，等. 生土类建筑保护技术与策略：以井冈山刘氏房祠保护与修缮为例 [M]. 上海：同济大学出版社，2018.

[29] 张云升. 中国古代灰浆科学化研究 [M]. 南京：东南大学出版社，2015.

[30] 张秉坚，方世强，李佳佳. 中国传统复合灰浆 [M]. 北京：中国建材工业出版社，2020.

[31] 钱春香，王瑞兴，詹其伟. 微生物矿化的工程应用基础 [M]. 北京：科学出版社，2015.

[32] 蒋正武. 水泥基自修复材料：理论与方法 [M]. 上海：同济大学出版社，2018.

第10章

防护材料

本章学习目标：

1. 了解耐腐蚀混凝土的分类，掌握常用有机、无机耐腐蚀混凝土的性能特点、施工要点以及成分组成。

2. 掌握常用渗透性防腐涂料优点与分类，掌握表面成膜型涂料和孔隙封闭型涂料的工作机理。

3. 熟悉常用表面防碳化材料以及其他新型防碳化材料。

4. 掌握常用防腐胶泥的性能特点，熟悉其使用要点。

10.1 概述

混凝土是一种多微孔、非均质性的结构材料，腐蚀介质从孔隙渗透是侵蚀的主要原因。实现耐腐蚀的出发点是最大限度地保证混凝土自身密实完好，保持高碱度和防止有害离子入侵的基本措施就是提高混凝土自身的防护能力，包括选择良质水泥、增加水泥用量，降低水灰比，使用优良外加剂、掺和料，增加混凝土保护层厚度，表面增设耐蚀层如做玻璃钢或涂刷氯磺化聚乙烯涂料等；预埋穿墙套管，避免破坏建筑物的整体性，不随意开口；严格控制设备、管道“跑、冒、滴、漏”现象。

但是即使原材料和配合比控制合理、施工得当，钢筋混凝土结构仍有可能因开裂、碳化等造成破坏，特别是在一些重要工程中，往往需要专门的防护材料和技术。

（1）耐腐蚀混凝土

耐腐蚀混凝土是由耐腐蚀胶结剂、硬化剂，耐腐蚀粉料，粗、细骨料及外加剂按一定的比例组成，经过搅拌、成型和养护后可直接使用的耐腐蚀材料。

耐腐蚀胶结剂是耐腐蚀混凝土最重要的组成部分，它的作用不仅是把散状的耐腐蚀粉料和粗细骨料胶凝和结合在一起，形成具有一定性能的整体，而且胶结剂的性质和耐腐蚀的优劣往往决定着耐腐蚀混凝土的性能和耐腐蚀程度。胶结剂品种很多，性能差异也比较大，既有廉价的，也有比较昂贵的。因此，耐腐蚀胶结剂的选择，一般应根据耐腐蚀构筑物或建筑物的耐腐蚀要求、规格大小、使用温度和施工方法而定。

耐腐蚀粗、细骨料是耐腐蚀混凝土的骨架，是耐腐蚀混凝土相当重要的组成部分，它的物理和化学性质对耐腐蚀混凝土的最终质量起着仅次于胶结剂的重要作用。耐腐蚀混凝土是一种非匀质的多相材料，它的宏观性能必然受到弹性模量有显著差异的各组分的影响，也一定被凝胶结构和凝胶与骨料的界面结构这两种截然不同的结构制约。

（2）防护涂层

涂料作为最简单和经济的防腐手段已有数千年的历史，我国古代就有用生漆保护建筑的习惯。在已出土的古代文物中，两千多年前我们的祖先就用生漆对各种木器进行防腐和装饰，已经达到很高的水平。但当时防腐的对象主要是木材，防腐涂料也仅仅为几种天然树脂和油料混合而成，性能受到很大的限制。

防腐涂料是一种能够避免酸、碱以及各种有腐蚀性的介质对材料腐蚀的涂料。其具有涂层维修方便、耐久性好、能在常温下固化成膜等优点。

涂料的品种繁多，用途广泛。首先，涂敷于材料表面可以保护其不受环境的腐蚀，同时具有美观、伪装的功能；其次，涂敷工艺施工简单，适应性广，不受材料的面积、形状的影响，重涂和修复方便；再次，涂料防腐与其他防腐措施易于联合使用。大量实践证明，涂料涂层防腐是最经济有效以及应用最为普遍的方法。

目前，国外应用于混凝土及钢筋混凝土结构的防碳化的产品较多，应用广泛，对碳化、腐蚀、老化混凝土进行修复补强应用较广。近十年来，因建筑市场需要，我国国内也研发生产了多种同类产品。

（3）防腐胶泥

在工业设备以及建筑行业防腐蚀措施中，防腐胶泥是重要的防腐材料之一，常被用于黏结石材、石墨制品以及用来抹平缝隙等。常见有机胶泥的主要特点是固化后可以被裂解或燃烧碳化，耐温一般不超过四五百摄氏度。有机胶泥可以是刚性硬质的，也可以是软质弹性的。常见有机胶泥包括呋喃树脂胶泥、环氧树脂胶泥、酚醛树脂胶泥、聚酯树脂胶泥、沥青胶泥等。常见无机胶泥的主要特点是硬化后不能被炭化，不能被燃烧。耐温可以达到500～2000℃以上，无机胶泥硬化后几乎都是刚性硬质的。常见的无机胶泥包括硅酸盐胶泥、水玻璃胶泥、硫磺胶泥等。国内外许多学者也采用复合的方法制备复合胶泥，例如防腐型鳞片胶泥。依据胶泥的功能性，胶泥还可分为导热胶泥、导电胶泥、绝缘胶泥、隔热胶泥、修补胶泥、填缝胶泥、黏合固定用胶泥、减震胶泥、消声胶泥等。一般胶泥生产厂家可以根据需要配制具备不同功能的胶泥。

10.2 耐腐蚀混凝土

10.2.1 有机胶凝材料类

有机胶凝材料混凝土是指以天然或人工合成高分子有机化合物为胶凝材料的混凝土。最常用的有机胶凝材料混凝土包括沥青混凝土、树脂混凝土和橡胶混凝土等。

10.2.1.1 沥青混凝土

沥青混凝土俗称沥青砼，是人工选配具有一定级配组成的矿料，碎石或轧碎砾石、石屑或砂、矿粉等，与一定比例的路用沥青材料，在严格控制条件下拌制而成的混合料。

沥青混凝土按所用结合料不同，可分为石油沥青的和煤沥青的两大类；有些国家或地区亦有采用或掺用天然沥青拌制的。建筑防腐工程常用沥青是石油沥青。煤沥青因柔韧性差、耐热性不好和毒性大，一般不采用。石油沥青按用途可分为道路石油沥青、建筑石油沥青以及防水防潮石油沥青。

（1）沥青混凝土的主要性能

沥青在高温下的性质接近于液体，而在低温下具有固体的性质。因此，可以用流变学的方法来研究这种具有液体和固体两种性质的物质。

压实和沥青用量是防腐蚀工程中影响沥青混凝土质量的主要因素。压实过程实质是在机械力作用下混合料中矿物颗粒相互靠近，孔隙率随着下降。同时挤出了部分被封闭的空气，使自由沥青和矿物颗粒发生相对移动，达到最佳位置。施工压力大，沥青用量可适当减少；沥青用量增加，施工压力则可适当降低。需要顾及工程实际情况才能取得良好的压实效果，耐腐蚀性和抗渗性才有保障。

（2）沥青混凝土的施工

防腐蚀工程中使用的沥青混合料以沥青砂浆居多，且多用于楼、地面面层。施工工序一般包括施工准备、沥青砂浆调制、摊铺和压实等。

1）施工准备

准备好铺筑必要器具，明确施工计划，用扫帚等工具清扫基层表面，要达到干燥、清洁，无松散石料、灰尘与杂质。

2）沥青砂浆调制

先将石英砂和石英粉干燥并加热至140～160℃；接着将沥青碎成8～10cm的小块，在不超过220℃的温度下溶化脱水；最后将预热后的骨料和沥青按一定的重量比在140～160℃下搅拌均匀，即得沥青砂浆混合料。

3）摊铺和压实

摊铺沥青砂浆时，先用高度为虚铺厚度的木条将地面隔成宽不大于2m的条形，再将调制好的拌合物摊铺上并随即刮平。铺完一定面积后，即可进行压实。虚铺厚度一般为压实厚度的1.1～1.2倍。

10.2.1.2 树脂混凝土

树脂混凝土是指胶结材料只使用液态树脂时的高强、多功能的建筑材料。使用不同的树脂和骨料，可制得不同性能的树脂混凝土。本节所述的树脂混凝土均以液态树脂为胶结料，与耐酸的粗、细骨料（如石英石、石英砂等）和耐酸粉料（石英粉、辉氯岩粉）等配制而成。

(1) 树脂混凝土的性能和使用要求

研究和使用证明，树脂混凝土的主要特点如下：

① 强度高，抗压强度可达80～100MPa，抗拉强度可达8～10MPa；

② 密实度高，几乎不吸水；

③ 耐磨性高，抗冲击性好；

④ 绝缘性能好；

⑤ 化学稳定性好。

防腐蚀用的树脂混凝土的胶结材料主要包括不饱和聚酯树脂、环氧树脂、呋喃树脂及环氧焦油树脂等。其中，以不饱和聚酯树脂使用量居多。

选择胶结材料时，应考虑以下几点：

① 在满足使用要求的前提下，尽可能采用价格低的树脂；

② 黏度要低并容易调整，便于同骨料混合；

③ 当掺入的硬化剂、促进剂、溶剂蒸发与空气中水分反应时，不论加热与否均能硬化成固体；

④ 硬化时间可随意调节，硬化过程中不得产生有害物质；现场的温度和湿度对硬化过程的影响要小，而且硬化收缩率要小；

⑤ 与骨料的黏结力要好；

⑥ 要有良好的耐水性和化学稳定性；

⑦ 耐候性、耐老化性要好，并有一定的耐热性，且不易燃烧。

粉料和骨料对树脂混凝土的性能有很大的影响，使用时应满足以下要求：

① 耐酸度应符合现行的规范规定；

② 要干燥，含水量不应大于0.1%；

③ 不含与树脂发生反应的杂质和不耐酸的有害物质；

④ 表面的吸附性能小，以减少树脂用量；

⑤ 粉料要有一定的细度，骨料要有一定的级配；

⑥ 骨料的强度较高。

树脂本身不会硬化，因此在制造树脂混凝土时，还需掺加适当的硬化剂。树脂品种不同，对应的硬化剂亦不同，即使同一品种的树脂，硬化剂也多种多样。选用时应根据制成品的使用要求及硬化剂的性质区别对待。

有的树脂常温时黏度较大，不能满足工艺要求，所以使用时常需添加稀释剂，以降低黏度，满足工艺的要求。常被使用的稀释剂有丙酮、乙醇和二甲苯等。

不论采用何种树脂，树脂混凝土的硬化过程都是放热反应过程，放热峰值都比较高（树脂浇注体）。树脂混凝土的硬化大体上可以分为三个阶段，如图10.1所示。

Ⅰ阶段为工作阶段，是指加入硬化剂以后的最初30min左右。该阶段的基本特征是树脂的硬化反应刚刚开始，混合物的温度变化不大，树脂混凝土未凝固，有一定的可塑性。此时基本上没有收缩，也无危害，不会引起内应力和开裂现象。

Ⅱ阶段为结构硬化阶段。该阶段视树脂的不同而有所差别，通常为0.5～48h。加热时可缩短

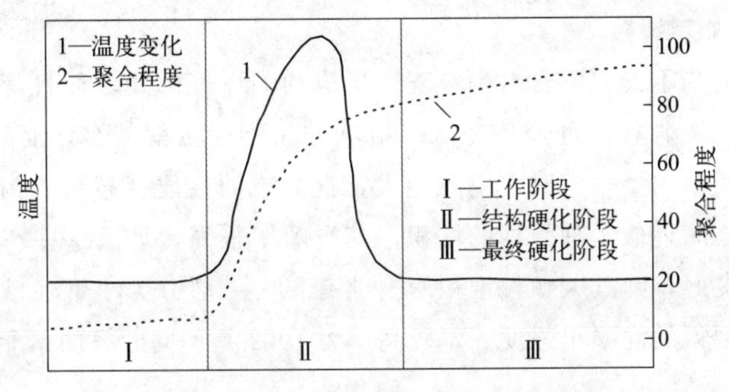

图 10.1　树脂混凝土的硬化过程

到几小时。该阶段内树脂混凝土逐渐硬化，并有明显放热特征，产生大量热，因而混凝土的温度升高。此阶段收缩增长很快，也较大，产生较大的内应力，引起材料的弹性结构局部松弛。

Ⅲ阶段为最终硬化阶段。这一阶段约为一昼夜到 14d 以上。此时材料有较高的硬度和一定的脆性，此阶段收缩不一定很大，但对结构产生裂缝的危害却较大。

（2）配合比设计及影响因素

1）配合比的设计

树脂混凝土的配合比是一个重要的参数，它是制取技术性能较佳（如强度、密实度、收缩和安定性等）的树脂混凝土和最大限度降低树脂混凝土的成本（主要是尽可能地减少树脂用量）的关键。配合比的设计大致可分为以下三个步骤。

Ⅰ）确定树脂与硬化剂的适当比例，以便得到适宜的使用期（按需要控制硬化时间），并使硬化后的聚合物具有良好的技术性能。

Ⅱ）按最大密实体积法选取骨料（粉、砂、石）最佳级配。骨料级配可以采用连续级配或间断级配。

Ⅲ）用最密实级配骨料与树脂（包括硬化剂）搅拌配制混凝土。根据拌合物的施工工艺性能（如和易性、材料是否离析等）和硬化后树脂混凝土的技术性能，确定树脂用量。表 10.1 是各种树脂混凝土的配合比示例。

表 10.1　各种树脂混凝土的配合比

材料名称		树脂混凝土的种类和质量配合比		
		环氧混凝土	聚酯混凝土	呋喃混凝土
胶结料	液体树脂	环氧树脂（含硬化剂）	不饱和聚酯	呋喃液
		12	10	12
	粉料	铸石粉	铸石粉	呋喃粉
		15	14	32
骨料粒径/mm	石英砂（＜1.2）	18	20	12
	石英石（5～10）	20	20	13
	石英石（10～20）	35	38	31
其他材料		增韧剂适量	引发剂适量	—
		稀释剂适量	促发剂适量	

2）骨料级配的影响

在混凝土中，树脂不仅包围骨料颗粒表面形成均匀厚度的膜，而且骨料颗粒之间的空隙要由树脂与粉料填充。骨料之间空隙越大，所需的树脂用量就越多，混凝土的成本就越高，性能也不理想。当树脂用量一定时，空隙越大，混凝土的性能就越差。例如，在完全级配的情况下，骨料颗粒之间近似于理想球的堆积，其空隙率很高，填满这些空隙所需的树脂量相当大，若骨料级配良好，则其大颗粒堆积的空隙有很大一部分为小颗粒砂和粉料所填充，树脂用量大大减少，制得的混凝土强度一定较高。表 10.2 是不同砂率的聚酯混凝土强度。

表 10.2　不同砂率的聚酯混凝土强度

砂率/%	骨料容重/(kg/L)		混凝土强度/MPa
	松散	密实	
30	1.66	1.84	40
35	1.68	1.84	46
40	1.70	1.92	50
45	1.73	1.94	63

3）骨料种类的影响

不同骨料的聚酯混凝土强度见表 10.3。由表中结果可以看出，骨料种类对聚酯混凝土强度有一定的影响，其中以河砂、卵石配得的混凝土强度最高，原因是河砂、卵石均系天然石料，表面圆滑无尖锐棱角，因而与树脂的黏结效果好，粉料也以辉绿岩粉为优。

表 10.3　不同骨料的聚酯混凝土强度

骨料品种	混凝土强度/MPa
辉绿岩粉、石英砂、石英石	92
石英粉、石英砂、石英石	79
辉绿岩粉、河砂、卵石	102
石英粉、河砂、卵石	96

4）骨料含水量的影响

骨料（包括粉料）含水量是一个重要问题，它对树脂混凝土的影响很大，但往往不被重视，对骨料许可含水量的规定缺乏必要的试验数据和统一的尺度。试验表明，树脂混凝土（包括胶泥）强度随骨料（粉料）含水量的增加而显著下降。强度下降的主要原因是骨料（粉料）表面极易被水浸润，形成不同程度的水膜，从而严重地影响骨料（粉料）与树脂之间的吸附效应和黏结效果，而且填料中含有水分能造成树脂不完全交联，甚至使其聚合反应终止，最后导致混凝土（胶泥）的强度显著下降。

树脂混凝土是一种新型的高效多功能材料，即便它目前成本较高，但由于它具有高强、高抗渗、耐腐蚀、耐磨耗，电绝缘和快硬等优点，因此在建筑工程、水利工程、道路工程等领域仍有广阔的应用前景。在某些特殊工程如防腐蚀工程等中的使用，还有十分显著的技术经济效果，是目前国内外防腐蚀工程中使用效果较好的主要材料之一。

树脂混凝土有良好的耐腐蚀性能，可以耐大多数的酸、碱、盐及有机溶剂、石油制品等介质的腐蚀，所以几乎对冶金、化工、石油、电子、机械、兵器、纺织等行业常用的生产介质都有相当良好的耐蚀能力，有广泛的适用性。近年来，树脂混凝土的品种不断增多，性能逐步完善，施工方法日臻成熟，使用范围逐步扩大，特别是近年来高韧性、低收缩的树脂品种不断涌现，使树脂混凝土的性能有了进一步的提高和改进，因而使用范围进一步扩大，使用效果更加良好。到目前为止，树脂混凝土已经在防腐蚀整体地面、设备沟槽等工程中得到广泛的应用，一般均获得了良好的使用效果。

10.2.2 无机胶凝材料类

10.2.2.1 水玻璃耐酸混凝土

水玻璃耐酸混凝土是由水玻璃、硬化剂、耐酸粉料和粗、细骨料以及外加剂配制而成的耐酸材料。水玻璃耐酸混凝土是无机质的化学反应型胶混凝材料，具有良好的耐腐蚀性能和耐热性能。除热磷酸、氢氟酸、高级脂肪酸外，水玻璃耐酸混凝土对大多数无机酸、有机酸、酸性气体均有良好的耐腐蚀能力，尤其是对强氧化性酸，以及高浓度的硫酸、硝酸、铬酸的腐蚀，有足够的抵抗能力。水玻璃耐酸混凝土还具有良好的耐热性能，当使用耐热性能好的骨料时，使用温度可达1000℃以上。因此，水玻璃耐酸混凝土不仅可广泛用于常温的防腐蚀工程，亦可用于耐热耐酸工程。

（1）水玻璃耐酸混凝土的分类

水玻璃耐酸混凝土按所用的水玻璃的品种和耐酸粉料的不同，可以按以下几种方法分类：按水玻璃品种分类有钠水玻璃和钾水玻璃两种。凡用钠水玻璃调制的混凝土称为钠水玻璃耐酸混凝土。当用钾水玻璃时，则称为钾水玻璃耐酸混凝土。我国钾水玻璃生产量少，故工程上使用的仍以钠水玻璃耐酸混凝土为主。按耐酸粉料分类：水玻璃耐酸混凝土采用的耐酸粉料主要包括石英粉、安山岩粉、辉绿岩铸石粉等。当使用石英粉或耐酸瓷粉时，称为硅质耐酸混凝土；当使用安山岩粉时，称为安山岩耐酸混凝土；当使用铸石粉时，则称为辉绿岩耐酸混凝土。现在工程上所用的水玻璃耐酸混凝土大多采用铸石粉，石英粉等已很少被采用。

（2）水玻璃混凝土的性能

水玻璃耐酸混凝土具有良好的物理力学性能，抗压强度可达20～30MPa。因此，对大多数的耐酸工程均能满足要求。此外，其与钢筋之间的黏结亦较理想，所以除可制作无筋的耐酸混凝土外，还可作配筋耐酸混凝土承重结构。

水玻璃耐酸混凝土资源广泛，价格便宜，而且施工工艺简单，常用的普通混凝土施工设备就可满足要求，所以水玻璃耐酸混凝土在冶金、化工、石油、轻工等行业的防腐蚀工程中得到广泛使用。这种混凝土的主要缺点是孔隙大、密实性差，所以酸液与其接触后容易渗透。渗入混凝土中的酸液能与水玻璃反应生成硫酸盐，在干湿交替条件下，硫酸盐会结晶膨胀产生很大的结晶应力，从而使混凝土表面疏松、剥落，进而失去强度。因此，这种混凝土对金属盐的耐蚀能力较差，这就严重地影响了该混凝土的应用范围和使用效果。

（3）水玻璃耐酸混凝土的组成

水玻璃耐酸混凝土的原材料主要包括水玻璃、氟硅酸钠、耐酸骨料和粉料及外加剂等。

原材料的性质不同，耐酸混凝土的性能和使用范围也各不相同。因此，为了正确地合理地使用耐酸混凝土，就必须了解主要原材料的性质。

1）水玻璃

水玻璃是耐酸混凝土的黏结剂。水玻璃俗称泡花碱，是碱金属硅酸盐的玻璃状熔合物，呈绿色或黄色，并带有介于这两种颜色的各种色泽。根据碱金属氧化物种类的不同，可分为钠水玻璃、钾水玻璃和钾钠水玻璃。

2）耐酸骨料

耐酸骨料是耐酸混凝土的主要骨架，它直接影响耐酸混凝土的物理化学性能。耐酸骨料有粗细之分，颗粒直径大于5mm的称为粗骨料，颗粒直径小于5mm的称为细骨料。耐酸骨料的理想级配是粗骨料所造成的空隙应为细骨料所填满，达到最紧密的堆积，使耐酸混凝土获得较佳的性能。耐酸骨料的颗粒级配应符合普通混凝土的砂石标准级配曲线，见表10.4和表10.5。

表10.4 砂子粒度组成

筛孔尺寸/mm	0.15	0.3	1.2	2.5	5
筛余量/%	90～100	70～95	20～55	10～35	0～10

表10.5 石子粒度组成

筛孔尺寸/mm	5	10	20～25
筛余量/%	90～100	30～60	0～5

3）化学外加剂

现有研究已经证明，在水玻璃中掺入各种外加剂可以明显改善水玻璃耐酸混凝土的理化性能，特别是密实度和抗酸渗透性能。用于水玻璃耐酸混凝土的外加剂，应该符合以下要求：

① 外加剂应该是溶于水或者在强烈搅拌下能均匀分散于水玻璃溶液中的物质；

② 外加剂不会产生水玻璃溶液的凝聚、离析现象；

③ 外加剂应有一定的耐腐蚀性或遇酸后能够聚合成固体。

水玻璃耐酸混凝土有较高的机械强度和良好的耐酸安定性以及优异的耐热性。在正常的养护条件下，水玻璃耐酸混凝土的早期强度增长很快，3d龄期强度可达28d强度的80%，7d龄期强度达到28d强度的90%，而4个月的龄期强度与28d强度持平。早期强度高是这种混凝土的特点之一。

水玻璃耐酸混凝土的抗压强度一般为20～40MPa，抗拉强度为2.4～4.0MPa。其中以耐火黏土砖为骨料的混凝土强度最高，见表10.6。这是由于该骨料表面粗糙多孔，比表面积大，水玻璃吸附性比较好，因此硅酸凝胶与骨料的黏结力比较强。

表10.6 不同骨料的水玻璃耐酸混凝土强度

骨料名称	每立方米材料用量/kg					抗压强度/MPa
	水玻璃	氟硅酸钠	粉料	砂子	碎石	
石英石	250	37.5	458	688	917	25
花岗石	280	42	451	676	901	27

续表

骨料名称	每立方米材料用量/kg					抗压强度/MPa
	水玻璃	氟硅酸钠	粉料	砂子	碎石	
安山石	280	42	451	676	901	21
辉绿岩	300	45	446	668	891	20
耐火黏土砖	300	45	401	602	802	39
河卵石	240	36	461	692	921	21

水玻璃耐酸混凝土除了要满足强度和施工和易性的要求外，主要应该保证其有良好的耐酸、耐水安定性，不能单纯追求混凝土的高强度指标或和易性要求。例如，当水玻璃用量偏低或比重过大时，混凝土的强度就高，但密实度下降，耐酸、耐水稳定性和抗渗透能力就差，这样的配合比很难保证耐酸混凝土有较高的耐酸、耐水稳定性。另外，任意增加水玻璃用量或降低水玻璃比重，虽能改善混凝土的和易性和施工条件，但很难保证混凝土有良好的耐腐蚀性能。所以水玻璃耐酸混凝土或密实水玻璃耐酸混凝土的抗压强度应控制在20.0～30.0MPa，坍落度前者应为1～3cm，后者可增加到3～5cm。

10.2.2.2 硫磺混凝土

(1) 硫磺混凝土的定义

硫磺混凝土是以改性硫磺为胶结料，经熔融后与粗、细骨料拌和或浇注粗骨料中，经冷却而形成整体的热塑性混合物，具有一定的力学性能和耐化学腐蚀性能，是硫磺类材料体系中最有发展前途的材料之一。

(2) 硫磺混凝土的特点

硫磺混凝土与一般建筑材料相比，具有快硬高强、耐化学腐蚀性能良好、抗疲劳性能优良、抗冻性能良好和施工简易方便等优点。

(3) 硫磺混凝土的原材料及组成

1) 硫磺

只要杂质不多于4%（黏土或其他遇水膨胀的材料），硫磺的形式和纯度就不是太重要了。硫磺可以是固体的，也可以是液体（熔化状态）的。由于颜色、含碳量（即灰分）等，不能在市场上出售用于其他目的不合格硫磺，完全可用于生产硫磺混凝土。

2) 骨料

硫磺混凝土所用粗、细骨料，其要求与硫磺混凝土的成型方法有关。硫磺混凝土所用细骨料，当采用机械搅拌、成型工艺施工时，要求与普通混凝土用砂相同，粒径不大于5mm。含泥量不大于1%，但在细骨料中应含一定数量的粉料，以保证硫磺混凝土在施工中的和易性，其中含0.074m的粉料占粗细骨料总重的6%～10%较为适合。当硫磺混凝土采用浇灌成型法施工时，由于是采用硫磺胶泥进行浇灌，为了能使粗骨料中所有的空隙均能浇灌密实，防止通道堵塞，不采用细骨料。当采用硫磺砂浆施工时，根据试验，砂子粒径以0.5～1mm为好，分层度满足要求；当砂子粒径超过1mm时，分层度增加很多。硫磺混凝土所用粗骨料根据其施工方法不同而要求各异。当采用机械搅拌、成型方法施工硫磺混凝土时，天然卵石粗骨料最大粒径可至25mm，人工碎石最大粒径可至20mm，应根据搅拌设备和振捣装置的能力情况选择最大粒径。在一般情况下，采用粗细骨料各半的混合级配后，其空隙率为25%左右时，骨料级配可满足要求。如采用浇灌成型方法施工时，要求粗骨料应有适当的空隙率，硫磺胶泥有一定的流动度，以便能获得硫磺用量最少而又密实的混合物。根据试验，粗骨料采用2～4cm石子，其中1～2cm的石子含量不应大于15%，空隙率为46%，单位重1400kg/m^{3}左右，1～2cm及小的石子含量过多，硫磺混凝土将不易浇灌密实。

3）矿物填料

在硫磺混凝土拌合物中，一般需要细的矿物填料。为此可采用粉煤灰、硅质粉、采石场碎石的粉尘，或其他细粒的不溶性无机材料（不含黏土或其他遇水膨胀的物质）。矿物填料的粒径最好小于10μm。如果采用人工砂（破碎清洁的毛石或碎石所得的副产品），因这种砂中的粉尘含量很高，不需要矿物填料。

4）改性剂

为了提高硫磺类混凝土的耐久性，硫磺中必须加入改性剂进行改性。改性剂的加入可在专业工厂中进行。目前，国内掺用的改性剂主要是聚硫橡胶。它是一种含有硫原子的合成橡胶的总称，品种较多，性能各异，可以以固胶、乳胶及液胶的不同形态用于工业中。作为硫磺改性剂主要还是固态胶等。国内外使用的聚硫橡胶主要包括聚硫甲胶、聚硫乙胶、聚硫丙胶。常用的硫磺改性剂除聚硫橡胶外，近年来国内外又研究应用了改性效果更好的双环戊二烯，以及双环戊二烯-环戊二烯低聚物混合的改性剂。

硫磺混凝土的配合比具有非常重要的意义，而且取决于骨料及其使用要求。一般说来，最佳的配合比是最好的和易性、最大的密实度、最高的强度性能、较少的硫磺用量。采用20mm粗骨料级配的典型配合比（以质量百分数计）见表10.7。

表10.7　硫磺混凝土典型配合比

材料	含量/%(质量百分比)
粗骨料	42.0
砂子	41.0
矿物填料	4.9
硫磺	11.0
添加剂	1.1
合计	100

（4）硫磺混凝土的性能

1）强度

硫磺混凝土与普通混凝土相比，具有较高的强度，而且早强快硬。如硫磺胶泥在浇注冷却后，30min内可达其最高强度的65%，48h的抗压强度可达最高强度的80%～90%，抗拉强度可达最高强度的95%。因此，硫磺材料力学性能的测定，其养护期均为48h。

2）抗疲劳性能

硫磺混凝土具有极好的抗疲劳性能，这对于长期处在重复荷载作用下的建筑材料来说至关重要。在相同的厚度条件下，硫磺混凝土比普通混凝土能承受更多的重复荷载而不致破坏，或在承受同等重复荷载的条件下，使用硫磺混凝土可比使用普通混凝土采用的结构要薄，从而降低了造价。

3）耐化学腐蚀性能

硫磺类材料优良的耐化学腐蚀性能，已为国内外多次试验所证实，因而常用于化工、冶金等建筑防腐蚀工程。硫磺混凝土不受盐、酸和弱碱的影响。如果使用耐酸的骨料（例如花岗岩和其他的硅质材料）制备，连续泡在98%浓度的硫酸和盐酸中也不会受到损害。

4）其他性能

硫磺混凝土由于组织致密、孔隙率小，其组成又无水分，因而有较好的抗冻性能。硫磺混凝土具有略高的弹性模量，但是可以通过外加剂进行降低。因为硫磺和聚合物都是憎水性的，所以硫磺混凝土是不渗水的。骨料颗粒涂上这些物质，填满了颗粒之间的孔隙，因此硫磺混凝土具有抗渗性。

5）硫磺混凝土的施工安全

硫磺混凝土的某些原材料如硫磺、双环戊二烯等有一定的易燃、易爆性，硫磺混凝土的熬制、运输、浇筑的过程都是在130～150℃及更高的温度下进行，所以在施工过程中应该重视安全。硫磺虽不属于危险的化学性质，本身无毒，但对眼睛和皮肤有轻微刺激，所以在操作时应穿防护服及戴防护眼睛。硫磺粉尘在空气中浓度过高时，遇火有爆炸的危险，所以在装卸干硫磺粉时，应防止硫磺粉尘浓度过大，加强通风，并采取防火措施。

综上所述，硫磺混凝土是一种强度高、耐腐蚀度高、凝固时间短、不渗水、可重复使用的成本较低的优良建筑材料，作为一种具有特殊性能的建筑材料，其使用前景是十分广阔的。可以用于强度要求高、时间要求紧的抢险、抢修工程中。而且，它几乎可以承受所有酸类盐类的腐蚀，可以用于制酸、工业废水处理池等工程中。此外，还具有良好的绝缘性能，也可用于电腐蚀比较强的工程中，另外还有极好的抗冻性能，还可用于寒冷地区的建筑设施中。

因过去认为月球上不存在水，科研工作者一直致力于能代替地球混凝土“骨料＋水泥＋水”模式的“无水拌合混凝土”即所谓月球混凝土模式的研究。硫磺混凝土被认为是月球混凝土的最佳选择之一。除生产中不需要水这一事实外，硫磺混凝土最大的优点是它在化学侵蚀性环境中（例如在接触盐或酸溶液情况下）性能非常稳定。然而，值得注意的是，硫磺混凝土在技术方面仍存在一定的局限性。在硫磺混凝土施工成型的过程中，硫磺混凝土会产生较多的微裂纹，使硫磺混凝土在受力时可能产生脆性破坏。同时，若想安全地应用硫磺混凝土，还需对其进行增强、增韧，并采取有效的防火措施。

10.3 防腐涂料

10.3.1 渗透型涂料

通过对混凝土表面进行处理，在防止有害离子侵入、减小混凝土结构破坏、提高混凝土结构耐久性等方面取得了众多的研究成果并实现大规模工程应用。在防护技术中，渗透型表面防护技术发展较快、应用范围广泛，这种防腐技术采用渗透性防水材料。渗透性防水材料能与混凝土表面发生化学反应形成牢固的憎水表面层，使混凝土表面由亲水性变成憎水性，而透气性基本不受影响。目前，应用较为广泛的渗透型表面防水涂料主要有两种，即水泥基渗透结晶型和有机硅类渗透型。

10.3.1.1 水泥基渗透结晶型涂料

水泥基渗透结晶型涂料是一种刚性防水材料，是由硅酸盐水泥、石英砂、特殊活性化学物质以及各种添加剂组成的无机粉末状防水材料。该材料能在水的引导下，以水为载体，借助强有力的渗透性，在混凝土微孔及毛细管中进行传输、充盈，发生物理化学反应，形成不溶于水的枝蔓状结晶体，与混凝土一起结合成封闭式的防水体系，达到堵截来自任何方向的水流及其他液体侵蚀性介质的目的。该类产品具有渗透深度大，防化学侵蚀、防水作用明显以及无毒等特点。

当然，水泥基渗透结晶型材料的“渗透”是有条件的，它的渗透深度不仅取决于产品本身的质量，还取决于混凝土的吸收等级（毛细孔率、结构、分布等）和水泥基渗透结晶型防水材料的用量、使用方法及施工环境，更重要的是水的存在是渗透结晶的必要条件。此外，水泥基渗透结晶材料在国内外的应用实例，绝大多数是旧工程渗漏的修补，即主要用作防水破坏后的修补。

10.3.1.2 有机硅类渗透型涂料

凡是含 Si—C 键的化合物通称为有机硅化合物。习惯上也常把那些通过氧、硫、氮等使有机基与硅原子相连接的化合物当作有机硅化合物。其中，以硅氧键（Si—O）为骨架组成的聚硅氧烷，是有机硅化合物中为数最多、应用最广的一类，约占总用量的 90%以上。

1863 年，法国科学家 Friedl C 和 Crafts J M 将四氯化硅和二乙基锌在封闭管中加热到 160℃，合成了第一个含 Si—C 键的有机硅化合物一四乙基硅烷。由此，有机硅涂料经历创始、成长和发展三个时期。自 1966 年以来，各种新产品不断涌现，有机硅化学蓬勃发展，带来有机硅的繁荣时期。有机硅化合物可以在硅酸盐材料表面形成性能优异的憎水膜，对于混凝土结构，其防护作用十分显著，因而有机硅化合物被越来越多地应用于混凝土表面防护处理。

（1）有机硅类渗透型涂料优点

1）耐温度变化

以 Si—C 键为主链结构的有机硅产品，其键能高、热稳定性好。一般使用温度可超过 200℃。有机硅不但耐高温，而且也耐低温，在 −55℃下仍能工作。尤为突出的是，产品的物理和化学性质受温度影响很小，这种特性与有机硅分子的易挠曲螺旋状结构有关。

2）耐候性

主链为 Si—O 的有机硅产品分子中，无双键存在，且链长大约是普通 C—C 键的 1.5 倍。这种稳定长链结构使得有机硅具有比其他高分子材料更好的耐辐射、耐臭氧能力。

3）透气性和保色性

有机硅类渗透型涂料能在基材表面形成一层疏水膜，因为构成薄膜的疏水物质只是附着在基材气孔上而不是阻塞气孔，在阻止水分进入基材的同时也允许水分自由蒸发，所以基材具有良好的透气性。由于具有好的防水性和透气性，基材不受侵蚀，基材色泽不受影响，保色性良好。

4）适用性

有机硅类渗透型涂料在基材表面形成疏水膜时既不需从外界引入二氧化碳进行反应，又不会产生有害于基材的碱性碳酸盐，因此其对于基材的适应性强，如无机建筑材料、高分散无机物、纤维建筑材料等的适用性较为广泛；除此以外，还可用于生产建筑构件或建筑构件的疏水化处理。

5）环境污染

有机硅化合物本身具有无污染、生理可耐受性好等优点，如果用水作溶剂，可减小对环境产生污染的可能性，因此符合绿色产品的要求。随着人们环保意识的不断提高，有机硅类渗透型涂料作为一种环保型产品会有较大的发展前景。

当然有机硅类渗透型涂料也有其不足之处，若选用低黏度或液态的有机硅产品，在立面或头顶施工时容易流淌和滴落。

有机硅类渗透型涂料是比较理想的混凝土表面防水处理材料，它们可阻止水分及氯离子的渗透，从而对防止混凝土腐蚀与破坏起关键作用。其优良特性包括无毒、无色、固化快，能保持结构物本身色泽，能以溶液、乳液及凝胶等形式浸渍、喷涂或涂刷在结构物表面上，提高其防水、防污、防尘、防腐蚀、抗风化能力，同时它能渗入基材表层数毫米至1cm处，防水效果好，耐久性能优良。

（2）有机硅类渗透型涂料的类型

目前市场上的有机硅类渗透型涂料品种繁多，主要分为水溶性有机硅、溶剂型有机硅、有机改性有机硅和硅烷等。

1）水溶性有机硅

水溶性有机硅防水剂是一种以水为介质，有机挥发物低的环保型防水材料。目前建筑基材上广泛应用的水溶性有机硅防水剂主要包括甲基硅醇盐、含氢硅油乳液等。其中，甲基硅醇盐作为第一代有机硅防水剂，是一种刚性防水材料。它会在基材表面产生白色粉状沉淀物，或因为碱性太强而黄变，易影响被处理基材的外观，当遇到空气中的水和二氧化碳时，便分解成甲基硅醇。随后新生硅醇的羟基与基材上的羟基发生反应，或者与其他新生硅醇的羟基缩合，从而在基材表面形成一层极薄的具有斥水性的聚硅氧烷膜，生成的硅酸钠则被水冲掉。由于甲基硅醇盐是低分子化合物，固化反应速度很慢，通常需要几天甚至几周的时间固化，在这期间，一旦被雨淋湿则达不到预期防水效果。另外，甲基硅醇盐固化反应程度不高，经多次雨水冲刷后，会逐步失效。因此，甲基硅醇盐类产品适用于砖石类的防水处理，而不太适用于混凝土等碱性基材的表面防水。

2）溶剂型有机硅

溶剂型有机硅防水剂是充分缩合的聚甲基三乙氧基硅烷树脂。该树脂呈中性，使用时必须加入醇类溶剂；当涂刷于基材表面时，溶剂很快挥发，酯基则在水分存在的情况下发生水解，释放出醇类分子并生成硅醇，再进一步与硅酸盐基材中的羟基反应形成一层均匀且致密的硅氧烷憎水膜。溶剂型有机硅防水涂料受外界的影响比甲基硅醇盐小得多，因而适用的范围较广，防水效果也较好。但有机硅溶剂的挥发会对环境造成一定污染。随着社会越来越重视生态环境问题，这种影响在一定程度上限制了溶剂型有机硅防水涂料在建筑方面的应用。

3）有机改性有机硅

有机改性有机硅防水涂料是由有机高分子乳液（如丙烯酸酯、醋丙、苯丙乳液等）与反应性有机硅乳液共聚而成的一类新型建筑涂料。经此类防水涂料处理过的基材具有良好的疏水性，能有效阻止水分的侵入，并能保持基材原有的透气性。

4）硅烷

20 世纪 90 年代，随着分子偶联技术和溶胶—凝胶技术的发展，有机硅材料对混凝土表面的改性技术有了飞速发展，开发出了第四代有机硅防水材料-高渗透型有机硅防水涂料（硅烷类产品），以缩水甘油醚氧丙基三甲氧基硅烷为偶联剂，用溶胶-凝胶工艺对混凝土表面进行处理后发现，混凝土的防水、耐候、耐酸、耐磨、耐水洗性都有不同程度的提高。

硅烷从结构性能关系上看可分为两部分：一部分是防护基团，在此为碳链 R；另一部分是结合基团，在此为 $Si(OR_3)_3$，是基材上发生成膜作用的部分，能与水发生水解反应脱去醇，形成三维交联有机硅树脂，其羟基与无机硅酸盐材料（如混凝土、砖、瓦等）有很好的亲和力，从而使它与基材牢固地连接起来，非极性的有机基团向外排列形成憎水层，改变这些硅酸盐材料的表面特性，又能起疏水作用。由于没有封闭基材的毛细管通道，不妨碍水蒸气由里向外扩散，基材具有良好的透气性。它的相对分子质量较小、渗透性强、可在基材 2～10mm 内的毛细孔内壁形成一层均匀致密且明显的立体憎水网络结构，使材料表面形成永久的防护层，降低有害离子的渗透速度，防止钢筋锈蚀，提高材料的耐候和耐腐蚀性能。

早在 20 世纪 60 年代中期，瑞典的 Stockholm 就已经开始使用硅烷处理混凝土。欧洲使用硅烷/硅氧烷作为混凝土表面防护浸渍剂已有 30 多年的历史，20 世纪 80 年代后这类产品被越来越多地运用在混凝土结构的防护/修复工程中，如瑞士的 Meggenhua 大桥和 Furstenland 大桥、瑞典 Trancbergs 大桥、日本 Okumi-omote 大坝和德国凯撒·威廉纪念教堂等。经过数十年的应用，欧洲已有大量的工程实例证明硅烷类浸渍剂具有良好的耐久性。例如，1972 年慕尼黑奥林匹克村的外墙混凝土采用有硅烷材料进行了防护，经过跟踪发现防护效果依然良好；在中国香港用硅烷膏体（凝胶）防护香港青马大桥已近 10 年，经测试发现，其防护效能与当初完工时基本一样。最近，香港又有三座大桥采用硅烷进行防护处理。随着国内有机硅产业的迅猛发展，硅烷类防水材料也已开始应用于道路、桥梁、隧道、水工、海港等工程。

实践表明，硅烷作为建筑物/构筑物的防水涂料具有表面处理施工工艺简单、渗透力强、表面不易磨损、适用范围广和使用安全等优势，是新型环保产品，更是水泥基材料理想的防水材料。

10.3.2 表面成膜型涂料

表面成膜型涂层是通过在混凝土表面形成一层致密的防腐层，从而有效阻挡腐蚀因子在混凝土中渗透。当前，表面成膜型涂料是混凝土防腐领域中应用最广泛的涂料之一，这主要因为针对不同的腐蚀环境，多种功能各异的涂料能够配套涂装，从而有的放矢地克服环境中多种不同腐蚀因素的影响。一般情况下，按照配套涂装分类，混凝土防腐涂料可分为底漆、中间漆与面漆。除底漆是孔隙封闭型涂料或硅烷类涂料之外，中间漆和面漆都为表面成膜型涂料。中间漆一般要求涂层除具有优异的抗渗透、耐腐蚀性能之外，还需具有良好的附着力，能够有效地将底漆与面漆黏结于一起。面漆则根据腐蚀环境不同，往往具有特殊的功能，如耐紫外老化、耐磨、耐油、自清洁、抗生物污损等。此外，表面成膜型涂层可根据材料的主体分为无机涂层与有机涂层。其中无机涂层主要包括水泥基涂层及地聚物涂层等；有机涂层种类多，主要包括丙烯酸酯、聚氨酯、环氧树脂等涂层。

氟碳涂料是以氟树脂为成膜物质，在氟树脂基础上经过改性、加工而成的涂料，具有优异的耐候性、耐沾污、耐溶剂性，被广泛应用在建筑、机械、化工、航空、家用电器等各个领域。氟碳树脂中含有大量的C—F键，其键能大（485kJ/mol）、键长短，稳定性较好，并且F原子紧密排列在C原子周围，使树脂中的C—C键不容易受到紫外线等的破坏，其氟碳树脂呈现出优异的耐候性和耐腐蚀性叫。近年来，随着氟碳涂料在条件更苛刻的环境中应用，对其耐蚀性和耐污性有了更高的要求，人们采用多种方法对氟碳涂料进行改性。如丙烯酸树脂的加入可以降低氟碳树脂的成本并使其具有良好的机械性能和防腐性能。SiO_2 等纳米粒子的添加不仅可以提高氟碳树脂的抗紫外老化性，还大大改善了涂层的机械性能。稀土元素因其结构特殊，具有许多优异的光、电、磁等性能，利用稀土元素对氟碳涂料进行改性，不仅可以改善原有的性能，也能够赋予涂层一些新的特性。采用纳米 CeO_2 对氟碳涂料进行改性，大大提高了涂料的耐老化性，并且赋予了涂层抗菌防霉等特性。

10.3.3 孔隙封闭型涂料

与硅烷类涂料相似，孔隙封闭型涂料也是一种具有渗透性的涂料。它能够将涂料自身或者涂料中的部分活性物质渗透于混凝土孔隙之中，并在孔隙中发生原位反应，封闭孔隙，从而达到阻止腐蚀因子渗透的目的。与硅烷类涂料不同，孔隙封闭型涂料自身具有较高的反应性，其在孔隙中能够形成固结体。即它们不仅能在孔隙表面成膜，而且还能实现孔隙的封闭，有效克服了硅烷类材料不具有抗碳化性能或高水压环境中防腐效果不佳的缺点。另外，与表面成膜型涂料相比，孔隙封闭型涂层能渗透混凝土孔隙内部，与混凝土“一体化”，有效避免涂层起皮剥落的问题。而且由于其渗透深度往往可达数毫米，即其防腐层的厚度也远大于表面成膜型涂料。目前，孔隙封闭型涂料主要包括：依靠低黏度促进材料在孔隙中渗透的硅酸盐溶液，依靠水将涂料中部分活性物质渗入孔隙的渗透结晶型涂料和聚合物封闭底漆。此外，开发的渗入固结型混凝土防腐涂料是一种新型的孔隙封闭型涂料，具有良好的发展前景。

10.4 防碳化材料

10.4.1 表面涂料

大量的研究表明，增加混凝土表面的覆盖层厚度或增加混凝土中的水泥含量，有利于抑制碳化。实际上，从控制成本的角度考虑，单纯依靠增加保护层厚度来降低单位时间单位面积的 CO_2 透过量，是不现实的。而防碳化涂料通过高聚物成膜，封闭混凝土表层，抑制 CO_2

扩散的性价比更高。

对于混凝土防碳化涂料，有以下要求：首先，要求涂料与混凝土之间有一定的黏结强度，从而保证涂层能牢固地黏附于混凝土表面；其次，涂料有一定的变形能力，能适应温度变化而不发生开裂或脱开；再次，为便于施工，对涂料的固化时间（即表干时间）也有一定要求；最后，还要求涂层具备一定的耐水性，并具备防止水汽或氧渗透的能力。

目前市场上能够抑制碳化的高聚物种类很多，例如环氧、聚乙烯醇、丙乳、苯丙乳液、SBR以及VAE（乙烯-醋酸乙烯酯共聚物）乳液等等。下面针对常见的高聚物涂料做展开介绍。

（1）环氧厚浆涂料

环氧类涂料，是以环氧树脂为主要成膜物质的一种油性涂料，可以分为溶剂型环氧涂料和无溶剂型环氧涂料两大种类。目前，以无溶剂型环氧涂料为主。环氧厚浆涂料的主要成分包括环氧基料、增韧剂、防锈剂、防渗填料及固化剂。环氧涂料是一种密封性很好的防水材料，利用其高度密封性，可以防止 CO_2 和 Cl^- 入侵，从而达到预防混凝土碳化、预防混凝土结构内部钢筋锈蚀的目的。涂层附着力强，能适应气温变化，能与混凝土长期协同工作。

环氧厚浆涂料常被采用，尤其在坑、缝修补和少量表面处理时较为适用。但考虑到其主要材料成分为环氧树脂、乙二胺、丙酮、二丁酯，该涂料具有一定的毒性。因此，该涂料不环保，也不利于施工人员的身心健康。同时，本涂料拆封后易氧化，其固化后难以保管、续用；涂料拌和后的半成品熟料和易性也较差、固化速度快（余料在0.5h后即不能继续使用），不利于施工操作；此外，本成品涂料层与混凝土基面结合力不够强、涂层脆性大，遇碰撞易脆裂脱落，抗老化性能和耐久性也有限。

（2） FPSC聚合物水泥基复合砂浆

FPSC聚合物水泥基复合砂浆（简称“FPSC复合砂浆”）是一种用于混凝土结构加固补强、耐久性修复与防护的聚合物改性水泥基复合材料产品，由专用聚合物乳液（A组分）和强力改性水泥粉料（B组分）双组分组成。此双组分在施工现场与砂、水按比例拌合使用，拌和后形成和易性良好的砂浆，可用砂浆喷射泵机械喷涂或用镘刀、抹灰工具直接施工。砂浆硬化后产生较高的抗拉强度、抗冲击韧性和低收缩变形，具有耐老化、抗渗、防水、抗碳化、抗氯离子和抗硫酸盐侵蚀、耐碱、抗冻融等优良性能，且具有较好的抗冲磨和抗空蚀能力，对各种材料都有很好的黏结力。与环氧砂浆相比，FPSC复合砂浆与基底混凝土匹配性能好，同时施工简单、无毒、成本较低。

FPSC聚合物水泥基复合砂浆被广泛地应用于地下建筑、交通工程、公路工程、海港工程以及水运工程，对冻融、冲磨等导致的混凝土表层剥落、腐蚀、开裂等问题的修补效果良好。

（3） CPC混凝土防碳化涂料

CPC混凝土防碳化涂料为高性能聚合物乳液改性水泥基聚合物材料。在高性能聚合物乳液中存在共聚成分，该独特成分会在水泥的作用下发生交叉反应，形成聚合物-水泥水化产物的互穿网络结构，产生机械和化学作用融合的附着力，能显著提升涂料的黏结强度。该涂料涂覆在混凝土表面，可与之牢固黏结形成高强坚韧耐久的弹性涂膜防护层，能显著地提高结构材料抵抗酸雨、海水、氯化物以及二氧化碳等有害物质的侵蚀。涂料主要由三部分组成，即改性水泥基材料、助剂以及高性能聚合物乳液，当涂层固化完成后，能够形成耐久性强、柔性好的高分子新型涂层材料。

CPC混凝土防碳化涂料的应用范围非常广，主要应用在工业工程、民用建筑、桥梁工程、隧道工程以及水电工程，对上述工程混凝土结构的防腐、防水以及防碳化效果显著，能有效提高结构的稳定性，延长结构的寿命。

（4）丙乳砂浆

丙乳砂浆防碳化修复技术施工工艺特点，是聚合物胶乳形成的薄膜填充浆体中的孔隙。丙乳砂浆与被保护混凝土黏结牢固，涂层吸水率小、强度高，能有效地阻止水、空气的侵入。同时，由于聚合物胶乳形成的薄膜填充了浆体孔隙，切断了其与外界的联系通道，改善了修复表面的组织性能，能起到抗渗、抗碳化、抗有害离子侵入的作用。

丙乳砂浆具有工艺简单、工期短、操作方便、质量易于控制且无毒等特点，比较适合狭窄、光线较暗且空气流通不畅的施工场景。采用该砂浆不仅可大大降低单位面积造价，还能形成黏结强度高、抗渗效果好的涂层。

（5） SBR有机聚合物高分子材料

SBR是一种以水泥基材料为主的高分子聚合物材料，具有较优的物理、力学性能和耐久性能。同时，SBR无毒环保，对修补防护工程有较强的适应性，尤其适用于防止钢筋混凝土结构进一步碳化、锈蚀钢筋的表面防护。SBR修补无毒副作用、对环境无污染（施工人员不需要特殊防护设备）、容易拌制、和易性好、材料浪费小、施工操作简便、效率高、成品涂层与混凝土基面黏结强度高、抗老化和耐久性能都较好。SBR砂浆的施工方法主要包括喷涂法和抹涂法。采用SBR配制的水泥砂浆作为防碳化处理材料，其每平方米造价与环氧涂料相近。

总体而言，采用SBR砂浆进行混凝土表面防护处理，具有以下优点：首先，SBR砂浆对混凝土的防护效果较好；其次，SBR乳液在水泥砂浆中掺量较少，单价相对较低，工程总投资增加不多，但却能大大提高水泥砂浆的抗渗、抗碳化、抗裂性能及黏结强度；最后，SBR砂浆使用机械喷涂，操作十分简单，且不含有害挥发物质，施工人员也不需要特殊的防护设备。

（6） 9608聚合物防水防腐涂料

9608聚合物防水防腐涂料采用多种高分子乳液及钛硅材料、颜料、助剂等混合而成，该聚合物颗粒在混凝土表面与钙离子交换，结成一层单离子膜，从而均匀牢固地黏附于水泥或SiO_2表面。借助水泥的水化作用，涂料乳液的胶粒被压缩，胶粒四周的游离水被排出，形成一层连续高分子膜。新形成膜遍及水泥基体，这就赋予了该聚合物涂层优异的防水、抗裂、耐腐蚀、耐磨、抗冲击与抗碳化性能。

9608聚合物防水防腐涂料集有机材料与无机材料的优点于一体，既有有机材料的柔性和防水防腐性，又有无机材料良好的力学性能。工程实践证明：9608聚合物防水防腐涂料适用于混凝土防碳化处理，且工艺简单、施工周期短、效果好、经济合理。

（7）聚脲弹性体涂料

聚脲弹性体涂料是继高固涂料、水性涂料、光固化涂料、粉末涂料后，为适应环保需求而研发的一种无溶剂、无污染的新型涂料。这种高厚膜弹性涂料，能快速固化（仅需5～20s），物理、力学及耐化学品性能均十分优越。同时，脂肪族聚脲耐紫外线辐射、不易变黄；芳香族聚脲有泛黄现象，但无粉化和开裂。由于聚脲弹性体的优异性能，且成膜不受水分、潮气影响，聚脲材料对环境温度、湿度有很强的容忍度，并且能显著提高混凝土的抗碳化能力，在海洋环境钢筋混凝土的防腐蚀领域得到广泛的应用。

10.4.2 其他新型防碳化涂料

近年来，研究人员进行了大量关于混凝土防碳化的研究，在混凝土防碳化领域取得了很大成就，并提出了众多新型防碳化涂料。

（1） SK柔性防碳化涂料

SK柔性防碳化涂料由底涂BE14、中间层ES302和表层PU16组成。BE14是一种100%固体环氧底漆，可在饱和或面干混凝土的表面施工。该涂料采用特种高性能环氧树脂，含有排湿基团，能够在潮湿表面涂装，并能在水下固化。BE14与老混凝土基底黏结强度大于4MPa，具有超常的防腐蚀特性。ES302是一种含固量100%的环氧厚浆涂料，具备耐候、抗老化及排湿特性，可直接涂于BE14表面，抗腐蚀和防碳化性能均十分优越。PU16是一种优异的聚氨酯柔性涂料，有良好的装饰性能，可以涂装在ES302上，发挥坚韧和耐久作用。SK柔性防碳化涂料适用于潮湿面混凝土表面的防护，可在潮湿环境、水位变化区等部位施工，具有防碳化效果好、与混凝土黏结强度高、耐碱、抗渗、柔性好的特点。

（2） HYN弹性高分子水泥防水涂料

HYN弹性高分子水泥防水涂料是一种绿色环保型防水材料，产品既有水泥类无机材料良好的耐水性，又有橡胶类材料的弹性和可塑性，可在潮湿基面上施工，硬化后即形成高弹性整体防水（防碳化）层，具有“即时复原”的弹性和长期柔韧性，无毒无味。同时，该涂层可冷作业施工，不污染环境，与HYF多功能胶粉配套使用，可以对混凝土面的剥蚀、麻面进行处理。

（3）氟碳涂层材料

氟碳涂层材料是以氟树脂为主剂，加入一定量助剂和固化剂配制而成的新型涂料。氟树脂的分子间凝聚力低，表面自由能低，难以被液体或固体浸润或黏着，表面摩擦系数小，具有优异的耐候、耐久、耐化学品侵蚀特性，且耐磨、绝缘、耐沾污性能也十分理想。本涂层施工工艺流程一般包含混凝土基面打磨、表面清理、局部找平、细微裂隙及毛细孔封闭以及涂刷高耐候性氟碳面层的工序。用喷涂设备将该材料均匀涂覆于混凝土表层、封闭混凝土的表层孔隙，即可提高混凝土的防碳化性能，延长水工建筑物的使用寿命。

（4）双组分渗透型氟硅防护涂料

双组分渗透型氟硅防护涂料，是一种基于氟-硅复合体系的渗透型混凝土用防护涂料，A、

B两组分均匀混合、半渗透成膜，渗透深度可达2～3mm，附着力可达一级，同时涂层还可阻止外界水汽与CO_2进入混凝土内部，因而也具有防水、防腐、防碳化、耐候效果，可用于水工大坝等混凝土结构的防护。该材料的施工难度低，现场容易把控，施工质量能够保证；产品环保、美观，长期性能稳定。

（5） CW聚合物水泥砂浆

CW聚合物水泥砂浆是一类新型混凝土表面防护涂层材料，具有抗冲磨和防碳化、性能优异、工艺简便、绿色环保等特点。与聚脲、环氧类防护材料相比，该材料具有应用范围广、施工工艺简单、节省投资和工期的效果，也具有实用和推广的潜力。

10.5 防腐胶泥

10.5.1 有机胶泥

（1）呋喃树脂胶泥

呋喃树脂是分子结构中含有呋喃环的一类热固性合成树脂的统称。它是以糠醇和糠醛为基本原料，经过不同的生产工艺制成的。植物纤维原料在酸性催化剂的作用下水解并进行脱水制得糠醛，糠醛催化加氢得到糠醇。糠醛和糠醇的α位置上分别有醛基和羟甲基，易发生加成缩聚反应及双键开环反应，从而生成呋喃树脂。呋喃树脂固化前为棕黑色黏稠液体，与多种树脂有较好的混溶性，自身缩聚过程缓慢，贮存期较长，常温下可贮存1～2年，黏度变化不大。利用呋喃树脂配制而成的胶泥具有优异的耐酸、碱及耐热性能，且施工方便，质量容易保证，价格低廉，被广泛应用到防腐工程上。固化后的呋喃树脂结构没有活泼的官能团，不参与和腐蚀介质的反应，所以具有以下优良性能：

① 耐蚀性能　耐强酸、强碱、电解质溶液和有机溶剂；

② 耐热性能　可耐180～200℃高温，是现有耐蚀树脂中耐热性能最好的树脂之一；

③ 阻燃性能　具有良好的阻燃性，燃烧时发烟少；

④ 力学性能良好。

但呋喃树脂的缺点也很明显，即其固化物脆性大、缺乏柔韧性、冲击强度不高。另外，呋喃树脂的传统固化剂呈酸性，不能用于碱性材料。固化反应生成的水会使树脂产生收缩、多孔等缺陷，大大缩小了呋喃树脂的应用范围。呋喃树脂胶泥的主要用途为砌筑耐腐蚀块材，如耐酸砖、铸石板、花岗石块材等，也可用作耐腐蚀池槽的内衬、耐腐蚀地沟、耐腐蚀地面及墙裙、重防腐车间的设备基础等部位。

（2）环氧树脂胶泥

环氧树脂胶泥作为一种重要的化工材料，被广泛应用于电子电器、LED灯饰、工艺饰品、体育用品、建筑建材等行业，主要可起到灌注密封、黏结固定、封装保护、绝缘防潮等作用。由于环氧树脂的结构中含有羟基、醚基和极为活泼的环氧基，羟基和醚基有很强的极性，使得环氧树脂分子易与相邻界面产生作用，因此环氧树脂具有高度的黏合力。此外，环氧树脂胶泥具有化学稳定性好、可以室温固化、收缩小、强度高等诸多优点，尤其是其黏结力和内聚力均大于混凝土的内聚力，因而常用作裂缝修复及建筑物结构补强。然而，其使用过程较为复杂，需要现场配制，稀释剂和固化剂的比例要严格控制，由于固化问题制备好的胶泥经常会发脆，而且其耐腐蚀性一般、价格偏高。国内外许多学者在环氧树脂中加入呋喃树脂、酚醛树脂等来改善耐蚀性能，但施工难度仍然很大，并且机理上难以解释清楚。

(3) 酚醛树脂胶泥

酚醛树脂胶泥是一种优良的冷硬化耐酸耐腐蚀材料，常被用于设备防护，也可用作塑料、橡胶衬里的胶合剂，还可供耐酸衬里作填缝之用。除强氧化性酸以外，酚醛树脂胶泥在浓度为70%以下的硫酸、任何浓度的盐酸、氢氟酸、醋酸以及大部分有机酸中都非常稳定，并且在大多数pH值小于7的盐溶液中也是较稳定的，一般最高使用温度为120℃。酚醛树脂胶泥的耐酸性好，价格低廉，但耐碱性差、脆性比较大、储存时间短。

(4) 聚酯树脂胶泥

聚酯树脂胶泥是以不饱和聚酯树脂为胶结剂，添加交联剂、阻聚剂、引发剂、促进剂和粉状耐酸材料配制而成的膏状防腐粘贴材料。常用的不饱和聚酯树脂有771、711、306、3301等不同牌号，交联剂有苯乙烯，阻聚剂有对苯二酚。聚酯树脂胶泥施工性比较差，在实际的工程防腐蚀上较少使用。

(5) 沥青胶泥

沥青胶泥分为加温型和不加温型（溶剂型）。相较而言，溶剂型沥青胶泥开桶即用，施工便利，更加环保。溶剂型沥青胶泥又分为厚浆型和薄浆型，其中厚浆型适用于2mm以上施工，而薄浆型适用于0.3mm以上2mm以下施工。沥青胶泥的特点是廉价，但强度低、耐老化性能差，对环境有一定污染。

有机胶泥使用过程中需要添加各种固化剂、稀释剂以及填料，现场施工时，会因为配比、固化剂含量多少等造成工程质量问题。上述胶泥中，呋喃树脂胶泥的防腐性能最佳，被广泛应用。为了进一步提高其防腐性能，很多研究者通过对树脂液、粉料进行改性，使其具有很高的黏结强度，但其气味过大，对施工人员操作效率有影响。有研究表明，采用钙基脂润滑脂和滑石粉制成防腐胶泥来代替传统的防腐胶泥以及黏弹体材料，但温度超过60℃时，极易失水，脂的结构破坏导致油皂分离，油相析出，无法隔绝空气，防腐效果变差。目前也有相关研究者考虑采用耐热的锂基脂代替传统的钙基脂润滑脂制备防腐胶泥。

10.5.2 无机胶泥

(1) 硅酸盐胶泥

硅酸盐胶泥通常以水玻璃为胶结剂、氟硅酸钠为固化剂，与耐酸粉料（石英粉、铸石粉、瓷粉、辉绿岩粉等）按比例调制而成。硅酸盐胶泥会在空气中凝结硬化成石状材料。除氢氟酸、热磷酸、高级脂肪酸及碱性介质外，硅酸盐胶泥对其他介质均具有良好的耐酸稳定性，特别耐强氧化性酸，可用作耐酸块材砌衬设备时的黏结剂。硅酸盐胶泥耐腐蚀性、耐热性能优良，能在氧化性介质和某些有机溶剂中稳定存在。硅酸盐胶泥不耐氢氟酸、氟化物、碱、水、中性介质以及300℃以上的磷酸，收缩率大，孔隙率高，腐蚀性介质易渗透。

硅酸盐胶泥分为钠水玻璃胶泥和钾水玻璃胶泥。水玻璃硬化后致密，隔绝性强。将它涂刷在砖、石、砂浆、混凝土等材料的表面，能提高材料表面的密实性、耐酸性、耐水性和抗风化能力。但水玻璃不适用于石膏表面，因硅酸钠与硫酸钙发生反应，生成硫酸钠晶体，会使材料胀裂破坏。硅酸盐胶泥能够与树脂胶泥配合使用，价格低廉，但是其不耐酸碱、脆性大、收缩性大，在实际应用中也受到了诸多限制，目前基本被取代。

（2）硫磺胶泥

硫磺胶泥是一种热塑冷硬性材料，由黏结剂、硫磺、增韧剂及填充剂，按一定配比熔融搅拌而成，常用于基础工程水泥预制桩的黏结。硫磺胶泥是一种良好的耐酸材料，在常温下能耐盐酸、硫酸、磷粉。硫磺胶泥可应用于基础工程水泥预制桩黏结（用于打桩及静力压桩），平车轨道、水泥轨垫的螺栓胶结，码头基础的黏结，桥梁基础的黏结，电器绝缘材料的胶固等。

10.5.3 复合胶泥

常见的复合胶泥是防腐型鳞片胶泥。防腐型鳞片胶泥采用环氧树脂、不饱和聚酯树脂、乙烯基酯树脂、酚醛树脂、呋喃树脂、环氧呋喃树脂等为胶泥黏结树脂，辅以耐腐蚀鳞片状的填充料（以玻璃鳞片为主）制成的胶泥基本都属于防腐型鳞片胶泥，其中使用最多的是乙烯基酯树脂防腐鳞片胶泥。具体每种胶泥的耐腐蚀性能与其采用的树脂类型有关。当普通鳞片胶泥的耐磨性能不足以满足使用工况或具体工艺段的耐磨要求时，就会需要既具有防腐性能，又具有耐磨效果的耐磨防腐型鳞片胶泥。为提高耐磨效果，往往是在防腐胶泥配方中添加无机耐磨骨料或粉料，如碳化硅、刚玉、陶瓷粉、陶瓷颗粒、氮化硅、金属鳞片等硬度较高的耐磨无机或金属填充料。金属鳞片里面使用最多的是不锈钢鳞片。不锈钢鳞片的硬度、线膨胀系数都是所有耐磨材料里面最佳的，但其缺点是密度太大，容易沉降，因此高触变的膏状胶泥材料才适用选择这类不锈钢鳞片作为耐磨填充物质。添加不锈钢鳞片的鳞片胶泥或胶泥，最终的衬里层的硬度强度提高很大，衬里层的线性膨胀系数更加接近无机或金属基材，也能从另一个侧面来改善涂层的耐温骤变耐应力变化不足容易脱落的问题。

思考题

1. 耐腐蚀混凝土的组分有哪些？它们的作用分别是什么？
2. 耐腐蚀混凝土的种类有哪些？影响它们性能的因素是什么？
3. 简述防腐涂料的种类和它们的作用机理。
4. 防止混凝土碳化的原理是什么？
5. 防碳化表面涂料有哪些？简述它们的优缺点。
6. 防碳化表面涂料和剥蚀面修补材料有哪些共同点和不同点？
7. 防腐胶泥有哪些种类？

参考文献

[1] 许子诺，管勇. 海洋重防腐涂层保护研究进展［C]. 第七届海洋材料与腐蚀防护大会暨第一届钢筋混凝土耐久性与设施服役安全大会摘要集，2020.

[2] 雍本编. 特种混凝土配合比手册［M]. 成都：四川科学技术出版社，2003.

[3] 於林锋. 防护涂层对混凝土力学性能和耐久性的影响［J]. 新型建筑材料，2021，48(11)：68-72.

[4] 徐强. 海洋工程钢筋混凝土渗透型防护剂作用机理及纳米改性研究［D]. 杭州浙江大学，2014.

[5] 齐玉宏，张国梁，池金锋，等. 混凝土防腐涂料的研究进展［J]. 涂料工业，2018(11)：63-71.

第11章

环境净化材料

本章学习目标：

1. 了解室内环境污染及其控制技术。
2. 理解常见的环境净化材料包括吸附材料、光催化材料及热催化材料的类别及特点。
3. 掌握与环境净化材料相关的吸附、光催化及热催化基础理论知识。
4. 能够运用本章所学基础知识，针对相关建筑环境问题选择合适的解决方法。

11.1 概述

随着我国经济社会的快速发展，环境污染问题变得日益突出，其中空气污染尤为突出。粉尘污染、雾霾、酸雨等环境污染问题日益增多，PM2.5等空气质量指数受到越来越多的关注，且污染事件频发，人们逐渐意识到控制空气污染问题的重要性。快速的城市化和工业化导致挥发性有机化合物（VOCs）的排放量不断增加。研究表明，挥发性有机化合物可直接或间接地对环境问题产生影响，如何有效净化空气一直是环境领域的研究热点，其中物理/化学吸附、高级氧化、膜分离等技术研究最为广泛。在围绕解决空气污染问题的技术中，各种空气净化材料应运而生。本章主要针对室内环境污染问题，介绍相关的室内环境净化材料及其净化机理。

（1）室内环境污染来源及危害

一般室内环境主要指居室环境。人的一生大部分时间是在室内度过的，因此，相比于室外环境，室内环境对人们的生活工作和身体健康有重要影响。特别是近年来，由室内环境问题导致的疾病不断出现，室内环境污染问题受到越来越多人的关注。室内环境污染是由人类活动或自然过程引起某些物质进入室内空气环境，呈现出足够浓度，持续一定时间，并因此危害到人体的健康。相比于室外环境污染问题的广泛性，室内环境污染主要指的是室内空气污染。通常的，空气污染物分为气态污染物和悬浮颗粒物两类。其中，室内空气污染物主要是以气态污染物形式存在，尤以甲醛、苯系物等普遍存在的挥发性有机物居多。关于挥发性有机化合物的具体范围，不同国家和组织对其定义不同，一般把具有沸点低、蒸气压高、反应性强，特别是具有参与光化学反应特征的物质称为挥发性有机化合物，主要由一大类碳基化合物组成。相比某些工业场所，虽然室内挥发性有机污染物浓度较低，但一般存在多种污染物共存的情况，且污染持续时间长，难治理，对人体健康危害更大。

空气中挥发性有机化合物的来源有两大类，一是人类活动，二是自然过程。随着工业化的发展，人类活动导致的空气污染越来越严重，其中又可分为生活性污染和工业性污染。工业污染源主要是石油炼制化工、煤炭加工转化和油漆涂料等行业产生的高浓度废气；生活污染源包括建筑材料、装饰装修材料和服装饰品等。工业污染源相对集中，可通过集中工艺和设备净化处理。室内生活污染物源种类多，污染物具有多样性、累积性、长期性和复杂性等特点。室内装修装饰材料是室内空气污染物的主要来源。在室内装修材料中，地板、家具等人造板材的生产过程中会大量使用胶黏剂，这些材料是甲醛、苯系物的主要释放源。同时，墙面材料如油漆、涂料等也会释放烃类等 VOCs。尤其是一些劣质产品，VOCs 的释放量更大，对室内环境的危害尤为严重。室内空气中的氨和氡主要来自建筑材料，混凝土中的添加剂是氨的主要释放源。一些天然石材还会释放具有放射性的气体——氡。当使用不符合国家标准的建筑材料时，室内空气对人体健康就具有潜在的危害性。人类日常活动同样会对室内环境产生污染。例如，家居生活中使用的洗涤剂、化妆品等会释放醇类等污染物，吸烟时释放的尼古丁、一氧化碳等有害物，烹饪时产生的油烟和烟气中含有的大量有害物质。人体自身新陈代谢向外界排出氨类、硫化氢等污染物。在潮湿阴暗的角落滋生的细菌和真菌同样属于室内空气污染的来源。实际上，室外的部分污染物如汽车尾气等也可通过门窗被输送至室内，从而影响室内空气。因此，影响室内空气的因素是多方面的，室内装饰装修材料、建筑材料、人类日常活动等都会对室内环境产生不利影响。

挥发性有机化合物对人体健康和生态环境都有较大的危害。对人体健康而言，醛类、芳香族化合物、多环芳烃、醇类和酮类等大部分 VOCs 具有剧毒性和致癌性。醛类是室内环境中最常见的挥发性有机化合物之一，尤其是建筑装修材料中排放的甲醛是室内主要污染物。短期暴露于醛类有机物环境中会引起人类呼吸疾病，如喉咙刺激、眼睛刺痛等。长期暴露在高浓度 VOCs 环境中会增加急性、慢性中毒的风险。同样，长期吸入甲醛可导致严重疾病，如鼻咽癌、白血病和病态建筑综合征等。芳香族化合物主要包括苯、甲苯和乙苯等苯系物，具有毒性和致癌性。暴露在低浓度的芳香族化合物环境中会引起疲劳、恶心等症状；高浓度吸入则可导致昏迷、头晕，甚至死亡。尤其需要注意的是，苯是白血病和淋巴瘤的主要病因，对人体具有特异性和系统性的损伤作用。在苯浓度为 2% 的环境中暴露 5～10min 即可致人死亡。除了对人类的危害，VOCs 是平流层消耗臭氧的主要反应物。卤代 VOCs 参与平流层光解，释放活性臭氧-破坏链载体，导致平流层臭氧层损耗。多氯甲烷是典型的卤化 VOCs，它具有很强的生物积累性、急性毒性和抗降解性，对生态环境具有一定的危害。大多数多氯甲烷对臭氧损耗和全球变暖都有重大影响。它们的全球变暖潜能值（用来评价温室气体对温室效应的影响比重）是二氧化碳的 10～1800 倍。

（2）室内环境质量评价及控制技术

室内空气质量是指一定时间和空间内，空气中所含有的各项与人体健康有关的物理性、化学性、生物性和放射性参数的检测值，是用来衡量室内环境健康的重要指标。主要参数包括物理性（温度、相对湿度等）、化学性（甲醛、甲苯、氨、总挥发性有机物等）、生物性（菌落总数）和放射性（氡^{222}Rn）。《室内空气质量标准》(GB/T 18883—2002）规定了室内空气质量各参数及检验方法。标准规定室内空气应无毒、无害、无异味。除此之外，国家对医院、商场等公共场所的室内空气也有相应的标准。对于室内空气质量的评价方法一般分为主观评价法和客观评价法两大类。主观评价一般采用人的感官比如嗅觉或健康指标作为评价标准，客观评价一般采用具体的浓度或指数标准来评价室内空气质量。

室内空气质量的控制技术可分为源头控制和过程控制两大类。源头控制是最直接和有效的方法，例如使用绿色建材可减少污染物的释放，有效控制室内温湿度可减少细菌的滋生，注重日常生活习惯的培养也可降低室内空气污染程度。过程控制是解决室内污染的关键方法，例如对于新装修的房屋，可采用间隔通风的方式促进室内污染物的释放，也可通过安装空气净化器、新风系统或使用空气净化材料对已存在的污染物进行净化处理。根据 VOCs 种类和浓度的不同，VOCs 的净化处理方法也比较多元化。VOCs 的净化方法大致分为两类：回收法和破坏法。回收法是将 VOCs 富集在一起，包括吸收、吸附、膜分离和浓缩等。高浓度水溶性的 VOCs 可以通过恰当的溶剂采用化学吸收法将其从烟道气流中分离出来。物理或化学吸附技术是采用合适的吸附剂（如活性炭、沸石等）来吸附 VOCs。膜分离是指采用具有特殊结构的膜材料将 VOCs 从污染的空气中分离出来。浓缩法是指通过改变系统温度或压力来去除 VOCs。破坏法是将 VOCs 分子转化为二氧化碳和水的一种方法，包括热燃烧法、催化氧化法、光催化氧化法、等离子体法以及生物法等。热燃烧法常被用来净化烟气中高流速高浓度的 VOCs，超过 99%的 VOCs 可通过高温燃烧（>1000℃）将其破坏。催化氧化法是通过合适的催化剂在较低温度下（250～500℃）将 VOCs 氧化，常用的催化剂有贵金属（Au、Pt、Pd)、金属氧化物（Co_3O_4、NiO、MnO_2）和混合金属催化剂。对于室内污染的特点和现状问题，上述一些空气净化技术被逐渐用来净化室内空气。例如，对于室内主要的污染物 VOCs，有吸附法、催化氧化法、等离子体法和生物降解法等方法。吸附法具有成本效益高、操作简单、能耗低的特点，是最常用的室内空气净化技术，它一般利用具有较大比表面积和孔体积的吸附材料通过物理或化学吸附将污染物分子固定。催化氧化法以催化剂作为关键材料，在外界温度或光照条件下产生自由基，进而将污染物分子降解。等离子体法利用了电场对空气的电离产生等离子体，从而将污染物分解。通常情况下，实际应用中会同时采用多种 VOCs 净化方法。

11.2 吸附材料

在所有处理 VOCs 的方法中，吸附法是最有效、最简单、成本最低的净化技术之一。VOCs 的吸附技术主要依靠的是吸附材料巨大的比表面积、孔体积和适宜的表面性质。因此，对于吸附过程来说，最关键的是找到大吸附量和高吸附效率的吸附剂。在用于吸附 VOCs 的材料中，活性炭、天然矿物和分子筛等是研究最多的吸附材料。

11.2.1 吸附机理及主要影响因素

吸附是指在气固液三相间或相内部发生的，某个相的物质密度或溶于该相的溶质浓度在界面发生改变的现象。当气体有在固体表面自动聚集，以求降低表面能的趋势，使得固体表面气体浓度高于其本体浓度的现象，称为固体的气体吸附。被吸附的物质称为吸附质，具有吸附作用的物质称为吸附剂。吸附质离开界面引起吸附量减少的现象称为脱附。在脱附过程中，由于分子热运动，获得能量的分子可以挣脱束缚力作用而脱离表面，吸附量逐渐减小。吸附质在界面上不断进行吸附和脱附，当吸附量和脱附量在统计学上相等时，或者经过无限长时间也不变化时称为吸附平衡。可以根据吸附剂对吸附质的吸附量、吸附剂和吸附质之间的相互作用力、吸附质在吸附剂中的吸附层结构等研究吸附质的吸附状态，其中，吸附量是表征吸附状态的最基本参数。

吸附现象的本质是吸附剂和吸附质之间的相互作用。固体表面原子比内部原子的周围相邻原子更少，使其受力失衡，产生表面能，为弥补这种力的不平衡，表面原子就会吸附周围空气中的气体分子。这种吸附相互作用力包括范德瓦耳斯力、静电力、氢键、电荷转移相互作用等。对于建筑室内环境来讲，吸附主要以固相-气相为主。气体分子与固体表面发生碰撞后，发生吸附，按吸附分子与固体表面作用力的性质不同，可以把吸附分为无选择性吸附和选择性吸附。无选择性吸附，又称为物理吸附，是指固体对于吸附的气体没有选择性，越是易于液化的气体越易于被吸附。吸附可以是单分子层也可是多分子层，吸附相互作用弱，吸附热（分子从气相吸附到表面相这一过程中所放出的热）低，吸附质容易解吸，吸附剂易于再生。无选择性吸附的实质是一种物理作用，在吸附过程中没有电子转移和化学键的生成等。物理吸附可以归因于分子间的引力，即范德瓦耳斯力。选择性吸附，又称化学吸附，是指一些吸附剂只对某些气体才会发生吸附作用，吸附热的数值较大，一般是单分子层吸附，且不易脱附。吸附和脱附速率较慢，且升温时吸脱附速率加快。这类吸附过程需要一定的活化能，气体分子与吸附表面的作用力和化合物中原子间的作用力相似。选择性吸附的实质是吸附剂表面官能团与吸附质分子之间的化学反应过程。由于化学键结合较强，化学吸附通常是不可逆的，在解吸过程中可能会改变吸附物的原始形式。在实际吸附过程中，一般物理吸附和化学吸附同时存在。

影响 VOCs 吸附的因素较多。吸附材料的比表面积、孔结构特性和表面官能团等都会对吸附材料的 VOCs 吸附效果产生影响。同时，VOCs 分子自身的物化性质如分子直径、沸点和极性等也会影响其在吸附材料中的吸附量。此外，吸附过程也受温度、湿度、VOCs 浓度等吸附环境条件的影响。在各种因素的综合作用下，不同吸附材料表现出对不同 VOCs 分子的差异化的亲和性，从而影响吸附速率和吸附量。在这些影响因素中，对于吸附材料来讲，比表面积、孔结构和化学官能团是三个关键因素，它们将直接决定其对 VOCs 的吸附性能。

(1) 比表面积

比表面积指的是单位质量物质所具有的总表面积，可分为外表面积和内表面积。固体颗粒的粒径大小、颗粒形状以及孔隙率都会影响其比表面积的大小。吸附剂的比表面积通常依据多层气体吸附理论采用 BET 法计算得到。对于任何吸附剂，大的比表面积意味着材料有更多的暴露表面，这些表面为吸附材料的 VOCs 吸附过程提供了场所，提升了 VOCs 被吸附材料固定住的可能性，整体上使得吸附材料表现出优异的 VOCs 吸附性能。通常，吸附材料对 VOCs 的吸附量随材料比表面积的增大而增大。图 11.1 所示为几种具有不同比表面积的矿物对不同 VOCs 吸附量的影响，拟合结果表明，吸附材料比表面积与 VOCs 吸附量呈良好的正相关线性关系。因此，通常可采用增大吸附材料比表面积的方法增加材料对 VOCs 的吸附。

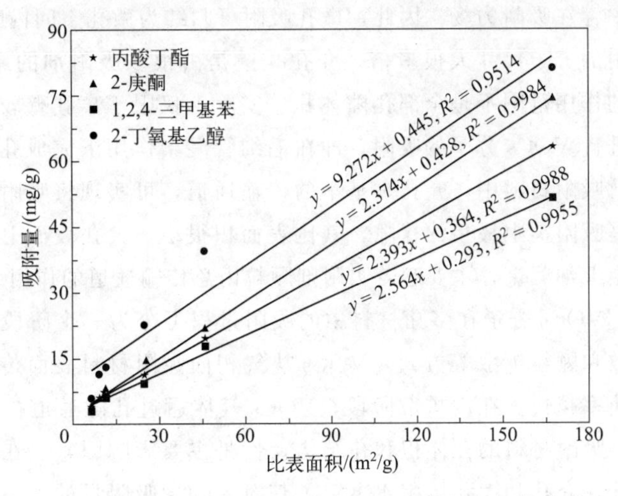

图 11.1　矿物比表面积和其 VOCs 吸附量之间的关系

（2）孔结构特性

一般情况下，固体表面都是凹凸不平的，当凹坑深度大于凹坑直径时就形成了孔，孔数量较多的材料称为多孔材料。多孔材料中的孔有存在于晶体内部的有序孔，也有粒子堆积形成的无序孔，有由于热分解形成的孔，也有反应生成气体后生成的孔。孔的形成方式虽然多种多样，但是对于多孔材料的孔结构性质，一般可采用孔径大小、孔径分布和孔体积等参数来具体表征。根据孔径大小，吸附材料的孔隙可分为大孔（>50nm）、介孔（2～50nm）和微孔（<2nm）。吸附材料的孔体积和孔径分布通常采用 BJH 法测量得到。多孔材料对吸附质的吸附行为往往也因孔结构性质的不同而表现出不同的差异性。

吸附材料的孔径大小决定了其可以吸附的 VOCs 分子的大致范围。当 VOCs 分子的尺寸大于吸附材料孔径时，由于空间位阻的作用，不会发生吸附过程。当 VOCs 分子大小与孔径尺寸相当时，VOCs 分子被吸附剂捕获，在吸附材料吸附势能场的叠加作用下将 VOCs 分子吸附住。当 VOCs 分子尺寸小于孔径时，VOCs 分子进入吸附材料的孔隙，在孔道内发生吸附，并且随着 VOCs 吸附量的增加，发生毛细管凝聚现象，从而增加 VOCs 的吸附量。当 VOCs 分子尺寸远小于吸附材料孔径时，孔道中存在大量 VOCs 分子，吸附剂与 VOCs 分子之间的吸附力较弱，VOCs 容易从吸附材料孔道中解吸脱附出来，孔隙只起到通道的作用。一般情况下，除苯系物分子外，大多数 VOCs 分子尺寸与窄微孔（<0.7nm）具有相同数量级。一般吸附剂的孔径与 VOCs 分子大小的比值为 1.7～3.0 时，吸附材料对 VOCs 有较好的吸附性能。通常活性炭的孔隙结构主要集中在微孔范围内，这些较窄的孔隙会造成扩散阻力，可能会阻碍 VOCs 分子在孔道中的传输，特别是对于具有大分子直径的 VOCs，导致吸附力变小。沸石的孔结构主要为介孔结构，因此适合吸附大分子 VOCs。

吸附剂的孔径分布也会影响VOCs的吸附过程。理论上，孔径大于VOCs分子直径的孔隙是有效的吸附位点。总的来说，微孔提供了主要的吸附位点，而介孔则增强了VOCs的扩散。微孔吸附材料对VOCs的吸附能力较强，而介孔材料对VOCs的扩散系数较大。对于微孔吸附，孔径与所吸附分子的尺寸相差不多，在吸附时，孔壁包围吸附分子，孔内范德瓦耳斯力吸附势较强，导致吸附剂的所有原子和分子都处于与微孔中的吸附质分子的相互作用下，即在全部微孔空间中存在吸附力场。因此，微孔吸附可归结为微孔空间内吸附质的填充过程。介孔的孔径比所吸附的分子尺寸大很多倍。介孔孔壁是由很多吸附剂的原子或分子组成的。对于介孔，吸附力的作用范围不是全部孔隙体积，实际上仅限于离孔壁较近距离范围内。因此，在介孔表面上进行VOCs分子的吸附，即在毛细管凝聚作用下完成孔隙的充填，形成连续的吸附层。在多孔吸附材料中，介孔是基本的传输通道，可实现将吸附质输送到“吸附容器”微孔中。大孔是吸附剂中最粗的孔隙，其比表面积很小，大孔表面上的吸附可以忽略不计。大孔中不会发生毛细凝聚，主要起着吸附剂颗粒内总传输通道的作用。

根据以上分析，VOCs分子在多孔材料中的吸附过程可分为三个阶段：在外表面吸附阶段，通过对流、弥散和颗粒扩散等方式，VOCs从气相向吸附材料表面传质。一般来讲，比表面积越大，传质速率越快。在内扩散阶段，VOCs气体通过孔隙通道扩散进入吸附材料内表面。在这个阶段，吸附材料的孔体积和孔结构特性是主要影响因素。在最终吸脱附平衡阶段，吸附材料的微孔、介孔和大孔体积比决定了其对VOCs吸附量的大小。整个吸附速率受VOCs浓度的控制。对于多孔吸附材料，物理吸附主要取决于其比表面积和孔结构性质。微孔是吸附剂的主要吸附位点，控制着吸附剂的吸附量，但大孔和介孔的作用不可忽视。在大多数情况下，只有大孔直接暴露于多孔吸附材料的外表面。介孔是大孔的分支，为VOCs分子提供运输通道，进入微孔。大孔对总表面积的贡献很小，介孔和微孔占比较大。总体而言，吸附材料的吸附能力不仅取决于有效的微孔，还依赖于适宜的介孔和大孔。多孔吸附材料物理吸附示意图如图11.2所示。

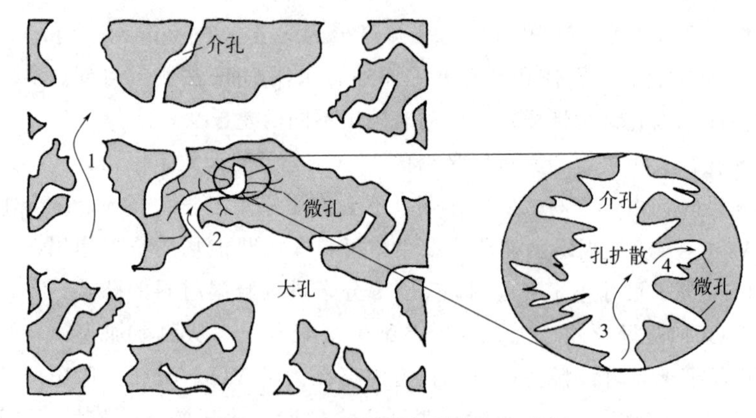

图11.2　多孔吸附材料物理吸附

1—气体的对流和弥散；2—对流传质；3—孔隙扩散；4—表面吸附

（3）化学官能团

吸附是VOCs分子和吸附剂的物理和化学作用过程。吸附材料表面化学官能团的种类和数量对VOCs的化学吸附有较大的影响。在常见的表面官能团中，含氧和含氮基团被认为是化学吸附最重要的基团。多孔材料中含氧基团最为丰富，可分为酸性、中性和碱性三种类型。酸性官能团一般通过液相氧化形成，而中性和碱性官能团如羟基和羰基则通过气相氧化形成。大多数吸附剂在本质上是非极性的，但含氧表面官能团增强了其表面极性。这些含氧基团更倾向于通过形成氢键吸附甲醇、乙醇、丙酮等极性 VOCs，而极性化合物的吸附量受含氧基团数量的影响。含氮基团一般由铵、硝酸和含氮化合物处理产生。含氮官能团可以改善吸附剂表面的化学吸附活性位点。一般来讲，吸附剂表面含有的羧基和羟基具有很强的电子接收能力。吸附材料对苯和甲苯的吸附主要是材料表面酸性官能团（如羧基）与苯环之间形成电子配合物，在含氧官能团间氢键的联合作用下，苯环被吸附在吸附剂表面。VOCs 的饱和吸附量与化学官能团的含量呈线性关系。随着官能团数量的增加，VOCs 的饱和吸附量增加。通过对吸附剂进行表面化学改性，可以改变吸附剂对 VOCs 的吸附能力和选择性。采用酸处理、氧化、氨化、等离子体和微波处理等多种方法都可对其表面化学性质进行改性处理。不同改性方法得到的吸附剂表面化学官能团不同。活性炭可以通过氨化增加碱性官能团，通过氧化增加酸性官能团。金属改性也是改变吸附材料表面化学性质的一种方法。在活性炭表面负载金属离子可提高其与 VOCs 分子的结合力，从而提升其吸附能力。

从宏观上看，多孔材料的吸附过程是由比表面积、孔结构、表面性质和吸附物性质决定的。从微观上看，主要由范德瓦耳斯力、微孔填充和毛细管凝聚决定。大的比表面积和发达的孔隙结构特别是微孔结构对物理吸附有积极的影响。吸附剂表面适宜的官能团是化学吸附的决定性因素。然而，吸附是一个复杂的过程，它不是单一因素控制的，而是多因素控制的。因此，在考查吸附材料的吸附能力时，需同时考虑吸附剂和吸附质的特性。

除以上三个影响因素外，吸附剂的可回收性也是一个重要指标，因为它决定了吸附过程的成本。VOCs 的解吸需要去除 VOCs 分子与吸附剂活性位点之间的相互作用。同时，吸附剂必须保持有效的物理和化学性质，以便重复使用。目前研究中常用的吸附剂再生方法有变压、变温、吹扫气体和微波加热等。程序升温解吸法由于设备简单、能耗低、解吸效率高，是最常用的 VOCs 解吸方法。在程序升温脱附 VOCs 过程中，吸附剂的物理化学结构不可避免地会因温度的升高而发生变化，影响吸附剂的再吸附性能。总体上，吸附剂对 VOCs 的吸附量随着回收次数的增加呈现出相反的趋势。由于不同吸附材料的耐热性，不同吸附剂的重复使用性也不同。

11.2.2 碳基吸附材料

众所周知，在 VOCs 的所有吸附材料中，活性炭是应用最广泛的吸附剂。活性炭是以微晶结构为基础的无定形碳。一般来讲，活性炭是将煤炭、木材和椰壳等富碳材料作为前驱体，通过碳化和活化制备而成，通常呈颗粒状、纤维状或块状。活性炭拥有巨大的比表面积、发达的孔隙结构、丰富的表面官能团、优异的机械强度和耐酸碱性质，具有吸附能力强、通用性强、成本效益高和化学稳定性好等优点，使其在空气净化、污水处理和土壤修复等环境领域有广泛的应用。活性炭对 VOCs 的吸附性能受吸附剂理化性质的影响。活性炭的大比表面积（$600\sim1400m^2/g$）和孔体积（$0.5\sim1.4cm^3/g$）对 VOCs 的吸附能力有积极影响。活性炭表面的化学官能团也是某些 VOCs 吸附的关键影响因素。不同材料和制备方法制备的活性炭在比表面积、孔径分布、表面化学官能团等方面存在差异，使得活性炭的吸附能力不同。

活性炭具有VOCs吸附的通用性，尤其适合吸附疏水性VOCs，而其对亲水VOCs的吸附作用受到限制。因此，为了提高活性炭在高湿度条件下对VOCs的吸附性能，有研究者采用低表面能材料在活性炭表面形成疏水性涂层来提高活性炭在高湿度条件下的吸附性能。例如采用聚二甲基硅氧烷（PDMS）包覆活性炭，PDMS包覆的活性炭具有高的疏水性，活性炭的疏水性和微孔体积是影响其在潮湿条件下吸附VOCs的主要因素，活性炭经PDMS包覆后对水蒸气的吸附能力减弱，对VOCs的吸附能力增强。

虽然活性炭的物理性质如比表面积和孔径等会影响活性炭的吸附容量，但由于在吸附过程中还存在吸附剂与吸附质的相互作用，因此活性炭的表面化学性质对VOCs吸附也很关键。对于活性炭吸附剂，其表面含有各种类型的含氧官能团，包括酚羟基、羧基和羰基等，这些都可能作为吸附活性位点。不少研究者利用化学改性方法来提高活性炭的VOCs吸附能力。例如，用硫酸处理活性炭后，酸与活性炭反应产生了气体，重新打开了活性炭中密闭的微孔，形成的新微孔使得活性炭微孔表面积和微孔体积增大。更为重要的是，酸处理后，活性炭表面含氧官能团含量大幅增加，最终使得硫酸处理活性炭对VOCs的吸附性能明显增强。还可采用化学氧化—热氧化复合改性方法对活性炭改性，扩充活性炭的微孔孔容，增加活性炭表面酸性基团，从而增强活性炭对VOCs的吸附能力。

二元或多组分VOCs在多孔吸附剂上的吸附过程较为复杂。由于各组分亲合力不同，在混合气体体系中可能发生竞争性吸附。吸附过程实际上是一个连续吸附和解吸的动态平衡过程。当吸附亲合力强的VOCs浓度达到一定程度时，吸附位点必然形成竞争结合，取代吸附亲合力弱的VOCs。吸附质沸点是影响VOCs在活性炭上竞争吸附的主要因素。在活性炭对多组分混合VOCs的吸附过程中，竞争吸附导致低沸点化合物在吸附过程中被高沸点化合物取代，使得高沸点VOCs更易被吸附。对于沸点相近的吸附质，吸附质的结构和功能也会影响吸附过程。由于高沸点VOCs更难从活性炭中脱附，因此它们更易导致活性炭中VOCs的残留积聚。

由于活性炭的主要成分是碳，所以在活性炭的使用和再生过程中，一般存在热不稳定性。例如，在吸附较高温度VOCs时，活性炭的多孔结构会自燃或坍塌。活性炭不完全解吸过程中残留VOCs的形成会影响活性炭的寿命和再生成本。有研究表明，对于活性炭的再生过程，在脱气气氛中，高浓度氧气条件（625～10000ppm）($1ppm=1\times10^{-6}$）比低浓度氧气（≤5ppm）更容易导致再生后活性炭吸附量减小，并且活性炭中有更多的VOCs残留累积。随着脱附过程中氧气浓度的增加，原本在高纯氮气气氛条件下物理吸附的VOCs可能逐渐发生化学反应，变成化学吸附，在此高浓度氧气脱气气氛中，化学吸附相比物理吸附发挥更主要的作用，这些化学吸附的组分逐渐成为吸附过程中的扩散阻力。活性炭的残留累积主要发生在微孔中，所以对于微孔比较多的活性炭，其残留累积也较多。为了降低活性炭再生过程中的VOCs高残留累积，可采用微波加热方法实现活性炭的再生，微波加热方法所消耗的能量仅为传导加热再生方法的6%。有研究表明，将活性炭的再生温度从288℃提高到400℃后，可将狭窄微孔中吸附的化学物质解吸出来，使得VOCs在活性炭中的残留降低了61%，但此时活性炭的比表面积和孔隙体积与累计残留成正比地减小。孔径分布和孔隙体积减小证实了VOCs残留累积主要是在狭窄的微孔中形成的，这些微孔可以被部分被吸附VOCs所占据或堵塞。在循环吸附/再生系统中，更大体积的微孔有利于吸附能力的提升，而介孔对VOCs的脱附残留没有影响，介孔体积的增大有利于延长吸附剂的使用寿命。在活性炭表面含氧基团对VOCs不可逆吸附的影响中，氧功能化和氢处理的活性炭比热处理的活性炭有更高的质量平衡累积残留。热处理和氢处理活性炭的VOCs残留形成是由于物理吸附物质的积累。相比之下，化学吸附和物理吸附的共同作用使得氧功能化活性炭的残留形成，活性炭表面氧基被VOCs吸附质消耗而形成化学吸附物种。

生物炭被认为是活性炭的潜在替代品，其具有丰富的原料和高效低成本。与活性炭相比，生物炭是在惰性气氛经较温和的热解条件下制备的。丰富的富碳材料，如木材、农林残留物、水果副产品等，均可用于生物炭生产。炭化生产的生物炭是一种具有原始孔隙结构的无序石墨微晶。物理或化学活化通常用于生物炭的制备，以增大其比表面积，改善微孔结构。物理活化一般在高温下进行（约700℃），在氧化气氛如蒸汽、空气或它们的混合物条件下制备。化学活化一般在300～800℃的温度下，添加热浸渍活化剂制备，常用的活化剂有酸、碱和金属盐。未经处理的生物炭的孔隙结构不发达，限制了其VOCs吸附能力。通过物理改性或化学改性，生物炭的理化性质可以得到很大的改善。与活性炭相似，生物炭也存在可燃性和孔隙易堵塞等缺点。

活性碳纤维是一种纤维碳质吸附材料，一般通过有机纤维的碳化和活化制得。用于活性炭纤维制备的原料通常是可再生性较差的，如黏胶纤维、聚丙烯腈纤维和沥青纤维。活性炭纤维是一种纯碳质固体，比表面积为810～1400m^2/g，微孔体积为0.36～0.92m^3/g，其孔隙宽度通常集中在0.5～1nm。与活性炭不同的是，活性炭纤维因其纤维薄、微孔短而直，使其具备更快的颗粒间吸附速率。此外，活性炭纤维易被制成所需的形状，方便应用。纤维结构可以克服吸附床中高压降的困难，抑制传质限制。到目前为止，活性炭纤维广泛应用于化学吸附分离、空气和水净化、催化反应和医疗保健等领域。采用静电纺丝-蒸气活化法制备活性纳米碳纤维，由于具有较小的直径和表面较多的微孔，活性纳米碳纤维相比活性炭纤维表现出更优异的吸附性能，表面含氧量较高的碳纤维对VOCs的吸附性较强。也可采用H_2O_2浸渍法对碳纤维化学改性，改性后的碳纤维表面含氧官能团含量增加，增强了其VOCs的吸附能力。碳纤维孔结构和表面含氧官能团对其甲醛吸附性能也有影响，碳纤维的甲醛吸附性能主要由孔径范围为0.9～1.8nm微孔的比表面积和孔体积决定，经浓硝酸改性后的炭纤维，表面酸性含氧官能团增加，由于这些富含C═O、C—OH等亲水官能团的存在，炭纤维的甲醛吸附性能增强。有研究采用静电纺丝法制备了木质素基活性炭纤维（LCFK），LCFK的大比表面积和微孔结构有助于吸附VOCs，而化学官能团的影响与VOCs的极性相关。对于单组分吸附，VOCs的分子极性在吸附过程中起着至关重要的作用，对甲苯的吸附量大于甲醇和丙酮。对于多组分吸附，甲醇和丙酮更倾向于通过偶极相互作用吸附在LCFK表面的极性基团上。

其他碳材料例如碳纳米管、石墨烯、有序介孔碳也被用作VOCs吸附材料。综上，可以得出，碳材料对VOCs的吸附主要与碳材料的比表面积、孔结构和表面性质有关。通过调控碳材料的比表面积和孔体积，改善碳材料表面官能团，可使碳材料的VOCs吸附性能增强。

11.2.3 矿物基吸附材料

天然多孔矿物具有种类多、储量丰富、低成本等优点。较大的比表面积、独特的微孔或介孔结构以及快速的传质速率使矿物成为一种潜在的VOCs吸附材料。其中，黏土矿物，如凹凸棒石、蒙脱石和海泡石等，具有丰富的储量和低廉的成本，常被用作吸附材料。这些黏土矿物大多为层状硅酸盐矿物，具有离子交换性能，可通过改性处理得到改性黏土，从而提高其 VOCs 吸附性能。

凹凸棒石又名坡缕石，是一种具链层状结构的含水富镁硅酸盐黏土矿物。凹凸棒石的棒晶具有纳米粒径和大长径比的特点，拥有许多纳米尺寸的孔道，存在大量活性中心，具有良好的吸附性能。凹凸棒石经盐酸处理后，阳离子被浸出，凹凸棒石的比表面积和孔体积明显增加，对甲苯的吸附量是酸处理前的 2 倍。此外，酸处理凹凸棒石表现出较好的再生性能。因此，酸活化处理是优化凹凸棒石结构、提高其吸附量的行之有效的方法。

膨润土是以蒙脱石为主要物相的黏土矿物，为两层硅氧四面片和一层夹于其间的铝（镁）氧八面体片形成的 2∶1 型层状硅酸盐结构。四面体结构层内的 Si^{4+} 和 Al^{3+} 常被异价类质同象置换，使得蒙脱石具有离子交换性、膨胀性和吸附性等性质。有研究采用硫酸处理膨润土，使得膨润土的比表面积和孔体积由酸处理前的 $69m^2/g$ 和 $0.14cm^3/g$ 分别提高到 $195m^2/g$ 和 $0.47cm^3/g$，对甲苯的吸附量由 66mg/g 提高到 197mg/g。以硫酸酸化法制备不同酸化程度的蒙脱石，发现随着酸浓度的增大，蒙脱石片层结构的周期性降低，结晶度下降，但仍保留片层状结构，阳离子交换容量逐渐下降，比表面积、孔体积先快速增大后平缓地增加。酸化蒙脱石对甲苯和二氯甲烷的饱和吸附容量相比原土的吸附量分别提高了 145.7%和 162.0%。有机改性方法是另一种调节矿物表面性质的方法，通过在矿物表面引入有机官能团，提高其对 VOCs 的吸附能力。采用十六烷基三甲基溴化铵和十二胺对膨润土改性，研究表明，膨润土对 VOCs 的吸附能力很大程度上取决于 VOCs 的横断面积、极性、蒸发焓和临界体积，由于活性的差异，VOCs 在膨润土上的总吸附量存在具体的差异，膨润土对脂肪烃类 VOCs 的吸附亲和力要高于芳香族类 VOCs。

有研究者对比研究了蒙脱石、高岭土和埃洛石对苯的吸附性能，通过热处理调节黏土矿物的层间距和孔隙度，结果表明，钙基蒙脱石（141.2mg/g）比钠基蒙脱石（87.1mg/g）具有更大的苯吸附量，这是由于钙基蒙脱石具有更大的层间距，更易吸附苯分子。高温煅烧处理后的蒙脱石由于层间距坍塌使得层间微孔消失，从而导致苯吸附量减小。三种黏土矿物中，高岭土的苯吸附量最小（56.7mg/g），这是由于其层间距和比表面积都较小。作为高岭土的同质异象体，埃洛石具有管状结构，使得其具有比高岭土更大的比表面积，从而具有更大的苯吸附量（68.1mg/g）。采用一步水热法制备了 AlCr 柱撑蒙脱石，制备后的柱撑蒙脱石较蒙脱石原矿具有更大的比表面积、孔体积和层间距，该柱撑蒙脱石表现出优异的苯吸附性能和重复使用性能。

硅藻土是一种由硅藻生物遗骸沉积形成的非金属矿物，储量较大。硅藻土具有高度发达的规则大孔结构，耐酸性，耐高温，常被用作吸附剂、助滤剂和催化剂载体等。采用硅烷改性的方法，可提高硅藻土的苯吸附性能。硅烷改性在硅藻土表面成功引入—C_6H_5 官能团，使得硅藻土表现出疏水性能，硅烷改性硅藻土表面的苯基与苯分子之间形成强相互作用，使得改性后硅藻土具有较强的苯吸附性能，经硅烷改性后硅藻土苯吸附量是硅藻土原矿的 4 倍。此外，有研究通过碱溶—水热法在硅藻土表面引入沸石制备了分层次多孔复合材料，材料中即保留有硅藻土的大孔结构，同时引入了沸石的微孔结构，从而使得复合材料表现出较高的苯吸附性能。有研究者利用原位水热法制备了具有分级多孔结构的水铝英石/硅藻土纳米复合材料，水铝英石颗粒均匀分布在硅藻土表面，填充在大孔内壁，形成具有较高比表面积的分级多孔材料，包括水铝英石颗粒具有的微孔、硅藻壁大孔因异晶颗粒在内壁填充而转化形成的中孔、硅藻本身存在的大孔结构。复合材料的比表面积为 $155.9m^2/g$，明显高于硅藻土（$17.9m^2/g$）。层次性多孔结构为 VOCs 提供了足够的吸附空间。

有研究以硅藻土、斜发沸石和凹凸棒土三种矿物为吸附剂，六种具有不同理化性质和官能团的 VOCs 为吸附质，探讨了天然矿物对 VOCs 的吸附和解吸性能。在三种矿物吸附剂中，由于凹凸棒土具有较高的比表面积和孔体积，故其对所有 VOCs 的吸附量都是最大的（见图 11.3）。提高吸附温度和相对湿度会降低矿物对 VOCs 的吸附能力，且非极性 VOCs 对温度和相对湿度变化的敏感性高于极性 VOCs。VOCs 在矿物中的吸附量与 VOCs 的沸点和极性有关，VOCs 沸点越高，极性越大，其在矿物中的吸附量越大。通过五次循环吸附/解吸试验研究了矿物吸附剂的解吸性能，结果表明，脱附吹扫气氛对脱附效率无显著影响。而解吸温度的升高明显降低了吸附剂中的 VOCs 残留累积，且非极性 VOCs 在矿物表面的解吸效果优于极性 VOCs。

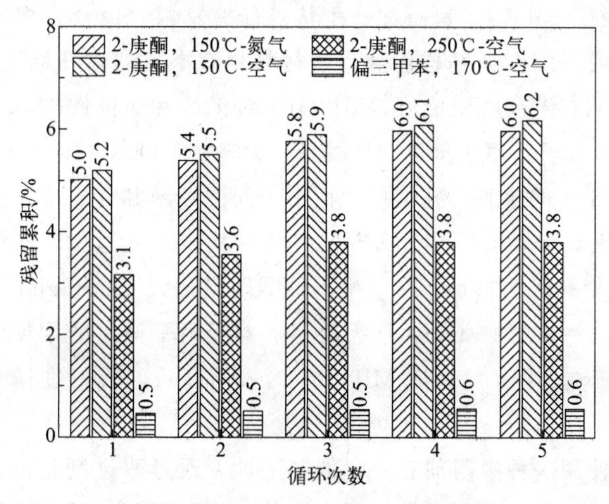

图 11.3　凹凸棒石不同条件下再生循环后的 VOCs 残留累积

沸石是一种架状含水的碱或碱土金属铝硅酸盐矿物，具有稳定的晶体结构，由硅氧四面体和铝氧四面体共用氧原子通过空间交联组成，四面体连接产生的具有均匀尺寸和规则形状的通道和空腔，可以容纳有机小分子。沸石晶体的大量孔穴和孔道使沸石具有很大的比表面积，加上特殊的晶体结构，形成静电引力，使沸石具有应力场，产生较强吸附性能。沸石中的孔道和孔穴一般大于晶体总体积的 50%，且大小均匀，有固定尺寸和规则形状，沸石对极性分子具有很强的吸附作用，并且湿度、温度和浓度等条件对其影响很小。沸石具有疏水性好、比表面积大（$250\sim800m^2/g$）、孔隙率可调、热稳定性好等优点，被广泛用作化学筛、吸附剂和催化剂。特别是，沸石的结构性能可以通过改变 Si/Al 比来定制。碳基材料通常具有易燃性和再生困难的缺点，沸石优越的水热稳定性和化学稳定性使其能够克服这些问题。天然沸石矿物有 40 余种，其中以斜发沸石、丝光沸石、辉沸石和菱沸石等为常见。由于天然沸石矿物中常夹杂有其他元素，且天然沸石孔道常成堵塞状态，导致其比表面积和孔体积较小。通过人工合成的沸石（沸石分子筛）具有可调节的孔道结构，逐渐成为优异的吸附材料。

11.2.4 其他吸附材料

活性氧化铝是由氧化铝的水合物加热脱水而形成的多孔物质，具有较大的比表面积、热稳定性和表面活性。可通过不同表面改性剂模板制备多孔氧化铝，相比未添加改性剂模板制备的氧化铝具有更小的晶粒度，各氧化铝对甲醛的吸附量与氧化铝的比表面积和孔体积成正比。采用CTAB改性的氧化铝具有更小的孔径，表现出更大的空间阻力，从而具有更大的解吸活化能。经PPO-PEO-PPO三嵌段共聚物（P123）改性的氧化铝含有丰富的表面羟基团，有利于甲醛分子在其表面的化学吸附，从而使其具有更高的解吸活化能。

超高交联树脂是一种聚合物吸附剂，具有多孔网状结构，较大比表面积和微孔体积，也是一种理想的VOCs吸附材料。有研究制备了微—介孔结构的超高交联树脂吸附剂，该树脂吸附剂具有丰富的介孔结构，使其表现出对高浓度VOCs的优异吸附性能，由于介孔中吸附剂与吸附质之间的相互作用力要弱于微孔，因此具有介孔结构的树脂吸附剂对高沸点VOCs表现出较好的脱附性能。

金属有机骨架材料（MOFs）是一种新型热点研究材料，由金属离子或团簇与有机配体以有序的一维、二维或三维框架结构组成。该材料具有丰富的多孔结构和巨大的比表面积，故其在VOCs吸附领域有潜在应用价值。MIL-101对极性和非极性VOCs都有优异的吸附性能，VOCs的吸附量与分子截面积呈负线性关系，大多数VOCs（如丙酮、苯、甲苯、乙苯和对二甲苯）进入MIL-101的小直径孔道中，而由于间二甲苯和邻二甲苯的甲基官能团更易与MIL-101连接，分子面较大，因而易进入MIL-101的大直径孔道中。有研究者研究了对二甲苯在MIL-101中的吸附和扩散特性，对二甲苯的吸附量达到10.9mmol/g，对二甲苯在MIL-101中的吸附热为24.8～44.3kJ/mol，且吸附热随着吸附平衡量的增加而减少，用三种极性VOCs（丙酮、甲苯和对二甲苯）表征MIL-101的表面性质，吸附过程的吉布斯自由能大小顺序：对二甲苯＞甲苯＞丙酮。

通常情况下，只使用一种吸附剂有一定的局限性。通过改进制备流程，将两种吸附材料有机结合在一起，复合后的吸附剂通常表现出比单一吸附剂更好的VOCs吸附效果。采用溶剂热法制备MIL-101/氧化石墨烯复合材料，复合材料比单一MIL-101有更大的比表面积和孔体积，复合材料中MIL-101的晶粒尺寸要小于单一MIL-101，从而使得复合材料对丙酮的吸附量比单一MIL-101增加了近45%，由于复合材料与丙酮分子的强相互作用，丙酮在复合材料上的脱附活化能要高于其在单一MIL-101上的脱附活化能。吸脱附连续性试验结果表明丙酮在复合材料中的脱附率达到91.3%。类沸石咪唑骨架材料（ZIF）是一种金属有机骨架材料，其中，ZIF-8是该骨架材料的典型代表。有研究制备了ZIF-8/氧化石墨烯复合吸附剂，ZIF-8通过官能团结合固定在氧化石墨烯表面，氧化石墨烯作为ZIF-8纳米晶体生长的结构导向剂，可通过改变氧化石墨烯的含量调节吸附材料的形貌和孔结构。由于ZIF-8与石墨烯之间具有协同作用，复合吸附剂表现出比单一ZIF-8较高的二氯甲烷吸附性能，达到240mg/g。Cu-BTC（HKUST-1）也是一种金属有机骨架材料。采用机械力化学法合成Cu-BTC@氧化石墨烯复合材料，复合材料的比表面积（$1362.7m^2/g$）和孔体积（$0.87cm^3/g$）与单一Cu-BTC相比都增大了。对甲苯的吸附量比单一Cu-BTC增加了47%，此外复合材料在水中的稳定性明显增加，在水中浸湿10h后，单一Cu-BTC的比表面积减小了98.2%，而复合材料的比表面积只减小了11.5%。

11.3 光催化材料

光催化的历史可追溯到20世纪60年代，其主要过程是太阳能向化学能的转化，具有易实现和无毒无害等特点。光催化的里程碑式事件是1972年 TiO_2 电极光解水现象的发现。从那时起，光催化的研究越来越多，主要集中于光催化基本原理的研究，增强光催化效率，扩展光催化的应用领域。光催化技术最核心的问题是光催化材料，几十年来，在紫外光和可见光响应光催化材料领域都有了长足发展。在室内环境净化领域，光催化技术同样有广阔的应用前景。

11.3.1 光催化基础及环境净化机理

光催化一般是多种相态之间的催化反应，指光触媒在光照条件下所起到催化作用的化学反应。作为光催化剂的半导体粒子具有特殊的能带结构，由价带、导带和二者之间的禁带组成。光催化反应主要包括三个过程：光的吸收与激发，光生电子空穴的转移、分离与复合，光催化剂表面的氧化-还原反应。半导体在大于或等于其带隙的光（$h\nu \geqslant E_g$）激发下，电子从价带跃迁到导带，在价带和导带分别生成空穴和电子。分离后的电子和空穴一部分发生体内复合和表面复合，以热能或其他形式散发掉；另一部分迁移到表面，与表面吸附的物质发生氧化还原反应。当存在合适的俘获剂、表面缺陷态或电场等作用时，电子空穴的复合可被抑制。光生空穴和电子被光催化剂表面吸附的 OH^-、H_2O 和 O_2 等捕获，发生反应，生成氧化性强的羟基自由基（$\cdot OH$）和超氧离子自由基（$\cdot O_2^-$）等活性自由基。材料表面吸附的有机物与自由基反应，最终被氧化成 CO_2、H_2O 等无机小分子。对于光催化过程来说，光生载流子扩散到半导体的表面并与电子给体或受体发生作用才是有效的。因此，减小颗粒尺寸可以有效地减小复合概率，提高迁移效率，从而增大扩散到表面的载流子浓度，提高光催化活性和效率。光激发导致的电子—空穴对的产生以及它们的扩散迁移是光物理过程，空穴和电子分别与表面吸附的电子给体和电子受体反应是光化学过程，而这些过程受到光催化剂体相结构、表面结构和电子结构的影响。一个理想的半导体光催化剂除了具有合适的带隙能级，还应该同时具备材料易得、价格低廉、稳定性高等特点。光催化原理图如图11.4所示。

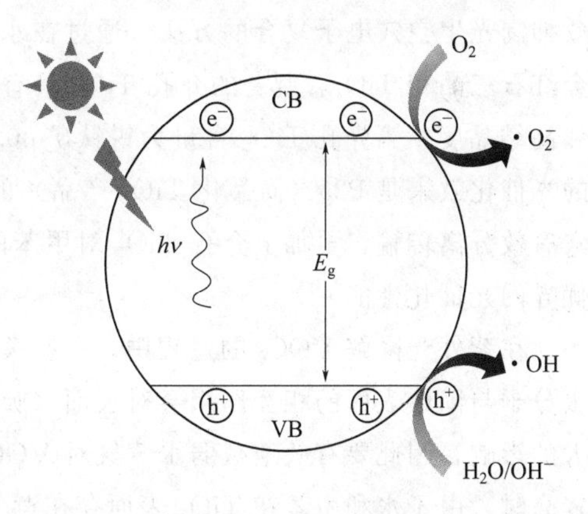

图 11.4 光催化原理

半导体的首要属性是它的能带结构，能带结构决定了入射光子的吸收和半导体的氧化还原电势。直接窄带隙半导体对光的吸收范围大，但其光生电子复合概率高，且能带位置与那些触发特定氧化还原反应的电化学电势不匹配，而宽带隙半导体存在太阳能利用率低的问题。因此，找到具备合适能带结构的半导体或者通过调控半导体的能带结构实现太阳光的高效利用至关重要。另一个影响半导体光催化性能的是它的表界面性质。由于光催化反应发生的主要位置是催化材料的表面，因此材料的表面能和表面性质对光生电子空穴的传输和反应速率起到关键的作用。此外，半导体的形貌、晶粒尺寸和缺陷都会对催化剂的光催化性能产生影响，例如由于催化剂的不同晶面具有不同光催化性能，通常在制备光催化剂时，可通过晶面控制，制备具有高活性的晶面。

11.3.2 单相光催化材料

二氧化钛（TiO_2）是过去几十年来研究最广泛的半导体之一，经过几十年的发展，TiO_2的应用已经从常规领域（如颜料、化妆品、牙膏和涂料）广泛扩展到了极富前景的能源环境领域，包括环境治理、光解水、染料敏化太阳能电池和燃料合成等。光催化技术在环境治理领域的应用主要表现在污水处理、空气净化和保洁杀菌等方面。光催化在污水处理和空气净化中的应用主要依靠的是光催化产生的自由基与污染物之间的氧化还原反应。TiO_2在光照条件下有超亲水性，将其应用于建筑外墙、窗户玻璃等领域可实现其自清洁功能。此外，光催化过程中产生的活性自由基能够破坏细胞的结构，起到杀菌的作用。

自然界中TiO_2有三种晶型：锐钛矿、金红石和板钛矿。TiO_2八面体通过共边或共顶点连接在一起，堆垛次序和畸变程度的不同决定了TiO_2具有不同的晶型结构。纳米TiO_2具有氧化效率高、化学稳定性高、无毒性和低成本等优点。TiO_2在紫外光下具有优良的光催化活性，其在VOCs净化领域受到越来越多的关注。对于丙酮和乙醛这两种亲水极性VOCs，由于纳米尺寸TiO_2有更多的表面缺陷和高含量的Ti—OH—Ti桥连基团，纳米TiO_2相比微米TiO_2表现出更高的光催化性能。通过在锐钛型TiO_2表面构建微孔TiO_2，可使TiO_2的比表面积增大，引入微孔结构，增强材料对甲苯的吸附性能，与此同时，在TiO_2表面构建的同质吸附层极大促进了光生电子空穴对的分离，有效提高了光催化性能。构建混晶TiO_2是一种有效抑制光生空穴电子复合的方法。通过在水热制备过程中加入硝酸制备介孔锐钛矿/板钛矿/金红石三晶相TiO_2，制备的介孔TiO_2具有高表面积（136.6m^2/g）、均匀介孔结构（5.4nm）和高结晶度，当介孔TiO_2含量为锐钛矿80.7%、板钛矿15.6%和金红石3.7%时，其对甲苯的光催化效果是P25（商品化TiO_2产品）的3.85倍。介孔TiO_2三晶相结构使得光生电子空穴有效分离传输，再加上介孔TiO_2对甲苯的高效吸附，使得该方法制备的介孔TiO_2表现出优异的光催化性能。

在紫外光降解VOCs的过程中，一些关键因素也会影响TiO_2的光催化效果。一般来说，水分子与固体表面的相互作用会对表面（吸附表面或催化剂表面）的VOCs去除效率产生很大的影响，因此要有效地减弱水蒸气对VOCs净化效果的负面影响。有研究表明：相对湿度较高时，由于水和甲苯在TiO_2表面存在竞争吸附，使得高湿度条件下TiO_2对甲苯的降解率较低。但是，低湿度下甲苯不完全氧化过程中生成的中间产物比如苯甲醛和苯甲酸容易残留在催化剂表面使催化剂失活，而高湿度条件更有利于甲苯完全氧化为CO_2，抑制催化剂的失活。如果将TiO_2固定在亲水性的纳米金刚石表面，即使在低湿度条件下也不会出现催化剂的失活现象。

TiO_2不是一个理想的光催化剂，受TiO_2自身特性的影响，它在太阳能转化研究中的性能和应用受到了诸多限制。由于禁带宽度的限制，TiO_2仅吸收紫外光，而这只占太阳光光谱约 5%，阻碍了其实际应用。另外，电子—空穴较快的复合速率和相对较差的电荷转移性质，导致量子效率非常低。为了克服 TiO_2 的这些固有缺点，研究人员们通过多种策略对 TiO_2 基光催化材料进行了修饰和改性。

离子掺杂改性 TiO_2 是通过将离子引入 TiO_2 晶格中，改变 TiO_2 的能带结构，从而优化其光催化活性。离子掺杂主要包括阳离子和阴离子掺杂。掺杂能改变 TiO_2 的电子和光学性质。掺杂离子以取代或间隙的形式存在于 TiO_2 的晶格中，或者在 TiO_2 表面形成氧化物。利用掺杂改性来提高 TiO_2 的光催化性能，主要有以下几点原因：在 TiO_2 中引入的掺杂物质成为载流子的给体或受体，对光照产生的光生载流子起到俘获的作用，增强了电子空穴的分离效率；掺杂元素可以在 TiO_2 中产生杂质能级，缩小了 TiO_2 的带隙宽度，扩展了 TiO_2 的光响应范围，在一定程度上能够提高其可见光催化活性。有研究通过 C 掺杂在 TiO_2 晶格内形成 Ti—O—C 键，促进锐钛矿相向金红石相转变，形成的碳酸盐和类焦炭结构使得 TiO_2 的吸收带红移至可见光区，催化剂对乙烯有较强的光催化氧化活性。N 掺杂、S 掺杂、Fe 掺杂、V 掺杂、共掺杂等也是常见的掺杂方式。元素掺杂虽然在一定程度上增强了 TiO_2 的光催化性能，扩展了 TiO_2 的可见光响应范围。但是元素掺杂的作用有限，且掺杂量对 TiO_2 的光催化性能影响较大，某些情况下掺杂元素反而会成为电子空穴复合中心。

石墨相氮化碳（g-C_3N_4）是氮化碳中常温下最稳定的同素异形体，具有类似石墨的层状结构。在其结构中，石墨状片层沿 c 轴方向堆积，由 C、N 两种元素以 sp^2 杂化形成 C_3N_3 环或 C_6N_7 环（见图 11.5），每一个片层都是由二维环构成，环之间通过 N 原子相连形成一层无限扩展的平面。g-C_3N_4 具有优异的半导体特性、热稳定性、化学稳定性和易调节的形貌与结构。较窄的带隙（2.7eV）和合适的能带结构赋予其良好的可见光催化活性。作为一种廉价的无金属光催化剂，其在光催化领域有广阔的应用前景。

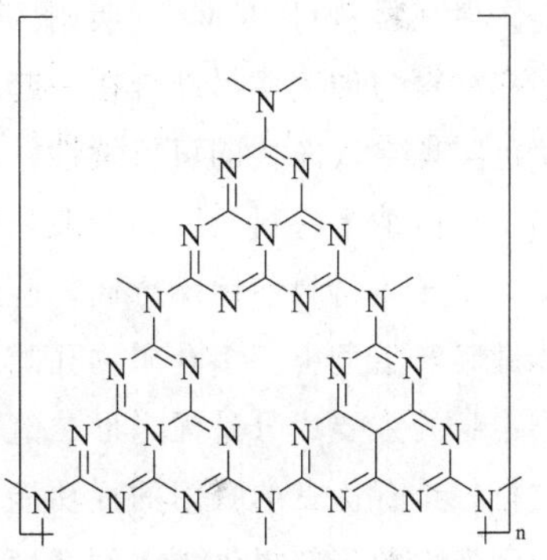

图 11.5 氮化碳 g-C_3N_4 的结构

目前 g-C_3N_4 可以用来完全分解或去除空气中的挥发性有机化合物。有研究者制备了多孔 g-C_3N_4 纳米片，与原始 g-C_3N_4 相比，多孔 g-C_3N_4 纳米片暴露更多边缘，吸附能力提高，从而增加了光催化反应的可能性，增加的孔结构为反应物和产物的循环提供了方便的通道。有研究通过氢氧化钠改性 g-C_3N_4，在其表面接枝—OH 基团，并将 Na 原子插入到其层状结构中，得到羟基化/钠插层修饰 g-C_3N_4，g-C_3N_4 表面的—OH 基团通过内部氢键显著提高了对甲醛 HCHO 的吸附，而 Na 插入则通过在相邻 g-C_3N_4 层之间创建“层-Na-层”路径实现了电子转移，对 HCHO 的去除能力是未修饰的 g-C_3N_4 的 2 倍。有研究通过在 g-C_3N_4 中引入钾，构建了 g-C_3N_4 固体强碱体系，改善了 g-C_3N_4 的光电性能，促进了甲醛在可见光照射下的吸附、活化、完全氧化分解，对甲醛的降解效率是原始 g-C_3N_4 的 30 倍。在合适的载体上固定光催化剂是实际环境应用的关键。有研究将 g-C_3N_4 固定在 Al_2O_3 泡沫陶瓷上用于空气净化。在真实室内光照条件下光催化去除空气中的 NO，去除率高达 77.1%，表现出了前所未有的高稳定的可见光催化性能。有研究报道了用一种简单的表面改性方法来功能化纺织品，使其具有优异的光催化自清洁和降解室内挥发性有机污染物的能力。将胶体悬浮液中的 g-C_3N_4 纳米片直接喷到纺织品中纤维素的表面，纤维素表面羟基与氮化碳中丰富的羟基和氨基间的氢键作用实现了 g-C_3N_4 改性织物的高稳定性。由于 g-C_3N_4 具有超薄厚度和高可见光透明度，使得纺织品原有的手感和颜色得以保留，并可有效分解甲醛。

钼酸铋（Bi_2MoO_6）是具有层状结构的 Aurivillius 化合物，由 MoO_4^{2-} 层和 $Bi_2O_2^{2+}$ 层交替堆积而成，MoO_4^{2-} 和 $Bi_2O_2^{2+}$ 之间存在着由非均匀电荷极化引起的内建电场，有利于提高光生载流子的分离效率。Bi_2MoO_6 以其窄带隙、高稳定性和环境友好性，在可见光驱动的光催化领域显示出较大的潜力。有研究表明，Bi_2MoO_6 的光催化活性与纳米片的厚度密切相关，更薄的纳米薄片可以诱导更高的光催化活性，超薄的片状结构有利于载流子的有效分离和转移。通过在制备过程中加入硼氢化钠诱导 Bi_2MoO_6 氧空位形成，产生氧空位后，在可见光区域的吸收显著增强，带隙由 2.40eV 降低至 2.07eV。由于氧空位改变了 Bi_2MoO_6 的电子结构，具有氧空位的 Bi_2MoO_6 的表面电子可以位于氧空位周围，有利于电荷分离和反应物活化。此外，电子局域化可以为反应物活化提供额外的活性位点（O_2，NO 等），这可以促进自由基的产生和污染物转化。

11.3.3 复合光催化材料

多孔材料对 VOCs 的吸附大多是物理吸附过程，吸附饱和后容易造成二次污染，如果将多孔材料与催化材料结合在一起，使得吸附后的 VOCs 分子被逐渐降解成无毒无害的小分子，便可实现空气净化的可持续性。在以往的研究中，通常通过改进制备方法制备粒径尽可能小的半导体纳米材料，因为一般来说，小尺寸纳米材料具有更高的光催化效果。然而，纳米尺寸的半导体材料使用不方便，容易形成团聚，难以回用，且使用过程中易飞扬，可能会对人体健康产生危害。多孔矿物孔隙发达，可以提供特殊的物理化学吸附或微化学反应场所；矿物本身的主要成分是无定形二氧化硅或硅酸盐，结构和化学性质稳定，可循环利用；多孔矿物材料具有优良的吸附捕捉功能。纳米催化材料负载在矿物上可显著增强催化剂的吸附性能，为污染物的降解提供更多的活性位点。

在过去几年里，一些天然非金属矿物，如硅藻土、沸石等已被用作纳米光催化材料的载体矿物。例如，纳米 TiO_2/硅藻土复合材料就是一种已经实现产业化制备和应用的复合光催化材料。纳米 TiO_2/硅藻土复合材料的制备过程中，硅藻土作为载体，起到分散作用，它抑制了 TiO_2 的团聚，从而减小了 TiO_2 的晶粒尺寸和晶型转变温度。有研究发现在制备的纳米 TiO_2/硅藻土复合材料中，煅烧温度越高，复合材料中纳米 TiO_2 的结晶性能越好，但同时 TiO_2 的晶粒尺寸越大，物相由锐钛矿型逐渐向金红石转变。在复合材料降解丙酮的过程中，研究发现：由于丙酮与水存在竞争吸附，相对湿度越高，复合材料对丙酮的吸附量越小，对丙酮的降解效果越差，总有机碳降解率从相对湿度为 0 时 52.5%下降至相对湿度 70%时的 12.1%。复合材料降解 VOCs 的适宜相对湿度条件与 VOCs 碳链长度有关：碳链越长，适宜相对湿度越大。黏土矿物，例如凹凸棒石、水辉石、海泡石等也常被用作 TiO_2 的载体，用于光催化空气净化。其他材料如分子筛、玻璃纤维、石墨烯等也可以作为纳米光催化材料的载体。

为了增强单一光催化材料的可见光催化性能，多相催化材料间的复合也是一个主要方法。异质结复合是指当不同半导体紧密接触时，会形成界面结，由于不同材料的能带等结构性质不同，在界面结的两侧会形成电势差，这种空间电势差的存在有利于光生电子和空穴分离，光生电子和空穴界面转移驱动力主要取决于催化剂与修饰的半导体导带和价带的能级差。根据不同半导体的能级结构，经过合理匹配可以制备出多元组分的半导体异质结。半导体复合既可以拓展光催化材料的光谱响应范围，又可以在半导体界面上形成能级匹配来抑制光生载流子的复合。有研究通过原位还原制备了 Z 型 $Bi_2MoO_6/Bi/g\text{-}C_3N_4$ 异质结，该三元催化剂具有较小的阻抗，有助于促进电子在界面上的迁移。原位生成的 Bi 纳米颗粒均匀分布在 Bi_2MoO_6 和 $g\text{-}C_3N_4$ 的界面上，有助于载流子对其有效分离，并保持较高的氧化还原能力，可以有效地降解甲醛。其他异质结构如 $BiVO_4/g\text{-}C_3N_4$、$g\text{-}C_3N_4\text{-}TiO_2$、$g\text{-}C_3N_4/WO_3$ 和 $g\text{-}C_3N_4/NiWO_4$ 也被用来净化空气污染物。

层状光催化材料由于层间电场作用，更有利于电子和空穴的分离，通常展现出较好的光催化活性。铋系半导体中的卤氧化铋就是一种层状结构的材料。卤素原子 X 夹在 Bi_2O_2 层之间，在 $[Bi_2O_2]^{2+}$ 正电层和 X^- 负电层之间会形成内部电场，有利于光生电子和空穴的有效分离，从而使其具有较高的光催化活性。将 TiO_2 单晶纳米棒与 BiOCl 纳米片组合制备成蜂巢式结构，使复合材料具有较大的比表面积，从而与苯分子充分接触。BiOCl 纳米片的主要晶面是（001）晶面，该晶面垂直于 BiOCl 的内部自建电场，有利于光生载流子的分离，经 BiOCl 电场分离后的电子通过 TiO_2 纳米棒转移，同时 BiOCl（001）晶面氧空位的存在加速了苯的氧化，最终使得复合材料对苯表现出优异的光催化降解性能。铋系半导体化合物相比 TiO_2 有较高的密度和较大的粒径，使其表现出较高的沉淀性能，便于催化剂的回收再利用。

有研究合成了 TiO_2-BiOBr-海泡石复合材料，由于三元多相结构与引入的氧空位的协同作用，使其具有优异的吸附性能，扩大了可见光吸收范围，提高了载流子的分离效率。在可见光下，其对气态甲醛的吸附和光催化去除活性增强。具有“三明治”结构的 $BiOCl/g\text{-}C_3N_4$/高岭石复合材料在可见光照射下对甲醛的光降解能力显著增强。复合材料的光活性增强主要是由于形成了亲密的界面接触，从而获得了更高的电荷分离效率和更强的吸附能力。人们对舒适、绿色的室内环境的需求，使多功能智能门窗涂料有望用于室内净化。普通的智能窗膜只吸收紫外线和近红外光转化为热能，没有最大限度地利用太阳能。在此基础上，有研究通过超声辅助制备了 $g\text{-}C_3N_4@Cs_xWO_3$ 纳米复合材料，$g\text{-}C_3N_4@Cs_xWO_3$ 构建了良好的 Z 型结构，促进了载流子的分离，进而有效地增强了光催化氧化。此外，在红外光照射下，Cs_xWO_3 的小极化子可以从定域态跃迁到导带，发生红外光催化还原。该复合材料在全光谱照射下表现出优异的 VOCs 分解性能。

11.4 热催化材料

11.4.1 热催化基础及环境净化机理

热催化氧化技术，又称催化燃烧技术，是指在较低温度条件下（一般为 100～450℃），以具有氧化还原活性的金属材料为催化剂，以氧气、臭氧等为氧化剂进行的氧化反应，其实质是活性氧参与的高级氧化反应，是一种典型的气固相催化技术。该方法具有反应稳定性好、净化效率高、无二次污染等优点，近年来受到广泛关注。在热催化氧化 VOCs 的诸多材料中，常用的热催化材料主要有两类：负载型贵金属热催化材料和非贵金属氧化物热催化材料。非贵金属氧化物催化剂价格便宜、抗中毒性好，但是寿命和活性不如负载型贵金属催化剂。负载型贵金属（Pt、Au、Pd、Ag等）在较低温度下具有较高的VOCs去除效率，所需能耗更低，选择性更好。在热催化氧化过程中，催化剂兼具吸附和催化氧化的双重功能，和传统的多相催化反应一样，热催化反应大致可分为以下几步：VOCs从气相体系内扩散到催化剂表面；VOCs吸附在催化剂表面；VOCs在催化剂表面发生催化反应；产物从催化剂表面脱附；产物从界面区域扩散到气相体系内。

一般情况下，热催化剂表面的活性中心利用吸附作用与反应物接触并加速反应物的富集，通过热量驱动产生能量传递，将反应物活化而降低反应过程的活化能，从而加快氧化反应速率，使得VOCs在有效反应温度内，完全氧化为CO_2和H_2O。理想的VOCs（以碳氢化合物为例，C_xH_y）完全氧化过程的反应方程式为：

$$C_xH_y+(x+0.25y)O_2 \longrightarrow xCO_2+0.5yH_2O+\text{能量} \tag{11.1}$$

热催化氧化反应机理的阐明有利于高效催化剂的开发。在不同催化体系或不同反应条件下，其催化氧化机理不尽相同。目前已提出的VOCs催化氧化机理模型包括Mars-van-Krevelen（MVK）机理、Langmuir-Hinshelwood（L-H）机理以及Eley-Rideal（E-R）机理。以上三种反应模型机理为经典机理，三种机理分别从三种不同的吸附状态和先后顺序来研究催化降解反应的发生过程。经过催化理论的不断发展，在这三种机理的基础上，根据之前所述反应过程的不同，又可将热催化反应过程用以下三种机理分别解释：表面电子传递（SET）机理、自由基链自氧化（FRCAO）机理、跳跃传导模型（HC）机理。下面将对上述反应机理模型做逐一介绍。

（1）MVK机理

MVK机理是P. Mars和D. V. Van Krenvelen在研究苯系物在氧化钒的催化过程中总结出的一种反应规律，通常用来解释金属氧化物（非贵金属）的热催化氧化反应机理。该机理认为热催化氧化过程分为两个连续的反应步骤：反应物先与催化剂中的晶格氧之间发生氧化反应，催化剂的表面被部分还原，随后被还原的催化剂与气相体系中的氧化剂气体（O_2等）再发生氧化反应。由此可见，该机理最主要的特征是认为催化氧化反应发生在VOCs与催化剂的表面晶格氧之间，而非气相氧直接参与氧化。

（2）L-H机理

L-H机理首先由美国人Irving Langmuir提出，后经过英国化学家Cyril Norman Hinshelwood进一步发展总结形成。该模型认为催化反应发生于吸附在催化剂表面的VOCs分子与气相氧之间。气相氧在催化剂的活性中心吸附，并解离形成吸附态活性氧基团（$\cdot O_2^-$、$\cdot OH$等）；VOCs分子以结合态吸附于催化剂的活性中心，该活性中心可与气相氧的解离位点一致或不同；吸附态的活性氧基团攻击结合态的VOCs分子，并将其矿化或生成其他中间产物，该中间产物继续进入到下一轮的反应循环中，直至将其完全矿化为CO_2和H_2O分子。

（3）E-R机理

E-R机理由D. D. Eley与E. K. Rideal共同提出，该机理实际上描述的是一个单分子吸附过程，即只有一种反应物吸附在催化剂表面，另一种反应物直接以气相的形式参与反应。对于 VOCs 的催化氧化反应，适用 E-R 机理描述的是发生在吸附态 VOCs 分子与非吸附态氧之间的反应：VOCs 分子吸附在催化剂表面，催化剂被热能活化，形成活化 VOCs 分子；催化剂表面活化后的 VOCs 分子直接与空气中的气相氧发生反应，触发降解过程；直至将 VOCs 完全矿化为 CO_2 和 H_2O 分子。

（4）表面电子传递（SET）机理

表面电子传递机理是在 MVK 机理的基础上发展而来的。在 SET 机理中，VOCs 被吸附到催化剂表面后，其电子被俘获产生 VOCs 阳离子。被俘获的电子与气相氧反应生成多种活性氧基团。所生成的活性氧基团攻击 VOCs 和半氧化的 VOCs 阳离子，直至将其完全矿化为 CO_2 和 H_2O。该机理的核心是热催化剂的反应活性中心捕获 VOCs 电子，并促进所捕获的电子从吸附的 VOCs 中转移到吸附的气相氧，从而产生触发降解过程所需活性氧的过程。

（5）自由基链自氧化（FRCAO）机理

自由基链自氧化机理，实际上也是 MVK 机理的变种和延伸。在 FRCAO 过程中，VOCs 吸附至催化剂表面，并在催化剂的作用下脱 H 活化为·R 自由基。在气相氧的作用下，触发链反应生成活性氧基团和·ROO 自由基，并在此过程中完成 H-R 向 ROOH 转化的自氧化过程。所生成的活性氧基团攻击 ROOH 分子及其中间产物，直至将其完全矿化为 CO_2 和 H_2O。

（6）跳跃传导模型（HC）机理

跳跃传导模型机理与光催化过程机理相类似。该模型机理中催化剂受热能激发活化电子发生跃迁是催化反应发生的核心。VOCs 和气相氧分别或同时在催化剂的活性中心吸附。催化剂中的价带电子在热能的驱动下被激活，跃迁到导带形成导带电子，并在价带留下空穴，活性中心所吸附的气相氧被产生的导带电子和空穴活化形成活性氧基团。形成的活性氧基团与 VOCs 分子反应，并将其矿化或生成其他中间产物，该中间产物继续进入下一轮的反应循环中，直至将其完全矿化为 CO_2 和 H_2O 分子。

11.4.2 贵金属基热催化材料

贵金属基热催化材料是一种可以通过降低化学反应活化能来改变化学反应速率而本身又不参与反应的功能性贵金属基材料。近些年来，得益于它们的高活性和优异的稳定性，其在催化氧化 VOCs 方面的应用研究越来越多，已在 VOCs 治理领域表现出了巨大的应用潜能。与非贵金属基催化材料相比，贵金属基热催化材料一般具有反应活性高、选择性好以及性能稳定等特征。常见的贵金属基热催化材料有铂（Pt）、金（Au）、钯（Pd）、银（Ag）等。然而，由于贵金属材料在自然界中的稀缺性，因此在实际使用过程中，如何通过降低贵金属用量，同时保证较高的催化效率，便成为贵金属基催化材料研究的重要内容。鉴于此，贵金属基热催化材料大都通过在载体负载的方法，提高贵金属利用效率。有关负载型贵金属催化剂的开发，一方面在于载体的研制，侧重于提高贵金属在载体上的分散状态和贵金属与载体之间的相互作用；另一方面在于加入催化剂助剂以及对贵金属进行预处理，从而提高负载型贵金属的催化性能。

影响贵金属基热催化材料性能的因素有很多，主要是贵金属的状态（负载量、分散性、离子尺寸和形貌等）以及载体材料的性质（化学和结构性质以及与贵金属之间的相互作用）。下面将对其影响因素进行详细介绍。

（1）颗粒尺寸的影响

与其他催化反应一样，贵金属基热催化材料发生催化反应的实质是在催化剂表面发生化学反应的过程，这个反应通常是在原子尺度下进行的，因此催化剂中活性组分的尺寸变化所产生的“尺寸效应”与催化剂的催化性能密切相关。随着贵金属颗粒尺寸减少至纳米级别，贵金属纳米颗粒产生“表面效应”，其比表面积迅速增大，表面暴露的原子数急剧上升，表面性质也会发生显著变化。此外，贵金属纳米颗粒尺寸的减小，还会导致其显现“量子尺寸效应”，进一步提高贵金属纳米离子的反应活性，提高催化性能。

（2）微观形貌的影响

贵金属基热催化材料的催化活性和选择性还与纳米颗粒的形貌（暴露晶面）相关。已有研究表明：由于贵金属纳米催化反应一般都是在贵金属纳米催化剂的表面进行，因此在具有不同的晶面构成或不同原子排列的贵金属纳米晶表面发生催化反应，其催化活性和选择性很可能会表现出显著的差异。材料这些性质的改变均会对其微观形貌产生影响，即会产生“形貌效应”。例如，不同的晶面构成的特定形貌的贵金属纳米粒子，会导致其表面原子配位数不同。因此，可以通过控制合成贵金属的特定暴露晶面，来调控贵金属纳米热催化材料的催化活性和选择性。

（3）金属复合的影响

在多金属基热催化材料中，常见的主要有贵金属与贵金属组合，以及贵金属与非贵金属组合。与单金属催化剂相比，多种金属成分互相掺杂会导致贵金属纳米晶粒的晶格发生畸变，从而在纳米晶粒中形成更多缺陷，进而形成更多的活性中心，使双金属催化剂在催化反应中通常具有较高的活性、反应选择性和稳定性。含贵金属的双金属催化剂，可以通过调控双（贵）金属比例，对其进行表面修饰，从而提高催化反应过程活性和选择性，因而对于不同的催化反应，第二金属的选择尤为关键。通过引入第二组分，大幅提升催化剂的性能，同时使贵金属的含量适当减少。通常，金属与金属之间、金属与氧化物之间的界面相互作用会对其尺寸和形貌产生影响，进而影响其催化性能。已知的对 VOCs 氧化具有促进作用的双金属催化剂中，双贵金属组合有 PtPd、AuPd、PtAu、PtRu 等。贵金属与非贵金属组合有 PdCo、PtFe、PdNi、AuCu 等。

（4）载体的影响

载体在贵金属纳米催化过程中也起着至关重要的作用。载体的引入对贵金属活性粒子的尺寸、形貌、电子结构，以及贵金属与贵金属之间、贵金属与载体之间的相互作用有显著影响，包括贵金属活性粒子的尺寸、形貌、表面缺陷、电子结构以及载体的形貌等，进而影响贵金属基热催化材料的催化性能。其中，以 TiO_2 为载体负载 Pt 已成为室温 VOCs 氧化研究中的基准催化剂。同时，研究人员还尝试通过将 Pt、Au 等负载在其他多种金属氧化物或其他材料上，设计合成了大量高效的 VOCs 氧化热催化材料，包括 α-Al_2O_3、γ-Al_2O_3、AlOOH、CeO_2、Co_3O_4、Fe_2O_3、Fe_3O_4、MnO_2、MnO_x-CeO_2、NiO、SiO_2、SnO_x、ZrO_2、海泡石、沸石、层状双氢氧化物（LDHs）或层状双氧化物（LDOs）和石墨烯等。

11.4.3 过渡金属基热催化材料

非贵金属基热催化材料是重要的热催化材料之一，它与其他热催化材料一样，是一种可在热效应下通过降低反应活化能以降低化学反应速率的一种功能性非贵金属材料。对于可催化氧化 VOCs 材料的研究主要集中在非贵金属氧化物上，其具有价格低廉、原料易得等优点，例如 MnO_2、Mn_2O_3、V_2O_5、CoO、La_2O_3、Ag_2O、TiO_2、CeO_2、PdO、WO_3、Fe_2O_3、CuO 等。其中，过渡金属氧化物通常可在较低温度下催化氧化 VOCs，近年来成为 VOCs 催化方向的研究热点之一。大量研究结果表明，以二氧化锰（MnO_2）为代表的 V、Cr、Fe、Co、Ni 等过渡金属氧化物对 VOCs 的催化氧化具有一定的活性，部分改性过渡金属氧化物的 VOCs 催化性能甚至优于贵金属催化剂。此外，与 Ce、Sn、Cu、Zr 等金属的氧化物复合，一般可以降低催化反应的发生温度，并提高热催化材料的活性。对于过渡金属氧化物催化氧化 VOCs 的研究侧重于以提升催化剂性能和在保证催化性能的同时减少催化剂用量为主。针对不同过渡金属氧化物的特性，将过渡金属氧化物热催化材料分为单过渡金属氧化物基热催化材料和复合过渡金属氧化物基热催化材料。

（1）单过渡金属氧化物基热催化材料

单过渡金属氧化物基热催化材料是以单一的过渡金属氧化物作为热催化剂的一种热催化材料，常见且性能优越的有锰氧化物（MnO_x）和钴氧化物（CoO_x），上述这两种材料具有性能独特、储量丰富、价格低廉、环境相容性好且多晶相可调节等优势，具有较高的环境 VOCs 催化潜力。

锰氧化物是一种结构比较复杂的氧化物，其具有结构多变的特点，以 M-O 八面体［MnO_6］为基础与相邻的八面体沿棱或顶点结合，形成各种晶体。设计合成高活性晶型结构的锰氧化物有利于其对 VOCs 吸附和催化氧化。此外，锰氧化物中 Mn 元素的外层价电子结构为 $3d^5 4s^2$，使其具有可变的价态的特点，该特点使锰氧化物晶体内部易存在缺陷、空位，有利于氧的移动和储存。研究表明，高价态的锰离子（Mn^{4+}）更有利于催化剂表面产生大量氧（O）空位，以提供更多的反应活性位点。

在不同的条件下合成的 MnO_2，会呈现出不同的［MnO_6］八面体的晶型结构排布形式。其中，α-MnO_2、β-MnO_2 和 γ-MnO_2 具有一维链状结构，δ-MnO_2 和 λ-MnO_2 分别具有二维层状和三维结构。此外，根据 MnO_2 结构的不同，又可将其分为两大类，其中一类是具有 $m \times n$ 孔道结构的 MnO_2，包括孔道结构为 2×2 的 α-MnO_2 晶型、孔道结构为 1×2 的 β-MnO_2 晶型以及孔道结构为 1×1 的 γ-MnO_2 晶型。另一类为属于单斜晶系二维层状结构的 δ-MnO_2。由于 α-MnO_2 晶型的孔道结构为 2×2，因此许多阳离子（如 K^+、Na^+）以及 H_2O 分子等能够进入其孔道中。此外，根据合成条件不同，MnO_2 还可以出现其他多种形态，例如海胆、棒状和花状形态等。不同形貌的 MnO_2 是由不同的［MnO_6］八面体结构决定的，因此可以通过可控合成不同晶体结构的 MnO_2 来控制其微观形貌，进而控制合成具有独特物理化学性质（如比表面积、电化学性能、导热性能、化学稳定性等）的 MnO_2 热催化材料。此外，因不同晶型 MnO_2 的锰原子和氧原子在其表面所产生的不同的表面配位结构，所以通过对表面原子分布和电子态的精确调整，以控制形貌或构建缺陷，可以实现对 MnO_2 热催化材料吸附性能、催化性能以及反应活性位点的有效调控。

（2）复合过渡金属氧化物基热催化材料

复合过渡金属氧化物热催化材料是指由两种或两种以上过渡金属组成的热催化材料，通常这类热催化材料对 VOCs 的催化活性往往要高于单一过渡金属氧化物热催化材料，包括钙钛矿型氧化物催化剂（ABO_3 型）和尖晶石型氧化物催化剂（AB_2O_4 型）。

钙钛矿型氧化物是复合氧化物中的一大类化合物，其通式可用 ABO_3 表示。其中，A 位通常为稀土金属或者碱金属离子，其离子半径通常较大；B 位通常为过渡金属离子，离子半径相对较小。A 位离子与氧配位，形成最密立方堆积，主要起稳定钙钛矿结构的作用，B 位离子一般与 6 个 O 配位，占据立方密堆积的八面体中心。由于过渡金属价态具有多变性，导致钙钛矿型氧化物性质多样。钙钛矿结构可以稳定元素周期表中 90%左右的金属元素，并且通过 A 位和 B 位的部分取代可以合成多组分的钙钛矿型化合物 $A_{1-x}A_xB_{1-y}B_yO_3$，这使得钙钛矿型氧化物结构组成多样，从而为性能的调控提供广阔的研究平台。

尖晶石型氧化物是复合氧化物中的另一大类化合物，结构通式为 AB_2O_4。O^{2-} 作立方紧密堆积，A 位二价离子填充于四面体空隙中，B 位三价离子填充在八面体空隙中。A、B 离子可被半径相近的其他金属离子取代，因此，其结构和性质具可控性。AB_2O_4 催化剂以 Cr、Mn、Fe、Co 和 Cu 为主要活性组分。

思考题

1. 室内空气污染的主要来源有哪些？室内常见的 VOCs 污染物有哪些？
2. 请简述空气污染的常用控制方法和它们各自的特点。
3. 在室内空气净化方面，物理吸附和化学吸附的区别是什么？
4. 活性炭作为 VOCs 吸附材料的优缺点有哪些？
5. 请简述光催化降解污染物的主要原理以及常见光催化修饰改性方法。
6. 请简述热催化氧化的机理和常见热催化材料。

参考文献

[1] 李守信，苏建华，马德刚. 挥发性有机物污染控制工程 [M]. 北京：化学工业出版社，2017.

[2] 吴忠标，赵伟荣. 室内空气污染及净化技术 [M]. 北京：化学工业出版社，2005.

[3] Zhang X，Gao B，Creamer A E，et al. Adsorption of VOCs onto engineered carbon materials：A review [J]. Journal of Hazardous Materials，2017，338：102-123.

[4] 张淑娟. 室内空气污染概论 [M]. 北京：科学出版社，2017.

[5] Luengas A, Barona A, Hort C, et al. A review of indoor air treatment technologies [J]. Reviews in Environmental Science and Bio/Technology, 2015, 14: 499-522.

[6] 金彦任，黄振兴. 吸附与孔径分布 [M]. 北京：国防工业出版社，2015.

[7] Zhu L, Shen D, Luo K. A critical review on VOCs adsorption by different porous materials: species, mechanisms and modification methods [J]. Journal of Hazardous Materials, 2020, 389: 122102.

[8] Li X, Zhang L, Yang Z, et al. Adsorption materials for volatile organic compounds (VOCs) and the key factors for VOCs adsorption process: A review [J]. Separation and Purification Technology, 2020, 235: 116213.

[9] 张广心. 多孔矿物及复合材料 VOC 吸附与光催化降解性能研究 [D]. 北京：中国矿业大学（北京），2019.

[10] Zhang G, Feizbakhshan M, Zheng S, et al. Effects of properties of minerals adsorbents for the adsorption and desorption of volatile organic compounds (VOC) [J]. Applied Clay Science, 2019, 173: 88-96.

[11] 楚增勇，原博，颜廷楠. g-C_3N_4 光催化性能的研究进展 [J]. 无机材料学报，2014，29(08)：785-794.

[12] Li J, Yu Y, Zhang L. Bismuth oxyhalide nanomaterials: layered structures meet photocatalysis [J]. Nanoscale, 2014, 6(15): 8473—848.

[13] 甄开吉. 催化作用基础 [M]. 3 版. 北京：科学出版社，2005.

[14] 刘鹏. 多孔矿物负载型/过渡金属复合型锰氧化物热催化氧化挥发性有机物的研究 [D]. 北京：中国科学院大学（中国科学院广州地球化学研究所），2019.

[15] 陈汉林. 钴酸镧微结构调控及其热催化氧化甲苯性能的研究 [D]. 北京：中国科学院大学，2019.

第12章

智能材料

本章学习目标：

1. 掌握智能材料的定义、特点、度量指标、分类、设计思路。
2. 了解几种典型智能材料的特点与发展现状。

12.1 概述

材料的“智能化”一词源自于人工智能。1956年，由麦卡赛、明斯基、罗切斯特和申农等共同研究和探讨了涉及智能机器模拟的一系列有关问题，并首次提出了“人工智能”这一术语，人工智能这个新兴学科由此正式诞生。其中“人工”比较好理解，通常意义就是人力所能及制造的。而“智能”一词则表现出了物体本身具有一定的思维、一定的感知力和判断力。

智能材料是指能感知环境条件并做出相应“反应”的材料，其行为与生命体的智能反应有些类似，1989年日本的高木俊宜提出这一概念。日常生活中常见的变色镜片就是用智能材料制成的，它可以根据太阳光线的强弱做出反应，表现出明暗的变化。智能材料的发展前景非常广阔。一方面，其构想来源于仿生学，科学家们的目标就是研制具有类似于生物各种功能的“活”材料，因此智能材料必须具备感知、驱动和控制这三个基本要素。另一方面，一种材料的功能较单一，难以满足要求，为了解决这个问题，科学家研究采用两种或两种以上的材料复合来构成一个智能材料系统，因而对智能材料的研究涵盖了关于材料系统的设计、制造、加工、性能和结构特征，这些均涉及材料学最前沿的领域，对智能材料的研究代表了材料科学最活跃的方面和最先进的发展方向，成为一门新兴的多学科交叉的综合科学。

从1956年有了智能一词开始，对于智能材料的研究就从来没有间断过。且自1973年有了智能材料的第一个专利开始，至今智能材料的发展一直保持着昂扬向上的势头。日本对于智能材料的研发始终处于世界的前列，在专利的数目上，也是处于绝对的优势地位；我国智能材料发展起步较晚，但是发展势头迅猛，处于第二阶梯。德国等其他欧洲发达国家处于第三阶梯。在智能材料研发与应用当中，压电材料成为最主要的研究方向，并且应用也最为广泛，因为压电材料的相关技术处于较为成熟的状态，所以应用起来也最为方便。对于其他类型的智能材料，比如热敏材料、形状记忆材料、场诱导软物质智能材料，现在还只是可以应用在已知的特定领域。从现阶段的发展以及应用来看，智能材料已经在某些领域中达到了不可或缺的地位，并且在日后会起到越来越大的作用。

智能材料的发展主要包括功能材料智能化和结构材料智能化。功能材料智能化包括有电磁防护材料、记忆合金材料、压电材料、热敏材料等一系列材料的智能化。智能结构材料主要包括光纤传感智能混凝土材料等。

12.2 智能材料的组成与特点

(1) 智能材料组成

智能材料并不是一种单一的材料种类，而是由多种材料组元通过有机紧密复合或严格的科学组装而构成的材料系统，是一种拥有智能化的机构体系。

智能材料一般由四部分组成，即基体材料、敏感材料、信息处理器以及驱动材料。

① 基体材料担负着承载的作用，一般选用轻质的材料，比如质量小、耐腐蚀的高分子或是部分金属材料，一般是轻质的有色合金。

② 敏感材料担负感知与传感的任务，常用材料有形状记忆材料、压电材料、光纤材料、磁致伸缩材料、电流变体等。

③ 信息处理器需要有分析判断信息的能力，相当于智能材料的大脑，把各个感知信息统一处理，迅速得出结论做出反应以便驱动材料做出适宜的响应。

④ 驱动材料担任响应的任务，对驱动元件的要求首先是驱动元件自身静强度与疲劳强度要高，并且需要其与结构基体材料之间有较高的结合强度，其次就是激励驱动元件发生响应的方法要简单迅速且安全，对基体材料不能有影响，激励的能量要小，并且在反复的激励下要保持性能的稳定，最后要求驱动元件的频率响应要宽，响应速度快且能够控制。

智能材料组成见表 12.1。

表 12.1 智能材料的组成及其功能特点

组成名称	特点及功能	常用材料
基体材料	承载	轻质的高分子材料或有色合金等
敏感材料	感知与传感	形状记忆材料、压电材料、光纤材料、磁致伸缩材料、电流变体等
信息处理器	分析判断信息，给出指令	半导体控制电路等
驱动材料	控制与响应	形状记忆材料、压电材料、磁致伸缩材料、电流变体等

由于要求智能材料对环境变化有感知、可响应，因此，智能材料必须具备感知，驱动（执行）和控制这三个基本功能要素。智能响应过程示意图如图 12.1 所示。

(2) 智能材料的特点

具体来说，智能材料需具备能够感应外界诸如电、光、热、力等信息的刺激，根据外界

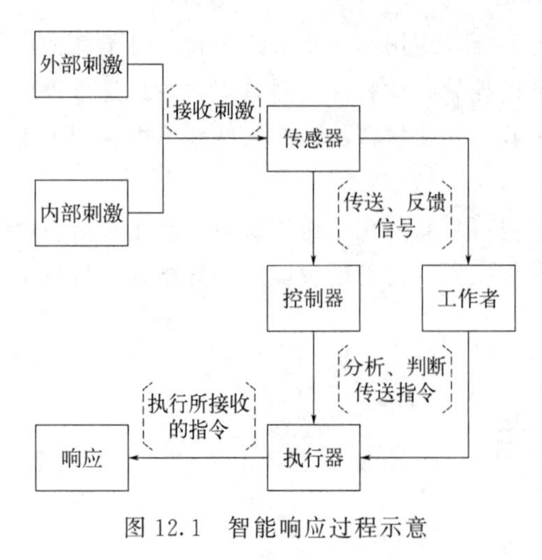

图 12.1　智能响应过程示意

信息的刺激能够做出响应并按照设定的方式选择和控制响应，并且要在外部刺激消除后，迅速恢复到原始状态的能力。如果混凝土结构能自动检测自身的裂缝，并且能够自主对其进行修复；如果玻璃能响应外界光线的强度变化，通过调整自身的透过率调节室内光线的强度，那么就认为这些材料、结构具有仿生功能，它们被赋予了“智能”特性，这种类型的材料与结构就被称为智能材料与结构，是能对环境有响应性变化的材料与结构。此外，要求埋置的材料性质与材料基质尽可能相近，即要满足一定的相容性。首先是强度相容，即埋置的材料不能影响原材料的强度或是影响极小；其次是界面相容，这是要求埋置的材料表面与原材料有很好的相容性；尺寸相容即埋置材料或器件与原材料构件相比体积应很小且不影响原构件的特性；场分布相容是埋置材料与器件不能影响原材料构件的各种场分布特性，如应力场、振动模态等。智能材料系统如图 12.2 所示。

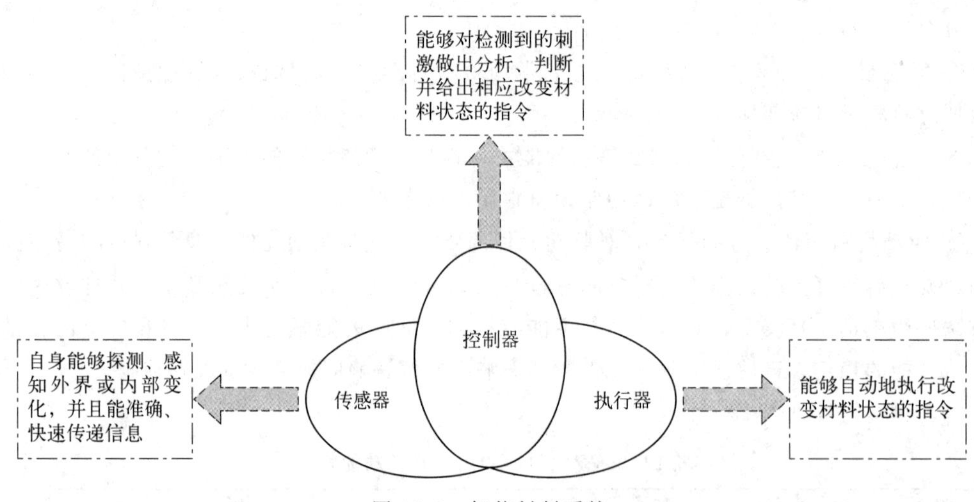

图 12.2　智能材料系统

智能光电材料的分类多种多样，其中，由于光电高分子材料性能优异、制备加工方式简单便利而被广泛深入研究。光电高分子材料的设计制备是以光电高分子的本体异质网络结构、电致发光以及聚集诱导发光等原理为指导，通过高效碳-碳偶联方法、直接芳基化缩合合成以及催化剂转移缩聚合成方法而制备并可以应用于能源方向、防腐材料以及传感器等方向。

压电材料的设计制备与光电材料相似，以压电效应等科学理论为基础制备加工出具有独特机电耦合性能的压电材料。此外，结合理论发展与市场需求，柔性压电材料成为研究热点。利用静电纺丝、机械拉伸等工艺提升了柔性压电材料的压电性能，并成功应用于能量收集器以及传感器领域中。

12.3 智能材料的度量指标

智能材料作为一种可自感知、自控制、自驱动的材料其本身或是结构要求具有感知、传感、分析、处理、判断、执行等功能，其中感知、控制、驱动是智能材料的三个基本功能要素，上述功能对应着智能材料的三大系统，即传感器、控制器与执行器，因此智能材料的度量指标就是围绕其上述的功能展开。在智能材料与结构的智能响应过程中，通常可以分为四个阶段：对环境系统变化的感知阶段；对感知信息的传输阶段；对感知信息的分析、判断阶段；智能反应阶段。所以，要求智能材料具有以下几项功能：

其一，感应，能检测并且识别外界（或内部）的刺激及其强度的感知功能，例如混凝土要实现自感知这一性能是在传统混凝土中放置一些具有特定功能的材料，如纤维、形状记忆材料等传感器，这些特殊材料可以使混凝土具有自我感知的性能，对外部信息进行自我识别，然后进行自我感应，可实现实时监视，以此对建筑内部和外部影响进行全面检测。

其二，传感反馈，即借助特定的装备设施，完成相关信息的即时传输和反馈，以此提供相应结构变化，以混凝土为例，要实现混凝土的智能化除了感知外界与内部刺激，另一个重要功能是能够传递信息，即传感器网络首先将整个系统受到刺激的信号准确无误地传递下去，这样智能混凝土内部才能进行下一步工作。

其三，信息鉴识与积累，即对反馈信息进行识别和记忆。系统将各种刺激转化为信号后，要准确地将这些信号进行识别与积累，以便对相应的刺激做出正确及时的响应。

其四，响应与诊断，对建筑内部和外部结构的变化做出及时、有效的应对。要求智能材料对外界或内部刺激的反应要灵敏、及时并且恰当，这就要求驱动元件与基体材料很好地结合，此外激励驱动元件动作的方法要简单和安全且准确。智能材料对外界刺激产生的响应可以表现在力、位移、颜色、信息存储等各方面。

其五，自诊断校正，根据具体方法对系统故障进行校正，通过信息技术对反馈信息进行全面分析和评估，得出相应结论。在混凝土研究中人们除了希望混凝土结构在用于建筑中能够承受一些正常载荷之外，还希望可以在地震或者台风等自然灾害来临时，进行自我感知，并对其承载能力进行自我调节，实现减缓结构震动的目的，从而减少结构损伤以及保证安全。这就要求其不仅能感知、传递、储存判断信息，还要针对不同的刺激信号做出相应的反应，例如自修复混凝土。

其六，适应性，当外部刺激消除后，可以迅速恢复到其原始状态。为响应外界或内部刺激，智能材料会经过上述这一整个过程，在刺激消除后不对材料的原始状态产生影响，且在反复刺激下也不会对智能材料系统产生较大破坏，这也是智能材料的要求之一。

以上所提到的六点也是用作度量智能材料的指标，但是对于不同使用要求的智能材料会有不同的度量指标，并非仅限于上述所提，也不一定要满足上述六点，主要的度量指标还是要根据其使用的要求。从三大系统的角度简单来说可以总结为：智能材料中的传感器应该具有感知功能，能检测、识别外界（或内部）的刺激及其强度的感知功能，并且能够将信息准确、迅速地传递；控制器或称信息处理器要能够接收分析、处理、判断所得到的信息；驱动器要能够对信息处理器发出的信息指令做出准确迅速响应，并且要在刺激消除后恢复到原始的状态。

12.4 智能材料的分类

智能材料一般可以从其功能特征、功能结构等方面进行分类。由于智能材料这种新兴材料正在不断地发展，所以对智能材料的分类没有明确的标准，这里就几个常见的分类方法来做一些简单的介绍。

（1）根据智能材料功能特征

根据智能材料的功能特征可将智能材料分为感知材料和响应/驱动材料两大类。感知材料，其特点是对外界的刺激具有感知作用，它们可以制作成各种传感器用于对外界的刺激或者系统工作状态进行信息采集。响应/驱动材料，其特点是可对外界环境条件或内部状态发生的变化做出响应或驱动，可用于制造执行器。智能系统的执行器类似于生物体的肌肉，它能在外界或内部状态变化时做出相应的响应，这种响应可以表现在力、位移、颜色、频率、数码显示、信息存储等各方面。见图12.3。

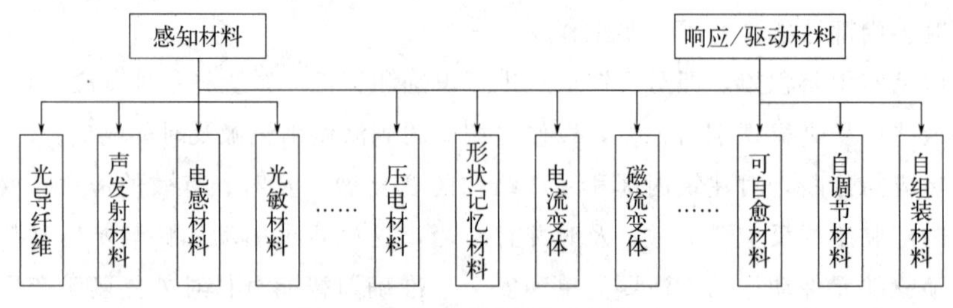

图12.3　智能材料的基本类别

智能材料正是利用上述材料制作成传感器和执行器，借助现代信息技术对感知信息进行处理并把指令反馈给驱动器，从而灵敏恰当地做出反应。

（2）根据智能材料功能结构

按智能材料结构划分可分为嵌入式智能材料与本身具有智能功能的智能材料，前者指的是在基本材料中嵌入具有传感、动作和控制处理等功能的材料，使得材料结构的整体具有一定的智能性，如在混凝土中嵌入纤维或形状记忆材料等对外界刺激有响应的材料，使得混凝土的整体具有一定的“智能性”；本身具有一定智能功能的智能材料指的是某些材料结构本身具有智能功能，能够随着环境和时间改变自己的性能，例如自滤波玻璃和受辐射时能自衰减的InP半导体等。形状记忆材料（SMM）是智能材料结构中最先应用的一种驱动元件，形状记忆智能材料集自感知、自诊断以及自适应功能于一体，因其材料本身就具有传感器、信息处理器、驱动器的功能，应用十分广泛。

（3）根据材料的组成

按智能材料的组成可分为金属系智能材料、无机非金属系智能材料和高分子系智能材料三种类型。金属系智能材料，主要指形状记忆合金，是一类重要执行材料，可用其控制振动和结构变形。无机非金属系智能材料，其初步智能性是考虑局部可吸收外力以防止材料整体发生破坏，目前此类智能材料主要在压电陶瓷、电致伸缩陶瓷、电（磁）流变体、光致变色和电致变色材料等方面发展较快。高分子系智能材料品种多、范围广，其中主要有形状记忆高分子、智能凝胶、压电高分子、药物控制释放体系、智能膜等，其中作为智能材料的刺激响应性高分子凝胶的研究和开发非常活跃。

（4）根据智能材料的自感知、自诊断和自执行

从智能材料的自感知、自诊断和自执行角度出发可将智能材料分为自感知（传感器）智能材料、自诊断（信息处理器）智能材料、自执行（驱动器）智能材料三种。自感知（传感器）智能材料主要有压电体、电阻应变丝、光导纤维等，这种类型的智能材料能够感知到外界或内部的刺激，但是由于没有信息处理器，所以不能将刺激转化为具体的信息，没有驱动器所以无法对感知到的信息进行一定的响应；自诊断（信息处理器）智能材料，这一类智能材料能接受和响应外界环境参数的变化，能够自诊断内部运行状态，如缺陷与损伤，并且能够根据预先设定进行报警或传输有关信息，但也不具备驱动与自适应的功能，这一类材料一般用作结构材料监测，实现当材料产生劣化、损伤或是出现微细裂纹时材料能够自行监测，在发生重大事故前能够得到预知或报警；自执行（驱动器）智能材料包括与传感器所用压电体材料相同的压电体、伸缩性陶瓷、形状记忆合金、电流变液等，自执行智能材料是一种完备的智能体系，不仅能够接受、分析判断外界或内部的刺激，并且能够对于刺激做出适宜且及时的响应。

（5）根据智能材料的智能特性

按照智能材料的智能特性来划分，可将智能材料分为可以改变材料特性（如力学、光学、机械性能等）的智能材料、可以改变材料组分与结构的智能材料、可以监测自身健康状况的智能材料、可以自我调节的智能生物材料（如人造器官、药物释放系统等）、可以改变材料功能的智能材料等。

（6）根据智能材料模拟生物行为的模式

按智能材料模拟生物行为的模式来划分可分为智能传感材料、智能修复材料、智能驱动材料以及智能控制材料等。以下就混凝土方面对上述分类方法中智能传感、智能修复以及智能驱动混凝土做一个简单的介绍。

智能传感混凝土是在混凝土中加入一部分具有自感知特性的材料，使混凝土具备自感知性能。碳纤维、光纤维、聚合物等是目前自感知混凝土中常用的自感知材料，其中以光纤维以及碳纤维为最常用材料，这两种材料组成碳纤维混凝土和光纤维混凝土。我们可以利用自感知混凝土的这部分性质，通过测试内部的自感知材料状态，得到自感知混凝土的工作状态，进一步实现对整个建筑结构的健康监测。

智能修复混凝土使混凝土结构具备自修复功能，一般是将具有自修复功能的材料作为填充材料掺入混凝土中，使混凝土结构能够在外界环境的影响下进行自行修复。材料在使用过程中不可避免地会产生损伤和裂纹，由此引发的宏观裂缝会影响材料性能和设备运行，甚至

造成材料失效和严重事故。如果能对材料的早期损伤或裂纹进行修复，这对于消除安全隐患、延长材料使用寿命、提高材料利用率具有重要意义。然而材料产生微裂纹的第一时间是不易察觉的，因此实现材料的自我修复和自我愈合便是一个现实而复杂的问题。自修复混凝土的作用原理就像生物组织能够在某个部位受伤时，在受伤的部位自动分泌一些能够起到修复功能的物质类似，具体来说自修复混凝土就是利用这种原理，在混凝土中加入具有黏合性质的物质，例如液体芯纤维或带有黏合剂的胶囊，从而形成智能的仿生自愈神经网络系统。在结构遭受破坏时，混凝土中的一些包含黏结性液体的纤维或者胶囊就会破裂，破裂的裂缝中就会流出一些具有黏合作用的物质，从而将裂缝部分填满，混凝土与混凝土之间再次愈合。

智能驱动混凝土，相对于前两者更为高级，存在信息处理中心，可以对不同的刺激所产生的不同信息进行分析与判断，从而做出不同的反应以适应环境与内部的变化。

常见智能材料及其功能见表 12.2。

表 12.2　常见智能材料及其功能

智能材料名称	特点及功能	应用领域
光导纤维	直径细、易弯曲、体积小、质量轻、埋入性佳，并且传输速率高、反应灵敏、抗电磁干扰能力强，兼具信息感知与信息传输的双重功能	可用于传感器
压电材料	能实现机械能—电能转换，正负压电效应均较高，频响范围也较宽，而且还具有电致伸缩效应	可用作传感器与执行器
形状记忆材料	具有一定初始形状的材料经形变并固定成另一种形状后，通过热、光、电等物理或化学刺激的处理又可恢复成初始形状的一种特性	可用作传感器、控制器、执行器
电流变液	通过改变电场可以很容易地控制电流变液的流变特性，且这些变化具有可控、可逆、快速和低功耗等优良的特性	可用作传感器与执行器
磁致伸缩材料	同时兼具正逆磁机械耦合特性的功能材料	可用作传感器与执行器

12.5 典型的智能材料

12.5.1 光纤

光纤是光导纤维的简称，是一种传输光束的细而柔软的媒质，中心是光传播的玻璃芯，纤芯通常是由石英玻璃制成的横截面积很小的双层同心圆柱体。光纤的典型结构是一种细长多层同轴圆柱形实体复合纤维，自内向外为纤芯、包层、涂覆层、护套。一般纤芯采用石英纤维，包层采用玻璃，涂覆层采用聚氨基甲酸乙酯或硅酮树脂，护套采用尼龙或聚乙烯等塑料。纤芯的折射率比包层的折射率稍大，这样利用全反射的原理把光约束在纤芯内并沿着光纤轴线传播。当入射光线在纤芯和包层界面满足全反射条件时，光波就能沿着纤芯向前传播。

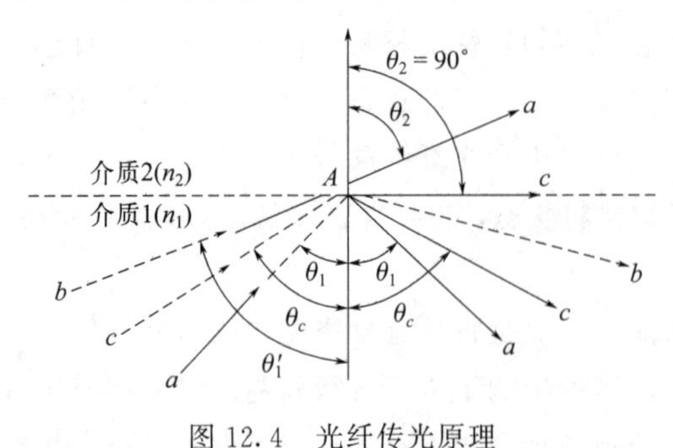

图 12.4　光纤传光原理

光的全反射现象是研究光纤传光原理的基础。根据几何光学原理，当光线以较小的入射角 θ_1 由光密介质 1 射向光疏介质 2（即 $n_1>n_2$）时（见图 12.4），则一部分入射光将以折

射角 θ_2 折射入介质 2，其余部分仍以 θ_1 反射回介质 1。

光在纤芯和包层的界面处的全反射是光在光纤中传播的必要条件。在全反射情况下，光在光纤中的传输功率可达 99.9%。

(1) 光纤的分类

根据光纤纤芯与包层折射率的分布情况，可把光纤分为阶跃型光纤和渐变型光纤两类。

① 阶跃型光纤　这种光纤的纤芯和包层的折射率都是一个常数，纤芯的折射率高于包层的折射率，折射率在纤芯与包层的界面处有一个突变。进入这种光纤的光线只要满足全反射原理，就会在纤芯中沿折线路径向前传播。

② 渐变型光纤　这种光纤包层的折射率为一常数，纤芯的折射率从中心开始随其半径的增加而逐渐变小，到包层与纤芯的界面处折射率下降到包层的折射率。进入这种光纤的光线因入射角不同将沿着波浪形曲线路径向前传播。

根据光纤的传输模式，可把光纤分为单模和多模两种。光纤的传输模式是指光进入光纤的入射角度。当光在直径为几十倍光波长的纤芯中传播时，以各种不同角度进入光纤的光线，从一端传至另一端时，其折射或弯曲的次数不尽相同，这种以不同角度进入纤芯的光线的传输方式称为多模式传输。可传输多模式光波的光纤称为多模光纤。如果光纤的纤芯直径为 5～10μm，只有所传光波波长的几倍，则只能有一种传输模式，即沿着纤芯直线传播，这类光纤称为单模光纤。多模光纤可以是阶跃型，也可以是渐变型，而单模光纤大多为阶跃型。主要光纤材料及其应用见表 12.3。

表 12.3　主要光纤材料及其应用

光纤种类	主要原料	主要特点	应用
石英光纤	SiO_2	低耗、宽带	有线电视和通信系统
掺氟光纤	SiO_2、GeO_2、氟素	抗辐射	通常作为 1.3μm 波域的通信用光纤
复合光纤	SiO_2、Na_2O 等氧化物	软化点低且纤芯与包层的折射率差很大	在医疗业务的光纤内窥镜
塑包光纤	SiO_2、硅胶等	它与石英光纤相比较，具有纤芯粗、数值孔径（NA）高的特点	适用于局域网（LAN）和近距离通信
塑料光纤	有机玻璃（PMMA）、聚苯乙烯（PS）和聚碳酸酯（PC）等	接续简单，而且易于弯曲，施工容易	在汽车内部 LAN 中应用较快，未来在家庭 LAN 中也可能得到应用
抗恶环境光纤	SiO_2、聚四氟乙烯等不同掺杂物	不同的掺杂物有对应不同的特性	根据不同掺杂物可应用于不同的领域
高分子光导纤维	聚甲基丙烯酸甲酯或聚苯乙烯	能制大尺寸、大数值孔径的光导纤维，光源耦合效率高，挠曲性好，微弯曲不影响导光能力，配列、黏结容易，便于使用，成本低廉	由于光损耗大，只能短距离应用

(2) 光纤的应用

光纤在目前的科学技术发展中是重要的一环，通常作为通信领域的载体或制成光纤传感器与其他器件一起使用。因为光纤作为传输介质时系统损耗不大，所以可以很好地实现中继间距更长的信息传递，简单来说就是在远程传输过程中，光纤传输系统能够有效延伸中继间距，从而减少中继站的数目。在这一背景下，光纤技术以其在经济性以及传输距离等方面的优势成为各个领域通信工程设计的首要选择。

12.5.2 形状记忆合金

（1）形状记忆合金材料特性

形状记忆合金材料（shape memory alloy，SMA）是一类具有形状记忆功能和超弹性效应的材料。1932 年美国学者 A. Olander 最早在 AuCd 合金中发现形状记忆效应。1963 年，美国海军武器实验室 W. J. Buehler 等在等原子比 NiTi 合金中发现形状记忆效应。至此，对 SMA 材料的研究和应用真正开始。其最早应用于航空航天、汽车、机器人、生物医学等精密尖端领域。近年来，其在土木工程中的研究和应用也有了较快发展，包括结构减隔震、健康监测、预应力加固等领域。广义上，SMA 代表了一系列具有形状记忆或超弹性效应的合金，包括镍钛合金（NiTinol）、铜基形状记忆合金（Cu-SMA）、铁基形状记忆合金（Fe-SMA）等。

SMA 相较一般金属材料的重要特点是具有形状记忆效应和超弹性特性（见图 12.5）。

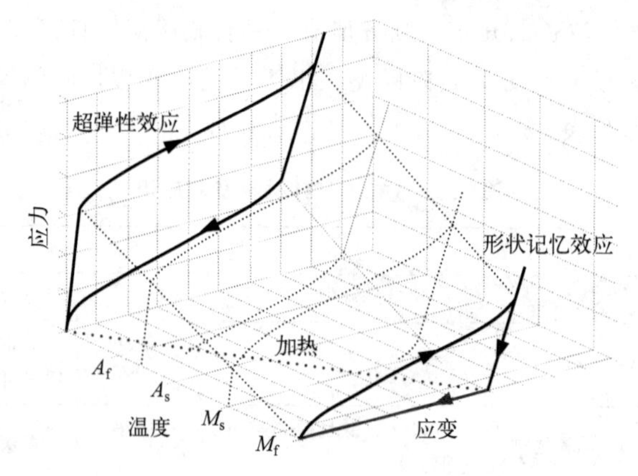

图 12.5　SMA 材料特性

A_s—奥氏体起始温度；A_f—奥氏体结束温度；M_s—马氏体起始温度；M_f—马氏体结束温度

SMA 具有两种主要金相，分别是低温稳定的马氏体相（martensite）和高温稳定的奥氏体相（austenite）。形状记忆效应是指处于低温马氏体状的 SMA 在外力作用下发生变形后，如果对其加热，当加热温度超过材料的相变点时，材料金相发生马氏体向奥氏体的转变，材料恢复到变形前的形状和体积。超弹性效应，是指当温度高于 A_f（奥氏体结束温度）时，SMA 受荷后变形超过弹性极限，继续加载产生应力诱发的马氏体相变，荷载消失，材料金相发生马氏体向奥氏体的转变，应力作用下产生宏观变形消失。

相比而言，NiTinol 发展较为成熟，但其在土木工程的广泛应用受制于其高昂的成本。随着价格相对低廉的 Fe-SMA 材料加工技术和工业化生产能力逐渐发展（Sato 等 1982），初步研究表明，Fe-SMA 材料预拉后通过加热激发即可产生预应力，无需使用液压控制系统等复杂装置，可用预应力修复加固。

在 Fe-SMA 材料形状恢复过程中，如果受到约束作用，即可产生相应的预应力，或称为 Fe-SMA 恢复应力。Fe-SMA 恢复应力水平直接决定了在补强体系中施加的预应力大小，是目前研究的一大热点。已有研究成果表明，Fe-SMA 材料恢复应力的影响因素众多，包括材料组分、锻造方式、约束条件、预拉伸水平、激发温度等，表 12.4 列举了部分文献中不同激发条件下的 Fe-SMA 恢复应力。

表 12.4　部分不同激发条件下 Fe-SMA 恢复应力比较

文献	材料组分	预拉伸水平	激发温度/℃	恢复应力/MPa
Baruj 等（2002）	Fe-28Mn-6Si-5Cr-0.5NbC（质量分数）	室温拉伸 4.5%	400	145
Dong 等（2009）	Fe-17Mn-5Si-10Cr-4Ni-1（V，C）(质量分数)	室温拉伸 4%	160	330
			225	380
Wang 等（2011）	Fe-Mn-Si-Cr-Ni（0.18%C）(质量分数)	室温拉伸 4%	750	565
Leinenbach 等（2012）	Fe-17Mn-5Si-10Cr-4Ni-1（V，C）(质量分数)	室温拉伸 4%	160	570
Li 等（2013）	Fe-16Mn-5Si-10Cr-4Ni-1（V，N）(质量分数)	室温拉伸 4%	160	440
		−45℃拉伸 4%	225	500
Lee 等（2015）	Fe-17Mn-5Si-10Cr-4Ni-1（V，C）(质量分数)	室温拉伸 4%	160	350
Lee 等（2013）	Fe-17Mn-5Si-10Cr-4Ni-1（V，C）(质量分数)	室温拉伸 2%	100	290
		室温拉伸 4%	100	303
		室温拉伸 2%	140	317
		室温拉伸 4%	140	355
Shahverdi 等（2018）	Fe-17Mn-5Si-10Cr-4Ni-1（V，C）(质量分数)	室温拉伸 2%	160	350
			400	450
Ghafoori 等（2017）	Fe-17Mn-5Si-10Cr-4Ni-1（V，C）(质量分数)	室温拉伸 2%	160	372

除了单次激发后的恢复应力性能，考虑到 Fe-SMA 作为补强材料，可能和结构一起承受环境介质和服役荷载的作用。Koster 通过试验研究证明，Fe-SMA 材料在提供 300MPa 恢复应力的同时，疲劳性能良好。Lee 等人对激发后的 Fe-SMA 试件分别施加 5 次循环荷载（应变幅 0.07%）和 5 次温度循环（−20～60℃）。试验结果表明，恢复应力在第一次荷载作用后下降 85～110MPa，而后应力—应变曲线保持线性变化，弹性模量和材料初始弹性模量一致。温度循环作用下应力—热应变关系与循环荷载作用下类似。进一步对激发后试件施加更大荷载（应变幅为 0.10%，恢复应力损失 198MPa），重新加热后，恢复应力提升至原有水平。在此基础上，Ghafoori 和 Hosseini 对激发后的 Fe-SMA 材料施加 200 万次疲劳荷载。结果表明，恢复应力损失水平随着应变幅增加而增大，损失速率随着荷载循环次数增加而逐渐降低。在 0.035%和 0.07%应变幅循环作用下，恢复应力分别损失 10%和 20%，需要在补强设计中加以考虑。其主要由时变非线性变形引起，和奥氏体—马氏体相变相关。重复加热后，恢复应力损失大部分可以恢复。同时，基于试验和文献数据提出了 Fe-SMA 材料疲劳强度模型。

（2）形状记忆合金用预应力加固

Fe-SMA 材料的研究与应用相比 NiTinol 材料起步较晚。由于 Fe-SMA 价格显著低于 NiTinol，可直接选用 Fe-SMA 片材施加预应力补强含损伤结构。通过外贴或机械锚固采用

CFRP 补强含损伤钢结构，能够有效提升结构疲劳性能，同时不需要在损伤部位钻孔或焊接，避免产生新的应力集中。采用 CFRP 预应力补强，可以充分利用材料性能，进一步提升补强效率。然而，预应力补强体系一般需要特定的施工工艺和操作空间，如张拉设备等，对人力、物力有较高要求。已有研究将经预拉的 Fe-SMA 通过机械锚固方法固定于钢构件表面，采用电流加热（见图 12.6）。

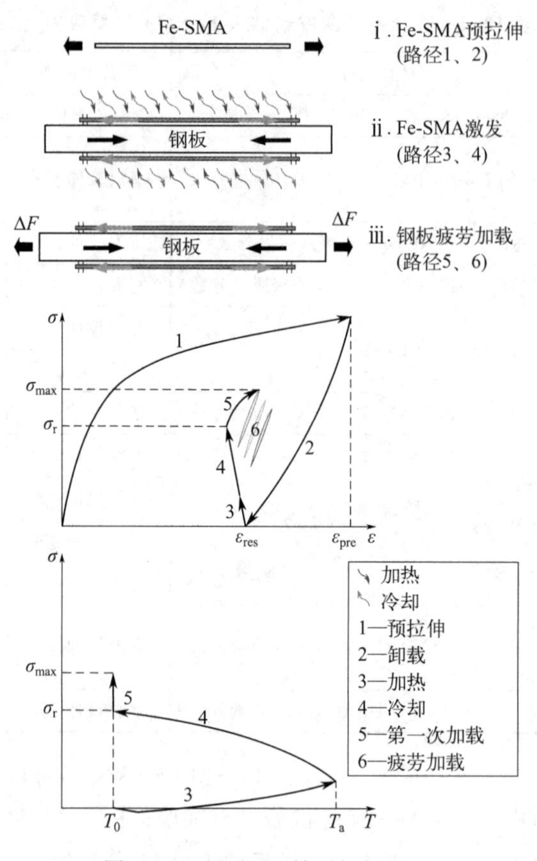

图 12.6　Fe-SMA 补强钢板过程

Izadi 采用机械锚固装置在钢板试件两面固定 Fe-SMA 片材（预拉伸 2%），之后采用直流电源加热 Fe-SMA 至 260℃，产生恢复应力 353～391MPa，在钢板中产生最大预压应力 74MPa。在此基础上，Izadi 采用该装置对三块钢板试件进行补强，测试其疲劳性能。试验结果表明，虽然 Fe-SMA 恢复应力在疲劳荷载作用下有所损失，该补强体系仍能够有效改善含损伤钢构件疲劳性能，在特定设计工况下甚至使初始裂纹停止扩展。此外，Fe-SMA 被用于补强焊接接头和钢梁构件，结果发现，基于 Fe-SMA 的形状记忆效应，能够有效引入预应力，改善构件的静力和疲劳性能。

补强体系在服役过程中，会受到环境介质和服役荷载的共同作用。对于 FRP 补强钢结构体系，已有针对海洋环境、高/低温、射线、干湿循环、冻融循环等因素对 FRP 补强钢结构体系影响的研究。环境温度升高，尤其是超过 T_g 后，结构黏胶性能大幅下降。CFRP-钢有效黏结长度随着环境温度升高而增加。Feng 等人对 CFRP 粘贴补强含中心损伤钢板试件在 −40、20℃和 60℃下的疲劳性能展开研究。结果表明，CFRP 补强能够有效延长钢板疲劳寿命达 2.0～3.4 倍，但补强体系性能显著受制于 T_g，并提出了考虑环境温度作用的 CFRP 补强钢板疲劳性能理论预测方法。Ke 等人展开类似研究，指出提高结构黏胶养护温度可以提高补强体系在高温下耐受性。

目前针对服役环境下 Fe-SMA 补强钢结构体系的性能尚无系统研究。Sato 等人在测试一种组分为 Fe-28Mn-6Si-5Cr 的 SMA 时，发现 M_s 处于－20～25℃，低温工作时，材料发生奥氏体向马氏体的转变，恢复应力降低。Ghafoori 等人比较了不同厚度 Fe-SMA 片材在荷载和高温下的力学性能，指出荷载增加，蠕变起始温度和失效温度均降低，而升温速率对其影响不大。

基于 SMA 形状记忆效应，已有研究采用 NiTinol 材料和纤维增强复合材料（FRP）制作 NiTinol-FRP 复合材料，对含损伤钢结构进行修复补强。Dawood 等人采用拉拔试验对 NiTinol 与 FRP 界面性能展开研究，试验发现两种不同的破坏模式，分别为无相变黏结失效与相变后黏结失效，并标定了不同破坏模式及不同 NiTinol 丝材直径对应的有效黏结长度。进一步的，有学者制作了 NiTinol 和 FRP 复合片材，将 NiTinol 丝材两端布置于 FRP 材料中，中部暴露，预拉后加热，测试其恢复应力随疲劳荷载的变化规律。试验结果表明，NiTinol 在约束条件下加热至 165℃可产生 390MPa 恢复应力，不同激发程度的试件在不同水平疲劳荷载作用下，产生不同程度的恢复应力损失甚至发生断裂破坏，主要受制于 NiTinol 与 FRP 的黏结失效应力水平。谈笑（2019）预制了 NiTinol-CFRP 复合材料，通过电流加热测试恢复其应力。由于 CFRP 为导电材料，引起电流短路，恢复应力降低为同预应力水平下单丝恢复应力的 40％～50％。

在此基础上，研究者们采用不同形式的 NiTinol-FRP 复合材料补强含损伤钢板构件（见图 12.7）。Zheng 和 Dawood 等专家采用图 12.7(a) 所示 NiTinol-CFRP 复合材料补强含边缘裂纹钢板试件，疲劳试验显示，如荷载水平低于 NiTinol-CFRP 黏结失效应力水平，200 万次循环荷载后预应力维持在初始水平的 80％，复合材料补强能够有效发挥两者的作用，钢板试件疲劳寿命延长至 26 倍。类似的，Abdy 比较了不同数量 NiTinol 丝材-CFRP 复合材料的补强效率。单面粘贴含中心损伤钢板试件后，最高产生 25MPa 预压应力，疲劳寿命延长 5 倍。Li 对 NiTinol 试件进行预拉后加热测试，恢复应力从 70℃时 364MPa 降低到室温时 93MPa。NiTinol-CFRP 复合材料粘贴后钢板产生压应变 103$\mu\varepsilon$，含中心损伤试件疲劳寿命延长 2.7～6.0 倍。

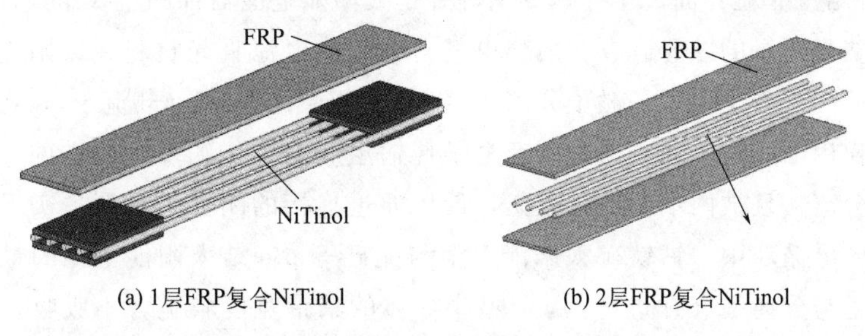

图 12.7　不同形式 NiTinol-FRP 复合材料

12.5.3　光电功能材料

开发清洁可再生能源技术是关乎人类未来命运的重要课题。太阳能是目前在可再生能源中使用占比最大的清洁能源。其因具有廉价、来源广泛和清洁无污染等优点，近年来被广泛研究。基于光生伏特效应的太阳能电池是将太阳能转换成电能的一种有效方法。目前有很多类型的太阳能电池，包括晶硅太阳能电池、薄膜太阳能电池（CIGS、CdTe 等）、有机太阳能电池（organic photovoltaic solar cells，OPV）、染料敏化太阳能电池（dye sensitized solar cells，DSSC）和钙钛矿太阳能电池（perovskite solar cells，PSC）等。在这一结构提出后不久，越来越多的研究发现，通过调控钙钛矿组分、优化制备工艺、对薄膜界面进行优化改性等方法可以进一步提升钙钛矿器件的性能。钙钛矿太阳能电池具有诸如生产成本低、制备工艺简单、光电转换效率高、可弱光发电，以及可制备柔性可穿戴电池、叠层电池等一系列优点，其应用更加多样化。此外，基于低温溶液法制备的钙钛矿材料，便于卷对卷、狭缝挤出等印刷技术制备大面积组件电池，这为钙钛矿太阳能电池的低成本和大规模生产带来了希望。

（1）工作原理

钙钛矿材料是一类和钛酸钙拥有相同晶体结构的材料。结构式一般为 ABX_3。其中 A 为有机阳离子，B 为金属离子，X 为卤素基团。该结构中，金属 B 原子位于立方晶胞体心处，卤素 X 原子位于立方体面心，有机阳离子 A 位于立方体顶点位置。与共棱、共面形式连接的结构相比，钙钛矿的结构更加稳定，且有利于缺陷的扩散迁移，这些结构优势赋予其电催化、吸光性等特殊物化特性。而且，由于钙钛矿材料一般具有比较低的载流子复合概率和比较高的载流子迁移率，因此其能够获得较长的载流子的扩散距离和寿命，进而使得钙钛矿太阳能电池具备获得更高的光电转换效率的理论支持。典型的钙钛矿太阳能电池一般由衬底材料、导电玻璃（FTO）、电子传输层（TiO_2）、空穴传输层（如 spiro-OMeTAD）、金属电极等组成，结构类似于固态电解质染料敏化太阳能电池。

太阳能电池的工作原理是光生伏特效应，即不均匀半导体或者金属与半导体的接触点在光照下产生电势差的现象。当光照射到本征半导体上时，若入射光的能量大于半导体的禁带宽度，会使价带中的电子激发到导带上，从而在价带中产生一个空穴。但在本征半导体内电子和空穴对极易发生复合，这样就无法使外电路产生电流。因此需要在产生电子—空穴对的时候进行有效分离。而常用的有效分离电子空穴对的方法是利用半导体材料导带与价带之间的电势差，这在染料敏化太阳能电池、有机太阳能电池和钙钛矿太阳能电池上都起到关键作用。其中，p-n 结、晶粒界面、半导体界面等处是太阳能电池器件的主要组成部分，由于在这些界面处的准费米能级的差异，存在内建电场。太阳能电池吸光材料在太阳光的照射下，会吸收特定波长的光子产生激子，激子分离产生自由电子和空穴对（载流子），在内建电场和载流子浓度差的作用下，电子和空穴分别经电子传输层和空穴传输层向两端的电极移动，实现电子和空穴的分离，且被两端的电极收集，最后通过连接的闭合外电路，实现光能向电能的转化。在整个光电循环中，钙钛矿太阳能电池与晶硅等 p-n 结太阳能电池的最大区别是，电子和空穴的产生与分离是分开进行的，n 型半导体的禁带宽度较宽，不吸收可见光，只负责收集及传输来自吸光材料内的光生电子，有利于减少电子—空穴对的复合。

（2）技术瓶颈

在过去几年中，在了解混合钙钛矿材料的独特性质、固有电学和光电特性以及制备高效的太阳能电池等方面取得了巨大进步。目前 PSCs 效率已超过 25%，钙钛矿太阳能器件的商业化应用变得越来越有可能。但是钙钛矿器件的长期稳定性差、大面积组件的难以制备以及使用中的铅泄漏等是PSCs商业化的几大障碍。商业化应用的PSCs需要在真实的太阳辐射下，同时在高温度、大气湿度和氧气存在的条件下稳定工作约25年。其长期稳定性包括钙钛矿器件的本征稳定性和外部环境稳定性，即在不同的外部环境（例如热、光、湿度和氧气）下的器件结构或内在稳定性。由于电池在连续工作下的性能恶化及材料降解严重，因此PSCs的效率不再是主要挑战，而是在光、热、湿条件下的稳定性。对钙钛矿材料的光电特性的深入了解有助于我们发现更有前景的高稳定性钙钛矿光吸光材料，并且对于制备高效稳定的大面积组件也有很大帮助。

由于钙钛矿材料中含有有机材料以及具有低的形成能，杂化卤化铅钙钛矿的本征稳定性不是很高，暴露于潮湿、光照、电场或热的环境下是不稳定的。钙钛矿晶格中的离子具有迁移性，故存在额外的不稳定性问题。此外，在大气条件下，移动的离子很容易因为自电离水分子的进入而分解。为了提高钙钛矿器件的稳定性，可以在金电极和钙钛矿层之间使用高疏水的封装材料。此外，由于受热后钙钛矿中的离子迁移会引起晶相转变，热稳定性也成为影响钙钛矿结构和太阳能电池器件长期稳定性的另一个因素。其他因素如钙钛矿在太阳能电池应用中的光稳定性，也成为影响器件的衰减的因素。同时钙钛矿对水分的敏感性一直是影响长期稳定性的关键因素，水分子很容易通过氢键与钙钛矿结合形成水合物，这会改变钙钛矿的局部性质。这种由水合物引起的损失可以逆转，但水的进一步进入会导致钙钛矿不可逆地分解为PbI_2和其他组分。

因此，PSCs的适当封装成为防止由水分引起的降解的有效方法。此外，人们通过在钙钛矿和HTL之间引入非吸光中间层，如引入聚合物疏水层和碳复合物代替广泛使用的Spiro-OMeTAD来改善材料的耐湿性，或通过小分子钝化钙钛矿表面以及将具有疏水有机基团的2D钙钛矿结合到3D钙钛矿中等方法。因此，将表面钝化技术与2D/3D混合钙钛矿相结合，有望进一步提高钙钛矿的耐湿性。同时仅仅保护钙钛矿薄膜不受水汽的侵蚀是不够的，该材料对真空、O_2、N_2等气氛也表现出很高的敏感性。气氛对钙钛矿光学和电子性能的影响可能比湿度更令人担忧。研究发现，钙钛矿薄膜在真空中或在N_2下显示出弱的稳态光致发光(PL)，而在氧气中老化后显示出较强的稳态光致发光。研究表明，O_2会可逆地吸附在$MAPbI_3$（Cl）的表面，从而使深表面陷阱状态钝化，导致PL增强。光生载流子和氧之间的光化学反应使$MAPbI_3$钙钛矿中的陷阱态失活，也会使得PL增强。因此，掺入酸性较低的有机阳离子如FA或无机阳离子Cs，钙钛矿薄膜显示出较好的耐久性。此外，钙钛矿的耐氧性很大程度上取决于电荷载流子密度，在开路（无电荷收集）条件下老化的电池显示出比短路电池更快的降解速率。由于通过封装防止氧气进入器件的方法不容易实现，需要开发多组分钙钛矿来改善PSCs的界面接触及对水分和氧气等外部条件的防御性，使其更耐氧诱导降解。

12.5.4 压电材料

压电材料，顾名思义即具有压电性质的材料，是一种能够实现机械能与电能互相转换的材料。压电效应通常是指在材料受到压力时，在材料极化的两端出现电荷的现象，如果受到的压电为间歇性的振动，那么就会在材料极化两端产生同频率的电压，且压力的大小和电荷量成正比。由于这种独特的机电耦合特性，压电材料可以实现传感、驱动和控制功能的统一，从而使压电材料被广泛地应用于智能材料与结构中，并与人们的生活息息相关。1880年，居里兄弟在研究石英晶体时，意外地发现石英晶体在受到重物挤压时在晶体两端出现了电荷，从这以后便有了专门研究压电材料的学科，自进入20世纪，压电材料由于其得天独厚的压电性能被广泛地用于各行各业，在军事、民用和医学上都扮演者重要角色，比如超声换能器，发电器，变压器等都含有压电材料。

（1）无机压电材料

无机压电材料发展的历程就是其压电性能提升的过程，压电材料压电性能的提升主要基于元素掺杂进行宏观调控。传统压电材料开发基于试错方法，可以解决组分较少的单一成分（第一阶段，如 $BaTiO_3$、$PbTiO_3$）及准同型相界（第二阶段，如PZT、PMN-PT、BCT-BZT）压电材料体系的开发。而随着压电材料应用需求和应用场景的增加，对高性能压电材料的需求日益迫切，现有基于试错方法开发的材料体系已经发展至瓶颈期，逐渐难以满足精密传感要求。

近年来有研究表明，Sm掺杂PMN-PT等新型复杂多元组分掺杂可以使压电材料压电性能大幅提升，压电系数可达现存压电体系的两倍以上。新型超高性能压电材料因具有多元稀土元素掺杂和材料多尺度复杂结构等特点，因此成分遍历制备方法以及单一尺度的材料结构表征方法等传统手段工作量巨大，无法满足新型超高性能压电材料开发的要求，基于人工智能新方法开发新型超高性能压电材料及其器件已成为未来传感领域前进的必然趋势。相比于传统制备手段，人工智能寻优方法可利用较少的试验数据，在多元素配方的高维空间中建立性能成分关系模型指导配方设计，具有很高的材料开发效率，是加速获取目标性能的有效手段。开展新型压电材料智能化多元寻优，是进一步提升压电材料性能、开发高性能压电器件的关键，无机压电材料即将迎来第三阶段发展。

（2）有机压电材料

有机压电材料因其良好的机械特性，被广泛用于柔性传感器件中。其中，聚偏二氟乙烯（polyvinylidene Fluoride，PVDF）是最为典型的有机压电材料，其压电性来源于全反式构象的β晶相（一般经应力拉伸产生），β相含量占比越高，压电性能越好。因其柔性好、机械强度高（杨氏模量约2500MPa）、压电电压常数高、谐振频带宽和机械阻抗低等优点，PVDF被广泛用于压电电声传感器、压电压力波传感器等柔性器件中。然而，PVDF等有机压电聚合物材料压电系数普遍较低（如PVDF的压电系数 d_{33} 约28pC/N），且熔点和居里温度为170℃以下，其作为压电材料的有效使用温度上限普遍低于100℃，限制了高温环境下的应用。因此，如何提高压电系数，扩宽使用温度范围，成为PVDF等有机压电材料的重要发展方向。

研究者普遍采用共聚、共混、掺杂的方式提高有机压电材料的压电性能。如将PVDF与聚甲基丙烯酸甲酯（PMMA）共混形成复相结构，以提高压电聚合物的温度稳定性；在PVDF中掺杂55%PZT陶瓷颗粒，使得复合材料的 d_{33} 大幅提升至超过160pC/N。另有研究者发现，无需添加额外材料，PVDF在高压强作用下结合折叠工艺，其β相含量可提升至98%，为提高有机压电材料压电性能提供了新思路。

（3）压电材料应用方向

压电陶瓷经过极化后，即压电振子具有其尺寸所决定的固有振动频率，利用压电振子的固有振动频率和压电效应可以获得稳定的电振荡。当所加电压的频率与压电振子的固有振动频率相同时会引起共振，振幅大大增加，产生谐振。此过程交变电场通过逆压电效应产生应变，而应变又通过正压电效应产生电流，实现了电能和机械能最大限度的互相转换。利用压电振子这一特点，可以制造各种滤波器、谐振器等器件，主要用于收音机、电视、雷达等电子设备。

压电式传感器就是利用压电效应制成的传感器。它是一种可逆型换能器，既可以将机械能转换为电能，又能将电能转换为机械能。因此压电传感器是典型的"双向传感器"。压电式传感器具有工作频带宽、灵敏度高、信噪比大、结构简单、工作可靠、体积小、质量小等优点。因此近年来，压电测试技术发展非常迅速，压电式传感器已广泛用于工程力学、电声学、生物医学动态力、机械冲击与振动测量等领域。

压电陶瓷点火器是一种将机械力转换为电火花而点燃燃烧物的装置。这种点火器广泛应用于日常生活、工业生产以及军事方面，用以点燃气体和各类炸药，以及火箭的引燃引爆。同样，压电陶瓷在电声设备上有广泛应用，例如压电陶瓷拾音器、扬声器、送受话器等都是利用压电陶瓷的换能性质（机械能转变为电能或反过来）来研制的。压电陶瓷也可用作压电电源核心配件，其在应力作用下通过压电效应能产生数量相当可观的电荷，在工作物质上建立很高的电势，因而有可能输出不小的静电能。

压电超声电动机是一种利用压电陶瓷的逆压电效应产生超声振动，将材料的微变形通过共振放大，靠振动部分和移动部分之间的摩擦力来驱动，是无须通常的电磁线圈的新型微电动机。压电超声电动机一般分为交流压电超声电动机和直流压电超声电动机。运动方式分为旋转和直线运动两种。压电超声电动机由振动件和运动件两部分组成，没有绕组、磁体及绝缘结构。功率密度比普通马达高得多，但输出功率受限制，宜制成轻、薄、短小形式。它的输出多为低速大推力（或力矩），可实现直接驱动负载。这种电动机因内部不存在磁场，机械振动频率在可听范围外，因此对外界的电磁干扰和噪声影响很小。压电超声电动机易于大批量生产。

柔性压电材料结合了压电材料的功能特性和柔性电子技术，使其能够适应各种应用环境，扩展了压电材料的应用领域。柔性压电材料在外界刺激下产生电信号，不仅可以感知环境变化，实现实时传感，而且可以收集机械能，成为供电单元，此外，还可以调节细胞的多种生理行为。因此，柔性压电材料的应用可以分为三类：柔性压力传感、柔性能量收集和柔性生物医学。

① 柔性压力传感器的目标是在各种应用环境条件下，特别是在纳米尺度、苛刻和灵活性等要求下，检测被测量的物理量，并将信息按一定规律转换为易处理的信号形式。压力传感器能够检测压力信号，并按照一定规律转化为电信号。由于具有高灵敏度、快速响应、高压电系数和良好的环境适应性等特点，柔性压电材料在压力传感器中扮演着重要的角色，在应变传感、声音传感和振动传感等方面有着广泛的应用。

② 智能声音传感器可以应用于语言识别、生物识别、个人智能秘书和智能家居等领域。柔性压电材料制备的声音传感器可以产生多种高灵敏度的声音信号，从而改变未来语言技术的发展趋势。基于声音传感器的语言识别在未来人工智能领域中扮演着重要的角色，取代传统的接触式设备。近年来，研究人员模拟人类耳蜗的基底膜制造了柔性压电声音传感器，因

为这种方式可以有效地提升灵敏度和语言识别的准确性。

③ 机械振动是工程结构损伤的主要来源，如在桥梁、水坝、飞机和风力涡轮机等结构中的机械振动。监测结构振动可以为结构健康评估和预警维护提供定量信息，现有的结构振动监测技术包括位移传感器、压电传感器和光纤传感器等。压电振动传感器具有无损传感、高灵敏度和无疲劳性能等优点，是目前应用广泛的技术。

思考题

1. 实现建筑智能化的目的是什么？智能建筑具有哪些基本功能？

2. 碳纤维混凝土的优点是什么？

3. 身边有哪些智能化材料？请简要说明。

4. 智能材料是什么？

5. 智能材料通常由哪几部分组成？它们的作用分别是什么？

6. 什么是智能材料的自感知、自判断、自响应？

7. 请查阅资料，举例一种智能材料，并详细说明其特征功能。

8. 常见智能材料有形状记忆合金材料、压电材料、电/磁流变液材料、磁致伸缩材料等，请具体选择一种智能材料，查阅相关资料，并说明其设计思路。

9. 光纤是什么？是什么结构的？

10. 光纤的传光机制是怎样的？

11. 光纤主要有哪些分类，其特点如何？

12. 传统方法修补水泥基材料裂缝有何不足？

13. 水泥基材料出现裂缝后对材料的性能有何影响？

14. 水泥基材料裂缝的自体修复机理包括哪四步？

参考文献

[1] 江洪，王微，王辉，等. 国内外智能材料发展状况分析 [J]. 新材料产业，2014(05)：2-9.

[2] 翁心昊. 关于半导体光电信息和功能材料的研究 [J]. 信息记录材料，2021，22(01)：16-17.

[3] 张瑜瑛，王本民，陈桂馨，等. 锆钛酸铅 (PZT) 陶瓷的应用与发展 [J]. 化学进展，1992(02)：37-45.

[4] 陶雨. 智能材料结构系统在土木工程中的应用 [J]. 城市建设理论研究（电子版），2020(08)：9.

[5] 王永胜，翟龙，胡峻铭，等. 智能混凝土应用技术研究综述 [J]. 四川水泥，2017(12)：176.

[6] 巴恒静，冯奇，冯旻. 光纤传感智能混凝土的研究与现状 [J]. 工业建筑，2002(04)：45-48.

[7] 陈伟，刘翔，李秋. 基于外部供应修复剂系统的自修复水泥基材料研究 [J]. 硅酸盐通报，2020，39(04)：1057-1063.

[8] 杨大智. 智能材料与智能系统 [M]. 天津：天津大学出版社，2000.

[9] 姜德生，Richard O. Claus. 智能材料 器件 结构与应用 [M]. 武汉：武汉工业大学出版社，2000.

[10] 杜善义，冷劲松，王殿富．智能材料系统与结构［M］．北京：科学出版社，2001.
[11] 刘俊聪，王丹勇，李树虎，等．智能材料设计技术及应用研究进展［J］．航空制造技术，2014(Z1)：130-133+136.
[12] 李泽平．通信工程中光纤技术的设计应用和发展趋势［J］．信息系统工程，2020(01)：26-27.
[13] 杜志泉，倪锋，肖发新．光纤传感技术的发展与应用［J］．光电技术应用，2014(06)：1673—1255(2014)-06-0007-06.
[14] 李文植．光纤传感器的发展及其应用综述［J］．科技创业月刊，2005 (7)：153-154.
[15] 王秀彦，吴斌，何存富，等．光纤传感技术在检测中的应用与展望［J］．北京工业大学学报，2004，30(4)：406-411.
[16] Jacobsen S，Marchand J，Boisvert L. Effect of cracking and healing on chloride transport in OPC concrete [J]. Cement and Concrete Research，1996，26(6)：869-881.
[17] 刘翔．基于铵盐调控磷酸钙类矿物生长的自修复水泥基材料研究［D］．武汉：武汉理工大学，2020.
[18] Huang H，Ye G，Qian C，et al. Self-healing in cementitious materials：Materials，methods and service conditions [J]. Materials & Design，2016，92：499-511.
[19] 姜德生，何伟．光纤光栅传感器的应用概况［J］．光电子-激光，2002(04)：420-430.
[20] 廖毅，周会娟．布里渊分布式光纤传感技术进展及展望［J］．半导体光电，2008，29(6)：809-813.

第13章

其他功能建筑材料

本章学习目标：

一些特殊应用场景，如地下仓库、军事指挥所、雷达站、机场等要求建筑具有电磁屏蔽功能，医院CT检查室、核电特种建筑等需具有防辐射功能，军事防御工事等则需具有抗侵彻功能。为适应建筑日新月异的功能需求，电磁屏蔽材料、防辐射材料和抗侵彻材料三种功能建筑材料同样具有重要应用价值。

通过本章学习，要求掌握常见电磁屏蔽材料、防辐射材料和抗侵彻材料的概念与功能作用机制，并了解其应用与发展现状。

13.1 电磁屏蔽材料

电子信息技术的发展与电子设备的普及，给人们的生产生活带来便利的同时，也引起了电磁干扰、电磁辐射和电磁泄漏等一系列问题，对人类身体、工业设备、生活环境等都会产生不良影响。自然界中，存在大量不同频段的电磁波，最大频率可至900MHz，对通信设备的影响较大。日常生活中，无线电通信设备和大功率电气设备的输电线等则会产生最大频率达3GHz的电磁波，这些能量更高的电磁波对人体健康影响更加显著。军事领域中，雷达电磁波侦察是获取敌方信息的重要手段，雷达电磁波频率高，以8～12GHz的X波段为主；在雷达对抗与反对抗中，雷达电磁波防护或隐身对于军事设施或装备系统避开敌方攻击至关重要。

电磁波对人体的影响机制可以分为热效应和非热效应。热效应是指电磁波以人体内组织液为载体，在人体内造成一定的感应电流而引起局部发热的现象。0～150MHz频段内的电磁波对于人体基本无影响；150MHz～1GHz频段内的电磁波会导致人体器官局部组织过热；当人体处于1～3GHz频段的电磁波内，眼部就会发热并伴随晶状体受损等现象，严重者会导致失明。非热效应是指人体处于强度较小的电磁波辐射环境时，身体没有发生局部过热现象，也没有明显的不适宜症状，但是若辐射时间长，会导致人体的细胞原生质和免疫系统受损，增加患各种疾病的风险。

除了对人体健康造成危害外，高频电磁波会导致设备仪器失灵、信号中断等问题。例如，在乘坐飞机时需要我们打开通信设备的飞行模式，主要原因是防止手机信号对飞机的电子通信设备或信号产生影响。在军事中，保证设备及其信号的安全十分重要，各种信号之间相互干扰会导致系统紊乱，而且大量电磁信号的存在也会使军事基地的保密性降低。因此，减少电磁波干扰和进行电磁防护具有重要意义。

在建筑领域，一些特种建筑如军事指挥所、雷达站等需要减少电磁波的危害，但是传统建筑材料本身对电磁波的屏蔽效果不好。例如厚度为300mm、含水量为5.5%的混凝土墙体，在0.03～1GHz频段对电磁波的屏蔽效能仅为3～10dB。为改善建筑的电磁屏蔽性能，常将具有良好电磁屏蔽性能的材料应用于建筑中。目前建筑用电磁屏蔽材料主要有水泥基电磁屏蔽材料、金属电磁屏蔽材料、聚合物基电磁屏蔽材料和电磁屏蔽涂料这四大类。为满足建筑工程的电磁波防护要求，建筑中常用的屏蔽材料需兼具多种性能，如屏蔽频段宽、吸收损耗大、厚度适中、重量轻、良好的耐久性和机械强度、工作性能和结构稳定性好、经济环保、方便安装使用等。

13.1.1 电磁屏蔽机理

电磁屏蔽指限制电磁波在空间中的传播，因此，用于限制电磁波传播的屏蔽体起到了至关重要的作用。电磁屏蔽的途径有两种，一是利用屏蔽体对干扰源进行隔断或者包围，从而降低干扰源对周边环境中高敏感度设备和人员的电磁辐射侵害；二是对被保护对象进行屏蔽体隔断或者包围，以避免外部电磁干扰源对其造成损害。

屏蔽效能（SE，单位为dB）是指屏蔽体对电磁波的衰减程度，表示材料的屏蔽性能的好坏，值越大，则电磁波衰减程度越高，屏蔽效果越好。反射和吸收是电磁屏蔽材料衰减电磁波的两种主要形式，屏蔽效能与屏蔽材料的厚度、电导率、磁导率、介电常数、屏蔽体的结构及被屏蔽电磁场的频率有关，在近场范围内还与屏蔽体和场源的距离和性质有关；吸波型材料的电磁屏蔽性能还与阻抗匹配有关。根据传输线理论，当电磁波传播至屏蔽材料表面时，如图13.1所示有三种不同的衰减：

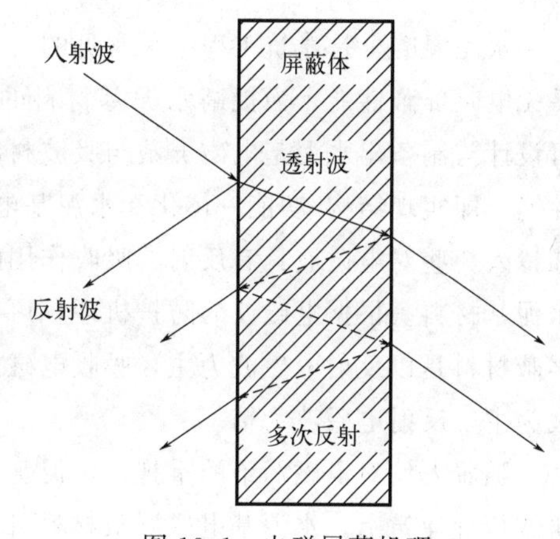

图13.1　电磁屏蔽机理

① 在屏蔽材料外表面由于阻抗失配而引起的电磁波反射损耗（SE_R）。

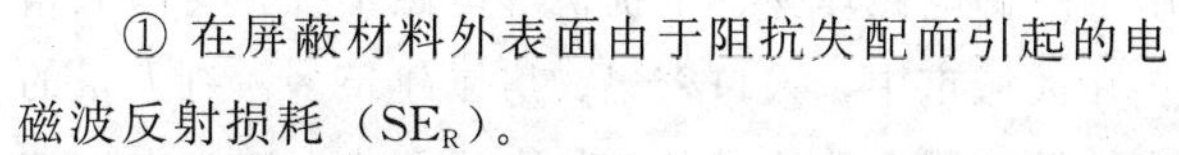

② 电磁波进入屏蔽材料内部，在偶极子作用下引起热效应的电磁波吸收损耗（SE_A）。

③ 电磁波进入屏蔽材料内部，因电磁波在孔隙、微观缺陷、界面等区域发生多次反射而形成的反射损耗（SE_B）。

因此，屏蔽效能（SE）可以表示为

$$SE = SE_R + SE_A + SE_B \tag{13.1}$$

在交变电磁场中，同一空间中有时会同时存在电场和磁场，对于这种情况，需同时考虑对两者的屏蔽。随着频率的变化，交变电磁场中的电磁干扰效应也有所区别，实际情况中应加以区分。针对屏蔽体所保护的某一空间位置点，电磁屏蔽的类型可以分为电场屏蔽、磁场屏蔽和电磁场屏蔽，它们的屏蔽效能的表达方式如下。

电场屏蔽效能（SE_E）：空间某位置点在使用屏蔽材料处理前的电场强度 E_0 与处理后的电场强度 E_S 的比值，用分贝（dB）单位表示，即

$$SE_E = 20\lg(E_0/E_S) \tag{13.2}$$

磁场屏蔽效能（SE_H）：空间某位置点在使用屏蔽材料处理前的磁场强度 H_0 与处理后的磁场强度 H_S 的比值，用分贝（dB）单位表示，即

$$SE_H = 20\lg(H_0/H_S) \tag{13.3}$$

电磁场屏蔽效能（SE_P）：空间某位置点使用屏蔽材料处理前的功率密度 P_0 与处理后的功率密度 P_S 的比值，用分贝（dB）单位表示，即

$$SE_P = 20\lg(P_0/P_S) \tag{13.4}$$

在评价屏蔽材料的屏蔽效能时，一般认为 0～10dB 几乎没有屏蔽效果；10～30dB 屏蔽效果较差；30～60dB 屏蔽效果良好，可在一般工业或商业中使用；60～90dB 屏蔽效果优秀，可用于航空航天及军用仪器设备等屏蔽要求较高的场景；90dB 以上的屏蔽效果优异，适用于要求苛刻的高精度、高敏感度的场景。

13.1.2 水泥基电磁屏蔽材料

水泥混凝土是建筑工程中最常见的材料，但是传统水泥混凝土导电性差且无铁磁性，几乎无电磁屏蔽性能。为提高水泥基材料的电磁屏蔽性能，利用其组成和结构易控制的特点，可设计与制备出水泥基电磁屏蔽与吸波材料，使其承载重量的同时，还具有良好的电磁屏蔽性能，即实现结构/功能一体化。水泥基电磁屏蔽材料是指通过对普通水泥基材料进行改性，如掺入一些对电磁波具有反射、吸收作用的电磁介质，获得对电磁波具有反射或吸收性能的水泥基材料。根据电磁波的防护机理，可以分为反射型和吸收型。其中，反射型水泥基电磁屏蔽材料是以反射电磁波为主，吸收电磁波为辅；吸收型水泥基电磁屏蔽材料是以吸收电磁波为主，反射电磁波为辅。

随着人们对电磁污染的重视，水泥基电磁屏蔽材料已逐渐应用到实际建筑中。在军事建筑或特种建筑上，水泥基电磁屏蔽材料可用于防御电磁炸弹、干扰机等电磁干扰，美国五角大楼的修建便使用了电磁屏蔽混凝土材料。在大城市中，人口密集、房屋建筑多，有大量的电磁波存在，在建筑中应用水泥基电磁屏蔽材料可以有效地避免各种电磁污染，减少电磁波对人体健康的影响或信号干扰。因此，水泥基电磁屏蔽材料对于军事、经济、国家安全和人体健康具有重要价值。

（1）反射型水泥基电磁屏蔽材料

建筑中常用的电磁屏蔽材料以反射型水泥基电磁屏蔽材料为主，根据改性填料类型，可分为掺金属改性水泥基材料和碳材料改性水泥基材料。金属改性水泥基材料是将具有良好电磁屏蔽性能的金属材料掺入普通水泥基材料中，赋予水泥基材料导电性和具有一定磁导率，

从而表现出电磁屏蔽性能。金属材料的种类、形态以及掺杂含量对其电磁屏蔽效能影响较大。通常情况下，金属改性水泥基材料中金属材料的导电率越高，电磁屏蔽性能越好。有研究者将相同含量的纳米级银粉、铜粉和镍粉分别加入水泥基材料中，制备得到反射型水泥基电磁屏蔽材料。研究结果发现，在一定频段内，掺入银粉的水泥基材料的平均屏蔽效能高于掺入铜粉的水泥基材料，而含有镍粉的水泥基材料的屏蔽效能最低，这与银、铜、镍的导电性能紧密相关。金属形态也影响金属改性水泥基电磁屏蔽材料的屏蔽效能。相比金属粉末，金属纤维在水泥基体中可以相互搭接易形成导电通路，因此，当掺量一定时，在水泥基材料中掺入金属纤维屏蔽效果更好。在一定频段内，添加金属纤维的水泥基材料的屏蔽效果与金属纤维的长径比在一定范围内成正相关，但过长的纤维将影响施工和易性。在水泥基材料中掺入3.0%～6.5%（体积分数）的镍纤维时，在100kHz～1500MHz频段范围内的屏蔽效能可以达到38～58dB。

碳材料改性水泥基电磁屏蔽材料是在普通水泥基材料中加入碳素材料，如石墨、碳纤维和碳纳米管等，使其具有一定的电磁屏蔽性能。碳素材料具有密度小、化学性质稳定及成本低等优点。将石墨填料掺入水泥砂浆中得到导电性能良好的水泥基复合材料，当掺量为30%（体积分数）时，在500MHz～1GHz频段范围内的屏蔽效能为20dB。

碳纤维水泥基复合材料的应用较广，国外在20世纪90年代初就开始了研究并已有了实际应用。目前，国内有研究者发现在水泥基复合材料中复掺碳纤维与其他碳素材料可实现更好的屏蔽效果，如石墨/碳纤维复合的水泥基材料、炭黑/碳纤维复合的水泥基材料正成为具有潜力的结构/功能一体化水泥基电磁屏蔽材料。

（2）吸收型水泥基电磁屏蔽材料

反射型水泥基电磁屏蔽材料主要是将入射电磁波反射回去，但反射回去的电磁波存在二次电磁污染问题，这限制了其应用。

微波吸收型水泥基电磁屏蔽材料是在传统水泥混凝土中掺入吸波介质以赋予电磁屏蔽性能的功能建筑材料，这类材料可以将入射电磁波吸收转化为其他形式的能量，从而达到电磁屏蔽的效果。在传统水泥基材料中掺入吸波材料可使其自身具有较低的电磁波反射率和较高的电磁波吸收率，用于军事建筑等对实现雷达隐身具有重要意义。低反射和高吸收的材料需具备两个条件：一是良好的阻抗匹配特性；二是良好的电磁衰减特性，能使进入的电磁波被快速地衰减吸收。为满足上述条件，材料应具备与空气阻抗相匹配的边界条件，同时具有高的电磁损耗能力。当在微波吸收型水泥基电磁屏蔽材料中掺入吸波填料时，应考虑填料与水泥之间的物理化学反应对吸波性能的影响和填料对水泥基材料强度的影响。对于民用建筑而言，微波吸收型水泥基电磁屏蔽材料对电磁波的反射率达到－5dB以上就具有实际的应用价值；对于地面军事而言，微波吸收型水泥基电磁屏蔽材料对雷达的反射率达到－7dB就具有应用价值。

吸收型水泥基电磁屏蔽材料的吸波介质有碳材料、铁氧体、金属等。掺入铁氧体和碳纤维的吸收型水泥基电磁屏蔽材料在200～1500MHz频段内的吸波性能可达－37dB。铁矿石是一种天然的铁氧体吸波材料，对电磁波的吸收能力较强，并且吸收频段宽、储量丰富、力学性能好，将其掺入混凝土中，不但可以保持水泥基材料的力学性能，还能获得良好的电磁波屏蔽效果。金属纳米颗粒在电磁波的辐射下由于表面活性增强而被磁化，使电子能量转化为热能从而吸收电磁波。因此，金属纳米颗粒的掺入也可以提高水泥基材料的吸波性能。但是金属纳米颗粒的成本高，限制了其实际应用。

水泥基电磁屏蔽材料不仅具有结构承载必需的良好力学性能，而且具有良好的电磁波屏蔽性能，作为结构/功能一体化材料对民用、军事建筑的电磁波防护具有重要作用。但是，在设计和制备水泥基电磁屏蔽材料时仍然面临许多的挑战，例如，通过表面改性、纤维化、纳米化等优化填料结构或复掺多种电磁屏蔽填料进一步提高电磁波屏蔽效能和拓宽屏蔽频率范围；完善水泥基电磁屏蔽材料的制备技术工艺，降低成本；协调和优化电磁屏蔽填料对水泥基材料的施工和易性、力学性能、耐久性能、变形性能等综合性能的影响。

13.1.3 金属电磁屏蔽材料

金属作为电磁屏蔽材料的应用较早，一般是金属良导体和铁磁类材料。金属电磁屏蔽材料的屏蔽机理也包括电磁波的反射衰减和吸收衰减。金属良导体材料如银、铜、铝等，金属导电率越高，其电磁屏蔽性能相应也越好，主要应用于电场和高低频电磁场的电磁屏蔽；铁磁类金属材料包括铁、硅钢、坡莫合金等具有较高磁导率的材料，这些材料的电导率相对较低，仅适用于小于100kHz的磁场。为提高金属材料的电磁屏蔽效能，通常可利用合金化或者调整制备与加工工艺来优化材料组成和组织结构。例如，多孔泡沫Fe-Ni合金在30kHz～1.5GHz频段范围内的电磁屏蔽效能大于60dB，高于传统不锈钢；坡莫合金的磁性能受热处理的影响较大，在使用的时候可以通过热处理提高电磁屏蔽性能。

建筑用金属电磁屏蔽材料主要是板材和网材。相比金属网材，金属板材的屏蔽效能更高，应用于电磁屏蔽要求较高的场所。金属板材的电磁屏蔽效果随着厚度的增加而增加，但是随着厚度的增加，金属板材的质量也会增加，从而导致建筑自重及成本的增加，限制了金属电磁屏蔽用板材在建筑特定场合中的应用。金属网材的吸收衰减和多次反射衰减效果并不明显，屏蔽效果较差，一般应用于电磁屏蔽要求不高的场所。为了保证金属网材的屏蔽效能，通常采用双层或多层金属网结构，或者与其他材料复合使用。例如，将金属丝网聚酯薄膜与钢化玻璃结合制备成电磁屏蔽玻璃，在20MHz～1.5GHz内的电磁屏蔽效能超过41dB，可用作特定场所的电磁屏蔽玻璃。金属网材的屏蔽效果主要与网孔的大小、网层数以及不同网孔的金属网间的组合形式有关，通常是网孔越密、层数越多，金属网材的电磁屏蔽效果越好。

虽然，金属材料在建筑工程中具有较好的电磁屏蔽效果，但是金属材料的造价高、密度大、易受自然环境侵蚀、后期的维护成本较高等限制了金属电磁屏蔽材料在建筑中的应用。

13.1.4 聚合物基电磁屏蔽材料

聚合物基电磁屏蔽材料相比传统金属电磁屏蔽材料，具有密度小、质量小、耐腐蚀、抗刮划性好等优点。聚合物的表面张力和黏度、导电填料在聚合物中的分布等对聚合物的电磁屏蔽性能具有重要影响。通常情况下，聚合物的导电性能随聚合物基体黏度的降低而提高，这是由于聚合物的黏度较低时，导电填料与聚合物的界面作用较弱，能够更加均匀地分散在聚合物基体中，形成更加有效的导电通路。在聚合物基电磁屏蔽材料中，聚合物的结晶度越高，导电性越好，而且非晶区占比越小。导电填料主要分布在聚合物基体的非晶区，当填料掺量相同时，导电填料在聚合物非晶区中的相对含量增加，更易形成导电通路，电磁屏蔽性能更好。聚合物基电磁屏蔽材料主要分为本征型聚合物基电磁屏蔽材料和复合型聚合物基电磁屏蔽材料。

本征型聚合物基电磁屏蔽材料是由具有共轭 π 键的高分子经过化学反应后形成的一种导电高分子材料，可通过分子设计调节其电阻率在绝缘体、半导体和导体之间变化，利用反射损耗和吸收损耗屏蔽电磁波。本征型聚合物基电磁屏蔽材料通常具有较高的吸收损耗，可以减少二次电磁污染。目前应用较多的有聚乙炔、聚吡咯、聚塞吩、聚苯胺等。聚乙炔是最早发现的本征型聚合物电磁屏蔽材料，导电率较高，被广泛应用为电磁屏蔽材料。但是聚乙炔的力学性能、加工性能和环境稳定性较差，限制了其应用。相比之下，聚吡咯、聚塞吩、聚苯胺的环境稳定性好，室温下导电性好，在实际工程中应用较多。

复合型聚合物基电磁屏蔽材料分为共混型和填充型聚合物基电磁屏蔽材料。共混型聚合物基电磁屏蔽材料由两种或两种以上聚合物共混制成，具有良好的综合性能。如盐酸掺杂聚苯胺和聚乙烯醇制备的 3.5mm 厚的复合材料，X 波段的电磁屏蔽效能可达 37dB，并且具有优异的环境稳定性。填充型聚合物基电磁屏蔽材料是由聚合物基体与导电材料、磁性材料和介电材料等填料共混复合而成的，主要的制备方法有溶液共混、熔融共混、原位聚合、共沉淀法等。聚合物基体包括聚苯醚、聚丙烯、ABS、尼龙、热塑性聚酯和橡胶等。常用的导电填料包括导电性较好的银系、铜系、镍系和碳质填料。导电填料在聚合物基体中的体积百分比和分散程度对复合材料的逾渗阈值影响较大，因此采用比表面积较大的纤维状和片状类填料有利于提高聚合物的电磁屏蔽效能，如金属纳米线、碳纳米管、石墨烯等。复合型聚合物基电磁屏蔽材料的优良性能催生了许多电磁屏蔽产品，如导电涂料、导电布、导电胶、导电泡沫等，实际应用广泛。

聚合物基电磁屏蔽材料的综合性能良好，但相比于传统金属电磁屏蔽材料，其导电性相对较差，电磁屏蔽效能较低。除了利用高效导电填料，还可以对聚合物基电磁屏蔽材料结构进行合理的设计来提高导电填料的利用率，构建更加完善的导电通道，在较低的填充量下获得良好的导电性能，从而得到优异的电磁屏蔽性能。

13.1.5 电磁屏蔽涂料

传统建筑涂料通常具有装饰和防腐功能，建筑电磁屏蔽涂料除具备传统涂料的功能外，还具有保护建筑免受电磁干扰的功能。电磁屏蔽涂料是一种由合成树脂、导电填料和溶剂配制而成的一种流体材料，将其涂覆在基体材料表面可形成能够屏蔽电磁波的固化膜。电磁屏蔽涂料的优势在于电磁屏蔽性能良好、价格低廉等，而且施工工艺简单，可以涂覆在形状比较复杂的材料表面。电磁屏蔽涂料不仅可以涂覆在建筑物的外墙体，以减少外界的电磁波对建筑物内的人和仪器设备产生影响，也可以涂覆在建筑物的内墙体或者建筑物内部装饰上，以减少建筑物内各种电磁波之间的相互干扰。

电磁屏蔽涂料根据填料的不同可以分为银系、铜系、镍系以及混合系。通常银系涂料因具有良好的导电性和稳定性被应用于电磁屏蔽要求较高的场所，但是成本高限制了其应用。与银系涂料相比，镍系涂料的价格更低、应用更广泛，电磁屏蔽要求不高的场所主要使用镍系涂料。镍系涂料的化学性能稳定，耐氧化，能够稳定地吸收和散射电磁波。当镍系涂料涂层厚度为50～70mm时，对频段为500～1000MHz的电磁波的屏蔽效果可达到30～60dB，但镍系涂料在小于30MHz频段的屏蔽效果较差。铜系材料的电磁屏蔽效能在低频时比镍系涂料好，而且由于铜的表面电阻率比镍小，屏蔽效果相近时，铜系涂料的成本更低，所以铜系涂料常作为在低频段使用的电磁屏蔽涂料。然而，铜的抗氧化性较差，被氧化后电性能和磁性能下降导致电磁屏蔽性能变差，一般不单独使用。

为了弥补单一填料的不足，可对填料共混或改性处理，目前已经有镍包铜、银包铜等改性填料。改性后的填料提高了材料的稳定性，电磁屏蔽效果更好；并且经过处理后的涂料可以在更加复杂的环境中使用。对于复杂的宽频段，就需要选用混合型的涂料。例如，以铜钴镍铁氧体、氧化石墨烯、聚苯胺复合制备的三组分吸波涂料，当吸波剂含量为40%（质量分数），涂层织物厚度为2.0m时，在300kHz～3.0GHz内，屏蔽性能可达到－47dB。混合型的涂料可以克服单组分电磁屏蔽材料的局限性，扩大电磁屏蔽涂料的微波吸收应用范围。

13.1.6 其他电磁屏蔽材料

除了上述电磁屏蔽材料外，在建筑领域具有潜在应用价值的电磁屏蔽材料还有木基电磁屏蔽材料、陶瓷基电磁屏蔽材料、电磁屏蔽织物、发泡金属等。

木材是建筑中常用的材料之一。普通木材的导电率较低，几乎不存在电磁屏蔽性能，需要与导电或磁性材料复合制成电磁屏蔽木基复合材料。木基电磁屏蔽材料可分为表面导电型、填充型和高温炭化型。表面导电型木基电磁屏蔽材料是在绝缘的木材表面覆盖一层导电层，达到屏蔽电磁波的目的。如通过化学镀在木材表面沉积一层金属铜或镍，得到的木基电磁屏蔽材料的屏蔽效能可达25～60dB。填充型木基电磁屏蔽材料是借助胶黏剂的作用，使导电材料与木质单元黏结复合，再通过压制工艺制成。如在胶合板中掺入铜纤维或不锈钢纤维，屏蔽效能可达35～55dB。高温炭化型木基电磁屏蔽材料是将木材在无氧的状态下烧制成木炭板复合材料，当木炭层厚度为2mm、5mm和7mm时，其屏蔽效能分别可达28.4、54.2、69.5dB。

陶瓷材料具备优异的力学性能、耐高温、耐腐蚀等优点，在高温、高压、强酸、强碱且承受载荷的复杂服役环境中具有良好的应用前景。通常陶瓷材料的导电率较低，电磁屏蔽效能不理想，需要掺杂导电填料等改善导电性，从而提高电磁屏蔽效能。常见电磁屏蔽用陶瓷材料有SiC、Si_3N_4等，可填充导电填料如碳纤维、碳纳米管、石墨烯、还原氧化石墨烯和其他导电纳米颗粒等以改善陶瓷的导电性能。例如，将具有良好介电性能的碳化硅半导体材料与良好导电性能的碳纤维复合制成碳纤维增韧碳化硅基复合材料，可实现材料的结构/功能一体化，不仅强度高、模量大、耐高温等，而且电磁屏蔽与吸波性能优异。

电磁屏蔽织物具有密度小、柔韧性好、加工方便等特点，易于制成各种几何形状，适用于软体屏蔽装备或设施，如防护服、屏蔽帐篷、屏蔽幕帘和屏蔽炮衣等。其屏蔽效能的高低取决于使用的金属类型和织物的制造方法，按制备方法不同，电磁屏蔽织物可分为两种：一是将导电材料直接涂或镀在织物表面。该类织物的透气性能、服饰感与耐洗涤等性能比纺织成型织物差，可用作屏蔽帐篷、屏蔽罩、墙布、屏蔽隔断等。二是在织物中加入一定比例的导电纤维。该类屏蔽织物具有手感与服饰感好、透气性强、耐洗涤、折叠性良好等特点，性能与纺织布接近，作为装饰材料、屏蔽窗帘等的应用较多。

发泡金属是由金属骨架和连通的孔洞组成的多孔材料，多孔结构使入射电磁波在孔洞中发生多次反射与吸收损耗。常见材料包括发泡金属镍、发泡金属铜镍和发泡金属铝等，它们在极薄厚度的情况下仍具有优异的屏蔽效能。

13.2 防辐射材料

核医学、核电等让人们对辐射开始有所了解。有资料显示辐射已被公认为继大气污染、水质污染、噪声污染后的第四大环境公害。辐射是导致人体出现心血管疾病、糖尿病、癌突变的主要因素，也是损伤人体生殖系统、神经系统等的罪魁祸首，因此人们越来越重视减少辐射造成的危害，防辐射材料的研发和应用也成为科研工作者日益关注的焦点问题之一。

辐射包括非电离辐射和电离辐射。通常将属于非电离辐射的紫外线、可见光、红外线、激光以及与人类生活有密切关系的无线电波和微波称为电磁辐射，人们口中常说的辐射指的则是电离辐射。电离辐射（医学上叫放射）是具有一定动能并能引起被作用物质电离的微观粒子流。按粒子流的电离作用特点可以分为带电粒子（如质子、α粒子等）和不带电粒子（如中子、X射线等）；带电粒子具有足够的动能并能够因碰撞产生电离，不带电粒子能够直接释放电离粒子产生电离。电离辐射可以是带电粒子、不带电粒子或者由两者混合形成的辐射，其也是一种电磁波。电离辐射的防护原理有两种：一是反射原理，即利用物质对电离辐射微观粒子流反射达到屏蔽辐射的目的；二是吸收原理，即采用物质吸收电离辐射微观粒子流并将其转化为热能或者无害的低能量辐射。

尽管电离辐射在医学、核电中的应用必不可少，尤其是射线影像技术已成为现代医学不可缺少的重要组成部分，但其产生的X射线、γ射线、中子射线仍会影响人体健康、生态环境，因此防辐射材料的使用显得尤为重要。目前，掺入了具有防辐射性能的集料制成的防辐射水泥混凝土已在医学、核电等相关的建筑设施中得到了应用，而且防辐射纤维制成的柔性防辐射织物、防辐射有机玻璃和防辐射合金作为保护罩、屏风、门窗或承载结构在医学放射室或防辐射建筑中也具有重要应用。此外，防辐射纳米材料如含铅、铋的纳米颗粒等作为填充材料时，因小尺寸效应、表面与界面和量子尺寸效应等，对提高防辐射材料的辐射屏蔽性能具有很好的促进作用。稀土及其复合材料作为防辐射材料的一个新兴研究方向，对几种高能射线均有防护效果，尤其是防中子辐射性能突出，是目前屏蔽中子辐射的理想材料，但相关研究仍较少，还有待进一步探索稀土防辐射材料的开发与应用。

13.2.1 防辐射材料的作用机理

电离辐射主要有α、β、γ、X射线和中子流的辐射，这些辐射能够诱发癌症、白血病和多发性骨髓癌、恶性肿瘤、不育症、流产和生育缺陷等多种人类疾病，还会引起植物的基因变异，严重危害农作物的生长。不仅如此，辐射作用潜伏期长，短时间内很难发现。由于α、β射线能量弱、穿透力较低，易被遮挡物吸收，因此，防辐射主要是减少穿透力极强的γ射线、X射线和中子流的危害。

γ射线和X射线具有十分强的穿透能力，防辐射材料可通过与γ射线和X射线相互作用产生光电效应、康普顿效应和电子对效应，从而损耗入射光子能量发挥防护作用。

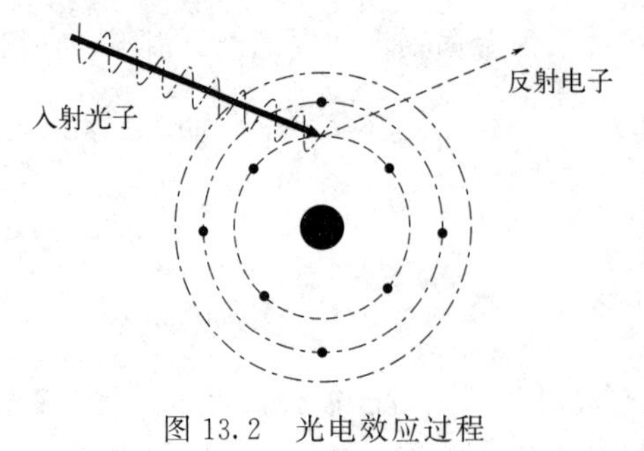

图 13.2　光电效应过程

光电效应：当入射光子的能量等于或大于吸收体原子内层电子的结合能时，入射光子与内层电子发生弹性碰撞，且光子能量被电子吸收，获得能量的电子脱离原子核束缚溢出成为自由电子，即光电子，如图 13.2 所示。当光子与原子内层电子作用时，光电效应才能发生，光子与自由电子作用时不能发生光电效应。内层电子被原子核束缚得越紧，越易参与上述过程，发生光电效应的概率就越大。

康普顿效应：入射光子与自由电子或受原子核束缚较弱的外层电子发生非弹性碰撞，将能量传递给电子形成离开原子核的反冲电子，同时入射光子未消失，而因碰撞失去部分能量和改变运动方向，如图 13.3 所示。

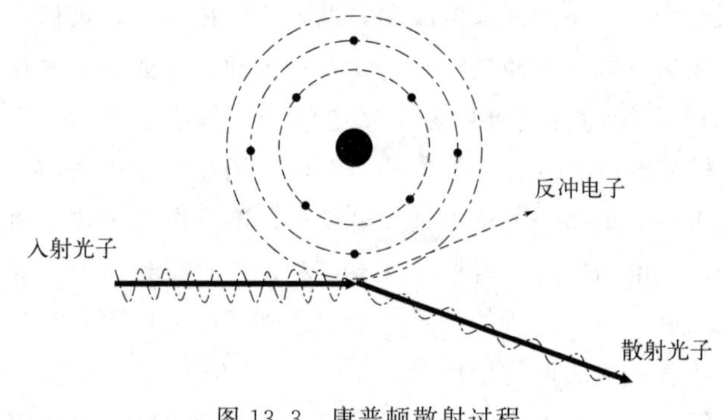

图 13.3　康普顿散射过程

电子对效应：一个具有足够能量的光子从原子核附近经过时，入射光子在原子核强电场作用下生成一个正电子和一个负电子，放出光子的全部能量，如图 13.4 所示。

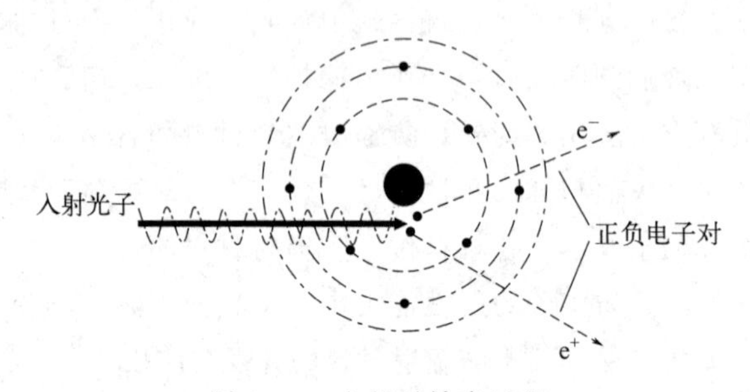

图 13.4　电子对效应过程

中子射线是由不带电荷的微粒组成的，具有高穿透能力，可分为快速、中速和慢速中子。中子和物质的相互作用有两种形式：一是快速中子的散射和减速，如图 13.5 所示，二是中速和慢速中子被吸收后放出带电粒子或 γ 射线。其中，快速中子的屏蔽减速可通过与重原子核的碰撞来实现，而中速中子和慢速中子可被轻元素如氢、硼原子吸收，如图 13.6 所示。因此，若水泥混凝土中胶砂含有足量的轻元素或结晶水，则能够有效地散射、吸收中子射线，从而赋予建筑防辐射功能。值得一提的是，钐、铕、钆等稀土元素因其自身特殊的原子结构，使稀土元素俘获中子的反应截面比硼、锂等轻元素的反应截面高出许多倍，也因此成为备受关注的防辐射材料。

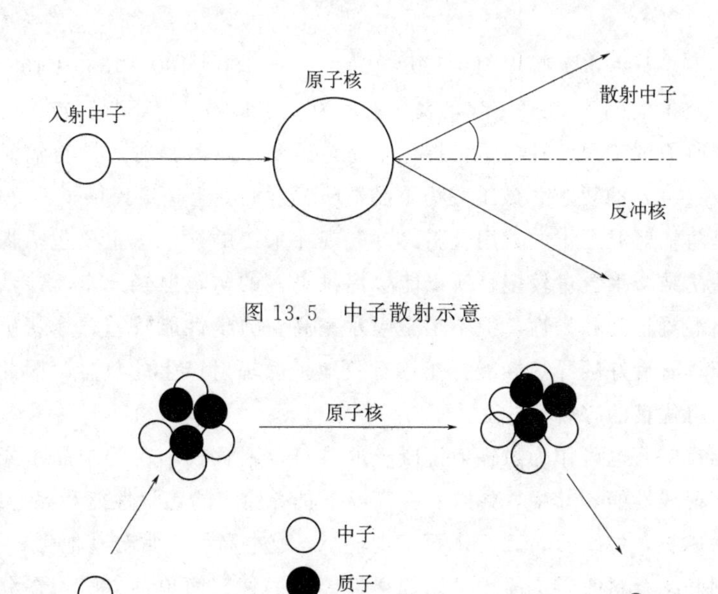

图 13.5　中子散射示意

图 13.6　中子吸收示意

13.2.2　防辐射混凝土

目前国内外防辐射混凝土技术主要包括采用密度大的磁铁矿石、褐铁矿石或重晶石作粗细骨料，引入充分数量的结晶水和含硼、锂等轻元素化合物，掺加矿物掺合料，或降低水灰比等来提高材料的密实性。这是因为高密度的粗细集料可以屏蔽 γ 射线，含轻元素的化合物能够有效地捕捉中子且不形成二次 γ 射线，并且混凝土越密实屏蔽效果越好。

采用重晶石、铁矿石等作为骨料的重混凝土可作为防辐射混凝土。重混凝土是指表观密度大于 $2800kg/m^3$ 的混凝土，用高密度的骨料制成的混凝土具有不透 X 射线和 γ 射线的性能，防中子辐射混凝土表观密度则一般大于 $3600kg/m^3$。当采用磁铁矿石、褐铁矿石或重晶石作为骨料时，因密度大和强度相对较低，容易引发离析、开裂等工程问题，所以，对于建材行业来说，开发研究新型、经济、安全的水泥基防辐射材料具有重大战略意义。

重晶石是以硫酸钡为主要成分的非金属矿物，其中的钡元素具有较高的介电常数或磁化强度，且本身不具有放射性，能够大概率与射线发生光电效应，因此，重晶石是一种较好的防辐射材料。重晶石的表观密度为 $4300\sim4700kg/m^3$，由于密度较大，以其作为主要骨料的砂浆和混凝土对 γ 射线具有较强的屏蔽作用。不仅如此，重晶石成本低廉，国家资源丰富，因而能够得到较为广泛的应用。由于重晶石本身结晶水的含量十分稀少并且也不包含轻元素，所以重晶石作为主要骨料的混凝土和砂浆对中子的屏蔽性能表现很差，而且浆体流动性差，容易骨料下沉。工程中常添加粉煤灰及含轻元素的外加剂如碳化硼、结晶水调和剂等，也可以通过对重晶石粉进行超细加工，以达到提高其屏蔽性与砂浆和易性的目的。浙江省肿瘤医院衢州分院放疗中心直线加速室便采用了重晶石混凝土作为防护材料。在该工程中，因重晶石易离析、导热性差，需注意重晶石防辐射混凝土的温度裂缝、收缩裂缝等，确保混凝土的强度及和易性，同时应该满足具有吸收 X 射线、γ 射线所需的表观密度要求和削弱中子流所需的结晶水和结合水要求。根据工程需求，该混凝土的配合比为：水泥：矿粉：粉煤灰：重晶砂：人工砂：重晶石：水：减水剂＝250：100：40：1180：100：1360：165：7.0，初凝时间为6h 17min，终凝时间为9h 27min，表观密度为3280kg/m^3。经浙江省放射监测站和省放射卫生监督检测所测试工程的各项防护指标，完全达到《电离辐射防护与辐射源安全基本标准》(GB 18871—2002）的要求。该工程为重晶石防辐射混凝土施工提供了良好的范例。

铁矿石也是防辐射混凝土的常用骨料之一。现在采用的铁矿石主要包括褐铁矿、赤铁矿和磁铁矿。褐铁矿结合水含量较多，所以能够提供更多的防辐射轻元素，并且褐铁矿的细粉料能够有效提高混凝土的和易性，但不足是吸水率高、力学性能较差。赤铁矿和磁铁矿的防辐射性能较差但具有良好的导热性能，能够有效地扩散辐射产生的热量。因此，将三种铁矿石混合使用可获得优良的综合性能。

蛇纹石、硼镁矿石也可作为防辐射混凝土的骨料，因含较丰富的结晶水或硼元素而拥有优良的屏蔽中子射线性能，其中，蛇纹石在高温下具有稳定的化学性能和保持结晶水的能力。相比重晶石和铁矿石，蛇纹石、硼镁矿石密度较小，成本高昂，常与其他骨料混用。

掺加外加剂和掺合料改善混凝土的防辐射性能是一种较简单的方法。在混凝土与砂浆中掺合各种含硼添加剂，能够大大提高混凝土屏蔽中子流的能力，而且添加含硼材料不会明显影响混凝土的力学性能。此外，添加减水剂等外加剂还可进一步提高防辐射混凝土的密实度，进而提高防辐射性能。在防辐射混凝土中掺入粉煤灰可以优化混凝土微观结构，降低水化热，增强混凝土耐热能力，并可以减少混凝土内外温差，防止裂缝产生，也可以减少混凝土的水泥用量，节约成本。但在一些密度非常大的防辐射混凝土中添加粉煤灰也难以达到密度和混凝土和易性的协调统一。为实现更好的防辐射目的，防辐射混凝土的双掺技术已应用于复旦大学附属中山医院厦门医院工程地下室一层直线加速器功能房间的建造。在该工程的混凝土中，掺加一定量的Ⅰ级磨细粉煤灰和减水剂，进一步改善了混凝土的微观结构、坍落度，降低水化热，提高密实度，增强混凝土的耐热性能，达到减少裂缝以及增强混凝土屏蔽中子流的能力。

稀土元素具有优良的防辐射特性，能够有效地吸收热中子。在国外，稀土元素已经被应用到混凝土中，如将稀土元素钐加入混凝土当中，随着氧化钐的增加，含稀土元素的混凝土的中子屏蔽性能得到巨大提升。含有稀土元素的混凝土材料在屏蔽核反应堆方面具有广泛应用前景。

13.2.3 防辐射有机玻璃

防辐射有机玻璃的研制最早开始于20世纪70年代，其是一种能在射线辐照下维持稳定性的光学玻璃，并且能够有效吸收射线，如含铅有机玻璃被使用在医院CT室、核电站等辐射防护建筑中。铅对射线的吸收能力较强，已作为首选金属元素引入防辐射有机玻璃中。日本将甲基丙烯酸铅聚合后与甲基丙烯酸甲酯共聚混合制备了防辐射有机玻璃；此方法不仅提高了有机玻璃的力学性能和光学性能等，还赋予了有机玻璃防辐射特性。但是，铅有毒且密度大，一定程度上影响了实际应用。有研究者将氧化钐和甲基丙烯酸结合成功制备出透明的有机钐玻璃，其防辐射性能随着氧化钐含量增加而提高，但透光率有待改善。

13.2.4 防辐射合金

防辐射合金材料主要利用隔离的原理来控制电离辐射，即利用屏蔽体产生的涡流反磁场抵消干扰磁场。防辐射合金的主要元素为铁、锰、铅、铜等，这些元素来源广泛、容易提取，市场发展潜力大。防辐射合金常被制成门框与门板应用于各类防辐射建筑中，是医院放射室、核电站等建筑中的“常客”。不锈钢不易腐蚀风化，韧性强，导电性能优异，对辐射具有一定的防护性能，是核电厂建设中不可缺少的建筑材料。此外，还可添加硼等轻元素，使其防中子射线与 γ 射线的性能突出。

13.2.5 防辐射纤维

防辐射纤维材料主要用于防中子流、X射线等辐射。在防中子辐射方面，国外从20世纪70年代中期开始研发防辐射纤维材料技术，如日本研制的离子交换型防辐射纤维和东丽公司采用复合纺丝方法制取的防中子辐射复合纤维等。近十年，一些发达国家仍热衷于进行防中子辐射纤维材料的研发，尤其是日本仍在不断投入研发，可见防中子辐射纤维材料仍然十分重要。我国对防中子辐射纤维材料的研究也有开展，天津纺院采用硼化合物、重金属化合物与聚丙烯等共混制成皮芯结构防中子纤维，使我国防中子辐射纤维材料向实用化又迈进了一步。在防X方面，1980年苏联科学家以黏胶纤维堆织物为对象，研制出了含铅防X射线的织物，但这种织物的制取难度较大。近年来日本和奥地利将硫酸钡添加到黏胶纤维中制成的防辐射纤维，可用于制成长时间暴露于X射线的工作服装，效果良好。而我国近年也开发了一种新型复合聚丙烯纤维材料，相比于现阶段其他复合聚丙烯纤维材料具有更宽的吸收范围，其防X射线辐射性能优异。

13.2.6 防辐射纳米材料

纳米材料具有结构单元尺寸小、比表面积大、量子尺寸效应、量子隧道效应等特性，在物理性能（力学、热学、电学、磁学等）和化学性能（反应活性、吸附性等）方面具有母材无法比拟的特殊性能。国内外科研工作者对防辐射纳米材料进行了研究，取得了一些进展。目前，可应用到防辐射领域中的纳米材料包括活性氧化铋（Bi_2O_3）纳米粒子、钨酸铋（Bi_2WO_6）纳米粒子、钨酸铅（$PbWO_4$）纳米粒子、聚丙烯酸铅（$\text{-}[CH_2CHCOOPb]_n\text{-}$）纳米粒子等。苏联科研工作者较早开展了纳米防辐射材料的研制，并成功开发了一种可吸收X射线的涂层。而且，俄罗斯科学家利用纳米材料的粒子间空隙小、比表面积大等特性，制备了一种较先进的防辐射纳米材料，即超细化纳米金属颗粒防辐射材料。美国科学家提出利用不同的金属离子与不同高聚物直接结合，为新型防辐射纳米材料的研发提供了一种新思路。在国内，有科研工作者利用含铅纳米材料作为环氧树脂的改性填料，有效地提高了环氧树脂的力学性能和防辐射性能，这种材料在航空航天领域有很大的应用前景。

13.2.7 稀土元素及其防辐射材料

我国稀土资源丰富，稀土应用一直受到国家的高度重视。不仅如此，欧美等发达国家也十分重视稀土新材料的开发和应用。元素周期表中的ⅢB族是稀土元素，包括钪（Sc）、钇（Y）以及镧系（Ln）共17个元素，具有特殊的电子层结构，电子跃迁吸收能谱很广，会增加康普顿散射的概率，是X射线和 γ 射线的理想屏蔽物质。稀土元素对中子的反应截面的面积高出硼等轻元素数倍，因而对中子射线也具有良好的屏蔽效果。稀土元素具有原子半径大、化学还原性强以及热稳定性好等特点，可被应用作为陶瓷材料的改性添加剂。添加稀土元素的陶瓷材料不仅具有十分优秀的高温稳定性，还拥有十分优异的防辐射性能，是提高传统陶瓷防辐射性能的方法之一。在建筑的防辐射门或墙板上，一般采用含铅复合材料作为防辐射材料，但铅存在一个射线吸收能力十分薄弱的区域，稀土元素可以很好地弥补这一弱点，并且稀土元素无毒，质量也比铅更小，因此采用稀土材料代替传统的含铅防辐射材料具有重要价值。稀土粒子的种类、大小等都会影响稀土复合材料的防辐射性能。每种稀土元素的平均吸收截面不同，如钐的平均吸收截面为 10600b（barn，靶恩）、镝的平均吸收截面为 1100b、钆的平均吸收截面为 36300b。而且，在稀土复合材料中稀土粒子越细，在基体材料中分散效果越好，对射线的屏蔽效果也就越好。

13.3 抗侵彻材料

随着科学技术的不断发展，武器也在不断更新换代，破坏力直线上升，使得防御工事的防御能力面临更艰巨的挑战，提高防御工事及其建筑材料的抗侵彻性能势在必行。侵彻是弹头穿透或者钻入物体的现象。高速飞行的子弹、炮弹等撞击防御表面后释放的破片，会借助爆炸的动能侵入物体，造成毁伤，这种现象称为侵彻效应。抗侵彻材料便是为了减小爆炸物对防御工事的破坏而产生的材料。

材料的力学性能是抗侵彻性能的影响因素之一，抗侵彻材料通常具有高硬度、高强度、高模量、高韧性等特点，同时材料的组成与结构也会极大地影响抗侵彻性能，且不同组成和结构的材料具有不同的抗侵彻机理。按材料性质与化学组成分类，抗侵彻材料大致包括抗侵彻混凝土、金属抗侵彻材料、陶瓷抗侵彻材料、有机抗侵彻材料、抗侵彻纤维增强复合材料等。

除了材料种类，材料的结构也会极大地影响抗侵彻性能，常见的抗侵彻优化结构包括叠层复合结构与三明治夹芯结构。

叠层复合结构是最简单的抗侵彻结构，是通过将两种以上的不同材料按照一定的顺序叠在一起，如陶瓷/金属，金属/陶瓷/金属，复合材料/金属/复合材料等。本质上是利用不同抗侵彻性能材料的相互组合与匹配实现最佳的抗侵彻效果。以金属/陶瓷/金属结构为例，如图 13.7 所示，表面层和里面层金属使陶瓷和弹体的碎片无法自由飞散，减少或避免了附加二次伤害，同时使碎片间的相互作用加强，提高了结构吸能的效率，进而获得优异的抗侵彻性能。

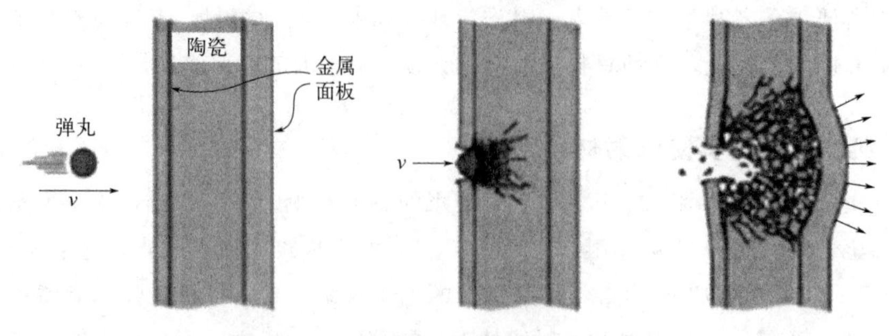

图 13.7　金属-陶瓷-金属的叠层复合结构

三明治夹芯结构可分为金属桁架点阵结构和波纹孔三明治结构，如图 13.8 所示。三明治夹芯结构能够显著减小材料质量，中心夹层有着较高的韧性，也能有效防护冲击波，但对弹丸的侵彻抵抗能力不如实心结构，如果在间隙中添加一些陶瓷，则能够大大提升抗侵彻性能，里层的防护板能很好地形成二次保护以抵抗侵彻。

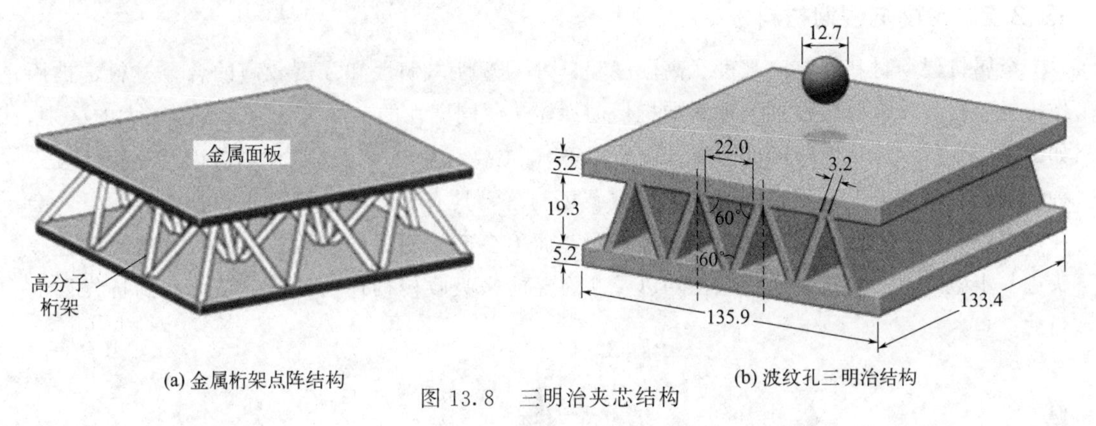

图 13.8　三明治夹芯结构

13.3.1　抗侵彻混凝土

水泥混凝土是防御建筑工事中的传统抗侵彻材料，是由胶凝材料、颗粒状集料、水、外加剂和掺合料按一定设计比例配制，经均匀搅拌、密实成型、养护硬化而成的一种人工石材。水泥混凝土具备原料丰富、价格低廉、生产工艺简单、高硬度、高强度以及极低的韧性等特点，遭受侵彻时基于自身高强度、高硬度与高模量阻止弹体的侵彻，但当其强度不足以阻止侵彻时会发生破裂。混凝土的侵彻是一个复杂的过程，包括弹性、挤压、裂缝形成与扩展等。

随着炮弹类武器破坏力的提高，普通水泥混凝土的抗侵彻性能已经无法满足抗侵彻要求，在水泥混凝土中添加钢筋或者纤维材料，可进一步提高混凝土的抗侵彻性能。由于水泥混凝土是一种脆性材料，其对能量的吸收效果也较为有限，所以常通过添加钢筋来大大提升水泥混凝土的抗侵彻性能。钢筋不仅能加固结构提升混凝土整体的力学性能，也能在水泥混凝土破裂后阻碍弹体的进一步侵彻。

在侵彻过程中，弹体在钢筋水泥混凝土中受到的阻力大于素水泥混凝土。这是因为弹体在侵彻过程中，一方面钢筋扩张的形变小于混凝土扩张的形变，钢筋对混凝土基体会产生约束，间接地增强了混凝土的侵彻阻力；另一方面，弹体与钢筋发生碰撞时，由于钢筋的强度高于混凝土基体，所以会消耗更多的动能，降低了弹体侵彻能力。如图 13.9 所示，对于同等

图 13.9　素混凝土（左）和钢筋混凝土（右）的正面侵彻破坏特征

条件的侵彻，素混凝土几乎完全破碎且被穿透，而钢筋混凝土仅发生了局部脱落，留下了规则形状弹孔与一些发散裂纹。

13.3.2 金属抗侵彻材料

金属抗侵彻材料具有高强度、高硬度和良好的塑性。韧性和强度较高的合金材料常被用作抗侵彻材料。金属塑性极大地影响抗侵彻性能。不同塑性的金属失效模式有着较大的区别，如图 13.10 所示。塑性较低的金属（硬质铝等），主要有片层剥落、块体剥落以及径向断裂三种；塑性较高的金属则不会有明显的机械破坏剥落，具有良好的延展性，在冲击作用下，会在冲击点局部发生塑性变形，形成塑性孔洞，而不会产生明显的剥落，能够很有效地阻止弹头进一步破坏。金属材料通过塑性功以及断裂耗能来吸收侵彻体的能量，从而达到抗侵彻的目的。

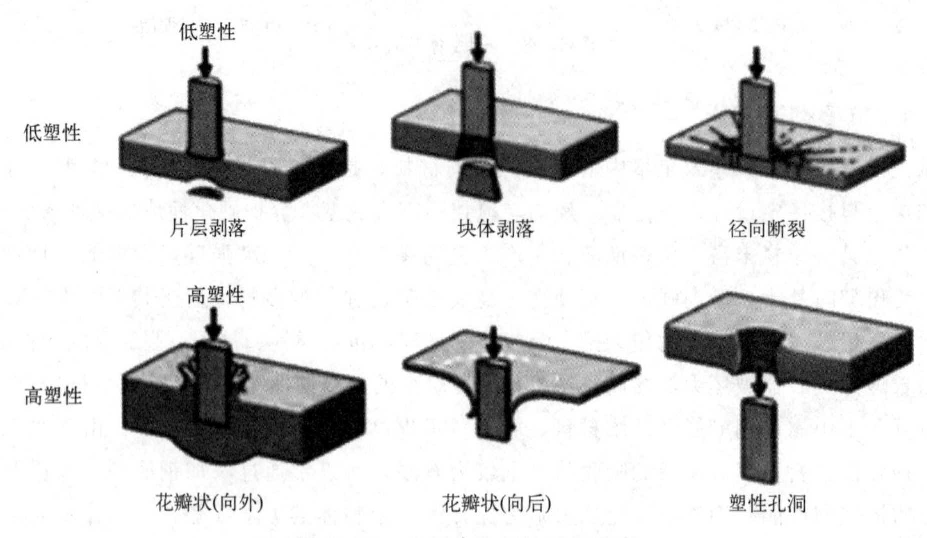

图 13.10 金属合金板的破坏示意

铁基合金用于抗侵彻最早可追溯到 20 世纪第一次世界大战的坦克防护，自此以来，铁基合金作为抗侵彻材料一直受到各国的青睐。铁基合金凭借优异的抗侵彻性能、广泛的结构应用和原材料资源广泛等优势占据了抗侵彻装甲材料的一席之地，目前仍然是应用最广泛的装甲材料。美国、德国、瑞典等西方国家对于性能先进的钢装甲的研究从未中断，且不同国家有着不同的性能标准。例如，美军现有 5 个超高硬装甲钢标准，分别是 MIL-A-12560H、MIL-A-46100D、MIL-DTL-46177、MRMIL-A-46186、MIL-46193A；瑞典的装甲钢标准则有 ARMOX500T、ARMOX560T、ARMOX600T、RMOX440T 和 ARMOX-ADVANCE 等。

铝合金自 20 世纪中期作为抗侵彻装甲材料以来，在装甲防护上得到了广泛的应用。铝合金的硬度虽然不如铁基合金装甲材料，但密度小，在相同防弹能力的情况下，用铝合金装甲代替钢装甲，能减少 20%左右的整体质量；而在等质量的情况下，其弯曲刚度是钢的 9 倍。自第二次世界大战结束以后，铝合金装甲在武器装备上的应用发展迅速，美国的先进装甲车便采用了一种综合性能优异的铝合金，这种铝合金不仅具有优异的抗侵彻性能，还具有良好的抗应力腐蚀性能和优良的焊接性能。

钛合金具有比强度高、密度小、抗冲击性强及塑韧性良好等综合力学性能，因其性能优异而备受关注，但极高的成本限制了其发展。钛合金作为低成本抗侵彻装甲的应用直到 20 世纪 90 年代才出现转机，与传统铁基合金抗侵彻材料相比，钛合金的密度是装甲钢的 57%，等质量下可以提高防护性能 30%以上。此外，钛合金还具有良好的低温韧性，使其在低温环境下也能表现出不错的防弹效果，是温度适应性更宽的抗侵彻防护材料。

镁合金是目前实际结构应用中最轻的金属材料，具有密度小、比强度和比刚度高、电磁屏蔽性能优良、易于再生利用和原材料资源广泛等一系列优点，被认为是 21 世纪最具发展潜力的结构/功能一体化材料。ZK60 镁合金在现有常用镁合金中强度最高，且密度低、质量小，几乎是所有金属结构材料中比强度最高的一种，在将来有望成为新型高性能抗侵彻材料。目前，ZK60 的抗侵彻应用主要是与其他合金材料组合构成复合结构，以增强抗侵彻能力。

金属抗侵彻材料可制成防弹板材，用于防弹门、银行柜台和军事运载工具等。除此之外，还可以设计成复合结构，通过进一步优化材料的结构和工艺来提高抗侵彻性能，用于飞机、舰船、防弹运钞车、防爆车和装甲战车等装备。

13.3.3 陶瓷抗侵彻材料

陶瓷材料直到 20 世纪 60 年代才开始作为抗侵彻材料装甲中广泛应用，最早是作为直升机座椅的抗侵彻防护材料。陶瓷作为抗侵彻材料的主要特点是高强度、高硬度、高耐磨和低韧性等，它的抗侵彻机理也与金属有较大差异。如图 13.11 所示，由于陶瓷材料的低韧性，在弹丸的侵彻作用下，陶瓷由外部至内部会形成圆锥形破碎区，弹丸本身也会因为陶瓷材料的高硬度和高抗拉强度出现碎裂，向四周飞散。弹体破碎产生的碎片会与陶瓷的碎片互相碰撞消耗能量，同时陶瓷材料内部因撞击产生微裂纹进一步消耗弹体的能量，抵抗弹体的侵彻。目前，已被用作抗侵彻材料的陶瓷主要有氧化铝、碳化硼、碳化硅、硼化钛等。

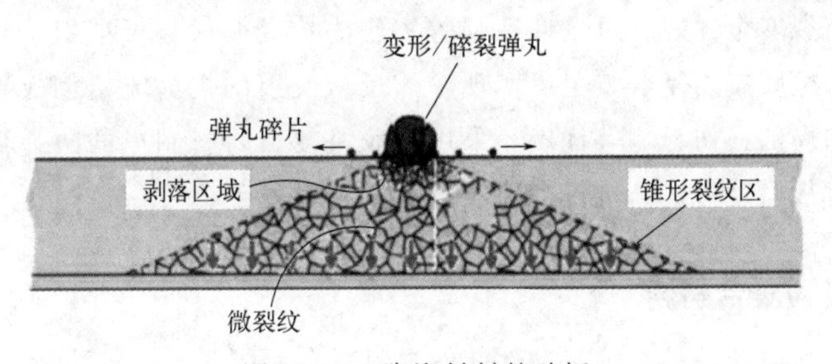

图 13.11　陶瓷材料的破坏

氧化铝（Al_2O_3）具有高熔点、高硬度、高耐磨、价格便宜和成型工艺丰富等优点，多用于耐热和耐磨的各种服役环境中。氧化铝受外力超过屈服强度后几乎不会发生塑性变形，低韧性会导致其易受到热和机械冲击载荷发生破坏。它的抗侵彻防护作用十分有限，因此应用范围较窄，主要应用于抗侵彻要求较低的飞机座椅、防弹衣等。

碳化硼（B_4C）是一种低密度、高耐磨、高强度和极硬的陶瓷，可用作喷砂嘴、特殊密封环等。早在 20 世纪中期，美国就推出了以 B_4C 为芯的抗侵彻复合装甲。这种材料对于高密度弹头的抗侵彻作用有限，但对于一般弹头的防御作用较好，可应用于坦克车的装甲、防弹衣等。

碳化硅（SiC）具有硬度高、高温强度高、耐磨损性好、抗氧化性和热稳定性优异、热膨胀系数小、热导率大、抗热震性好和耐化学腐蚀性好等优点，是当前最具应用潜力的特种结构陶瓷之一。碳化硅通常在高温高压条件下烧结获得，用作抗侵彻材料时，其强度远高于弹丸，在弹丸撞击时会立刻破碎并吸收动能，有着良好的抗侵彻效果。

硼化钛（TiB_2）是一种具有高强度、高硬度和高耐磨性的陶瓷材料。致密的硼化钛陶瓷的烧结工艺多种多样，包括热压、热等静压（HIP）、无压烧结和等离子放电烧结（SPS）等。硼化钛作为抗侵彻材料主要应用于防弹衣、装甲等。

陶瓷材料的韧性差，抗侵彻作用十分有限，通常情况下不会单一用作抗侵彻材料。将陶瓷材料和金属组合成复合结构制成抗侵彻复合装甲板，不仅可以用于坦克的防护装甲，也可用于建筑工事的内部防护板。

13.3.4 有机抗侵彻材料

有机抗侵彻材料通常是具有高韧性与高强度的高分子材料，通过吸收弹丸的冲击能量来减少弹丸的侵彻作用，以到达抵抗侵彻的目的。有机抗侵彻材料具备良好的抗侵彻性能，既能单独作为抗侵彻材料使用，也能与其他材料复合进一步提高抗侵彻性能。

安全玻璃是一种典型的有机抗侵彻材料，是由坚韧的塑料内层将两片玻璃在加热和加压下胶合而成的复合玻璃制品。因此，安全玻璃又称为夹层玻璃或胶合玻璃。安全玻璃是一种复合结构，其充分地利用了各组成材料不同的抗侵彻机理，最大化吸收了侵彻能量，抵抗了弹头的侵彻。安全玻璃的塑料内层可以吸收冲击和爆炸过程中所产生的部分能量和冲击波压力，即使被震碎也不会四散飞溅。外层玻璃根据不同的需求可以是普通玻璃、钢化玻璃、热增强玻璃，也可制成中空玻璃。安全玻璃具有良好的安全性、抗冲击性和抗穿透性，具有防盗、防弹、防爆功能。

橡胶基复合材料是另一种常见有机抗侵彻材料，具有橡胶基体的优点——密度低、比强度和比模量高、断裂安全性好、可设计性强等，作为抗侵彻材料可被用于特种建筑、交通工具和单兵装备等。橡胶夹层复合装甲可实现爆炸反应装甲的抗射流侵彻效果，而且具有安全性高、不受环境和局部损伤影响等优点。采用橡胶基复合材料制成的防弹板，增加面板厚度比和增加夹层或背板厚度对提高抗侵彻性能的效果更明显。

13.3.5 纤维增强复合材料

抗侵彻复合材料由几种具有抗侵彻性能的材料复合而成，兼具各种组成材料的性能优点，并表现出比单一组成材料更优异的抗侵彻性能，是当前抗侵彻材料的研究热点和发展方向。抗侵彻复合材料主要是纤维增强复合材料，用作抗侵彻复合材料的纤维增强体具有低密度、高抗拉强度、高弹性模量和高失效应变等优点，通常作为抗侵彻结构的背板或夹层，与金属材料或陶瓷板组成抗侵彻复合板。纤维增强复合材料面对弹丸的侵彻会产生一个明显的变形，该变形一方面是抵抗侵彻产生的面外变形，另一方面是纤维层间因弹丸挤压而发生的拉伸变形，如图 13.12 所示。目前，可用于建筑工事和特种

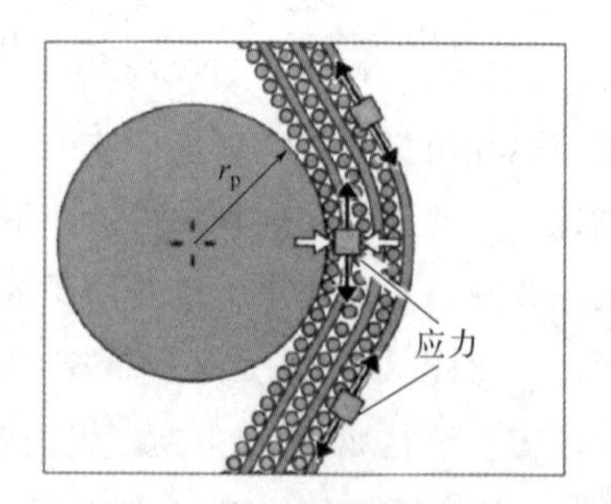

图 13.12 纤维增强复合材料的侵彻模式

建筑的抗侵彻复合材料包括玄武岩纤维增强复合材料、玻璃纤维增强复合材料、碳纤维增强复合材料、芳纶纤维增强复合材料、超高分子量聚乙烯纤维增强复合材料等。此外，一些新型的抗侵彻纳米复合材料因良好的性能也逐渐受到广泛关注，例如高弹性模量的石墨烯纤维在经受侵彻时能快速将能量分散于基体，作为抗侵彻材料增强体具有非常大的应用潜力。

玄武岩纤维增强复合材料的增强体纤维是一种高性能的无机纤维，性能稳定且对环境友好。玄武岩纤维的力学性能与玻璃纤维相近，抗侵彻性能也与玻璃纤维差别不大。有研究表明玄武岩纤维增强乙烯基树脂复合材料的抗侵彻性能与中碱玻纤维增强乙烯基树脂复合材料基本相同，这说明玄武岩纤维在抗侵彻材料方面具有应用潜力。玄武岩纤维被应用于抗侵彻水泥混凝土中制成抗侵彻水泥基复合材料，能降低水泥混凝土的脆性，同时提高抗冲击性能，从而有效提升抗侵彻水泥基复合材料的抗侵彻性能。

玻璃纤维增强复合材料具有比强度高、抗拉强度较高、价格较低廉和密度比金属小等特点。玻璃钢就是以玻璃纤维为增强体、树脂为基体的玻璃纤维增强复合材料，在抗侵彻方面有着广泛的应用。20 世纪 80 年代初，美国研制成功了以 S-2 高强玻璃纤维增强树脂基复合材料，该材料具有优良的比承载性能、比防护性能，并被应用于轻型装甲车辆的抗侵彻结构材料。

碳纤维增强复合材料是一种重要的纤维增强复合材料。碳纤维具有低密度、高比强度和高比模量的优点，作为增强体材料与树脂、金属、陶瓷基体等复合，可有效提高基体材料的抗侵彻性能。美国 Hexcel 公司制造的 Hexcel 材料就是一种碳纤维增强树脂基复合材料，其在防弹和航空领域都有着重要的应用。

在芳纶纤维增强复合材料中，作为增强体的芳纶纤维分为对位芳纶纤维和间位芳纶纤维。其中，对位芳纶纤维具有刚棒分子结构和高度取向的分子链结构，能赋予纤维高强度、高模量、耐高温特性，同时还具有耐化学腐蚀、耐疲劳等优点，是抗侵彻复合材料的理想增强体。因此，对位芳纶纤维常被用作芳纶纤维增强复合材料的增强体提高抗侵彻性能。芳纶纤维增强聚合物基复合材料与工程陶瓷构成的复合装甲不仅质量小，而且抗侵彻性能优异，被多国成功地应用在武器防御装备上。

超高分子量聚乙烯纤维是所有高强高模量纤维中密度最小的纤维。与芳纶纤维相比，超高分子量聚乙烯纤维具有更高的强度、模量、比强度、比模量和更好的耐气候老化性，并且不吸水、不吸潮，因而对环境的适应性更好。超高分子量聚乙烯纤维增强复合材料比芳纶纤维增强复合材料具有更好的抗侵彻性能，但缺点是超高分子量聚乙烯纤维的耐热性低和阻燃性较差，在经受弹头侵彻和爆炸时可能会受到更严重的后续破坏，比如引起建筑工事或者装甲车起火等。

碳纳米管、石墨烯因优异的力学性能在抗侵彻方面具有广阔应用前景。碳纳米管可以与树脂基体复合，改善其断裂韧性和强度来提高抗弹性能。美国陆军中心已与密西西比大学合作研发了一种多壁碳纳米管—玻纤/聚酯复合材料，证实了多尺度碳纳米管对复合材料抗侵彻性能的积极影响。石墨烯增强材料抗侵彻的原理与碳纳米管相近，美国有学者研究了用不同层数的石墨烯纳米片来增强复合材料的抗侵彻性能，证实了石墨烯对基体材料抗侵彻性能的强化作用。尽管碳纳米管、石墨烯增强复合材料的优异抗侵彻性能已在实验室得到了一些验证，但抵抗高速弹丸侵彻的研究和实际应用仍处于初始阶段，这类纳米复合材料吸收能量、抵抗侵彻的机理和关键因素也有待探索。

思考题

1. 电磁波的危害有哪些？电磁屏蔽原理是什么？
2. 什么是水泥基电磁屏蔽材料？
3. 什么是电离辐射？防辐射材料与射线如何相互作用？
4. 提高混凝土的防辐射性能的方法有哪些？
5. 抗侵彻材料的性能特点有哪些？
6. 请说明钢筋混凝土的抗侵彻性能优于素混凝土的原因。

参考文献

[1] SANDROLINI L，REGGIANI U，OGUNSOLA A. Modelling the Electrical Properties of Concrete for Shielding Effectiveness Prediction [J]. Journal of Physics D：Applied Physics，2007，40(17)：5366-5366.

[2] 孔静，高鸿，李岩，等. 电磁屏蔽机理及轻质宽频吸波材料的研究进展 [J]. 材料导报，2020，34(09)：9055-9063.

[3] 熊国宣，邓敏，张志宾. 一种水泥基电磁屏蔽材料及其生产方法 [P]. 江西：CN101891419A，2010-11-24.

[4] 贾治勇，王群，赵顺增. 碳素改进水泥基材料电磁性能研究 [A]. 全国电磁兼容研讨会论文集 [C]，2005，160-163.

[5] 左跃，叶越华，李坚利，等. 水泥基电磁屏蔽与吸波材料的研究进展建筑吸波材料及其开发利用前景 [J]. 硅酸盐通报，2007，26(2)：311-315.

[6] 左联，杨进超，赵华宇，等. 铁氧体、石墨及碳纤维水泥基复合材料的电磁屏蔽性能研究 [J]. 硅酸盐通报，2018，37(10)：3103-3107.

[7] 陈先华，刘娟，张志华，等. 电磁屏蔽金属材料的研究现状及发展趋势 [J]. 兵器材料科学与工程，2012，35(05)：96-100.

[8] 刘琳，张东. 电磁屏蔽材料的研究进展 [J]. 功能材料，2015，46(03)：3016-3022.

[9] 孙玟，任欢，李慧玲. 一种电磁屏蔽防弹玻璃 [P]. 河北省：CN216069033U，2022-03-18.

[10] WESSLING B. Dispersion as the Link between Basic Research and Commercial Applications of Conductive Polymers (Polyaniline) [J]. Synthetic Metals，1998，93(2)：143-154.

[11] GANGOPADHYAY R，DE A，G GHOSH. Polyaniline-Poly(Vinyl Alcohol)Conducting Composite：Material with Easy Processability and Novel Application Potential [J]. Synthetic Metals，2001，123(1)：21-31.

[12] SUN J，WANG L M，YANG Q SHEN Y，ZHANG X. Preparation of Copper-Cobalt-Nickel Ferrite/Graphene Oxide/Polyaniline Composite and its Applications in Microwave Absorption Coating [J]. Progress in Organic Coatings，2020，141(C)：105552-105552.

[13] 林涛，王忠祥，殷学风，等. 电磁屏蔽木基复合材料的研究现状和发展趋势 [J]. 木材工业，2007，21(03)：1-3+7.
[14] MANN K S，HEER M S，RANI A. A Comparative Study of Gamma-Ray Interaction and Absorption in Some Building Materials Using Zeff-Toolkit [J]. Radiation Effects and Defects in Solids，2016，171(7-8)：615-629.
[15] MACHI S，KAWAKAMI W，YAMAGUCHI K. Investigation of Radiation Attenuation Properties for Baryte Concrete [J]. Japanese Journal of Applied Physics，2014，41(12)：7512-7517.
[16] EL-KHAYATT A M，ABDO A E. MERCSF-N：A Program for The Calculation of Fast Neutron Removal Cross Sections in Composite Shields [J]. Annals Nuclear Energy，2009，36(6)：832-836.
[17] 马涛，刘宇艳，刘少柱，等. 防辐射材料的研究进展 [J]. 高分子通报，2012(09)：81-86.
[18] 丁庆军，张立华，胡曙光，等. 防辐射混凝土及核固化材料研究现状与发展 [J]. 武汉理工大学学报，2002(02)：16-19.
[19] AZEEZ M O，AHMAD S，AL-DULAIJAN S U，MASLEHUDDIN M，NAQVI A A Radiation Shielding Performance of Heavy-Weight Concrete Mixtures [J]. Construction and Building Materials，2019，224：284-291.
[20] FLOREZ，R，COLORADO，H A，GIRALDO C H. C，ALAJO A. Preparation and Characterization of Portland Cement Pastes with Sm2O3 Microparticle Additions for Neutron Shielding Applications [J]. Construction and Building Materials，2018，191：498-506.
[21] 楼鹏飞，贾清秀，安超. 宽 X 射线防护稀土/聚丙烯纤维的制备与性能 [J]. 高分子材料科学与工程，2019，35(04)：153-160.
[22] 胡艳巧，胡水，张法忠，等. 防辐射含钐有机玻璃的制备与性能 [J]. 塑料工业，2010，38(03)：78-81.
[23] 魏霞，周元林，李迎军. 活性 Bi2O3/橡胶复合材料的制备及 γ 射线辐射防护性能研究 [J]. 功能材料，2013，44(02)：216-220.
[24] 张瑜，戴耀东，李江苏，等. 聚丙烯酸铅/环氧树脂辐射防护材料的制备及性能研究 [J]. 高分子学报，2010(05)：582-587.
[25] 杜国源. 稀土防辐射材料研究 [J]. 兵器材料科学与工程，1988(08)：85-88.
[26] YUNGWIRTH C J，O'CONNOR J，ZAKRAYSEK A，DESHPANDE V S，WADLEY H N G. Explorations of Hybrid Sandwich Panel Concepts for Projectile Impact Mitigation [J]. Journal of the American Ceramic Society，2011，94：s62-s75.
[27] WADLEY H N G，DHARMASENA K P，O'MASTA M R，WETZEL J J. Impact Response of Aluminum Corrugated Core Sandwich Panels [J]. International Journal of Impact Engineering，2013，62：114-128.
[28] KAMAL I M，ELTEHEWY E M. Projectile Penetration of Reinforced Concrete Blocks：Test and Analysis [J]. Theoretical and Applied Fracture Mechanics，2012，60(1)：31-37.
[29] 曹贺全，张广明，孙素杰，等. 装甲车辆防护技术研究现状与发展 [J]. 兵工学报，2012，33(12)：1549-1554.
[30] 赵旭东，高兴勇，刘国庆. 装甲防护材料抗侵彻性能研究现状 [J]. 包装工程，2017，38(11)：117-122.
[31] 景风理. 基于 ADAMS 弹射发射装置实时动态仿真分析 [J]. 弹箭与制导学报，2014，34(03)：

175-178.

[32] 郭齐胜，袁益民，郅志刚. 军事装备效能及其评估方法 [J]. 装甲兵工程学院学报，2004(01)：4-8+12.

[33] ONG C W, BOEY C W, HIXSON R S, SINIBALDI J O. Advanced Layered Personnel Armor [J]. International Journal of Impact Engineering, 2011, 38(5): 369-383.

[34] 张文毓. 装甲防护陶瓷材料的研究与应用 [J]. 陶瓷，2020(08)：16-20.

[35] 孙川，万春磊，潘伟，等. 反应烧结 B4C/Al_2O_3 复合陶瓷的装甲防护性能研究 [J]. 无机材料学报，2018，33(05)：545-549.

[36] 陈刚. 陶瓷复合装甲材料的应用研究 [J]. 中国战略新兴产业，2019(4)：35-35.

[37] 邱健，王耀刚. 装甲防护技术研究新进展 [J]. 兵器装备工程学报，2016，37(03)：15-19.

[38] O'MASTA M R, DESHPANDEV S, WADLEY H N G. Mechanisms of Projectile Penetration in Dyneema® Encapsulated Aluminum Structures [J]. International Journal of Impact Engineering, 2014, 74: 16-35.

[39] MESSIER D R, PATEL P J. High Modulus Glass Fibers [J]. Journal of Non-Crystalline Solids, 1995, 182(3): 271-277.

[40] MCCONNEL V P. Ballistic Protection Materials a Moving Target [J]. Reinforced Plastics, 2006, 50(11): 20-25.

[41] DOS SANTOS ALVES A L, NASCIMENTO L F C, SUAREZ J C M. Influence of Weathering and Gamma Irradiation on the Mechanical and Ballistic Behavior of UHMWPE Composite Armor [J]. Material Performance, 2005, 24(1): 104-113.